Fähigkeitsbündel zur Steigerung der Arbeitsproduktivität für intelligente produzierende Unternehmen

Capability Bundles to Increase Labor Productivity for Intelligent Manufacturing Companies

Von der Fakultät für Maschinenwesen
der Rheinisch-Westfälischen Technischen Hochschule Aachen
zur Erlangung des akademischen Grades eines
Doktors der Ingenieurwissenschaften
genehmigte Dissertation

vorgelegt von

Thomas Peter Scheuer

Berichter/in:

Univ.-Prof. Dr.-Ing. Dipl.-Wirt. Ing. Günther Schuh
apl. Prof. Dr.-Ing. Wolfgang Boos

Tag der mündlichen Prüfung: 22. Juni 2023

ERGEBNISSE AUS DER PRODUKTIONSTECHNIK

Thomas Scheuer

Fähigkeitsbündel zur Steigerung der Arbeitsproduktivität für intelligente produzierende Unternehmen

Herausgeber:
Prof. Dr.-Ing. T. Bergs
Prof. Dr.-Ing. Dipl.-Wirt. Ing. G. Schuh
Prof. Dr.-Ing. C. Brecher
Prof. Dr.-Ing. R. H. Schmitt

Band 25/2023

WZL | RWTH AACHEN UNIVERSITY

Fraunhofer IPT

Bibliografische Information der Deutschen Nationalbibliothek
Die Deutsche Nationalbibliothek verzeichnet diese Publikation in der Deutschen Nationalbibliografie; detaillierte bibliografische Daten sind im Internet über https://portal.dnb.de abrufbar.

Thomas Scheuer:

Fähigkeitsbündel zur Steigerung der Arbeitsproduktivität für intelligente produzierende Unternehmen

1. Auflage, 2023

Gedruckt auf holz- und säurefreiem Papier, 100% chlorfrei gebleicht.

Wissenschaftsverlag des Instituts für Industriekommunikation und Fachmedien
an der RWTH Aachen
Steinbachstr. 25, 52074 Aachen
Internet: www.apprimus-verlag.de, E-Mail: info@apprimus-verlag.de

Druck: CPI Druckdienstleistungen GmbH, Ferdinand-Jühlke-Straße 7 I 99095 Erfurt

ISBN 978-3-98555-173-6

D 82 (Diss. RWTH Aachen University, 2023)

Vorwort

»It is not enough to stare up the steps; we must step up the stairs.« (Václav Havel)

Das Verfassen dieser Arbeit glich dem Besteigen einer langen Treppe, die von unten lang und ohne absehbares Ende wirkte. Die vielen Schritte bis zu ihrem Ende konnte ich auch deshalb so beharrlich gehen, weil ich die richtigen Begleiter und Mentoren auf dieser Reise hatte. Ihnen allen möchte ich an dieser Stelle danken.

Diese Arbeit entstand während meiner Zeit als wissenschaftlicher Mitarbeiter und Berater im Technologiemanagement am Fraunhofer-Institut für Produktionstechnologie IPT. Währenddessen hatte ich die Möglichkeit, neben verschiedensten Unternehmen vor allem auch sehr besondere Menschen kennenzulernen. Ohne dieses Umfeld wäre diese Dissertation nicht möglich gewesen. Ich danke insbesondere meinem Doktorvater Prof. Schuh dafür, dass er diese Umgebung geschaffen und mir die Möglichkeit gegeben hat, mich darin persönlich zu entwickeln und wertvolle fachliche Erfahrung zu sammeln.

Beim Verfassen dieser Dissertation habe ich sehr vom Austausch mit meinen Abteilungsleitern Ramon und Marc profitiert. Ihnen danke ich für ihr Vorbild und die Inspiration, für ihre Unterstützung in den schwierigen Momenten und das akribische Feedback zur Arbeit.

In einem sehr besonderen Projekt konnte ich während meiner Tätigkeit am IPT bereits umfassende Erfahrungen in der „realen Produktionswelt" sammeln. Thomas danke ich für sein Vertrauen und die Möglichkeit, die Erkenntnisse dieser Arbeit auch in der Praxis erproben zu können. Während dieses Projektes hatte ich auch die Gelegenheit, auf vielen Autofahrten und Dienstreiseabenden mit meinem Kollegen Paul über mein Dissertationsvorhaben zu sprechen. Ihm danke ich für seine Gabe, stets die richtigen Fragen zu stellen – von der Diskussion zum Titel der Arbeit bis hin zum Doktorvortrag.

Ein solches Großprojekt entsteht nicht im Alleingang. Meinen Abschlussarbeitern und studentischen Hilfskräften danke ich für ihre wertvollen Beiträge zu meiner Forschung. Hervorheben möchte ich dabei insbesondere Iveta, Jannik, Jost, Riley und

Stefan, deren Arbeit mich in der Erstellung der Dissertationsschrift maßgeblich unterstützt und angetrieben hat.

Beim Verfassen dieses Dokuments hat mir die kollegiale Atmosphäre am Institut sehr viel Kraft gegeben. Gerade die Arbeit nach Feierabend, am Wochenende und im Urlaub war immer wieder fordernd. Sehr besonders für mich war, diesen Prozess mit meinem Studienfreund Bastian gemeinsam durchstehen zu dürfen, dessen Fleiß mir immer wieder Vorbild und Antrieb war. Daneben möchte ich insbesondere meinen Kolleginnen und Kollegen Carolin, Frederik, Johanna, Leonard, Leonard, Leonie, Max, Patrick, Paul, Sarah, Tim und Thomas für die vielen tollen gemeinsamen Momente danken.

Diese Zeilen kann ich nun auch deshalb schreiben, weil meine Familie auf meinem bisherigen Lebensweg immer für mich da war. Meine Eltern haben mich motiviert, jede Chance zur Weiterentwicklung zu nutzen und mich dabei stets unterstützt. Ihnen danke ich für ihre Fürsorge und Nachsichtigkeit. Meiner Schwester Laura danke ich für das akribische Korrektorat sowie ihre Geduld und aufbauenden Worte, wenn ich sie gebraucht habe. Claudia danke ich für die schönen Momente der Ablenkung von dieser Arbeit, aus denen ich viel Kraft schöpfen konnte.

Satteins, im Juni 2023

Thomas Scheuer

Teile dieser Arbeit wurden noch während des Forschungs- und Erstellungsprozesses der vorliegenden Dissertationsschrift unter Mitwirkung des Autors auf Fachkonferenzen auszugsweise vorveröffentlicht[1]. Die wesentlichen Inhalte wurden daher durch Quellenangaben im Text kenntlich gemacht.

---

[1] Vgl. Schuh, Scheuer (2022), Increasing Labor Productivity; Schuh et al. (2022), Intelligent Manufacturing Enterprise; Schuh et al. (2023), Capabilities

Zusammenfassung

Die wirtschaftlich sinnvoll strukturierte Erschließung der Potenziale von Datentechnologien gelingt produzierenden Unternehmen derzeit lediglich in Einzelfällen. Dabei werden Projekte meist isoliert betrachtet und somit zu wenig im Kontext der erforderlichen datentechnologischen Transformation des Unternehmens hinterfragt. Dementsprechend mangelt es an einer systematischen Abstimmung und Verbindung von Projekten sowie insbesondere an deren Verknüpfung zu messbaren Zielgrößen.

Das Ziel der Arbeit liegt daher in der Identifikation und zielgerichteten Verknüpfung von Fähigkeiten, die der Transformation zu einem intelligenten produzierenden Unternehmen zugrunde liegen. Dazu werden diese als Maß der Wirtschaftlichkeit in Bezug zur Steigerung der Arbeitsproduktivität gesetzt. Mit dem Ergebnis dieser Arbeit erhalten Anwender somit systematischen Zugang zu einer zentralen Transformationsaufgabe produzierender Unternehmen.

Zur Lösung der Zielstellung werden drei Modelle erarbeitet: Die Detaillierung von Produktivitätseinflussgrößen ermöglicht es dem Anwender zu verstehen, welche Herausforderungen zur Steigerung der Arbeitsproduktivität durch die Applikation von Datentechnologien lösbar sind. Darüber hinaus schafft die Analyse der Fähigkeiten intelligenter produzierender Unternehmen die Grundlage für die systematische Transformation zu einem unternehmerischen Zielzustand, in dem die Industrie 4.0 vollständig umgesetzt ist und die Potenziale von Datentechnologien bestmöglich ausgeschöpft werden. Die generische Zuordnung von Produktivitätsherausforderungen und Fähigkeiten legt schließlich die Grundlage für die Bildung produktivitätssteigernder Fähigkeitsbündel. Mit deren Umsetzung erhalten Unternehmen jeweils Zugang zu sprungartigen Steigerungen der Arbeitsproduktivität und sind somit in der Lage die Transformationsinvestitionen ökonomisch sinnvoll zu planen.

Summary

Only few manufacturing companies manage to systematically exploit the economic potential of data technologies. Projects are usually considered in isolation, and thus not questioned in the context of the necessary company-wide transformation. Accordingly, there is a lack of systematic coordination and connection of projects as well as of linking them to measurable targets.

The target of this work is therefore to identify and purposefully connect fundamental capabilities for the transformation towards an intelligent manufacturing company. To measure the profitability contribution, the capabilities are linked to their effect on labor productivity. Hence, the result of this work provides practitioners with a systematic approach to a core transformation task of manufacturing companies.

Three models are designed to solve the addressed target: The structured overview of influencing factors on productivity enables practitioners to understand which challenges in increasing labor productivity can be solved by the application of data technologies. In addition, the analysis of the capabilities of intelligent manufacturing companies sets a basis for the systematic transformation to a company target state in which Industry 4.0 is fully implemented and the potential of data technologies is exploited in the best possible way. The generic connection of productivity challenges and capabilities is the foundation for the composition of productivity-enhancing capability bundles. Their implementation results in leaps of productivity increase and thus, allows for an economically viable allocation of transformation budgets.

Inhaltsverzeichnis

Verzeichnis der Abbildungen

Tabellenverzeichnis

Verzeichnis der Abkürzungen und Formelzeichen

Abkürzung	**Vollständiger Begriff**
AG	Aktiengesellschaft
A_i	Anforderung des Herausforderungstyps i an die Fähigkeiten
bspw.	beispielsweise
CAQ	Computer-aided Quality Assurance (englisch für "Computer-gestützte Qualitätssicherung")
et al.	et alii / et aliae / et alia (lateinisch für "und andere")
F	Fähigkeit
FB_k	Fähigkeitsbündel k
FT_j	Fähigkeitstyp j
H	Herausforderung
HT_i	Herausforderungstyp i
i. A. a	in Anlehnung an
IIoT	Industrial Internet of Things (englisch für "Industrielles Internet der Dinge")
IoT	Internet of Things (englisch für "Internet der Dinge")
IoTS	Internet of Things and Services (englisch für „Internet der Dinge und Dienste")
IPU	Intelligentes produzierendes Unternehmen
IT	Informationstechnik
Jg.	Jahrgang
JIT	Just in Time (englisch für „fertigungssynchron")

KI	Künstliche Intelligenz
LM	Lean Manufacturing (englisch für „schlanke Fertigung“)
ML	Machine Learning (englisch für „maschinelles Lernen“)
Nr.	Nummer
P_j	Potenzial des Fähigkeitstyps j
$r_{HT_j}(H_i)$	Zuordnung der Herausforderung i zum Herausforderungstyp j
S.	Seite
TQM	Total Quality Management
u. a.	unter anderem
Vgl.	Vergleiche
$w(H_i)$	Relevanzmaß der Herausforderung i im Anwendungskontext
$w(HT_j)$	Relative Relevanz des Herausforderungstyps j
$w_{Lohnniveau}(H_i)$	Bewertung des Lohnniveaus der zugrundeliegenden Tätigkeiten von Herausforderung i
$w_{Personalaufwand}(H_i)$	Bewertung des Personalaufwands der zugrundeliegenden Tätigkeiten von Herausforderung i

1 Einleitung

»The most valuable assets of a 20th-century company was its production equipment. The most valuable asset of a 21st-century institution [...] will be its knowledge workers and their productivity.«[2]

Mit dieser Aussage beschrieb DRUCKER bereits an der Schwelle zum aktuellen Jahrtausend den Paradigmenwechsel in produzierenden Unternehmen von fertigungs- und materialfokussierten Verbesserungsansätzen hin zu einer verstärkten Betrachtung von Optimierungspotenzialen für kognitive Arbeiten. Die inhärenten Potenziale intelligenter produzierender Unternehmen bieten dabei einen Lösungsrahmen, der durch die zu beobachtende exponentielle Entwicklung von Datentechnologien zunehmend begünstigt wird[3]. Die vorliegende Arbeit dient daher der Erarbeitung eines systematischen Ansatzes zur Identifikation und Bündelung von Fähigkeiten zur Realisierung der erforderlichen (Arbeits-)Produktivitätssteigerungen.

Einleitend vertieft dazu Teilkapitel 1.1 die Ausgangssituation und den Handlungsbedarf der Praxis. In Teilkapitel 1.2 wird darauf aufbauend die Zielsetzung der Arbeit formuliert. Schließlich wird in Teilkapitel 1.3 der Forschungsansatz gewählt und die daraus folgende Struktur der Arbeit vorgestellt.

1.1 Ausgangssituation und Handlungsbedarf der Praxis

Produzierende Unternehmen agieren in einer Wettbewerbslandschaft, die sie zwingt, sich ständig weiterzuentwickeln[4]. Sie stehen daher unter dauerhaftem Druck, die Leistungsfähigkeit ihrer betrieblichen Wertschöpfungsprozesse zu erhöhen. Um die Wirkung der erforderlichen Veränderungsmaßnahmen zu evaluieren, wird die Entwicklung der Produktivität bzw. Wirtschaftlichkeit häufig als Messgröße genutzt.[5] Sie bezeichnet das wertmäßige Verhältnis des Outputs zum dazu eingesetzten Input[6]. Als

[2] Vgl. Drucker (1999), Knowledge-Worker Productivity, S. 79

[3] Vgl. Diamandis (2020), Future; Schuh et al. (2022), Intelligent Manufacturing Enterprise

[4] Vgl. Esmaeilian et al. (2016), Future of Manufacturing, S. 79ff.; Hu et al. (2008), Modeling of Resilience Dynamics, S. 279

[5] Vgl. Wildemann et al. (2017), Produktivitätssteigerung, S. 78

[6] Vgl. Eisele et al. (2021), Produktivitätsmanagement, S. 8; Weber (1998), Rentabilität, Produktivität und Liquidität, S. 90

wichtige Determinante der Wettbewerbsfähigkeit von Unternehmen dient ihre Optimierung der Absicherung des langfristigen Unternehmenserfolgs[7]. In Hochlohnländern nimmt aufgrund der hohen Personalkosten insbesondere der Faktor Arbeit einen gewichtigen Anteil am Input-Wert der Produktivitätsgleichung ein[8]. Um diesen Einfluss explizit zu betrachten, wird daher die Arbeitsproduktivität als eigene Messgröße definiert. Sie setzt den Wert des Outputs in Relation zu den dazu erforderlichen Aufwendungen für den Faktor Arbeit.[9]

In der Vergangenheit wurden Steigerungen der Arbeitsproduktivität bspw. durch die erfolgreiche Implementierung von Lean-Prinzipien oder die Automatisierung von Prozessen realisiert. Diese Möglichkeiten sind heute für produzierende Unternehmen in Deutschland größtenteils erschöpft.[10] Der datengetriebene Ansatz der Industrie 4.0 und ihrer verwandten Technologien bieten jedoch weitere Möglichkeiten zur Steigerung der Produktivität[11]. Daten sind verkette Zeichen oder Signale, die durch Interpretation zu Informationen aufgewertet und bei nahezu jeder unternehmerischen Aktivität generiert werden[12]. Ansätze zum Sammeln, Speichern, Transformieren und Nutzen dieser Daten ermöglichen damit Einblicke in Prozesse und damit verbundene Optimierungsmöglichkeiten, die Unternehmen zuvor verschlossen blieben[13]. Diese datengetriebene Betrachtungsweise schließt an die von QUINN geprägte Denkschule des informations- bzw. wissensfokussierenden, intelligenten Unternehmens an[14]. Das intelligente Unternehmen stellt im Kontext der heutigen technologischen Möglichkeiten den unternehmensbezogenen Zielzustand der vierten industriellen Revolution dar, in dem die Nutzung von Daten tiefgreifende Verbesserungen und damit verbundene Produktivitätssteigerungen bewirkt[15]. Nachfolgend wird dafür die Bezeichnung „Intelligentes produzierendes Unternehmen" (IPU) genutzt.

Der Großteil produzierender Unternehmen in Deutschland hat diese Produktivitätspotenziale erkannt und investiert in die Implementierung der erforderlichen

---

[7] Vgl. Wildemann et al. (2017), Produktivitätssteigerung, S. 50; Eisele et al. (2021), Produktivitätsmanagement, S. 8

[8] Vgl. Glöckner et al. (2017), Arbeitsproduktivität, S. 1

[9] Vgl. Bokranz, Landau (2006), Produktivitätsmanagement, S. 3

[10] Vgl. Dilda et al. (2017), Manufacturing, S. 1; Wildemann et al. (2017), Produktivitätssteigerung, S. 51

[11] Vgl. Schuh et al. (2014), Collaboration Moves Productivity, S. 3ff.; Klingenberg et al. (2021), Industry 4.0, S. 570

[12] Vgl. Aamodt, Nygård (1995), Data, Information and Knowledge, S. 197f.; Bracht et al. (2018), Digitale Fabrik, S. 173f.

[13] Vgl. Wildemann et al. (2017), Produktivitätssteigerung, S. 114; Schuh, Scheuer (2022), Increasing Labor Productivity, S. 1

[14] Vgl. Quinn (1992), Intelligent Enterprise, S. 48

[15] Vgl. Schuh, Scheuer (2022), Increasing Labor Productivity, S. 1

Technologien[16]. Trotz des bekannten Zielbilds und hoher Investitionen werden jedoch kaum Produktivitätsgewinne realisiert. Zu beobachten sind stattdessen oftmals einzelne, weitgehend unabhängige Umsetzungsprojekte, die sich thematisch an bekannten Forschungsanwendungen orientieren (bspw. der Use-Case-Datenbank der Plattform Industrie 4.0[17]). In der Folge gelingt die Steigerung der Produktivität durch den datengetriebenen Ansatz der Industrie 4.0 in der unternehmerischen Realität nur den wenigsten Unternehmen. Stattdessen resultiert eine fragmentierte Landschaft technologisch anspruchsvoller Projekte ohne signifikante Produktivitätswirkung.[18]

Einerseits mangelt es Anwendern demnach am Verständnis der tatsächlich durch Datentechnologien beeinflussbaren Einflussgrößen der Arbeitsproduktivität. Andererseits fehlt ihnen auch die Kenntnis der Abhängigkeiten und zugrundeliegenden Fähigkeiten einzelner Anwendungsfälle. Zusammenfassend wird dieser Arbeit daher folgende Hypothese zugrunde gelegt:

Um gezielte Steigerungen der Arbeitsproduktivität für IPU zu erzielen, bedarf es des besseren Verständnisses der Einflussfaktoren im Kontext der Industrie 4.0. Damit die Produktivitätssteigerungen möglichst hoch ausfallen, sind die Einflussfaktoren in Bezug auf die Synergie der dazu erforderlichen Fähigkeiten zu untersuchen.

1.2 Zielsetzung der Arbeit

Im Zentrum der Arbeit steht die fähigkeitssynergetische Steigerung der Arbeitsproduktivität für IPU. Ergebnis der Arbeit ist demnach eine Übersicht von Optionen zur Steigerung der Arbeitsproduktivität, die jeweils durch eine gemeinsame Fähigkeitsbasis erreicht werden. Dazu sind zum einen grundsätzliche Einflussgrößen der Arbeitsproduktivität zu analysieren. Zum anderen sind der Lösungsraum des IPU und die dazu erforderlichen Fähigkeiten zu spezifizieren. Um das Ziel der Arbeit zu erreichen, sind schließlich die für die Beeinflussung der Arbeitsproduktivität erforderlichen Fähigkeiten des IPU zu bündeln. Zusammenfassend lässt sich das Ziel des Forschungsvorhabens demnach folgendermaßen formulieren:

[16] Vgl. Berg (2020), Industrie 4.0, S. 2; Schibler (2019), Industrie 4.0, S. 13ff.

[17] Vgl. Plattform Industrie 4.0 (2022), Use-Case Landkarte

[18] Vgl. Schlick (2019), Industrie 4.0 Index, S. 8; Schuh et al. (2020), Industrie 4.0 Maturity, S. 11

Zielsetzung der Arbeit ist die Identifikation und zielgerichtete Verknüpfung von Fähigkeitsbündeln für intelligente produzierende Unternehmen, die eine signifikante Steigerung der Arbeitsproduktivität ermöglichen.

Dem Verständnis von KUBICEK folgend, wird aufbauend auf der zuvor formulierten Zielsetzung eine Forschungsfrage in das Zentrum der Arbeit gestellt[19]. Diese wird wie folgt formuliert:

Welche Fähigkeitsbündel für intelligente produzierende Unternehmen existieren und wie sind diese zu priorisieren, um die Arbeitsproduktivität langfristig bestmöglich zu steigern?

Auf Basis der Zielsetzung sowie der zentralen Forschungsfrage werden zur weiteren Strukturierung des Forschungsprozesses die folgenden Teilforschungsfragen formuliert:

- Frage 1: Wie ist die Steigerung der Arbeitsproduktivität zu operationalisieren?
- Frage 2: Welche konstituierenden Merkmale kennzeichnen das IPU?
- Frage 3: Welche Fähigkeiten sind zur Realisierung des IPU erforderlich?
- Frage 4: Wie sind Fähigkeiten des IPU zu Einflussgrößen der Arbeitsproduktivität zuzuordnen?
- Frage 5: Wie sollten Fähigkeiten des IPU zur zielgerichteten Beeinflussung der Arbeitsproduktivität gebündelt werden?

1.3 Forschungskonzeption und Aufbau der Arbeit

Nachdem das Ziel der Arbeit formuliert ist, bedarf es eines wissenschaftlichen Vorgehens zur Beantwortung der Forschungsfrage. Grundlage dessen ist die initiale Definition eines forschungsmethodischen Rahmens. Zur Festlegung dieses Rahmens wird die Arbeit zunächst in die Wissenschaftslandschaft eingeordnet.

Mit der vorab beschriebenen Zielsetzung ist diese Arbeit sowohl der Betriebswirtschaftslehre als auch den Ingenieurwissenschaften zuzuordnen, die beide zu den angewandten Wissenschaften zählen. Für die Betriebswirtschaftslehre nennen ULRICH UND HILL drei wissenschaftliche Ansätze, die ausreichend allgemein anerkannte Methoden aufweisen, um in beliebigen Forschungsarbeiten genutzt zu werden. Dies sind der

[19] Vgl. Kubicek (1976), Heuristische Bezugsrahmen, S. 15

faktortheoretische Ansatz nach GUTENBERG, der entscheidungstheoretische Ansatz nach HEINEN und der systemtheoretische Ansatz nach ULRICH. Der systemtheoretische Ansatz kennzeichnet sich durch Interdisziplinarität, Offenheit und Praxisnähe. Ihm sind dabei verschiedene Vorteile inhärent: Die terminologische Funktion umfasst ein abstraktes Begriffssystem, das vorherige Urteile und Annahmen ausklammert. Durch Bereitstellung von Strukturmodellen zur Entdeckung bisher vernachlässigter Aspekte erfüllt er zudem eine heuristische Funktion. Weiterhin erlaubt die Integrationsfunktion die Einbeziehung verschiedener Einflussfaktoren aus anderen Bereichen.[20] Aufgrund seiner hohen Praxisnähe eignet sich insbesondere der systemtheoretische Ansatz für die vorliegende Arbeit und wird daher als Paradigma angenommen.

Darüber hinaus verfolgt diese Arbeit eine explorative Zielsetzung. Sie dient nicht der Überprüfung vorab formulierter Hypothesen, sondern beleuchtet vielmehr die Konstruktion neuer Realität. Demzufolge wird sie der explorativen Forschung zugeordnet. Diese begreift die Gewinnung wissenschaftlicher Erkenntnisse als iterativen Lernprozess, der sowohl die Problematik der Erfahrungsgewinnung als auch der Explikation in theoretische Aussagen umfasst.[21] Kernelement des Prozesses explorativer Forschung (vgl. Abbildung 1-1) ist der heuristische Bezugsrahmen. Er fasst die Gesamtheit des Vorverständnisses des Forschers zusammen und dient sowohl der Überprüfung der Relevanz der Problematik als auch der gedanklichen und sprachlichen Strukturierung der Realität. Die Kenntnis des Bezugsrahmens legt damit die Grundlage für die gezielte Gewinnung neuen Wissens.[22]

Entsprechend der Motivation und Zielsetzung der Arbeit wird der heuristische Bezugsrahmen durch die Themenfelder strategisches Management, intelligente Unternehmen und Produktivitätsmanagement aufgespannt. Zusätzlich gründet der Autor sein Wissen in diesen Themengebieten auf seine Erfahrungen aus diversen Forschungs- und Industrieberatungsprojekten. Ausgehend von dieser initialen Verständnisperspektive erfolgt die Generierung von Erfahrungswissen durch wiederholtes Durchlaufen des Forschungszyklus. Abschließend wird das Erfahrungswissen des Forschers wiederum in theoretische Begriffe transferiert.[23]

[20] Vgl. Ulrich, Hill (1976), Wissenschaftstheoretische Grundlagen, S. 307ff.

[21] Vgl. Tomczak (1992), Forschungsmethoden, S. 84; Kubicek (1976), Heuristische Bezugsrahmen, S. 12f.

[22] Vgl. Kubicek (1976), Heuristische Bezugsrahmen, S. 17ff.

[23] Vgl. Tomczak (1992), Forschungsmethoden, S. 84; Kubicek (1976), Heuristische Bezugsrahmen, S. 15ff.

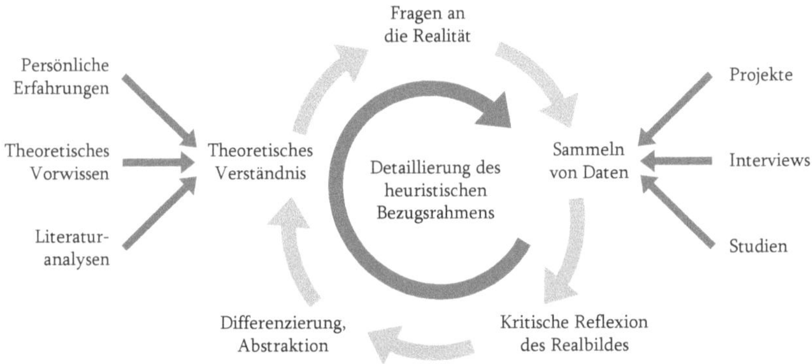

Abbildung 1-1: Zyklus explorativer Forschung[24]

Die vorliegende Arbeit wurde der explorativen Forschung zugeordnet. In Verbindung mit der Annahme des systemtheoretischen Forschungsparadigmas, wird die Strategie angewandter Forschung nach ULRICH als strukturgebendes Vorgehen dieser Arbeit gewählt. In Kapitel 1 erfolgte dazu einleitend eine Einführung in die Motivation, die Zielsetzung und die zentrale Forschungsfrage zur Lösung des Praxisproblems sowie einer Darstellung der verwendeten Forschungsmethodik. In Kapitel 2 werden darauf aufbauend relevante Grundlagen vorgestellt, bestehende Ansätze eingeführt und der Forschungsbedarf detailliert. Basierend auf dem ermittelten Forschungsbedarf wird in Kapitel 3 ein Grobkonzept der Methodik entwickelt. Dazu werden zunächst formale und inhaltliche Anforderungen formuliert sowie Grundlagen und Konzepte der Modelltheorie erläutert. Abschließend werden die benötigten Modelle abgeleitet und kurz konzeptioniert. In Kapitel 4 erfolgt eine Detailierung der zuvor definierten Modelle. Dieses Kapitel stellt damit die wesentliche Innovationsleistung der vorliegenden Arbeit dar. In Kapitel 5 erfolgt eine Validierung und kritische Reflexion der Modellierungsergebnisse anhand eines Fallbeispiels. Abschließend wird die Arbeit in Kapitel 6 mit einer Zusammenfassung sowie einem Ausblick abgeschlossen. Abbildung 1-2 fasst die Gliederung der Arbeit entlang des Prozesses angewandter Forschung zusammen.

[24] I.A.a. Kubicek (1976), Heuristische Bezugsrahmen, S. 14; Tomczak (1992), Forschungsmethoden, S. 84

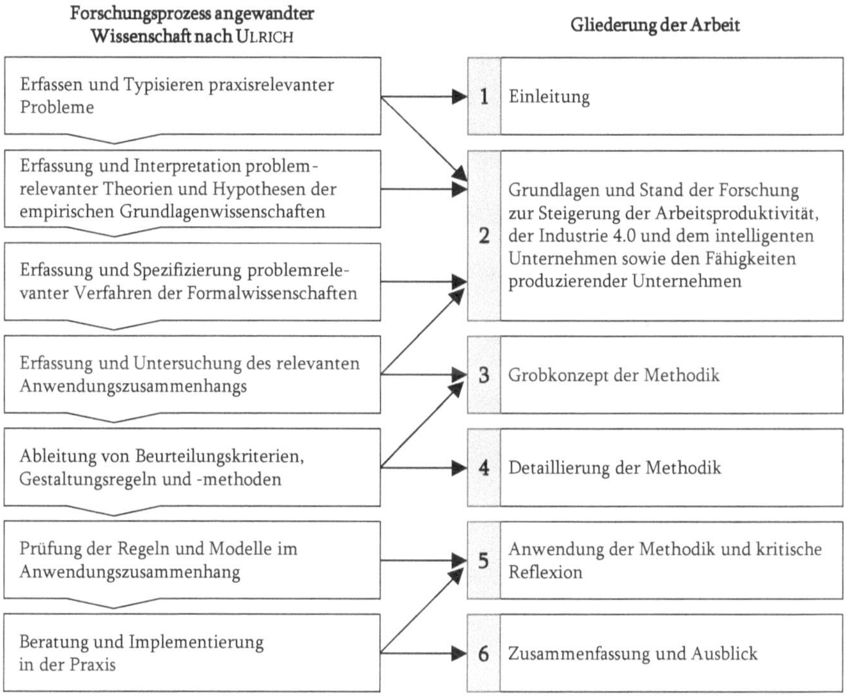

Abbildung 1-2: Struktur und Aufbau der Arbeit[25]

[25] I.A.a. Ulrich (1984), Management, S. 192f.

2 Grundlagen und Stand der Forschung

Die Beantwortung der eingangs aufgeworfenen Forschungsfrage erfordert die Betrachtung verschiedener wissenschaftlicher Themengebiete. Zur eindeutigen Festlegung des Verständnisses darin vorkommender Begriffe, werden diese im Folgenden eindeutig für den weiteren Verlauf dieser Arbeit definiert und der Stand des wissenschaftlichen Diskurses zusammengefasst.

Der heuristische Bezugsrahmen der Arbeit lässt bereits Schlüsse auf die grundlegend zu betrachtenden Themengebiete zu. Die Steigerung der Arbeitsproduktivität ist das zentrale Motiv der Arbeit. Sie wird zunächst näher untersucht und innerhalb der Produktivitätstheorie abgegrenzt (vgl. Teilkapitel 2.1). Der technologische Kontext dieser Arbeit wird definiert durch das intelligente (produzierende) Unternehmen. Dieses wird gemeinsam mit den Datentechnologien und der Industrie 4.0 dargestellt (vgl. Teilkapitel 2.2). Die Zielsetzung der Identifikation von Fähigkeitsbündeln erfordert schließlich ebenfalls eine Auseinandersetzung mit dem Begriff der Fähigkeiten im Kontext produzierender Unternehmen (vgl. Teilkapitel 2.3).

Auf Basis der in Teilkapitel 2.1-2.3 diskutierten Ausführungen wird der Betrachtungsbereich der Arbeit detailliert (vgl. Teilkapitel 2.5). Daraufhin wird der Stand der Forschung systematisch gewürdigt (vgl. Teilkapitel 2.4). Abgeschlossen wird das Kapitel mit einem Zwischenfazit (vgl. Teilkapitel 2.5).

2.1 Steigerung der Arbeitsproduktivität

Die Quantifizierung der Fähigkeit einer Volkswirtschaft oder eines Unternehmens, produktiv zu sein, ist eine Grundvoraussetzung für empirische Analysen in einer Reihe von Forschungsbereichen[26]. Die Zielsetzung dieser Arbeit liegt in der Identifikation von Fähigkeitsbündeln, um gezielt die Messgröße der Arbeitsproduktivität zu steigern. Dementsprechend werden in diesem Teilkapitel Grundlagen der Arbeitsproduktivität aufgearbeitet.

Für den Begriff der Produktivität im Allgemeinen finden sich in der Literatur verschiedene Definitionen und Betrachtungsperspektiven, die auch die Ausrichtung der

[26] Vgl. Del Gatto et al. (2011), Measuring Productivity, S. 952

Arbeitsproduktivität im Speziellen beeinflussen. Daher wird zunächst ein einheitliches Verständnis der Produktivität im Allgemeinen und ihrer Beeinflussbarkeit geschaffen (vgl. Unterkapitel 2.1.1). Anschließend erfolgt eine detailliertere Auseinandersetzung mit dem Begriff der Arbeitsproduktivität und möglicher Einflussgrößen darauf (vgl. Unterkapitel 2.1.2). Das Teilkapitel wird durch ein Zwischenfazit abgeschlossen (vgl. Unterkapitel 2.1.3).

2.1.1 Allgemeine Produktivitätstheorie

Der Begriff der Produktivität ist vielschichtig – er wird in unterschiedlichen Disziplinen verwendet (bspw. Betriebswirtschaft, Volkswirtschaft) und kann unterschiedlich spezifiziert werden (bspw. Arbeitsproduktivität, Materialproduktivität)[27]. Während die Produktivität auf volkswirtschaftlicher Ebene einen wesentlichen Treiber des Wirtschaftswachstums und der Entwicklung des gesellschaftlichen Wohlstands darstellt, wird sie auf Unternehmensebene als wichtige Determinante der Wettbewerbsfähigkeit angesehen.[28]. Im Folgenden wird zunächst eine Begriffsgrundlage der Produktivität für den weiteren Verlauf dieser Arbeit gelegt. Anschließend werden, gemäß der Zielsetzung der Arbeit, fundamentale Optionen der Produktivitätssteigerung betrachtet.

Begriffsverständnis

Trotz der Vielfalt an (kontextabhängigen) Definitionen des Produktivitätsbegriffs, wird grundlegend zwischen drei verschiedenen Kategorien von Definitionen unterschieden: dem technologischen, dem potenzialorientierten[29] und dem ökonomischen Verständnis. Während beim technologischen Verständnis Produktivität als ein reales Output-Input-Verhältnis beschrieben wird, d. h. als Verhältnis des erzielten Outputs des gewählten Betrachtungsbereichs zu den dazu eingesetzten Ressourcen, wird sie beim potenzialorientierten Verständnis als Verhältnis vom aktuellen zum potenziell möglichen Output eines Prozesses definiert. Bei Zugrundelegung des ökonomischen Verständnisses wiederum wird der Begriff der Produktivität als Effizienz der Ressourcenallokation auf einer volkswirtschaftlicher Makroebene verstanden.[30] Im Kontext der Produktivitätssteigerungen innerhalb von Unternehmen wird vornehmlich das

[27] Vgl. Tangen (2005), Demystifying Productivity, S. 35; Eisele et al. (2021), Produktivitätsmanagement, S. 8

[28] Vgl. Eisele et al. (2021), Produktivitätsmanagement, S. 8; Organisation for Economic Co-Operation and Development (OECD) (2015), Future of Productivity, S. 11

[29] Der Begriff des „engineering concept“ wird hier nicht direkt übersetzt, sondern stattdessen sinnhaft wiedergegeben.

[30] Vgl. Ghobadian, Husband (1990), Measuring Total Productivity, S. 1435

technologische Konzept angewandt[31]. Da in der vorliegenden Arbeit die Steigerung der Arbeitsproduktivität in produzierenden Unternehmen als soziotechnischem System im Fokus steht, wird dieses technologische Grundverständnis übernommen[32].

Die technologische Produktivität wird in der Praxis in Teilproduktivitäten unterteilt. Diese konstituieren sich in Abhängigkeit des Elementarfaktors, der den Nenner des Produktivitätsquotienten bildet[33]. Auf diese Weise ergeben sich die drei Teilproduktivitäten der Arbeitsproduktivität, der Betriebsmittelproduktivität und der Werkstoff- bzw. Materialproduktivität[34]. Dadurch wird zum einen eine bessere Messbarkeit gewährleistet, zum anderen werden dadurch auch unterschiedliche Möglichkeiten der Beeinflussbarkeit in den Vordergrund gerückt.

Zur Beeinflussbarkeit wird die Produktivitätsgleichung auf verschiedenen Wegen messbar gemacht. So existieren in der Literatur sowohl mengenmäßige als auch wertmäßige Verständnisse des Outputs und Inputs. Bei einer mengenmäßigen Auffassung wird beim Output die Produktionsmenge, d. h. die Anzahl der produzierten Güter, als Messgröße zugrunde gelegt[35]. Bei einer wertmäßigen Auffassung des Outputs wiederum wird der Umsatz, die Wertschöpfung oder der (Brutto- bzw. Netto-) Produktionswert als Messgröße herangezogen[36]. Analog wird auch der Input mengen- oder wertmäßig verstanden, sodass dort entweder die Menge der eingesetzten Produktionsfaktoren (bspw. die Menge der Arbeitskräfte) oder deren Wert (bspw. die Lohnkosten) als Messgröße verwendet wird. Die wertmäßige Definition der Produktivität wird im deutschen Sprachraum auch als Wirtschaftlichkeit bezeichnet. Im englischen Sprachraum existiert diese Unterscheidung nicht, der Begriff der „Productivity“ wird hier grundlegend wertmäßig verstanden.[37]

Auf Basis der obigen Ausführungen wird der Begriff der Produktivität im Rahmen der vorliegenden Arbeit wie folgt definiert:

---

[31] Vgl. Tangen (2005), Demystifying Productivity; Frenz (1963), Messung der Produktivität; Siegel (1980), Company Productivity; Syverson (2011), Productivity; Eisele et al. (2021), Produktivitätsmanagement; Sumanth (1984), Productivity Engineering; Nebl (2002), Produktivitätsmanagement

[32] Vgl. Ulrich (1984), Management, S. 35

[33] Vgl. Nebl (2002), Produktivitätsmanagement, S. 7

[34] Vgl. Weber (1998), Rentabilität, Produktivität und Liquidität, S. 90; Nebl (2002), Produktivitätsmanagement, S. 7

[35] Vgl. Weber (1998), Rentabilität, Produktivität und Liquidität, S. 100; Eisele et al. (2021), Produktivitätsmanagement, S. 9

[36] Vgl. Nebl (2002), Produktivitätsmanagement, S. 5; Weber (1998), Rentabilität, Produktivität und Liquidität, S. 100; Eisele et al. (2021), Produktivitätsmanagement, S. 9

[37] Vgl. Weber (1998), Rentabilität, Produktivität und Liquidität, S. 88ff.

Die Produktivität wird im Unternehmenskontext definiert als das Verhältnis des Wertes eines erzielten Outputs zum Wert des Inputs, der zu seiner Erzeugung eingesetzt wurde. Sie ist damit synonym zum Begriff der Wirtschaftlichkeit.

Für das definierte Verständnis werden nachfolgend Optionen der Produktivitätssteigerung beleuchtet und anschließend der Begriff des Produktivitätsmanagements eingeordnet.

Grundlegende Optionen der Produktivitätssteigerung

Unter der Definition der Produktivität als Quotient aus Output- und Inputwert ist eine Steigerung auf verschiedene Arten möglich. So bewirkt eine Erhöhung des Outputs bei konstantem Input ebenso eine Steigerung der Produktivität wie die Senkung des Inputs bei konstantem Output. Die erste Herangehensweise entspricht dem sog. Maximalprinzip, wonach bei vorgegebenem Aufwand ein möglichst hoher Ertrag erzielt werden soll, während der zweite Ansatz das Minimalprinzip beschreibt, das die Minimierung des Aufwandes zur Erzielung eines vorgegebenen Ergebnisses ausdrückt[38]. Darüber hinaus ergeben sich jedoch weitere Ansätze der Produktivitätsentwicklung, indem sowohl der Output als auch der Input zugleich variiert werden. Demnach steigt die Produktivität auch dann, wenn der Output stärker steigt als der Input, der Output steigt und der Input sinkt oder der Input stärker sinkt als der Output[39]. Abbildung 2-1 fasst die fünf genannten Möglichkeiten der Beeinflussung der Produktivitätsgleichung zusammen.

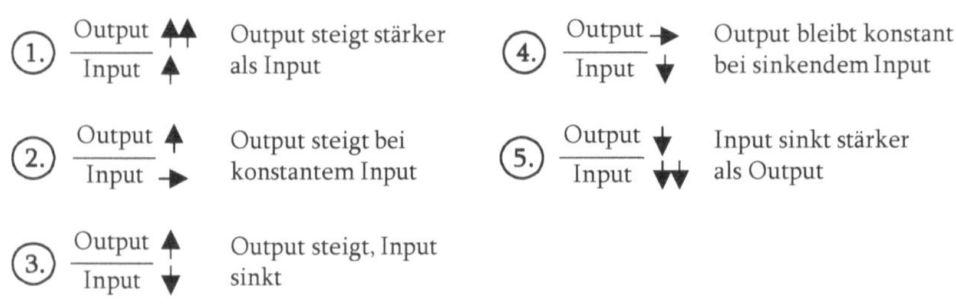

Abbildung 2-1: Grundlegende Entwicklungsmöglichkeiten der Produktivität[40]

[38] Vgl. Schierenbeck, Wöhle (2016), Betriebswirtschaftslehre, S. 5

[39] Vgl. Misterek et al. (1992), Productivity, S. 32; Ruch (1982), White-collar Productivity, S. 419

[40] I.A.a. Ruch (1982), White-collar Productivity, S. 419

Die Adressaten dieser Arbeit sind produzierende Unternehmen. Deren Ziel besteht darin, eine definierte Menge an Gütern mit einer bestimmten Qualität in einer bestimmten Zeit zu den geringstmöglichen Kosten zu produzieren[41]. Die primäre Aufgabe eines Produktionsbetriebs liegt somit auf dem Management der Inputseite der Produktivitätsgleichung. Für die Betrachtung wird der Output dementsprechend als konstant angenommen. Daraus folgernd können alle, mit einer Veränderung des Outputs verbundenen Produktivitätssteigerungsmöglichkeiten ausgeschlossen werden. Dementsprechend wird für den weiteren Verlauf der Arbeit das in Abbildung 2-1 an vierter Stelle dargestellte Minimalprinzip fokussiert.

Einordnung des Produktivitätsmanagements

Die organisationale Umsetzung der Aktivitäten zur Einflussnahme auf die Produktivität werden unter dem Begriff des Produktivitätsmanagements zusammengefasst. Aufgabe des betrieblichen Produktivitätsmanagements ist die Analyse, Planung, Steuerung, Verbesserung und Überwachung der Produktivität anhand von Produktivitätskennzahlen mit dem Ziel, die Wettbewerbsfähigkeit von Unternehmen zu erhalten und auszubauen[42]. Dabei wird grundsätzlich zwischen den Begriffsverständnissen der deutschsprachigen und der englischsprachigen Literatur unterschieden. Während in englischsprachigen Veröffentlichungen in der Regel ein Prozessgedanke im Sinne eines übergeordneten Managementprozesses zur Messung und Steuerung der Produktivitätsentwicklung zugrunde gelegt wird, wird in der deutschsprachigen Literatur unter dem Begriff des Produktivitätsmanagements typischerweise die Anwendung von Maßnahmen zur Steigerung der Produktivität verstanden. Somit beschreibt die englischsprachige Auffassung ein ganzheitliches, führungsorientiertes Regelkreisverständnis; die deutschsprachige Herangehensweise hingegen fokussiert nur die konkrete Ausführungsebene dieses zyklischen Prozesses. Dieses zyklische Modell des Produktivitätsmanagements besteht aus den Bereichen Produktivitätsplanung, managementbasierte Produktivitätssteuerung, Umsetzung von Produktivitätsverbesserungen, Produktivitätskontrolle sowie Produktivitätscontrolling und ist in Abbildung 2-2 dargestellt.[43]

[41] Vgl. Jodlbauer (2008), Produktionsoptimierung, S. 21

[42] Vgl. Eisele et al. (2021), Produktivitätsmanagement, S. 9

[43] Vgl. Dorner, Stowasser (2012), Produktivitätsmanagement, S. 217ff.

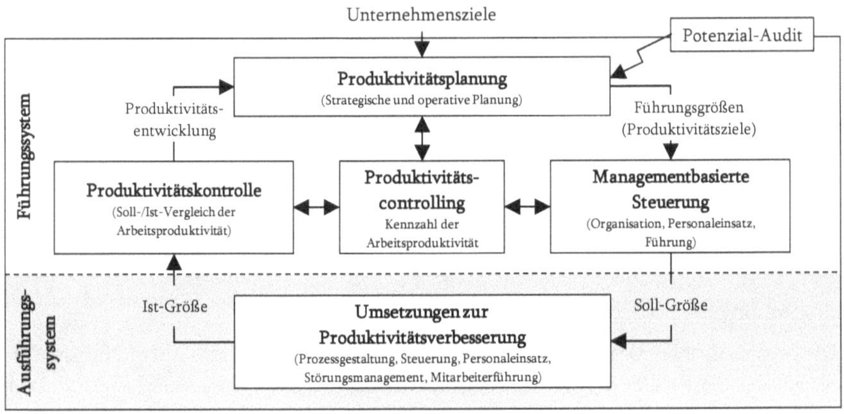

Abbildung 2-2: Modell des Produktivitätsmanagements[44]

Mit dieser Arbeit wird gemäß der Zielsetzung eine einmalige Identifikation produktivitätssteigernder Fähigkeiten angestrebt (vgl. Teilkapitel 1.2). Sie ist somit dem Aspekt der Produktivitätsplanung zuzuordnen und fokussiert nicht die Gestaltung des gesamten Regelkreises des Produktivitätsmanagements.

2.1.2 Arbeitsproduktivität

Die Arbeitsproduktivität als Teil der Gesamtproduktivität spielt eine signifikante Rolle sowohl auf makroökonomischer- als auch auf mikroökonomischer Ebene. Im makroökonomischen Verständnis ist die Arbeitsproduktivität definiert als der Quotient aus gesamtwirtschaftlicher Produktionsleistung einer Volkswirtschaft und den insgesamt eingesetzten Arbeitsstunden[45]. Die makroökonomische Sichtweise wird aufgrund der Zielsetzung der Arbeit mit Unternehmen als Betrachtungsobjekt nicht weiter betrachtet. Vielmehr wird dementsprechend auf die Unternehmensebene fokussiert. Auch dort ist die Arbeitsproduktivität ein häufig verwendeter Indikator zur Messung der Gesamtproduktivität eines Unternehmens[46]. Obwohl die Arbeitsproduktivität in Wechselwirkung mit den anderen Teilproduktivitäten steht und somit eigentlich keinen direkten Rückschluss auf die Gesamtproduktivität erlaubt, lässt sich ihre häufige

[44] I.A.a. Dorner, Stowasser (2012), Produktivitätsmanagement, S. 223

[45] Vgl. Basseler et al. (2013), Volkswirtschaft, S. 152f.; Weber (2021), Produktivität, S. 12

[46] Vgl. Syverson (2011), Productivity, S. 329; Eisele et al. (2021), Produktivitätsmanagement, S. 9; Nebl (2002), Produktivitätsmanagement, S. 3

Verwendung als Proxy-Indikator durch die gute Datenverfügbarkeit und die damit verbundene einfache Messung erklären[47].

Die Arbeitsproduktivität wird, analog zur Gesamtproduktivität, in der Literatur unterschiedlich interpretiert und dementsprechend definiert. Daher wird nachfolgend zunächst das Begriffsverständnis geschärft, bevor die Einflussfaktoren der Arbeitsproduktivität detaillierter dargestellt werden.

Begriffsverständnis

Die Arbeitsproduktivität bildet die Relation von Output zum eingebrachten Produktionsfaktor Arbeit ab[48]. Die exakte Zusammenstellung ihrer Einflussgrößen variiert dabei – sowohl für den Dividend als auch für den Divisor der Arbeitsproduktivitätsquotienten kommen je nach Auslegung verschiedene Größen in Betracht[49]. Da dieser Arbeit gemäß den obigen Ausführungen zur Gesamtproduktivität ein wertmäßiges Verständnis zugrunde gelegt wird, sind somit auch für die Formulierung der Arbeitsproduktivitätsgleichung wertmäßige Größen auszuwählen (vgl. Unterkapitel 2.1.1). In Abbildung 2-3 werden mögliche Output- und Inputgrößen der Arbeitsproduktivitätsgleichung dargestellt, deren Auswahl bzw. Ausschluss nachfolgend begründet wird.

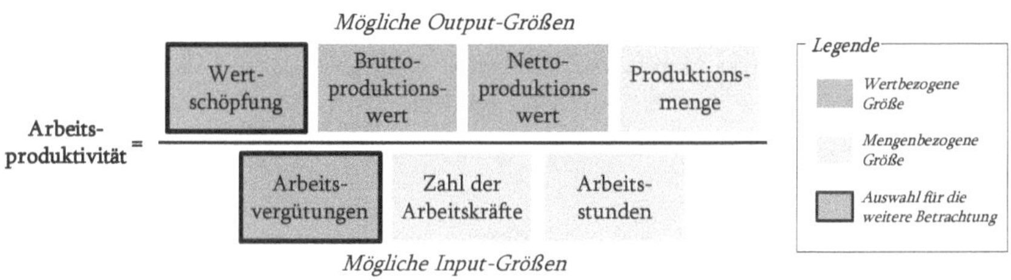

Abbildung 2-3: Exemplarische Einflussfaktoren der Arbeitsproduktivitätsgleichung[50]

Auf der Inputseite der Arbeitsproduktivitätsgleichung integriert die wertbezogene Größe Arbeitsvergütungen die beiden mengenbezogenen Größen. Sie bildet darüber hinaus auch Qualifikationslevel und Wertigkeit der Arbeitskräfte ab.[51] Sie stellt somit die umfassendste Möglichkeit der Abbildung des eingebrachten Produktionsfaktors

[47] Vgl. Krippendorf et al. (2015), Kennziffer "Produktivität", S. 5; Nebl (2002), Produktivitätsmanagement, S. 3

[48] Vgl. Weber (1998), Rentabilität, Produktivität und Liquidität, S. 99

[49] Vgl. Nebl (2002), Produktivitätsmanagement, S. 6; Weber (1998), Rentabilität, Produktivität und Liquidität, S. 105

[50] I.A.a. Weber (1998), Rentabilität, Produktivität und Liquidität, S. 99f.

[51] Vgl. Weber (1998), Rentabilität, Produktivität und Liquidität, S. 99f.; Nebl (2002), Produktivitätsmanagement, S. 6

Arbeit dar[52]. Auf der Output-Seite der Gleichung ist die singuläre Erfassung des durch den Faktor Arbeit erwirtschafteten Ergebnisses nicht möglich. Stattdessen kommen ausschließlich faktorübergreifende Größen in Betracht. Die in Abbildung 2-3 dargestellten Größen der Output-Seite weisen inhärente Abhängigkeiten auf. Die Wertschöpfung entspricht dem Bruttoproduktionswert[53], bereinigt um Vorleistungen und Handelswaren[54] sowie um die Abschreibungen.[55] Die Wertschöpfung wird als passendste und umfänglichste Größe ausgewählt[56]. Dementsprechend ergibt sich folgende Definition der Arbeitsproduktivität:

Die Arbeitsproduktivität entspricht dem wertmäßigen Quotienten der Wertschöpfung und der Arbeitsvergütung.

Nachdem das Begriffsverständnis der Arbeitsproduktivität definiert wurde, wird im Folgenden analog zur Produktivität im Allgemeinen die Beeinflussung bzw. Steigerung dieser detailliert. Fragestellungen zur Steigerung der Arbeitsproduktivität werden vorrangig im Forschungsfeld der Arbeitswissenschaften behandelt. Diese fokussieren dabei bspw. auf Ansätze der Arbeitsorganisation oder Mitarbeitermotivation und betrachten mögliche Produktivitätssteigerungen im Kontext bestehender technologischer Möglichkeiten[57]. Unabhängig von bestehenden technologischen Restriktionen und dadurch induzierter Tätigkeitsabläufe in Unternehmen, sind weitere Produktivitätspotenziale realisierbar[58]. Nachfolgend wird zunächst die methodisch-arbeitswissenschaftliche Perspektive dargestellt, bevor eine Erläuterung des tätigkeitsbasierten Ansatzes erfolgt.

Arbeitswissenschaftlicher Ansatz zur Steigerung der Arbeitsproduktivität

Grundlegend kann die Arbeitsproduktivität sowohl von externen und internen Faktoren beeinflusst werden. Zu den externen Faktoren gehören bspw. saisonale Schwankungen und Konjunkturzyklen, die hauptsächlich auf den Output wirken[59]. Diese

---

[52] Vgl. Lay et al. (2009), Benchmarking Produktivität, S. 5; Garrel et al. (2016), Gestaltung wissensintensiver Dienstleistungen, S. 346

[53] Der Bruttoproduktionswert entspricht der Summe über alle Produkte aus der Produktionsmenge je Produkt multipliziert mit dem jeweiligen Wert des Produkts

[54] Der um Vorleistungen und Handelswaren bereinigte Bruttoproduktionswert entspricht wiederum dem Nettoproduktionswert.

[55] Vgl. Weber (1998), Rentabilität, Produktivität und Liquidität, S. 99ff.

[56] Vgl. Blaeser-Benfer et al. (2012), Produktivität, S. 13f.; Baszenski (2012), Steigerung der Arbeitsproduktivität, S. 196; Lay et al. (2009), Benchmarking Produktivität, S. 5

[57] Vgl. Nebl (2002), Produktivitätsmanagement, S. 15

[58] Vgl. Schuh, Scheuer (2022), Increasing Labor Productivity, S. 9f.

[59] Vgl. Sigala (2004), Measuring and Benchmarking Productivity, S. 41

Einflussgrößen liegen größtenteils außerhalb des Einflussbereichs des Managements produzierender Unternehmen und werden dementsprechend im Rahmen dieser Arbeit nicht weiter betrachtet.

Die internen, beeinflussbaren Faktoren der Arbeitsproduktivität können auf beiden Seiten der Produktivitätsformel wirken. Dies sollte vor dem Hintergrund des Fokus der vorliegenden Arbeit auf produzierende Unternehmen jedoch eingeschränkt werden. Denn das Ziel der Produktion besteht darin, eine definierte Menge an Gütern mit einer bestimmten Qualität in einer bestimmten Zeit zu den geringstmöglichen Kosten zu produzieren[60]. Dies bedeutet, dass der Output in der Produktivitätsgleichung als konstant angesehen werden kann und folglich eine Reduzierung des Inputs der Produktivität von zentralem Interesse ist.

In der (deutschsprachigen) Literatur zur betrieblichen Produktivitätsgestaltung wird oftmals der methodische Ansatz zur Produktivitätssteigerung nach NEBL[61] als Grundlage tiefergehender Analysen genutzt[62]. Dieser beschreibt Einflussfaktoren der Produktivitätsgleichung und ordnet diesen Problemlösungsansätze zu. Als direkte Einflussfaktoren auf den Input der Arbeitsproduktivität nennt NEBL bspw. die Leistungsbereitschaft[63]. Darüber hinaus fasst er Einflussfaktoren auf den Durchsatz zusammen, also solche, die auf beide Seiten der Produktivitätsgleichung wirken. Dies ist bspw. die Prozessorganisation.[64] Eine Übersicht der Einflussfaktoren und deren Determinanten wird in Abbildung 2-4 gegeben.

---

[60] Vgl. Jodlbauer (2008), Produktionsoptimierung, S. 25

[61] Vgl. Nebl (2002), Produktivitätsmanagement

[62] Vgl. Baszenski (2012), Steigerung der Arbeitsproduktivität, S. 199; Blaeser-Benfer et al. (2012), Produktivität, S. 21; Krippendorf et al. (2015), Kennziffer "Produktivität", S. 48; Verband für Arbeitsstudien und Betriebsorganisation (REFA) (2016), Arbeitsorganisation, S. 46

[63] Vgl. Nebl (2002), Produktivitätsmanagement, S. 14

[64] Vgl. Nebl (2002), Produktivitätsmanagement, S. 19

Einflussfaktoren auf den Durchsatz

Produktionsvorbereitung/ -durchführung	Prozessorganisation	Qualitätsfähigkeit	Logistische Kette
• Prozessvereinfachung • Schlanke Produktion • Fertigungstechnologie	• Aufbau- und Ablauforganisation • Räumliche / zeitliche Organisationsprinzipien • Organisationsformen	• Vorbereitungsqualität • Prozessqualität • Erzeugnisqualität	• Durchgängige Flussbetrachtungen

Einflussfaktoren auf den Input

Leistungsfähigkeit	Leistungsbereitschaft	Kapazitätsangebot	Ausnutzung des Kapazitätsangebots	Arbeitsorganisation
• Qualifikation • Fähigkeiten • Fertigkeiten • Flexibilität • Arbeitsqualität	• Motivation • Disposition	• Anzahl Arbeitskräfte • Tagesarbeitszeit • Jahresarbeitszeit	• Kontinuität • Leistungsintensität • Zeitarten	• Arbeitseinteilung • Arbeitsstrukturierung • Wertschöpfung

Abbildung 2-4: Einflussfaktoren der Arbeitsproduktivität[65]

Die Einflussfaktoren auf den Input der Arbeitsproduktivität und die zugehörigen methodischen Problemlösungsansätze sind somit einerseits auf einer Personalmanagement- und -planungsebene angesiedelt und zielen andererseits auf arbeitswissenschaftliche und arbeitsorganisationale Aspekte ab. Dabei stehen die Problematiken der effektiven und zielorientierten Personalentwicklung und -motivation sowie der ergonomischen Arbeitsgestaltung und zeitbasierten Rationalisierung von (manuellen) Arbeitstätigkeiten im Vordergrund. Die dargestellten Einflussfaktoren fokussieren demnach vorwiegend auf die Optimierung der Ausführung bestehender Tätigkeitsstrukturen.

2.1.3 Zwischenfazit: Steigerung der Arbeitsproduktivität

Die Steigerung der Produktivität ist sowohl für Unternehmen als auch für gesamte Volkswirtschaften Ziel und Messgröße zugleich. Bei der Operationalisierung des Produktivitätsbegriffs im Unternehmenskontext werden Teilproduktivitäten unterschieden. Die Arbeitsproduktivität als eine solche steht im Fokus dieser Arbeit und wird definiert als Quotient aus Wertschöpfung und Arbeitsvergütung. Sowohl Dividend als auch Divisor werden dabei wertmäßig erfasst. Rein mathematisch ist eine

[65] I.A.a. Nebl (2002), Produktivitätsmanagement, S. 15ff.

Produktivitätssteigerung somit über verschiedene Kombinationen der Anpassung von Dividend und Divisor zu begründen. Für den weiteren Verlauf dieser Arbeit werden im Verständnis des Minimalprinzips jedoch ausschließlich Veränderungen des Inputs, d. h. des Divisors betrachtet.

Die Steigerung der Arbeitsproduktivität ist demnach möglich, wenn die Ausgaben für die Arbeitskraft reduziert werden. Diese Ausgaben werden maßgeblich durch die gesamt erforderliche Arbeitszeit und die Arbeitskosten (pro Zeiteinheit) bestimmt. Die Beeinflussung der Arbeitskosten liegt für existierende Standorte nur begrenzt im Handlungsspielraum produzierender Unternehmen[66]. Sie werden maßgeblich durch die vorliegenden Rahmenbedingungen bestimmt. Das einzelne Unternehmen hat darin somit nur einen begrenzten Gestaltungsrahmen. Eine wesentlich größere Einflussmöglichkeit haben Unternehmen auf die Gestaltung der Tätigkeiten, die die Arbeitszeit bedingen. Sie können im Kontext neuer Technologien radikal hinterfragt werden. So ermöglichen es Datentechnologien, vormals rein menschbasierte Tätigkeiten zu beschleunigen oder gar zu integrieren.[67] Im Gegensatz zu den methodischen Ansätzen der Arbeitswissenschaft, die primär die Optimierung der Ausführung eines bestehenden Prozess- und Tätigkeitsprofils betrachten, sind auf diese Weise radikalere Veränderungen und demzufolge auch höhere Steigerungen der Arbeitsproduktivität möglich.

2.2 Industrie 4.0 und das intelligente Unternehmen

Die technologischen Potenziale von Datentechnologien in industriellen Unternehmen nutzbar zu machen, steht im Fokus der Vision der Industrie 4.0. Dabei ist der Begriff der Industrie 4.0 vielschichtig und erfordert demnach eine Einordnung (vgl. Unterkapitel 1.1). Innerhalb der Industrie 4.0 nehmen Datentechnologien als technologische Grundlage eine besondere Rolle ein[68]. Sie werden dementsprechend ebenfalls hinsichtlich Begriff und Konzept detailliert (vgl. Unterkapitel 2.2.2). Ihre Beherrschung ermöglicht in der Vision des intelligenten Unternehmens die vollständige Integration aller relevanten Informationen im Unternehmen und ist damit die Basis für weitrechende Verbesserungen (bspw. der Tätigkeitskomplexität und somit auch der Arbeitsproduktivität)[69]. Daher wird das Konzept des intelligenten Unternehmens ebenfalls

[66] Vgl. Weber (1909), Standort, S. 18ff.
[67] Vgl. Schuh, Scheuer (2022), Increasing Labor Productivity, S. 9f.
[68] Vgl. Klingenberg et al. (2021), Industry 4.0, S. 572
[69] Vgl. Müller, Saueressig (2022), Intelligent Enterprises, S. 7

betrachtet und im Vergleich zur Industrie 4.0 eingeordnet (vgl. Unterkapitel 2.2.3), bevor das Teilkapitel mit einem Zwischenfazit abgeschlossen wird (vgl. Unterkapitel 2.2.4).

2.2.1 Industrie 4.0

Der Begriff der Industrie 4.0 nimmt Bezug auf eine aktuell stattfindende vierte industrielle Revolution. Sie schließt an die vorherigen drei industriellen Revolutionen der Mechanisierung von Fertigungsprozessen mit Dampf- und Wasserkraft Ende des 18. Jahrhunderts, der Einführung der Massenproduktion zu Beginn des 20. Jahrhunderts und der Integration von Informations- und Kommunikationstechnologie in die Produktion in den 1970er Jahren an.[70] Der Begriff ist dabei als strategisches Programm zur Entwicklung von fortschrittlichen Produktionssystemen zwecks Steigerung der Produktivität und Effizienz der deutschen Wirtschaft auf eine Initiative der deutschen Bundesregierung aus dem Jahre 2011 zurückzuführen[71]. Er wurde somit in Deutschland geprägt, wird jedoch auch international genutzt und weiterentwickelt.

Während die PLATTFORM INDUSTRIE 4.0 den Begriff als „die intelligente Vernetzung von Maschinen und Abläufen in der Industrie mithilfe von Informations- und Kommunikationstechnologie“[72] definiert, wird der Begriff in der wissenschaftlichen Literatur weiter gefasst. So wird die Vision der Industrie 4.0 als horizontale und vertikale Vernetzung der industriellen Produktion sowie aller Akteure auf den unterschiedlichen Stufen der Wertschöpfungskette zur Schaffung hochflexibler und dynamischer globaler Wertschöpfungsnetzwerke gesehen, die in transparenten und effizienteren Prozessen, neuen (digitalen) Geschäftsmodellen sowie einem Fokus auf die Maximierung des Kundenwerts resultiert[73].

Ein weitverbreitetes Rahmenwerk zur Beschreibung der verschiedenen Entwicklungsstufen der Industrie 4.0, das die Einsatzmöglichkeiten von Datentechnologien entlang dieses Pfads verdeutlicht, stellt der ACATECH Industry 4.0 Maturity Index dar. Das Konzept der Industrie 4.0 umfasst hierbei vier Reifegradstufen: die Sichtbarkeit, Transparenz, Prognostizierbarkeit und Adaptierbarkeit. Dem vorgelagert sind die beiden Stufen der Computerisierung und Vernetzung, die eine grundlegende Digitalisierung von

[70] Vgl. Wagner (2018), Industrie 4.0 für die Praxis, S. 3f.

[71] Vgl. Frank et al. (2019), Industry 4.0 Technologies, S. 16; Kagermann et al. (2013), Implementing Industrie 4.0, S. 77

[72] Vgl. Bundesministerium für Wirtschaft und Klimaschutz (2022), Industrie 4.0

[73] Vgl. Kagermann et al. (2013), Implementing Industrie 4.0, S. 19; Roth (2016), Industrie 4.0, S. 5f.; Bauernhansl et al. (2016), Standpunkt Industrie 4.0, S. 6ff.; Kosch et al. (2016), Industrie 4.0, S. 7; Schuh et al. (2020), Industrie 4.0 Maturity, S. 11; Bundesministerium für Wirtschaft und Energie (2019), Digitale Ökosysteme, S. 3

Unternehmensprozessen beschreiben und eine Vorbedingung für die Reifegradstufen der Industrie 4.0 darstellen (vgl. Abbildung 2-5).[74]

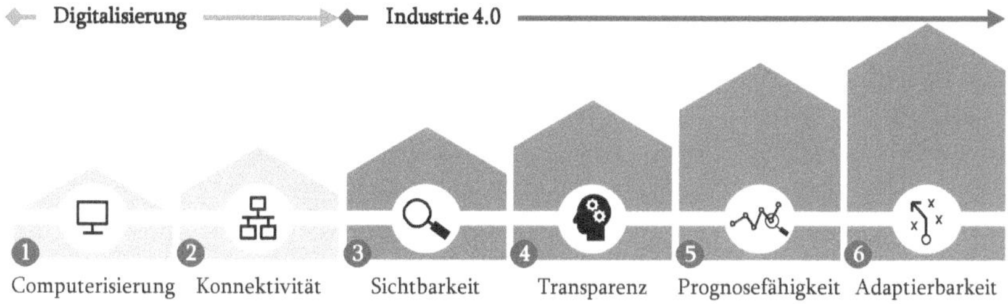

Abbildung 2-5: Entwicklungspfad der Industrie 4.0[75]

Gemäß ACATECH beschreibt die erste Stufe der Industrie 4.0 (Sichtbarkeit) eine Visualisierung von Prozessen und Abläufen, indem ein digitales Abbild des Unternehmens geschaffen wird. Dieser digitale Schatten ermöglicht es, bisher verborgene Zustände und Vorgänge sichtbar zu machen und so eine bessere Datengrundlage für Entscheidungen zu etablieren. Die vierte Stufe der Transparenz geht darüber hinaus, indem auf Basis des digitalen Schattens Analysen über Wirkzusammenhänge zwischen Elementen vorgenommen und dadurch ein Verständnis ihrer Abhängigkeiten geschaffen wird. Hierauf aufbauend können in der fünften Stufe der Vorhersagbarkeit zukünftige Ereignisse und Zustände prognostiziert werden. Dies gelingt durch die kontinuierliche Analyse neuer Daten und dem Ableiten möglicher Szenarien und der Bewertung ihrer Eintrittswahrscheinlichkeiten. Infolgedessen können etwa Fehler antizipiert und (präventive) Gegenmaßnahmen eingeleitet werden. Die höchste Reifegradstufe der Industrie 4.0 stellt schließlich die Adaptierbarkeit dar. Auf dieser Stufe werden durch das System autonom Entscheidungen basierend auf den prognostizierten Ereignissen getroffen.[76]

Die Industrie 4.0 ist damit ein datengetriebenes Paradigma, da Daten ihre zentrale Ressource zur Schaffung von Nutzen darstellen. Folglich stellen Datentechnologien einen Großteil der Industrie-4.0-Technologien dar und tragen essenziell zur Erreichung der Vision der Industrie 4.0 bei.[77] Sie sind jedoch nicht gleichzusetzen mit dem Konzept der Industrie 4.0, da hiermit auch eine veränderte Organisationsstruktur und

[74] Vgl. Schuh et al. (2020), Industrie 4.0 Maturity, S. 17ff.
[75] I.A.a. Schuh et al. (2020), Industrie 4.0 Maturity, S. 18
[76] Vgl. Schuh et al. (2020), Industrie 4.0 Maturity, S. 19ff.
[77] Vgl. Klingenberg et al. (2021), Industry 4.0, S. 572f.

Unternehmenskultur sowie neuartige Geschäftsmodelle einhergehen[78]. Es wird daher die nachfolgende Definition für den Begriff Industrie 4.0 festgehalten:

> Die Industrie 4.0 beschreibt einen industriellen Zielzustand der erfolgreichen Integration von Informations- und Kommunikationstechnologien in der industriellen Praxis. Damit wird das Ziel der bestmöglichen Ausnutzung der Potenziale von Daten im Unternehmen verfolgt. Datentechnologien stellen die kritische technologische Komponente zur Realisierung dieser Potenziale dar.

Aufgrund ihrer Bedeutung für die Industrie 4.0 werden Datentechnologien im Folgenden näher analysiert.

2.2.2 Datentechnologien

Produzierende Unternehmen erzeugen große Mengen an Rohdaten und speichern diese in proprietären Systemen über die verschiedenen Phasen der Produktentwicklung und Auftragsabwicklung ab. OTTO ET AL. definieren den Begriff „Daten" aus informationstechnischer Sicht als „formalisierte, für die Kommunikation oder Verarbeitung mehrfach verwertbare Darstellung von Informationen"[79] und aus ökonomischer Sicht als ein „immaterielles Wirtschaftsgut"[80]. Datentechnologien umfassen daher alle Technologien, die sich mit der Erfassung, Weitergabe, Verarbeitung, Bereitstellung und Nutzung von Daten befassen[81]. Der unternehmerische Wert entsteht jedoch erst mit der Aufwertung der Daten mithilfe von Datenanalyseverfahren[82]. Diese Verfahren werden in deskriptive, diagnostische, prädiktive und präskriptive Datenanalyse unterschieden[83]. Sie sind die inhaltliche Grundlage für die vorgestellten Entwicklungsstufen der Industrie 4.0 (vgl. Unterkapitel 2.2.1) und werden nachfolgend aufgrund der zentralen Bedeutung der Datenanalyse für die Steigerung der Arbeitsproduktivität weiter detailliert.

Die deskriptive Analyse ist die Analyse historischer und aktueller Daten mittels statistischer Methoden zur reinen Beschreibung von Ereignissen. Die aus den Daten gewonnen Informationen werden graphisch visualisiert (bspw. in Form von Diagrammen und

[78] Vgl. Schuh et al. (2020), Industrie 4.0 Maturity, S. 11
[79] Vgl. Otto et al. (2016), Industrial Data Space, S. 38
[80] Vgl. Otto et al. (2016), Industrial Data Space, S. 38
[81] Vgl. Weber et al. (2017), Productivity Strategies, S. 144
[82] Vgl. Kagermann et al. (2014), Smart Service Welt, S. 27; Meinel, Schneiss (2015), Smart Data, S. 3
[83] Vgl. Dagnino (2021), Data Analytics, S. 21

Berichten).[84] Die deskriptive Analyse beantwortet die Fragen „Was ist in der Vergangenheit passiert?“ und „Was passiert momentan?“[85].

Die diagnostische Analyse dient demgegenüber der Untersuchung historischer und aktueller Daten zur Abhängigkeit- und Mustererkennung zwecks Identifizierung von Ursachen für Fehler, Anomalien und Defekte. Dieses Analyseverfahren schafft Verständnis über das untersuchte Problem und beantwortet die Frage „Warum ist etwas passiert?“.[86]

Die prädiktive Analyse basiert auf der deskriptiven und diagnostischen Analyse. Sie nutzt statistische Methoden sowie maschinell lernende Systeme zur Auswertung historischer und aktueller Daten zwecks Erstellung von Prognosen über zukünftige Trends, Tendenzen und Ereignisse (wie bspw. zu erwartende Produktionsparameter und Maschinenausfälle).[87] Auf diese Weise wird der Wissenserwerb und die frühzeitige Erkennung von Fehlern ermöglicht, sowie die Entscheidungsfindung unterstützt. Die prädiktive Analyse liefert folglich Antworten auf die Fragen „Was kann bzw. wird passieren?“ und „Warum wird etwas passieren?“.[88]

Die präskriptive Analyse ist die anspruchsvollste Stufe der Datenanalyse. Sie wird durch den Einsatz fortgeschrittener Verfahren und Algorithmen des maschinellen Lernens ermöglicht. Dadurch können notwendige bzw. optimale Handlungsmöglichkeiten für die Vermeidung von Problemen oder die Ausnutzung möglicher Potenziale empfohlen werden.[89] Dabei werden die aus der prädiktiven Analyse erstellten Vorhersagen als Grundlage zur Unterstützung der Entscheidungsfindung genutzt. Außerdem kann die präskriptive Analyse bei der Entscheidungsautomatisierung angewandt werden, sodass die empfohlene Handlung automatisch umgesetzt wird. Die Fragen, die dieses Datenanalyseverfahren beantwortet, lauten: „Was sollte getan werden?“ und „Warum soll etwas getan werden?“ .[90]

Aufbauend auf den zuvor dargestellten Konzepten von Datentechnologien wird die nachfolgende Definition abgeleitet:

---

[84] Vgl. Dagnino (2021), Data Analytics, S. 21 (wörtliche Übersetzung aus dem Englischen)
[85] Vgl. Lepenioti et al. (2020), Prescriptive Analytics, S. 57; Dagnino (2021), Data Analytics, S. 21
[86] Vgl. Dagnino (2021), Data Analytics, S. 21f.
[87] Vgl. Choudhary et al. (2009), Data Mining, S. 506; Dagnino (2021), Data Analytics, S. 60; Meinel, Schneiss (2015), Smart Data, S. 10; Lepenioti et al. (2020), Prescriptive Analytics, S. 60
[88] Vgl. Lepenioti et al. (2020), Prescriptive Analytics, S. 57; Dagnino (2021), Data Analytics, S. 22
[89] Vgl. Dagnino (2021), Data Analytics, S. 22; Lepenioti et al. (2020), Prescriptive Analytics, S. 60
[90] Vgl. Lepenioti et al. (2020), Prescriptive Analytics, S. 57ff.

Als Datentechnologien werden alle Technologien verstanden, die sich mit der Erfassung, Weitergabe, Verarbeitung, Bereitstellung und Nutzung von Daten befassen.

Für den weiteren Verlauf der Arbeit wird die Definition der Datentechnologien verengt zu denjenigen Datentechnologien, die auch einen Wert erzeugen. Der Begriff Datentechnologien wird somit fortan synonym zum Begriff der Datenanalyseverfahren genutzt und umfasst die deskriptive, diagnostische, prädiktive und präskriptive Analyse.

2.2.3 Intelligentes Unternehmen

Das Paradigma der Industrie 4.0 verbessert die Fähigkeit von Unternehmen, in einem dynamischen Unternehmensumfeld zu bestehen[91]. Die Zielsetzung eines resilienten Unternehmens mit schnellen Reaktionszeiten aufgrund datenbasierter Entscheidungen, ist jedoch nicht originär der Industrie 4.0 zuzuordnen. Mit dem Paradigma des intelligenten Unternehmens wird bereits seit Beginn der 1990er Jahre ein ähnlich ausgerichteter Ansatz diskutiert. Die Intelligenz dieses Unternehmens drückt sich in der Nutzbarmachung seines inhärenten Wissens aus[92]. Bevor die von QUINN begründete Denkschule intelligenter Unternehmen näher beschrieben wird, erfolgt eine Einordnung des Begriffs ausgehend vom eigentlichen Wortsinn.

Begriffsverständnis

Im unternehmerischen Kontext wird der Begriff der Intelligenz verschiedenartig genutzt. So steht er im internen Intelligenzprozess für die informationsgetriebene Unterstützung von Entscheidungsfindungsprozessen. Insbesondere im anglophonen Sprachraum wird er darüber hinaus synonym zur unternehmerischen Früherkennung genutzt. Unter Technologie- und Wettbewerbsintelligenz versteht man in diesem Zusammenhang die Vorausschau auf Entwicklungen außerhalb des eigenen Unternehmens.[93] In produzierenden Unternehmen wird außerdem auch von intelligenten Produktionssystemen gesprochen. Dieses gilt als intelligent, wenn es sich schnell an

[91] Vgl. Schuh et al. (2020), Industrie 4.0 Maturity, S. 11

[92] Vgl. Quinn (1992), Intelligent Enterprise, S. 62

[93] Vgl. Mashingaidze (2014), Intelligence Terminologies; Rouach, Santi (2001), Competitive Intelligence; Pellissier, Nenzhelele (2013), Competitive Intelligence; Wheaton, Beerbower (2006), New Definition of Intelligence

kontinuierliche Nachfrage-, Markt- und Technologieänderungen anpassen kann und unter veränderlichen Umfeldbedingungen stabil arbeitet.[94]

Die initiale Definition des intelligenten Unternehmens von QUINN stellt vor allem zwei Aspekte ins Zentrum: Die Intelligenz wird durch eine Fokussierung auf Kernkompetenzen erreicht und basiert auf dem Bewusstsein der Relevanz wissensintensiver Tätigkeiten. Der letztere Punkt macht dieses Verständnis des intelligenten Unternehmens zunächst vor allem im Dienstleistungssektor anwendbar.[95] Eine neuere Einordnung des Begriffs liefert bspw. das HARVARD INNOVATORS FORUM. Diese sieht das intelligente Unternehmen als ein Paradigma, das es Unternehmen ermöglicht, effizienter zu arbeiten und bessere Entscheidungen mit verbesserter Echtzeit-Transparenz zu treffen, indem sie physischen Vermögenswerten eine digitale Stimme geben[96]. Dieser Aspekt des datenbasierten Arbeitens wird auch von anderen modernen Definitionen aufgegriffen. BYRUM beschreibt bspw. das intelligente Unternehmen als ein solches, bei dem jeder Aspekt unter der Berücksichtigung von künstlicher Intelligenz gestaltet ist[97]. Es ermöglicht die bestmögliche Kombination der jeweilen Potenziale von Menschen und Maschinen[98].

Das intelligente Unternehmen wird darüber hinaus als eine Art von Organisation mit spezifischen Fähigkeiten definiert. ARMAŞ definiert den Begriff als ein Unternehmen, das in der Lage ist, auf nicht-algorithmische Weise die grundlegenden Probleme effektiv in verschiedenen Kombinationen zu lösen[99]. WIIG betont dabei die Bedeutung des Wissensmanagements für solche Unternehmen. Der intelligente Unternehmenstyp betrachtet Situationen stets aus einer langfristigen Perspektive und strebt nach langfristigem Erfolg und Bestehen in einer Weise, die seinen Interessengruppen dient.[100]

Auf Basis der obigen Ausführungen wird das intelligente Unternehmen für diese Arbeit folgendermaßen definiert:

Das intelligente Unternehmen ist ein Unternehmen, das Datentechnologien nutzt, um direkt oder indirekt Wert für den Kunden zu erzeugen.

---

[94] Vgl. Zhou, Chuah (2000), Human Intelligence, S. 30; Liu et al. (1997), Intelligent Manufacturing Systems (zitiert nach: Zhou, Chuah (2000), Human Intelligence, S. 30)
[95] Vgl. Quinn (1992), Paradigm for a New Era, S. 213ff.
[96] Vgl. Ricketts (2016), Intelligent Enterprise, S. 4
[97] Vgl. Byrum (2020), Leading the Intelligent Enterprise, S. 1
[98] Vgl. Byrum (2021), Driving Innovation, S. 30
[99] Vgl. Armaş (2014), Intelligent Enterprises, S. 96
[100] Vgl. Wiig (1999), Intelligent Enterprise and Knowledge Management, S. 3

Aus den vorherigen Darstellungen und Definitionen geht hervor, dass das intelligente Unternehmen per se noch nicht im produzierenden Kontext definiert ist. Existierende Ansätze fokussieren nur am Rande auf diesen Anwendungsbereich[101]. Die im intelligenten Unternehmen zentrale Rolle der Datentechnologien findet sich jedoch auch im Konzept der Industrie 4.0[102]. Mit dessen vollständiger Umsetzung werden Daten im Unternehmen bestmöglich genutzt und auf diese Weise die Entscheidungslatenz entscheidend verringert[103]. Die Projektion des intelligenten Unternehmens auf das produzierende Gewerbe - das intelligente produzierende Unternehmen – ist dementsprechend als der unternehmensbezogene Zielzustand der Industrie 4.0 anzusehen[104]. Im Verlauf dieser Arbeit ist daher das Konzept des intelligenten Unternehmens im Kontext produzierender Unternehmen zu spezifizieren.

2.2.4 Zwischenfazit: Industrie 4.0 und intelligentes Unternehmen

Die Industrie 4.0 verbindet den Ansatz agiler, resilienter Unternehmen mit den Potenzialen sich schnell entwickelnder Datentechnologien. Sie ermöglicht es dadurch, die unternehmerischen Daten inhärenten Wertpotenziale zu heben. Die Beherrschung von Datentechnologien ist dafür von essenzieller Relevanz. Unter ihnen nehmen insbesondere die Datenanalyseverfahren eine zentrale Rolle ein, da sie für die Schaffung von wertvollen Erkenntnissen aus den Daten und die Umwandlung in Wissen und Aktionen unverzichtbar sind.

Der Ansatz des intelligenten Unternehmens beinhaltete bereits weit vor dem Aufkommen des Begriffs der Industrie 4.0 eine ähnliche Zielsetzung. Im Kontext der verfügbaren Technologien konnte der zentrale Aspekt des Managements von Informationen und Wissen jedoch nur begrenzt zu Produktivitätssteigerungen genutzt werden. Die dynamisierte Entwicklung von maschinell lernenden Systemen und künstlicher Intelligenz löst diese technologische Restriktion auf und ermöglicht somit die vollständige Ausnutzung der Produktivitätspotenziale des intelligenten Unternehmens. Im Verständnis dieser Arbeit bildet das intelligente produzierende Unternehmen den unternehmensbezogenen Zielzustand der Industrie 4.0 und macht diese damit im konkreten Konstrukt des Unternehmens beschreibbar.

[101] Vgl. Schuh et al. (2022), Intelligent Manufacturing Enterprise, S. 3
[102] Vgl. Schuh et al. (2020), Industrie 4.0 Maturity, S. 11
[103] Vgl. Muehlen, Shapiro (2010), S. 147ff.; Schuh et al. (2020), Industrie 4.0 Maturity, S. 21
[104] Vgl. Schuh, Scheuer (2022), Increasing Labor Productivity, S. 10

2.3 Fähigkeiten produzierender Unternehmen

Das Ziel dieser Arbeit ist die Bestimmung von Fähigkeitsbündeln in produzierenden Unternehmen, deren Beherrschung eine Steigerung der Arbeitsproduktivität bewirkt. Dementsprechend umfasst der Betrachtungsbereich nicht alle möglichen Arten von Unternehmen, sondern ausschließlich produzierende Unternehmen. Zur weiteren Einordnung erfolgt zunächst eine Betrachtung der Bereiche und Prozesse dieser Unternehmen (vgl. Unterkapitel 2.3.1). Anschließend wird die Wissens- und Informationsintensität von Tätigkeiten und Prozessen näher untersucht (vgl. Unterkapitel 2.3.2). Entscheidungen über den Aufbau von Fähigkeiten sind Aufgabe des strategischen Managements[105]. Das Verständnis des Aufgabenbereichs und Handlungsspielraums des strategischen Managements ist folglich wichtig, um potenzielle Anwender der Arbeit zu verstehen. Innerhalb dieses Forschungsbereichs sind Fähigkeiten jedoch nicht eindeutig definiert[106]. Die zentrale Rolle der Fähigkeitsbündel in dieser Arbeit erfordert daher klare Einordnungen, sowohl des Begriffs der Fähigkeit als auch des Fähigkeitsbündels (vgl. Unterkapitel 2.3.3). Abgeschlossen wird das Kapitel durch ein Zwischenfazit (vgl. Unterkapitel 2.3.4).

2.3.1 Strukturen und Prozesse produzierender Unternehmen

Bevor die Strukturen und Prozesse innerhalb produzierender Unternehmen analysiert werden, gilt es zunächst ein solches Unternehmen selbst zu detaillieren. Im Folgenden wird daher zunächst das produzierende Unternehmen eingeordnet. Anschließend werden grundlegende Strukturen und Prozesse in solchen Unternehmen vorgestellt. Vor diesem Hintergrund wird abschließend die Wissens- und Informationsintensität diskutiert.

Einordnung des produzierenden Unternehmens

Dem systemtheoretischen Verständnis folgend, wird ein Unternehmen als komplexes System betrachtet. Es besteht demnach aus vielen, interagierenden Elementen.[107] Darüber hinaus weist ein Unternehmen, gerade im Kontext der Produktion, einen soziotechnischen Charakter auf, da es aus Menschen und Maschinen besteht[108]. Unternehmen des produzierenden oder verarbeitenden Gewerbes werden gegründet, um

---

[105] Vgl. Teece et al. (1997), Dynamic Capabilities, S. 515

[106] Vgl. Day (1994), Capabilities, S. 38; Teece et al. (1997), Dynamic Capabilities, S. 510; Loasby (1998), Organisation of Capabilities, S. 143ff.; Ulrich, Smallwood (2004), Capitalizing on Capabilities, S. 1

[107] Vgl. Ulrich (1984), Management, S. 37

[108] Vgl. Ulrich, Fluri (1992), Management, S. 31; Ulrich (1984), Management, S. 37

physische Güter aus Rohstoffen für den Verkauf zu produzieren[109]. Der Begriff Produktion bezeichnet dabei die „Transformation von Materialien, Rechten, Diensten und Informationen“[110]. Die Wertschöpfung besteht dabei in der Transformation von auf dem Beschaffungsmarkt erworbenen Produktionsfaktoren (Input-Faktoren) zu höherwertigen, auf dem Absatzmarkt nachgefragten Output-Faktoren[111]. Organisiert wird die Produktion durch ein Produktionssystem aus gleichartigen oder verschiedenen Transformationsprozessen[112]. Das Produktionssystem ist ein ganzheitliches Organisationskonzept, welches aus zwei Elementen zusammengesetzt ist: Produktionsmanagement und Leistungssystem[113].

Das Managementsystem bzw. Produktionsmanagement dient der Planung und Steuerung der Produktion und damit der „zielkonformen Gestaltung und Lenkung der Transformationsprozesse“[114]. Dafür werden Sollgrößen hinsichtlich qualitativer und quantitativer Anforderungen vor dem Hintergrund ökonomischer und anderweitiger Zielgrößen definiert. Das Leistungssystem bildet den eigentlichen Wertschöpfungsprozess zur Umwandlung von Inputs in Outputs ab. Dies schließt die zugrundeliegenden technischen Produktionsprozesse zur Transformation mit technischen Gestaltungsparametern mit ein.[115] Abbildung 2-6 illustriert das Zusammenwirken von Produktionsmanagement und Leistungssystem.

[109] Vgl. Esmaeilian et al. (2016), Future of Manufacturing, S. 79; Hu et al. (2008), Modeling of Resilience Dynamics, S. 279

[110] Vgl. Schuh, Schmidt (2014), Grundlagen Produktionsmanagement, S. 2

[111] Vgl. Voigt et al. (2018), Definition Produktion

[112] Vgl. Dyckhoff, Spengler (2007), Produktionswirtschaft, S. 4

[113] Vgl. Schuh, Schmidt (2014), Produktionsmanagement, S. 3f.

[114] Vgl. Schuh, Schmidt (2014), Produktionsmanagement, S. 4

[115] Vgl. Dyckhoff, Spengler (2007), Produktionswirtschaft, S. 6

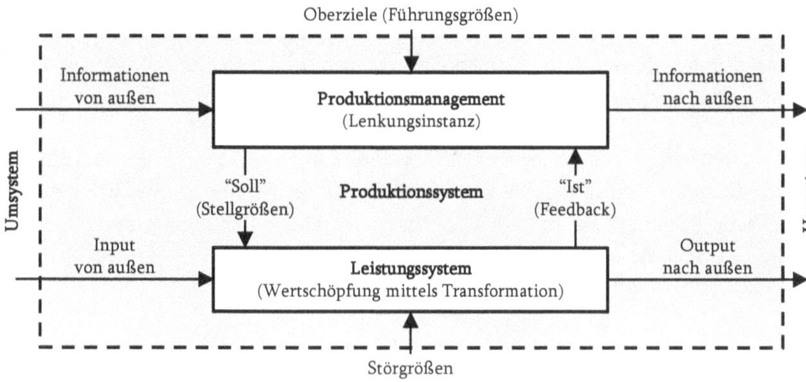

Abbildung 2-6: Regelkreisgedanke des Produktionsmanagements[116]

Auf Basis der oben dargestellten Ausführungen wird folgende Definition festgehalten:

Produzierende Unternehmen sind solche Unternehmen, die Produktionsfaktoren (Input) in höherwertige Produkte (Erzeugnisse, Output) transformieren.

Um das komplexe System des produzierenden Unternehmens in der Praxis handhabbar zu halten, wird es in kleinere Einheiten unterteilt[117]. Eine einheitliche Strukturierung existiert dabei nicht – gemein ist bestehenden Ansätzen lediglich, dass entweder nach der Abstraktions- bzw. Aggregationsebene oder nach inhaltlichen Aspekten der Tätigkeiten unterschieden wird. Dabei werden Begriffe über die Ansätze hinweg weder einheitlich noch exklusiv verwendet. Um diese Ambiguität für diese Arbeit aufzulösen, werden im Folgenden mögliche Unterscheidungen dargestellt und Begriffe darin definiert.

Strukturierung nach der Aggregationsebene

Im vorangegangenen Teilabschnitt wurde das produzierende Unternehmen bereits über den ausgeführten Transformationsprozess von Input zu Output definiert. Der Begriff des Prozesses wird von dieser hohen Ebene der Aggregation immer weiter detailliert. Generisch wird ein Prozess wird im Verständnis dieser Arbeit folgendermaßen definiert:

---

116 I.A.a. Dyckhoff, Spengler (2007), Produktionswirtschaft, S. 7; Schuh, Schmidt (2014), Produktionsmanagement, S. 5

117 Vgl. Ulrich (1984), Management, S. 37

Ein Prozess ist eine inhaltlich abgeschlossene, unterschiedlich granular strukturierte zeitliche Abfolge von Transformationsschritten, die definierte Inputs in definierte Outputs umwandelt[118].

Die kundenorientiert wertschöpfenden Kernaktivitäten des übergreifenden Transformationsprozesses von Input zu Output werden in Unternehmen als Geschäftsprozesse bezeichnet[119]. Eine Detaillierung bis zur untersten Ebene der Prozesshierarchie, den Tätigkeiten, ist in Abbildung 2-7 dargestellt. Die nächsthöhere Ebene integriert dabei jeweils die ihr zugeordneten Elemente der unteren Ebene.

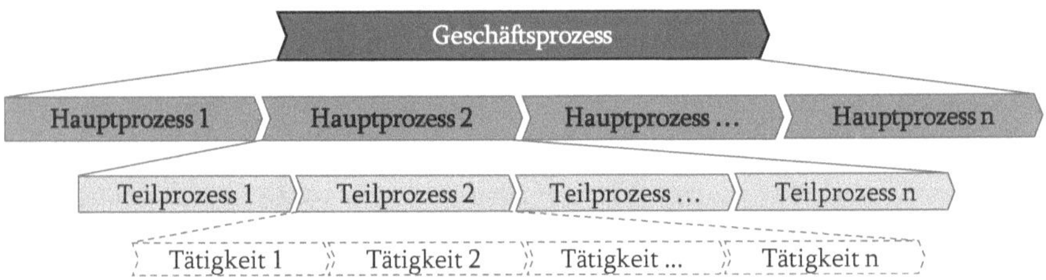

Abbildung 2-7: Generische Prozesshierarchie[120]

Tätigkeiten als unterste Ebene der Prozesshierarchie stellen den von einem konkreten Mitarbeiter ausgeführten Arbeitsablauf zur Erfüllung einer Aufgabe dar. Dies kann exemplarisch das Montieren einzelner Komponenten einer Baugruppe sein. Auf der nächsthöheren Ebene befinden sich die Teilprozesse, die mehrere Tätigkeiten zu einem logischen Ablauf bündeln, was etwa durch die Gesamtheit der notwendigen Montageschritte zum Erhalt einer fertigen Baugruppe repräsentiert werden kann.[121] Mitunter ist es dabei notwendig, die Ebene der Teilprozesse je nach Komplexität der betrachteten Prozesse in mehrere Teilprozessebenen zu untergliedern[122]. Den Teilprozessen übergeordnet sind wiederum die Hauptprozesse, unter denen mehrere sachlich zusammenhängende Teilprozesse zusammengefasst werden. Als Hauptprozess kann bspw. der gesamte Montageprozess verstanden werden. An oberster der Stelle der

[118] Vgl. Schuh et al. (2011), Prozessmanagement, S. 363; Schmelzer, Sesselmann (2020), Geschäftsprozessmanagement, S. 64

[119] Vgl. Rüegg-Stürm (2004), St. Galler Management-Modell, S. 112; Schmelzer, Sesselmann (2020), Geschäftsprozessmanagement, S. 64

[120] I.A.a. Deutsche Gesellschaft für Qualität (1999), Management von Organisationen, S. 34 (zitiert nach: Gerboth (2002), Statistische Prozessregelung, S. 23); Dorner (2014), Produktivitätsmanagement, S. 10f.

[121] Vgl. Dorner (2014), Produktivitätsmanagement, S. 10f.

[122] Vgl. Kuhn (1995), Prozessketten (zitiert nach: Verband deutscher Ingenieure (2001), Prozesse und Prozessorientierung, S. 2)

Prozesshierarchie stehen schließlich die Geschäftsprozesse, die, in Einklang mit der oben gegebenen Definition, funktionsübergreifend zusammengehörige Hauptprozesse zusammenfassen. Als Beispiel kann hierfür der gesamte Auftragsabwicklungsprozess genannt werden.[123]

Strukturierung nach inhaltlichen Kriterien

Eine einheitliche, inhaltliche Strukturierung von Unternehmen existiert nicht in der bestehenden Literatur. Vielmehr werden verschiedene Sichtweisen je nach Anwendungszweck alternativ genutzt oder integriert.

Grundsätzlich wird dabei zwischen institutionellen, funktionalen und prozess- bzw. ablauforientierten Ansätzen unterschieden[124]. In institutionellen Ansätzen werden produzierende Unternehmen nach den Bereichen und Stellen gemäß der Aufbauorganisation des Unternehmens untergliedert, bspw. in die Bereiche Produktion, Einkauf oder Verwaltung. In funktionalen Ansätzen steht die Strukturierung nach den Tätigkeitsinhalten in den jeweiligen Bereichen im Fokus, also bspw. in Planungs- und Steuerungstätigkeiten oder Leistungserstellungstätigkeiten.[125] In ablauforientierten Ansätzen hingegen wird eine prozessuale Klassifizierung vorgenommen, indem die unternehmerischen Tätigkeiten nicht nur innerhalb der Bereiche nach gewissen Funktionen strukturiert werden, sondern eine funktions- und organisationsübergreifende Betrachtung und Bündelung in übergeordnete Prozesse – die Geschäftsprozesse – vorgenommen wird[126]. Die resultierenden Prozessstrukturierungen der unterschiedlichen Ansätze[127] sind dabei im Wesentlichen durch drei wiederkehrende Merkmale in unterschiedlichen Ausprägungen zu differenzieren.

Das Merkmal des Wertschöpfungsbezugs wird unterschieden in den Ausprägungen wertschöpfend, indirekt wertschöpfend und nicht-wertschöpfend. In den wertschöpfenden Bereichen werden materielle Transformationsprozesse durchgeführt, die der direkten Wertschöpfung dienen, d. h. die konkreten Fertigungs- und

[123] Vgl. Dorner (2014), Produktivitätsmanagement, S. 10f.

[124] Vgl. Beinhauer (1996), Controlling, S. 3; Scharpf (2008), Produktivitätsmanagement, S. 28f. (zitiert nach: Dorner (2014), Produktivitätsmanagement, S. 11)

[125] Vgl. Beinhauer (1996), Controlling, S. 3

[126] Vgl. Schmelzer, Sesselmann (2020), Geschäftsprozessmanagement, S. 31; Scharpf (2008), Produktivitätsmanagement, S. 48ff. (zitiert nach: Dorner (2014), Produktivitätsmanagement, S. 11)

[127] Vgl. dazu bspw. Porter (2014), Wettbewerbsvorteile, S. 63ff.; Rüegg-Stürm (2004), St. Galler Management-Modell, S. 111ff.; Bogaschewsky, Rollberg (1998), Prozessorientiertes Management, S. 186ff.; Thomas, Hemmers (1981), Zeit- und Kapazitätsplanung, S. 433; Aldinger (2009), Strategische Leistungsplanung, S. 110f.; Dorner (2014), Produktivitätsmanagement, S. 15ff.

Montageprozesse[128]. Die indirekt wertschöpfenden Bereiche unterstützen dabei die Tätigkeiten in den wertschöpfenden Bereichen, indem sie die deren Ausführung ermöglichen, vorbereiten, unterstützen und nachbereiten.[129] Die nicht-wertschöpfenden Bereiche wiederum umfassen demnach alle anderen Tätigkeiten und Prozesse in produzierenden Unternehmen, die nicht in die ersten beiden Kategorien fallen. Sie dienen somit weder direkt der Wertschöpfung, noch unterstützen sie diese unmittelbar.

Weiterhin kann nach der Materialität der Prozesse und Tätigkeiten differenziert werden. Laut RÜEGG-STÜRM ist eine materielle Leistung dabei als physisch greifbares Produkt zu verstehen, während eine immaterielle Leistung als eine Dienstleistung aufgefasst wird[130]. Wie zuvor beschrieben, sind die wertschöpfenden Tätigkeiten eindeutig als materielle Transformationsprozesse zu verstehen. In den indirekt wertschöpfenden Bereichen lassen sich hingegen sowohl materielle als auch immaterielle Tätigkeiten finden. So werden etwa bei Logistikprozessen, die den indirekt wertschöpfenden Bereichen zuzurechnen sind, einerseits konkrete Materialbewegungen (bspw. Materialtransporte, Einlagerungsvorgänge) vorgenommen, aber andererseits auch planerische Tätigkeiten ausgeführt (bspw. Planung der Materialtransporte oder Lagervorgänge)[131]. Bei der ersten Gruppe von Tätigkeiten handelt es sich folglich um materielle Tätigkeiten, da eine physische Handhabung eines Produktes oder von Materialien stattfindet. Bei der zweiten Gruppe von Tätigkeiten handelt es sich nicht um materielle Tätigkeiten, da keine Handhabung eines physischen Gutes stattfindet. Vielmehr sind die In- und Outputs dieser Tätigkeiten sowie ihre konkrete Durchführung immaterieller Natur, sodass – bei Auslegung der Auffassung von RÜEGG-STÜRM im weiteren Sinne – von internen Dienstleistungen für andere Tätigkeiten und Prozesse zu sprechen ist. Als alternative Beschreibung für diese beiden Arten der Tätigkeiten bieten sich auch die Begriffe der physischen bzw. nicht-physischen Tätigkeiten an.

Ein weiteres Merkmal liegt in der Zugehörigkeit zu übergeordneten Geschäftsprozessen. Die Prozesse und Tätigkeiten können den Leistungsinnovationsprozessen, den Leistungserstellungsprozessen oder den Kundenprozessen zugehörig sein. Anhand dieser Prozessarten wird abgegrenzt, inwiefern sich Unternehmensprozesse in einer eher

[128] Vgl. Dorner (2014), Produktivitätsmanagement, S. 15; Aldinger (2009), Strategische Leistungsplanung, S. 111

[129] Vgl. Thomas, Hemmers (1981), Zeit- und Kapazitätsplanung, S. 433

[130] Vgl. Rüegg-Stürm (2004), St. Galler Management-Modell, S. 109

[131] Vgl. Thomas, Hemmers (1981), Zeit- und Kapazitätsplanung, S. 433; Aldinger (2009), Strategische Leistungsplanung, S. 111

frühen, innovationsprozessbezogenen Phase, einer fertigungsbezogenen Phase oder einer eher späten, kundenbezogenen Phase befinden.[132]

Die Merkmale zur Charakterisierung von Prozesse bzw. Tätigkeiten in produzierenden Unternehmen werden zusammenfassend in Abbildung 2-8 in einer Morphologie dargestellt. Je nach Prozess bzw. Tätigkeiten sind dabei Mehrfachzuordnungen der Ausprägungen innerhalb eines Merkmals möglich.

Wertschöpfungsbezug	direkt wertschöpfend	indirekt wertschöpfend	nicht wertschöpfend
Materialität der Tätigkeiten	materiell		immateriell
Geschäftsprozesszugehörigkeit	Leistungsinnovations-prozess	Leistungserstellungs-prozess	Kunden-prozess

Abbildung 2-8: Morphologie zur Charakterisierung von Prozessen bzw. Tätigkeiten[133]

2.3.2 Wissens- und Informationsintensität von Prozessen

Neben den erarbeiteten Merkmalen zur inhaltlichen Abgrenzung von Unternehmensbereichen und -prozessen werden die Prozesse produzierender Unternehmen auch nach ihrer Wissens- und Informationsintensität unterschieden. Dies hat jedoch weniger einen Einfluss auf die Struktur des Unternehmens als vielmehr auf die Charakterisierung der Arbeitsaufgabe selbst. Nachfolgend werden dazu zunächst die Begriffe Wissen, Informationen und Daten abgegrenzt, bevor eine Einordnung wissens- und informationsintensiver Prozesse erfolgt.

Wissen, Informationen und Daten

Der Wissensbegriff umfasst laut DUDEN die „Gesamtheit der Kenntnisse, die jemand [auf einem bestimmten Gebiet] hat"[134]. Ähnlich definieren QUINN ET AL. Wissen als grundlegende Beherrschung eines Fachgebiets, die durch umfangreiches Training erreicht wird[135].

[132] Vgl. Rüegg-Stürm (2004), St. Galler Management-Modell, S. 116f.

[133] Vgl. Dorner (2014), Produktivitätsmanagement, S. 15; Aldinger (2009), Strategische Leistungsplanung, S. 111; Thomas, Hemmers (1981), Zeit- und Kapazitätsplanung, S. 433; Rüegg-Stürm (2004), St. Galler Management-Modell, S. 109ff.

[134] Vgl. Dudenredaktion (2022), Definition Wissen

[135] Vgl. Quinn et al. (1996), Managing Professional Intellect, S. 72

Wissen baut auf Informationen auf, indem es diese verknüpft und dadurch neue Aussagen generiert, die das bestehende Wissen erweitern[136]. Wissen wird dabei als zweckgebundenes Ergebnis eines Lernprozesses aufgefasst, das zukünftigen Entscheidungen und Handlungen des (individuellen oder kollektiven) Wissensträgers dient. Informationen wiederum sind interpretierte Daten, sie enthalten also die Semantik von Daten. Informationen stellen somit das Ergebnis eines Interpretationsprozess von Daten und zugleich den (mittelbaren) Input und (unmittelbaren) Output der wissensbasierten Entscheidungsprozesse dar.[137]. Sie werden als formalisiertes und kommuniziertes Wissen angesehen, das der Wissensvermehrung dient[138]. Daten, als grundlegender Input dieser Kaskade, werden als Signale und Zeichen aufgefasst, die gemäß einer Syntax zu Zeichenfolgen und Mustern zusammengesetzt werden. Sie dienen lediglich der Darstellung von Informationen und haben folglich keine inhärente Bedeutung. Erst die Interpretation der Daten zu Informationen unter Einbezug bestehenden Wissens weist ihnen eine Bedeutung zu, sodass reine Daten zunächst unterschiedlich verstanden werden können.[139] Die erläuterten Zusammenhänge werden oftmals in Form einer Wissenspyramide dargestellt (vgl. Abbildung 2-9).

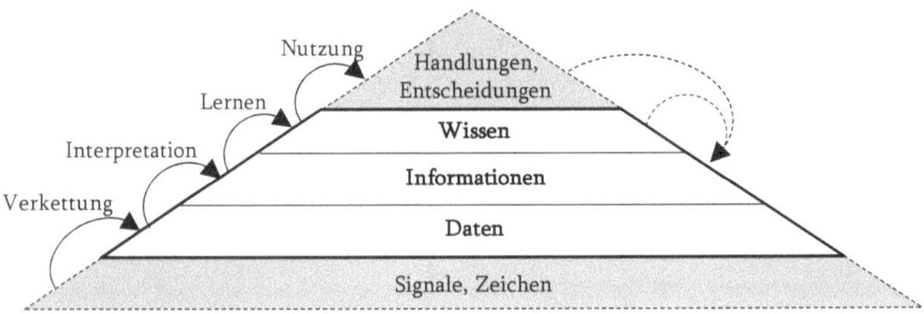

Abbildung 2-9: Wissenspyramide[140]

Wissens- und informationsintensive Prozesse

Der Begriff der Wissensintensität betont zunächst die Relevanz des Inputs „Wissen“ für das gewählte Betrachtungsobjekt[141]. Ein wissensintensiver Prozess ist somit stark von Wissen abhängig und damit inhaltlich eng mit dem Begriff der Wissensarbeit

136 Vgl. Bracht et al. (2018), Digitale Fabrik, S. 174; Aamodt, Nygård (1995), Data, Information and Knowledge, S. 200

137 Vgl. Aamodt, Nygård (1995), Data, Information and Knowledge, S. 197

138 Vgl. Bracht et al. (2018), Digitale Fabrik, S. 174

139 Vgl. Aamodt, Nygård (1995), Data, Information and Knowledge, S. 197f.; Bracht et al. (2018), Digitale Fabrik, S. 173f.

140 I.A.a. Aamodt, Nygård (1995), Data, Information and Knowledge, S. 198

141 Vgl. Starbuck (1992), Knowledge-Intensive Firms, S. 715

verbunden[142]. Für die Wissensarbeit finden sich in der Literatur verschiedene Definitionen. Weit verbreitet sind die Überlegungen von DRUCKER, der folgende Eigenschaften der Wissensarbeit beschreibt: Initiale Unklarheit der Aufgabe, hohe Autonomität in der Ausführung der Arbeit, starker Innovationsgedanke, kontinuierliches Lernen und Lehren, Fokus auf Qualität statt Quantität und Betrachtung der Wissensarbeiter als Vermögenswert anstelle eines Kostenfaktors[143]. Konkreter definieren DAVENPORT ET AL. Wissensarbeit darüber hinaus als Aktivitäten, die gekennzeichnet sind durch Vielfältigkeit und Ausnahmen anstelle von Routinen und ein hohes Level an Fähigkeiten und Fachwissen erfordern. Diese umfassen die Beschaffung, Erschaffung, Zusammenfassung oder Anwendung von Wissen. Aufgrund der hohen Autonomie der Wissensarbeiter ergeben sich zudem schwankende Leistungen sowohl über die Zeit als auch zwischen einzelnen Personen. Als typische Bereiche, in denen Wissensarbeit ausgeübt wird, nennen DAVENPORT ET AL. bspw. die Forschung & Entwicklung, Werbung, Rechtswesen, Beratung oder Planung.[144]

DOVE entwirft weiterhin eine Klassifizierung der Wissensarbeit in drei Arten. Die erste Art beschreibt die sog. wissensschaffende Arbeit, die auf Innovation basiert und typischerweise von Ingenieuren, Programmierern, Erfindern und Managern ausgeübt wird. Dabei bearbeiten diese Wissensarbeiter keine vorab festgelegten Aufgaben; sie leisten vielmehr Pionierarbeit, indem sie neue Aufgaben selbst definieren und als erste durchführen. Weiterhin existiert die portable Wissensarbeit, die durch einen breiten, unmittelbaren Nutzen gekennzeichnet ist, und üblicherweise von gut ausgebildeten Universitätsabsolventen ausgeübt wird, die ihr Wissen auf eine Vielzahl von Szenarien anwenden können. Schließlich umfasst die dritte Art die spezialisierte Wissensarbeit, die sich durch einen eng abgesteckten, aber hohen Nutzen auszeichnet, und von Mitarbeitern mit spezifischem Wissen für eine bestimmte Aufgabe ausgeübt wird.[145]

Es existieren darüber hinaus eine Vielzahl weiterer Definitionen des Begriffs der wissensintensiven (Geschäfts-) Prozesse mit wiederkehrenden Charakteristika (vgl. Anhang 1). Daraus wird ersichtlich, dass der Begriff der Wissensarbeit und der des wissensintensiven (Geschäfts-) Prozesses deutliche Parallelen aufweisen. Beim Verständnis der wissensintensiven Prozesse wird jedoch von vorneherein ein stärkerer Prozessgedanke zugrunde gelegt. Während etwa DAVENPORT ET AL. dafür plädieren, bei Wissensarbeit zu Optimierungszwecken nicht direkt in die Arbeitsabläufe selbst

---

142 Vgl. Davenport et al. (1996), Knowledge Work Processes, S. 54

143 Vgl. Drucker (1999), Knowledge-Worker Productivity, S. 83f.

144 Vgl. Davenport et al. (1996), Knowledge Work Processes, S. 54f.

145 Vgl. Dove (1998), Knowledge Worker, S. 26ff.; Ramírez, Nembhard (2004), Knowledge Worker Productivity, S. 605

einzugreifen, können bei einem wissensintensiven Prozess grundsätzlich Methoden und Tools des klassischen Prozess- und Wissensmanagements angewandt werden[146]. Somit ist Wissensarbeit eine elementare Komponente wissensintensiver Prozesse, d. h. Wissensarbeitstätigkeiten werden in wissensintensiven Prozessen ausgeübt bzw. stellen Teilprozesse dieser dar.

Der Begriff der Informationsintensität wird oftmals in den Begriff der Wissensintensität integriert. Nach SCHLICK ET AL. werden informatorische Arbeitstätigkeiten, insbesondere die kombinative und die kreative Arbeit, grundsätzlich als Möglichkeit zur Beschreibung von Tätigkeiten in wissensintensiven (Teil-) Prozessen angesehen. Die kombinative Arbeit beschreibt dabei Tätigkeiten, bei denen Informationen kombiniert werden, während die kreative Arbeit Tätigkeiten beschreibt, bei denen Informationen erzeugt werden.[147]

Wissensintensive Prozesse bzw. Teilprozesse oder Tätigkeiten sind somit auch solche Aktivitäten, bei denen die Erfassung oder Nutzung sowie insbesondere auch die Verarbeitung und der Austausch von Informationen zentral ist. Die Begriffe der Wissensintensität und der Informationsintensität lassen sich demnach im betrieblichen Prozesskontext nicht trennen. Sie liegen stets gemeinsam vor und müssen auch gemeinsam betrachtet werden. Daher wird der Begriff der wissensintensiven Prozesse im Rahmen dieser Arbeit in erweiterter Form als wissens- und informationsintensive Prozesse verstanden:

> Wissensintensive Prozesse sind Prozesse, die Teilprozesse oder Tätigkeiten mit hohem Wissens- oder Informationsanteil enthalten. Darin werden bspw. kreative, planende, überwachende oder steuernde Arbeiten ausgeübt, die primär wissens- und informationsverarbeitungsbasiert sind. Sie sind gekennzeichnet durch viele Entscheidungsaufgaben und weisen einen erhöhten Kommunikations- und Koordinationsaufwand auf.

Neben der Charakterisierung bestehender Unternehmensprozesse wird in diesem Teilkapitel nachfolgend auch der Begriff der Fähigkeiten analysiert. Im Rahmen der Arbeit sind diejenigen Fähigkeiten zu identifizieren, die das IPU konstituieren und damit etablierte Prozessstrukturen insoweit verändern, dass eine Steigerung der Arbeitsproduktivität resultiert (vgl. Teilkapitel 1.2).

---

[146] Vgl. Davenport et al. (1996), Knowledge Work Processes, S. 55

[147] Vgl. Schlick et al. (2018), Arbeitswissenschaft, S. 142

2.3.3 Fähigkeiten

Die Identifikation von Fähigkeitsbündeln für die langfristig-strategische Umsetzung des IPU ist das Ziel dieser Arbeit (vgl. Teilkapitel 1.2). Der Begriff der Fähigkeit wird in der Literatur des strategischen Managements viel diskutiert, gleichzeitig ist er wenig einheitlich definiert. Dieses Kapitel dient daher der Einordnung bestehender Definitionen und der Schaffung eines einheitlichen Begriffsverständnisses von Fähigkeiten und Fähigkeitsbündeln. Zunächst werden dazu die übergeordneten Aufgaben des strategischen Managements beschrieben, bevor der Fähigkeitsbegriff detailliert wird.

Strategisches Management

Die grundlegende Aufgabe des Managements von Unternehmen liegt in der Gestaltung, Koordination und Entwicklung des unternehmerischen Leistungsprozesses, sodass die Unternehmensziele erreicht werden[148]. In der Gesamtheit des betrieblichen Managements werden die drei Aufgabenfelder des normativen, strategischen und operativen Managements unterschieden. Das normative Management wird dabei als höchste Ebene des Managements gesehen und befasst sich mit der Gestaltung der Unternehmensverfassung, der Vision und Ziele sowie der Kultur des Unternehmens zur Festlegung seines Selbstverständnisses. Hierunter ist das strategische Management angesiedelt, dessen übergeordnete Aufgabe in der Schaffung von Voraussetzungen zur Erfüllung der vom normativen Management festgelegten Ansprüche besteht. Das operative Management ist wiederum unterhalb des strategischen Managements angeordnet und dient der Umsetzung der Vorgaben des strategischen Managements durch die Gewährleistung effizienter Abläufe und Problemlösungsroutinen.[149] Zusammenfassend liegt der Auftrag des strategischen Managements somit darin, auf Basis der normativen Ausrichtung eines Unternehmens einen Handlungsrahmen für dessen konkrete Aktivitäten zu schaffen.

Dieser Handlungsrahmen erstreckt sich über die Gestaltung von Strategien, Strukturen und Systemen des Unternehmens. Strategien dienen der geschäftlichen Ausrichtung des Unternehmens. Dies umfasst die Definition von langfristigen Geschäftszielen, Fragestellungen der Positionierung des Unternehmens und die Identifikation und den Ausbau von wettbewerbsrelevanten Ressourcen. Strukturbezogene Entscheidungen zielen auf die Gestaltung der Zusammenarbeit im Unternehmen ab. So ist bspw. die Festlegung der Art der Arbeitsteilung, der Koordination der Aufgabenausführung oder des Ressourceneinsatzes Gegenstand dieser Entscheidungsprozesse sein. Strategische

[148] Vgl. Ulrich (1984), Management, S. 114; Hungenberg (2014), Strategisches Management, S. 20

[149] Vgl. Bleicher (2017), Integriertes Management, S. 59f.; Rüegg-Stürm (2004), St. Galler Management-Modell, S. 113f.; Hungenberg (2014), Strategisches Management, S. 23f.

Aktivitäten bezüglich der Systeme beschreiben die Implementierung sowohl von Informationssystemen für das Management als auch Anreizsystemen zur Motivation und Verhaltensbeeinflussung der Mitarbeiter und betreffen ebenfalls Fragestellungen der Ressourcenallokation.[150]

Eine wesentliche Aufgabe des strategischen Managements liegt demnach in der Entscheidung über den Einsatz der Ressourcen des Unternehmens zum Erreichen der Ziele. Vor dem Hintergrund des Zusammenhangs zwischen der Wettbewerbsfähigkeit und Produktivität von produzierenden Unternehmen (vgl. Teilkapitel 1.1) ergibt sich folglich ein zentrales Handlungsfeld des strategischen Managements in der produktivitätssichernden und -steigernden Gestaltung der Ressourcen- und Fähigkeitsbasis[151].

Detaillierung des Fähigkeitsbegriffs

Allgemein sind Fähigkeiten im GABLER WIRTSCHAFTSLEXIKON als eine „geistige, praktische Anlage, die zu etwas befähigt"[152] definiert. Durch ihren intangiblen Charakter divergieren auch im Vergleich zu anderen, materiellen Produktionsressourcen die Definitionen in der Literatur stärker[153]. Im Kontext der Industrie 4.0 definieren BAYHA ET AL. eine Fähigkeit als implementierungsunabhängige Beschreibung der Funktion einer Ressource[154]. Im Kontext des strategischen Managements existiert eine Vielzahl von Definitionen für die Fähigkeiten eines Unternehmens[155]. DAY etwa definiert Fähigkeiten als eine Gesamtheit von Fertigkeiten und gewonnenem Wissen, die Unternehmen bei der Koordination der Tätigkeiten und Ausnutzung der Anlagen unterstützen[156]. In einer ähnlichen Definition ergänzen ULRICH UND SMALLWOOD, dass diese Fähigkeiten das Resultat von Investitionen in Humanressourcen sind und letztendlich ausdrücken, worin eine Organisation gut ist[157]. Sie betonen die Stabilität von Fähigkeiten im Zeitverlauf und folgen damit dem Konzept der dynamischen Fähigkeiten[158]. TEECE ET AL. definieren diese als das Vermögen eines Unternehmens, interne und externe

[150] Vgl. Hungenberg (2014), Strategisches Management, S. 7f.

[151] Vgl. Hungenberg (2014), Strategisches Management, S. 4

[152] Vgl. Maier et al. (2018), Definition Fähigkeit

[153] Vgl. Loasby (1998), Organisation of Capabilities, S. 144; Ulrich, Smallwood (2004), Capitalizing on Capabilities, S. 1

[154] Vgl. Bayha et al. (2020), Capabilities of Industrie 4.0 Components, S. 4 (wo

[155] Vgl. bspw. Day (1994), Capabilities; Loasby (1998), Organisation of Capabilities; Ulrich, Smallwood (2004), Capitalizing on Capabilities; Teece et al. (1997), Dynamic Capabilities; Eisenhardt, Martin (2000), Dynamic Capabilities

[156] Vgl. Day (1994), Capabilities, S. 38

[157] Vgl. Ulrich, Smallwood (2004), Capitalizing on Capabilities, S. 1

[158] Vgl. Ulrich, Smallwood (2004), Capitalizing on Capabilities, S. 1; Teece et al. (1997), Dynamic Capabilities

Kompetenzen zu integrieren, aufzubauen und zu rekonfigurieren[159]. Diese dynamischen Fähigkeiten ermöglichen dem Unternehmen die schnelle Anpassung an ein veränderliches Umfeld und bieten somit einen kontinuierlichen Wettbewerbsvorteil[160]. Sie werden als Fähigkeiten höherer Ordnung verstanden, die dazu dienen, stationäre Fähigkeiten zu erweitern, zu verändern oder zu schaffen[161].

Der Begriff der Fähigkeiten wird immer wieder mit dem Begriff der Kompetenzen in Verbindung gebracht. Eine Abgrenzung dieser Termini zeigt JAVIDAN mit der Kompetenzhierarchie. Demzufolge bauen Kompetenzen auf Fähigkeiten auf, die wiederum auf Ressourcen aufbauen.[162] Auch TEECE ET AL. sehen Kompetenzen übergeordnet zu Fähigkeiten. Bei ihnen bilden die Fähigkeiten jedoch gemeinsam mit den Ressourcen die Kompetenzen des Unternehmens.[163] In der Kompetenztheorie werden Kompetenzen, die eine erhebliche nachhaltige Wettbewerbsvorteile ermöglichen, als Kernkompetenzen bezeichnet. Analog zu diesem Konzept, beschreibt LEONARD-BARTON übergeordnete, strategisch differenzierende Fähigkeiten, als Kernfähigkeiten. Sie betont darüber hinaus die Wissensintensität von Fähigkeiten und beschreibt vier Dimensionen des inhärenten Wissens: Kenntnisse und Fähigkeiten der Mitarbeiter, in technischen Systemen verankertes Wissen, Managementsysteme zur Wissensgenerierung bzw. -überwachung sowie Werte und Normen.[164]

Die bestehenden Ansätze werden für den weiteren Verlauf dieser Arbeit zu einer aggregierten Definition von Fähigkeiten zusammengefasst:

Eine Fähigkeit entspricht dem Vermögen einer Ressource, bestimmte Handlungen auszulösen. Sie ist unabhängig von dem Kontext der Anwendung. Die Kombination von Fähigkeiten und Ressourcen in einem Anwendungskontext führt zu einer Kompetenz.

Nachdem der Begriff der Fähigkeit definiert wurde, ist aufgrund der Zielsetzung der Arbeit weiterhin auch die Definition des Fähigkeitsbündels erforderlich (vgl. Teilkapitel 1.2). Im DUDEN werden Bündel allgemein definiert als eine Menge von Dingen,

[159] Vgl. Teece et al. (1997), Dynamic Capabilities, S. 516

[160] Vgl. Eisenhardt, Martin (2000), Dynamic Capabilities, S. 1106; Teece et al. (1997), Dynamic Capabilities, S. 516

[161] Vgl. Winter (2003), Dynamic Capabilities, S. 992

[162] Vgl. Javidan (1998), Core Competence, S. 62

[163] Vgl. Teece et al. (1997), Dynamic Capabilities, S. 510ff.

[164] Vgl. Leonard-Barton (1992), Core Capabilities, S. 113

die zusammengefasst bzw. zusammengebunden sind[165]. Der Prozess der Bündelung wird dementsprechend als das Sammeln, Zusammenfassen oder Zusammenbinden von Objekten verstanden, oder abstrahiert als die Kombination einzelner Objekte zu einer kohärenten Einheit oder einem Cluster. Zusammenzufassende Objekte sind im Kontext dieser Arbeit Fähigkeiten, die ein Unternehmen besitzen muss, um Steigerungen der Arbeitsproduktivität zu bewirken (vgl. Teilkapitel 1.2). Demnach ergibt sich die Definition eines Fähigkeitsbündels zu:

Ein Fähigkeitsbündel ist eine definierte Menge einzelner Fähigkeiten. Das Fähigkeitsbündel ermöglicht in seiner Gesamtheit die Realisierung von Arbeitsproduktivitätssteigerungen.

2.3.4 Zwischenfazit: Fähigkeiten produzierender Unternehmen

In den vorangegangenen Kapiteln wurden zwei Aspekte des Anwendungskontextes dieser Arbeit näher untersucht. Das produzierende Unternehmen bietet den Rahmen zur Identifikation produktivitätssteigernder Fähigkeitsbündel. Diese zu identifizieren und ihre Umsetzung anzustoßen, ist Aufgabe des strategischen Managements.

In der detaillierten Betrachtung der Bereiche und Prozesse des produzierenden Unternehmens wird deren Umfang sowie die darin liegende Vielfalt deutlich. Die Prozesse unterscheiden sich neben der Zugehörigkeit zu übergeordneten Geschäftsprozessen vor allem in ihrem Wertschöpfungsbezug, ihrer Materialität und der Wissensintensität. Aufgrund der beschriebenen Vielfalt der Prozesse und Tätigkeiten sollten deren charakteristische Merkmale genutzt werden, um die Potenziale für die angestrebten Produktivitätssteigerungen im Kontext der Datentechnologien einzugrenzen.

Die notwendigen Aspekte zur Realisierung dieser Produktivitätspotenziale werden im Kontext der Arbeit mittels Beschreibung von Fähigkeiten konkretisiert. Der Begriff der Fähigkeit ist dabei zwar in der Literatur abstrakt definiert als Vermögen unternehmerischer Ressourcen, bestimmte Handlungen auszulösen, die Konkretisierung im Problemkontext bleibt jedoch offen. Neben der zuvor beschriebenen Eingrenzung der betrachteten Prozesse ist somit auch der Fähigkeitsbegriff zu spezifizieren.

2.4 Analyse und kritische Würdigung des Stands der Forschung

Nach dem Studium der Grundlagenliteratur, der Klärung erforderlicher Begrifflichkeiten und der Abgrenzung des Betrachtungsbereichs, erfolgt nun die systematische

[165] Vgl. Duden (2022), Definition Bündel

Erarbeitung des Stands der Forschung. Dazu werden zunächst Bewertungskriterien definiert, die eine nachvollziehbare Bewertung ermöglichen (vgl. Unterkapitel 2.4.1). Auf Basis der Erkenntnisse aus dem Studium grundlegender Literatur werden relevante Ansätze vorgestellt und bewertet (vgl. Unterkapitel 2.4.2). Abschließend werden die übergreifenden Defizite formuliert (vgl. Unterkapitel 2.4.3).

2.4.1 Kriterien zur Bewertung bestehender Ansätze

Die Verwendung eines durchgängigen Kriterienkatalogs ermöglicht die systematische Bewertung bestehender Ansätze mit ähnlicher oder gleicher Zielsetzung sowie Inhalten der Betrachtung. Eine Bewertung bestehender Ansätze erfolgt daher anhand von Bewertungskriterien, die sich in den Objekt- und Zielbereich unterteilen.

Die erste Gruppe der Kriterien adressiert den Objektbereich der vorliegenden Arbeit und untersucht relevante Ansätze aus der Wissenschaftsliteratur dahingehend, ob und inwiefern sie die in Unterkapitel 2.5.1 definierten Betrachtungsobjekte (vgl. Teilkapitel 2.1 bis 2.3) adressieren. Für den Objektbereich ergeben sich folgende Bewertungskriterien:

- Betrachtung der Einflussfaktoren der Arbeitsproduktivität
- Beschreibung des IPU
- Betrachtung der erforderlichen Fähigkeiten IPU

Die zweite Gruppe der Kriterien dient zur Bewertung des Zielbereichs der Arbeit. Mit Hilfe dieser Kriterien werden bestehende Ansätze dahingehend geprüft, ob sie die in Teilkapitel 1.2 formulierte Zielsetzung unterstützen. Somit werden folgende Bewertungskriterien für den Zielbereich der Arbeit formuliert:

- Möglichkeiten zur Steigerung der Arbeitsproduktivität durch den Einsatz von Datentechnologien
- Gestaltung arbeitsproduktivitätsoptimierter Fähigkeitsbündel zur Realisierung des IPU

Die dargestellten Kriterien aus dem Objekt- und Zielbereich dienen nachfolgend als Grundlage für die kritische Bewertung bestehender Ansätze sowie als Eingangskriterien für die Formulierung von inhaltlichen Modellanforderungen in Unterkapitel 3.1.1.

2.4.2 Darstellung und Bewertung bestehender Ansätze

In diesem Unterkapitel werden bestehende Ansätze vorgestellt und bewertet. Zum Zweck der besseren inhaltlichen und thematischen Abgrenzung bestehender Ansätze werden diese die folgenden fünf Themenbereiche gegliedert:

(1) Ansätze zur Untersuchung von Einflussfaktoren der Arbeitsproduktivität

(2) Ansätze zur Beschreibung des intelligenten Unternehmens

(3) Ansätze zur Beschreibung von Fähigkeiten produzierender Unternehmen

(4) Ansätze zur Steigerung der Produktivität im Kontext der Industrie 4.0

(5) Eigene Ansätze zur Steigerung der Arbeitsproduktivität für IPU

Die Ansätze werden innerhalb der dargestellten Struktur beschrieben und analysiert. Einleitend wird zunächst der jeweilige Bereich kurz beschrieben. Anschließend werden die Ansätze nacheinander vorgestellt. Dazu werden Ziel und Inhalt des Ansatzes beschrieben, bevor eine kritische Würdigung vor dem Hintergrund der Zielsetzung dieser Arbeit erfolgt.

2.4.2.1 Ansätze zur Untersuchung von Einflussfaktoren der Arbeitsproduktivität

Die Arbeitsproduktivität ist eine vielbetrachtete Kenngröße, insbesondere im Bereich der Volks- und Betriebswissenschaften. Dementsprechend gibt es eine Vielzahl von Veröffentlichungen. Darin werden zumeist Berechnungslogiken beschrieben, konkrete Untersuchungen in Unternehmen oder Volkswirtschaften vorgestellt oder Einflussfaktoren analysiert. Letzteres ist für die vorliegende Arbeit von besonderem Interesse.

FRENZ (1963) – Beitrag zur Messung der Produktivität und deren Vergleich auf der Grundlage technischer Mengengrößen

FRENZ definiert zunächst die Produktivität, indem verschiedene Produktivitätsbegriffe aus volkswirtschaftlicher und betrieblicher Sicht diskutiert und systematisiert werden. Anschließend werden etablierte Verfahren zur Produktivitätsmessung vorgestellt, gefolgt von der Entwicklung verbesserter Methoden und Messgrößen, die einen Vergleich der Unternehmensproduktivität auf verschiedenen Ebenen ermöglichen.[166] Während der Ansatz den Aspekt der Einflussfaktoren auf die Produktivität gut herausarbeitet, werden die übrigen Untersuchungskriterien nicht betrachtet.

[166] Vgl. Frenz (1963), Messung der Produktivität

NEBL (2002) – Produktivitätsmanagement

NEBL bietet einen ganzheitlichen Ansatz für das Produktivitätsmanagement. Darin beschreibt er die Unternehmensproduktivität und ihre Einflussfaktoren, entwickelt eine Methodik zur systematischen Produktivitätsanalyse eines Unternehmens und leitet abschließend einen Rahmen für die Erarbeitung von Maßnahmen zur Produktivitätssteigerung ab.[167] Einflussfaktoren auf die Produktivität werden zwar ausführlich behandelt, aber kaum im Kontext von Industrie 4.0 charakterisiert. Andere Untersuchungskriterien werden nicht betrachtet.

SYVERSON (2011) – What determines productivity?

SYVERSON wertet mehrere empirische Studien aus, die Ursachen für die Unterschiede in den gemessenen Produktivitätsniveaus von Unternehmen in verschiedenen Branchen zu ermitteln. Zu diesem Zweck beschreibt der Autor die Produktivität und ihre Messbarkeit, untersucht die Studien auf eine große Bandbreite möglicher Ursachen für Produktivitätsunterschiede und leitet schließlich künftige Forschungsfragen ab.[168] Da sich dieser Ansatz auf eine makroökonomische statt einer mikroökonomischen Betrachtung der Produktivität konzentriert, werden die Untersuchungskriterien nur in geringem Maße betrachtet.

KRIPPENDORF ET AL. (2015) – Kennziffer Produktivität

Der Ansatz von KRIPPENDORF ET AL. gibt einen detaillierten Überblick über das Konzept und die Messung der Produktivität auf Unternehmensebene und deren Unterformen. Die Autoren analysieren darüber hinaus regionale Produktivitätsunterschiede in Deutschland und gehen, aufbauend auf der Klassifikation von NEBL[169], auf Einflussfaktoren auf die Produktivität ein.[170] Die vorstehend vorgenommene Bewertung des Ansatzes von NEBL wird hier im Wesentlichen übernommen, da der relevante Abschnitt der Produktivitätseinflussfaktoren auf diesem Werk aufbaut.

2.4.2.2 Ansätze zur Beschreibung des intelligenten Unternehmens

Das Konzept des intelligenten Unternehmens wurde erstmals von QUINN präsentiert. Seitdem haben verschiedene Autoren den Ansatz erweitert, ergänzt, beziehungsweise in den jeweilig aktuellen technologischen Kontext gebracht.

[167] Vgl. Nebl (2002), Produktivitätsmanagement
[168] Vgl. Syverson (2011), Productivity
[169] Vgl. Nebl (2002), Produktivitätsmanagement
[170] Vgl. Krippendorf et al. (2015), Kennziffer "Produktivität"

QUINN (1992) – The intelligent enterprise a new paradigm

QUINN legt in seiner Pionierarbeit dar, was er als Haupttriebkraft für die Umstrukturierung der Wirtschaft ansieht: Der Übergang von der Produkt- zur Dienstleistungsorientierung, wobei letztere auf der Entwicklung und Nutzung intellektueller Ressourcen beruht. Anhand von Unternehmensbeispielen skizziert er mit dem intelligenten Unternehmen einen neuen Unternehmenstypus, der dieses Prinzip aufgreift und behandelt Aspekte des Managements dieser Unternehmen.[171] Dementsprechend untersucht dieser Ansatz die Charakterisierung des Zielzustandes intelligenter Unternehmen und die Fähigkeiten, diesen zu erreichen. Er geht aber weder auf die produktivitätsbezogenen Untersuchungskriterien noch auf die datentechnologischen Möglichkeiten zur Erreichung des beschriebenen Zielzustands ein.

WIIG (1999) – The Intelligent Enterprise and Knowledge Management

In diesem Artikel beschreibt WIIG zunächst das intelligente Unternehmen und zeigt anschließend die zentrale Rolle des Wissensmanagements in einem solchen Unternehmen auf.[172] Der Ansatz bleibt dabei losgelöst vom Kontext produzierender Unternehmen. WIIG stellt das mitarbeiterzentrierte Wissensmanagement in den Vordergrund seiner Arbeit. Die dementsprechende, weitestgehende Vernachlässigung der Potenziale datengetriebener Technologien ist durch das Erscheinungsjahr des Artikels begründet. Nichtsdestotrotz unterstützt der Ansatz die Definition des IPU (insbesondere in Bezug auf Intelligenz von Mitarbeitern).

THE INNOVATORS FORUM (2016) – The Intelligent Enterprise

Das Whitepaper zeigt Erkenntnisse eines Innovations-Symposiums der Universität Harvard. Darin wird das intelligente Unternehmen vor allem aus der Praxisperspektive beleuchtet. Führungskräfte aus Technologieunternehmen präsentieren Hypothesen, wie das Konzept des intelligenten Unternehmens genutzt werden kann, um den Unternehmenserfolg zu steigern.[173] Ein direkter Bezug zu produzierenden Unternehmen wird in dieser Veröffentlichung nicht hergestellt. Die vorgestellten Fallstudien geben dennoch Anhaltspunkte für die Herleitung von Definition und Charakteristika des IPU.

SRINIVASAN (2017) – The Intelligent Enterprise in the Era of Big Data

SRINIVASAN trägt zum Konzept des intelligenten Unternehmens bei, indem er eine Architektur für das intelligente Unternehmen im "Zeitalter von Big Data" vorstellt. Dazu zeigt der Autor zunächst die aktuellen Herausforderungen für Organisationen auf und

[171] Vgl. Quinn (1992), Intelligent Enterprise
[172] Vgl. Wiig (1999), Intelligent Enterprise and Knowledge Management
[173] Vgl. Ricketts (2016), Intelligent Enterprise

geht auf Aspekte der Effizienz und Agilität sowie der Intelligenz von Unternehmen ein. Darauf basierend entwirft er ein modernes Konzept des intelligenten Unternehmens und zeigt dazu Fallstudien aus der Praxis. Besonderes Augenmerk wird dabei auf verschiedene Big-Data-Methoden und -Lösungen auf der Basis von künstlicher Intelligenz gelegt.[174] Obwohl es sich um eine sinnvolle Erweiterung des Konzepts intelligenter Unternehmen handelt, werden die spezifischen Untersuchungskriterien der vorliegenden Arbeit nur in geringem Maße betrachtet: SRINIVASAN fokussiert primär architekturale Aspekte der technologischen Umsetzung des intelligenten Unternehmens als die erforderlichen übergreifenden Fähigkeiten. Zudem wird die Implikation der Umsetzung nur am Rande betrachtet und lässt daher keine Rückschlüsse auf deren Produktivitätsbezug zu.

2.4.2.3 Ansätze zur Beschreibung von Fähigkeiten produzierender Unternehmen

Die Entwicklung und Bündelung von Fähigkeiten für IPU ist ein zentrales Element der vorliegenden Arbeit. Die Beschreibung von Fähigkeiten in Unternehmen im Allgemeinen bzw. spezifisch auch in produzierenden Unternehmen wurde bereits vielfach vorgenommen. Die Ansätze stehen jedoch in unterschiedlich starkem Bezug zum Zielbereich dieser Arbeit – ihre Gemeinsamkeit liegt vorranging in der Beschreibung bzw. Entwicklung von Fähigkeiten.

DAY (1994) – The Capabilities of Market-Driven Organizations

DAY beschreibt, wie der Fähigkeitsansatz des strategischen Managements dabei unterstützt, eine marktorientierte organisationale Ausrichtung zu erreichen und beizubehalten.[175] Der Ansatz bietet für diese Arbeit keinen direkten inhaltlichen Mehrwert, da der objektbezogene Betrachtungsbereich keine Überdeckung zu dieser Arbeit aufweist. Das Vorgehen der Fähigkeitsentwicklung ist jedoch aus dem konkreten Kontext heraus sehr gut übertragbar und unterstützt den Zielbereich dieser Arbeit dahingehend.

ULRICH UND SMALLWOOD (2004) – Capitalizing on Capabilities

Die Arbeit von ULRICH UND SMALLWOOD folgt dem Ansatz der dynamischen Fähigkeiten[176]. Sie präsentieren darin elf organisationale Fähigkeiten, die übergreifend mit dem Erfolg von Unternehmen in Verbindung stehen.[177] Diese unterstützen ebenso wie die umfassende Literaturarbeit zur Fähigkeitstheorie die Modellentwicklung dieser Arbeit.

---

[174] Vgl. Srinivasan (2017), Intelligent Enterprise

[175] Vgl. Day (1994), Capabilities

[176] Vgl. Teece et al. (1997), Dynamic Capabilities

[177] Vgl. Ulrich, Smallwood (2004), Capitalizing on Capabilities

Die Relevanz des Ansatzes für diese Arbeit bleibt jedoch weitestgehend auf den Aspekt der Fähigkeitsentwicklung limitiert.

FELIN UND POWELL (2016) – Designing Organizations for Dynamic Capabilities
In diesem Ansatz erläutern FELIN UND POWELL das Konzept der dynamischen Fähigkeiten. Diese sollen Unternehmen dabei helfen, auch unter dynamischen Umfeldbedingungen langfristig erfolgreich zu sein.[178] Der Ansatz nennt explizit auch Datentechnologien, liefert darüber hinaus jedoch keinen inhaltlichen Beitrag für die Beschreibung des IPU. Nichtsdestotrotz unterstützt das Vorgehen von FELIN UND POWELL die Entwicklung von Fähigkeiten im Rahmen dieser Arbeit.

CHAVARRÍA-BARRIENTOS ET AL. (2018) – A methodology to create a sensing, smart and sustainable manufacturing enterprise
Die Autoren stellen eine Methodik zur Gestaltung eines wahrnehmenden, smarten und nachhaltigen produzierenden Unternehmens vor. Dabei werden Charakteristika eines solchen Unternehmens beschrieben, die auch im Rahmen dieser Arbeit anwendbar sind.[179] Der Begriff der Intelligenz im Unternehmenskontext wird ebenfalls eingeführt, ohne jedoch den Hintergrund ausführlich zu beschreiben. Zudem fokussiert die Arbeit auf Nachhaltigkeit als größte Herausforderung produzierender Unternehmen und lässt andere Herausforderungen wie die Digitalisierung oder die Steigerung der Produktivität größtenteils außer Acht.

SCHUH ET AL. (2020) – Industrie 4.0 Maturity Index
SCHUH ET AL. beschreiben in diesem Ansatz Entwicklungsstufen der Industrie 4.0. Sie stellen Unternehmen dadurch eine methodische Hilfestellung für ihr Transformationsvorhaben in diesem Kontext zur Verfügung. Im Rahmen dessen sprechen sie auch von Fähigkeiten, die für diese Entwicklung erforderlich sind. Sie werden in mehreren Ebenen strukturiert, in denen auch Zielbilder des Fähigkeitsaufbaus beschrieben werden. Eine Nennung der konkreten Fähigkeiten erfolgt jedoch nicht.[180] Die beschriebenen Entwicklungsstufen und die Strukturierung der Fähigkeiten unterstützen die vorliegende Arbeit und bilden einen Ansatzpunkt für die Ableitung der Fähigkeiten des IPU.

2.4.2.4 Ansätze zur Steigerung der Produktivität im Kontext der Industrie 4.0

Die Industrie 4.0 sowie die subsummierten Technologien werden in vielen Veröffentlichungen auch im Kontext der durch sie möglichen Optimierungen beschrieben. Dies

---

[178] Vgl. Felin, Powell (2016), Dynamic Capabilities
[179] Vgl. Chavarría-Barrientos et al. (2018), Sensing, Smart and Sustainable
[180] Vgl. Schuh et al. (2020), Industrie 4.0 Maturity

sind bspw. die Erhöhung von Flexibilität oder die Senkung von Kosten. Einige Ansätze befassen sich auch explizit mit den Möglichkeiten der Steigerung von Produktivität durch Industrie 4.0.

SCHUH ET AL. (2014) – Collaboration Mechanisms to increase Productivity in the Context of Industrie 4.0

SCHUH ET AL. entwickeln ein Referenzsystem zur Beschreibung von Mechanismen, die die Kollaborationsproduktivität in den direkten und indirekten Bereichen eines Unternehmens erhöhen. Die vier definierten Mechanismen sind zu gleichen Teilen auf die Produktions- und die Entwicklungsseite verteilt, während ihre Wirkung durch den „Return on Production“ bzw. den „Return on Engineering“ gemessen wird.[181] Aufgrund des stark überschneidenden Objektbereichs tangiert der Ansatz alle Untersuchungskriterien, ist jedoch für die Anforderungen dieser Arbeit noch nicht ausreichend detailliert.

WEBER ET AL. (2017) – Framework for the Systematical Design of Productivity Strategies

WEBER ET AL. präsentieren einen Rahmen für die Ableitung von Produktivitätsstrategien vor dem Hintergrund von Industrie 4.0. Nach der Darstellung von Produktivitätsprinzipien und Ansatzpunkten zur Produktivitätsverbesserung durch Digitalisierung leiten die Autoren einen dreidimensionalen Rahmen ab, der aus "Strategiekuben" besteht: Produktivitätsziel, Anwendungen der Digitalisierung sowie direkte und indirekte Bereiche des Unternehmens. Darüber hinaus wird ein Leitfaden für die Nutzung des entwickelten Rahmens zur systematischen Gestaltung von Produktivitätsstrategien bereitgestellt.[182] Der Ansatz deckt zwar nur einen Teil der Einflussfaktoren auf die Produktivität ab, bietet aber eine Charakterisierung derer im Kontext von Industrie 4.0 und geht dabei auch teilweise auf den Zielzustand intelligenter Unternehmen ein.

WILDEMANN (2018) – Produktivität durch Industrie 4.0

Der Ansatz von WILDEMANN ET AL. fokussiert auf Möglichkeiten zur Produktivitätssteigerung in kleinen und mittleren Unternehmen im Kontext von Industrie 4.0, indem er ein Konzept zur Analyse und Bewertung von Industrie 4.0-Maßnahmen zur Produktivitätssteigerung entwickelt.[183] Da der detaillierte Ansatz alle für die vorliegende Arbeit relevanten Aspekte in unterschiedlichem Detaillierungsgrad adressiert, werden die Untersuchungskriterien teilweise erfüllt.

---

[181] Vgl. Schuh et al. (2014), Collaboration to Increase Productivity
[182] Vgl. Weber et al. (2017), Productivity Strategies
[183] Vgl. Wildemann (2018), Produktivität

WEBER ET AL. (2018) – Zielgerichtete Produktivitätssteigerung durch Digitalisierung und Industrie 4.0

Der Ansatz von WEBER ET AL. knüpft an die frühere Arbeit der Autoren an[184] und ergänzt das zuvor entwickelte Rahmenwerk zur Gestaltung von Produktivitätsstrategien im Kontext von Industrie 4.0. So werden exemplarische Anwendungsfälle sowie ein Vorgehen zur Ermittlung geeigneter Digitalisierungsstrategien und deren Operationalisierung unter Berücksichtigung verschiedener Handlungsfelder beschrieben.[185] Dennoch werden die Untersuchungskriterien nicht oder nur ausreichend erfüllt, da der Ansatz zwar einen strukturellen Rahmen für die Produktivitätssteigerung präsentiert, nicht jedoch konkrete Potenziale innerhalb der Tätigkeits- und Prozessstruktur betrachtet. Die Autoren nennen nur in einigen wenigen Beispielen konkrete Potenziale.

SCHUH ET AL. (2019): Produktivitätsbaukasten 4.0

SCHUH ET AL. stellen einen Baukasten zur produktivitätsbezogenen Optimierung mit dem Ziel der Steigerung der Wertschöpfung eines Unternehmens vor. Der Ansatz kombiniert Methoden aus den Bereichen Lean-Produktion und Industrie 4.0 sowohl auf prozessbezogener als auch auf maschinenspezifischer Ebene.[186] Der Zielzustand intelligenter Unternehmen wird in diesem Ansatz teilweise beschrieben. Die produktivitätsbezogenen Kriterien im Sinne dieser Arbeit werden jedoch nicht ausreichend abgedeckt, da lediglich singuläre Werkzeuge der Produktivitätssteigerung betrachtet werden.

EISELE ET AL. (2021) – Produktivitätsmanagement

Die Autoren erarbeiten einen Ansatz für das ganzheitliche Produktivitätsmanagement im Kontext der Digitalisierung. Sie beschreiben dazu zunächst digitalisierungsinduzierte Herausforderungen an das Produktivitätsmanagement und zeigen anschließend ein Rahmenwerk des Produktivitätsmanagements auf, das diese berücksichtigt[187]. EISELE ET AL. konkretisieren mögliche Produktivitätspotenziale nur anhand ausgewählten „Best Practice“ Beispiele.[188] Der Ansatz bietet für diese Arbeit eine wertvolle strukturelle Orientierung. Konkrete, übertragbare Produktivitätspotenziale werden, durch die ausschließlich exemplarisch durchgeführte tiefergehende Betrachtung, jedoch nicht detailliert.

---

[184] Vgl. Weber et al. (2017), Productivity Strategies

[185] Vgl. Weber et al. (2018), Produktivitätssteigerung durch Digitalisierung und Industrie 4.0

[186] Vgl. Schuh et al. (2019), Produktivitätsbaukasten 4.0

[187] Sie bauen dabei auf dem Ansatz von WEBER ET AL. auf (Vgl. Weber et al. (2018), Produktivitätssteigerung durch Digitalisierung und Industrie 4.0)

[188] Vgl. Eisele et al. (2021), Produktivitätsmanagement

2.4.2.5 Eigene Ansätze zur Steigerung der Arbeitsproduktivität für IPU

Im Verlauf der Erstellung der Dissertationsschrift sind unter Mitwirkung des Autors Vorveröffentlichungen entstanden, in denen die Forschungsfrage der vorliegenden Arbeit (teilweise) adressiert wird. Diese werden im Folgenden ebenfalls vorgestellt und kritisch gewürdigt.

SCHUH ET AL. (2022) – Defining the Intelligent Manufacturing Enterprise

Die Arbeit von SCHUH ET AL. beschreibt das Vorgehen und Ergebnis der Definition des intelligenten produzierenden Unternehmens.[189] Nicht im Fokus dieses Werks steht die Beschreibung der Fähigkeiten, um ein solches Unternehmen zu realisieren. Darüber hinaus wird auch kein Bezug zu etwaigen Steigerungen der Arbeitsproduktivität hergestellt.

SCHUH UND SCHEUER (2022) - Increasing Labor Productivity in Intelligent Manufacturing Enterprises

SCHUH UND SCHEUER beschreiben einen Ansatz zur Steigerung der Arbeitsproduktivität für IPU. Dieser beinhaltet eine Modellstruktur zur Beantwortung der auch in dieser Arbeit adressierten Zielsetzung.[190] Das Werk bleibt jedoch ausschließlich auf der konzeptionellen Ebene, eine Detaillierung der Modelle erfolgt nicht. Somit werden auch die Untersuchungskriterien der Analyse nur aus konzeptionellen Aspekten erfüllt.

SCHUH ET AL. (2023) – Capabilities of the Intelligent Manufacturing Enterprise

SCHUH ET AL. bauen mit dieser Arbeit auf derjenigen zur Definition des IPU auf. Sie beschreiben Charakteristika eines solchen Unternehmens und leiten die erforderlichen Fähigkeiten ab.[191] Auch hier wird noch kein direkter Bezug zu möglichen Steigerungen der Arbeitsproduktivität durch diese Fähigkeiten hergestellt.

2.4.3 Zusammenfassung der Bewertung bestehender Ansätze und Positionierung der Arbeit

In der strukturierten Betrachtung des Stands der Forschung wurden 22 Ansätze mit unterschiedlich relevantem Bezug zur Forschungsfrage dieser Arbeit untersucht. Abbildung 2-10 fasst die kritische Würdigung dieser Ansätze in Bezug auf die Erfüllung der Kriterien des Objekt- und Zielbereichs der Arbeit zusammen.

[189] Vgl. Schuh et al. (2022), Intelligent Manufacturing Enterprise
[190] Vgl. Schuh, Scheuer (2022), Increasing Labor Productivity
[191] Vgl. Schuh et al. (2023), Capabilities

Legende

Grad der Erfüllung

nicht erfüllt → vollständig erfüllt

** IME = Intelligent Manufacturing Enterprise*

	Objektbereich			Zielbereich	
	Betrachtung der Einflussfaktoren der Arbeitsproduktivität	Beschreibung des IPU	Betrachtung der erforderlichen Fähigkeiten für IPU	Steigerung der Arbeitsproduktivität durch Einsatz von Datentechnologien	Arbeitsproduktivitätsoptimale Fähigkeitsbündel zur Realisierung des IPU
(1) Ansätze zur Untersuchung von Einflussfaktoren der Arbeitsproduktivität					
FRENZ (1963) – Messung der Produktivität	◕	○	○	○	○
NEBL (2002) – Produktvitätsmanagement	●	○	○	◔	○
SYVERSON (2011) – What determines productivity?	◑	○	○	○	○
KRIPPENDORF ET AL. (2015) – Kennziffer Produktivität	◕	○	○	◔	○
(2) Ansätze zur Beschreibung des intelligenten Unternehmens					
QUINN (1992) – The intelligent enterprise a new paradigm	○	◑	◑	○	○
WIIG (1999) – The Intelligent Enterprise and Knowledge Management	○	◑	○	○	○
THE INNOVATORS FORUM (2016) – The Intelligent Enterprise	○	◑	○	○	○
SRINIVASAN (2016) – The Intelligent Enterprise in the Era of Big Data	◔	◔	◑	○	○
(3) Ansätze zur Beschreibung von Fähigkeiten produzierender Unternehmen					
DAY (1994) – The Capabilities of Market-Driven Organizations	○	○	◔	○	◔
ULRICH UND SMALLWOOD (2004) – Capitalizing on Capabilities	○	◔	◕	○	○
FELIN UND POWELL (2016) – Designing Organizations for Dynamic Capabilities	○	○	◔	○	◔
CHAVARRÍA-BARRIENTOS ET AL. (2018) – Sensing, smart and sustainable ME	○	◔	◔	○	○
SCHUH ET AL. (2020) – Industrie 4.0 Maturity Index	◔	◕	◕	○	◔
(4) Ansätze zur Steigerung der Produktivität im Kontext der Industrie 4.0					
SCHUH ET AL. (2014) – Collaboration Mechanisms to increase Productivity	◑	◔	◑	◑	◑
WEBER ET AL. (2017) – Systematical Design of Productivity Strategies	◑	◔	○	◑	○
WILDEMANN (2018) – Produktivität durch Industrie 4.0	◕	◔	◑	◔	◔
WEBER ET AL. (2018) – Zielgerichtete Produktivitätssteigerung	◔	○	◔	○	○
SCHUH ET AL. (2019) – Produktivitätsbaukasten 4.0	○	◑	◑	◔	○
EISELE ET AL. (2021) – Produktivitätsmanagement	◕	◔	○	◑	○
(5) Eigene Ansätze zur Steigerung der Arbeitsproduktivität für IPU					
SCHUH ET AL. (2022) – Defining the IME*	○	●	○	○	○
SCHUH UND SCHEUER (2022) – Increasing Labor Productivity in IME*	◔	◔	○	◔	◔
SCHUH ET AL. (2023) – Capabilities of the IME*	○	◕	●	○	○

Abbildung 2-10: Bewertung relevanter Ansätze der Wissenschaftsliteratur

Übergreifend ist festzuhalten, dass keiner der vorgestellten Ansätze alle Kriterien des Objekt- und Zielbereichs vollständig erfüllt. Einzelne Ansätze beantworten jedoch zumindest einzelne Kriterien vollständig oder zeigen eine teilweise Erfüllung über alle Kriterien. Die Kriterien des Objektbereichs sind dabei grundsätzlich stärker erfüllt als die Kriterien des Zielbereichs.

Die Steigerung der Arbeitsproduktivität wird in vielen bestehenden Arbeiten betrachtet, oftmals stellt sich Prozess hin zum Zielzustand einer gesteigerten Produktivität jedoch als „Black Box" dar. So beruhen bspw. die Ansätze von WILDEMANN[192], WEBER ET AL.[193] und EISELE ET AL.[194] größtenteils auf der Umsetzung von „Best Practice"-Digitalisierungsmaßnahmen zur Steigerung der Produktivität, ohne die Wirkweise dieser Maßnahmen zu ergründen. Eine Produktivitätssteigerung wird somit durch das Anwenden von Maßnahmen ermöglicht, die in der Vergangenheit in ähnlichen Situationen erfolgreich waren, ohne dass die konkreten Ansatzpunkte zur Steigerung der Produktivität bestimmt werden. Die Kenntnis über solche Einflussfaktoren ermöglicht es Unternehmen jedoch, transparent und zielgerichtet die Maßnahmen umzusetzen, die das größte Produktivitätspotenzial bieten. Obwohl die Arbeiten dieses Themenbereichs mitunter also bereits gute Ansätze für datentechnologiebasierte Produktivitätssteigerungen liefern, erfüllen sie die Zielkriterien und somit die Forschungsfrage dieser Arbeit nur teilweise.

Die Betrachtung des IPU und der dazu erforderlichen Fähigkeiten wird aus unterschiedlichen Disziplinen betrachtet und dort jeweils in Teilen erfüllt. Die durch QUINN begründete Denkschule intelligenter Unternehmen zeigt wenig Konkretisierung im Kontext produzierender Unternehmen, behandelt jedoch umfassend den wissensbasierten Aspekt der Intelligenz. Ansätze aus dem Bereich der Industrie 4.0 dagegen sind sehr wohl dem produzierenden Kontext zugehörig. Sie fokussieren jedoch stärker Bereiche mit starkem Wertschöpfungsbezug als wissensintensive Tätigkeiten in indirekten Bereichen des Unternehmens.

Im Zielbereich der Arbeit existieren bereits einige Ansätze, die Steigerung der Arbeitsproduktivität im Kontext datentechnologieinduzierter Potenziale untersuchen. Sie verpassen jedoch die Identifikation konkreter Einflussfaktoren der Arbeitsproduktivität auf Tätigkeitsebene und bieten damit keine Grundlage für die Verknüpfung mit den

192 Vgl. Wildemann (2018), Produktivität

193 Vgl. Weber et al. (2017), Productivity Strategies; Weber et al. (2018), Produktivitätssteigerung durch Digitalisierung und Industrie 4.0

194 Vgl. Eisele et al. (2021), Produktivitätsmanagement

erforderlichen Fähigkeiten eines IPU. Dementsprechend rudimentär ist ebenfalls der Erfüllungsgrad arbeitsproduktivitätsoptimierter Fähigkeitsbündel im Kontext des IPU.

Die Analyse der Ansätze zeigt ein Interesse in der Wissenschaft, die Potenziale der Industrie 4.0 in Bezug auf ihren Einfluss auf die Arbeitsproduktivität zu untersuchen. Dabei werden die etablierten Methoden des Produktivitätsmanagements jeweils auf den neuen technologischen Kontext projiziert. Neue Methoden zur Produktivitätssteigerung bleiben jedoch auf einer eher oberflächlichen Ebene und werden anhand einzelner „Best Practices" detailliert.

Aus der vorherigen Analyse und Würdigung der bestehenden Ansätze werden im Anschluss zusammenfassend die theoretischen Defizite des Stands der Forschung abgeleitet. Diese stellen maßgebliche Eingangsgrößen für die Ableitung inhaltlicher Anforderungen dar (vgl. Teilkapitel 2.5).

2.5 Eingrenzung des Betrachtungsbereichs

In diesem Kapitel wird basierend auf den Ausführungen der Kapitel 2.1 bis 2.3 der Betrachtungsbereich der vorliegenden Arbeit eingegrenzt. Hierdurch wird die Arbeit auf einen handhabbaren Umfang eingegrenzt und die Nachvollziehbarkeit und Systematik des weiteren Vorgehens erhöht. Zur Strukturierung des Betrachtungsbereiches wird nachfolgend zwischen dem Objekt-, Subjekt- und Prädikatsbereich unterschieden.

2.5.1 Objektbezogene Eingrenzung

Im Objektbereich werden die Betrachtungsgegenstände sowie deren Wechselwirkung beschrieben und somit das "was". Das Ziel dieser Arbeit ist die Identifikation von Fähigkeitsbündeln zur Steigerung der Arbeitsproduktivität für IPU (vgl. Teilkapitel 1.2). Betrachtungsobjekte sind folglich die Arbeitsproduktivitätssteigerung, das IPU bzw. die darin wirkenden Datentechnologien sowie Fähigkeiten (vgl. Teilkapitel 2.1 bis 2.3).

Da Unternehmen nur über begrenzte Mittel verfügen sind sie gezwungen, die Wirtschaftlichkeit ihrer Entscheidungen abzuwägen (vgl. Teilkapitel 1.1). Die Zielsetzung dieser Arbeit gibt die Steigerung der Arbeitsproduktivität als Optimierungsgröße vor. Diese wird wertmäßig verstanden und ist definiert durch die Relation aus Arbeitsergebnis und Arbeitsaufwand (vgl. Unterkapitel 2.1.2). Im Rahmen einer unternehmensunabhängigen Betrachtung sind Produktivitätspotenziale, insbesondere in indirekten

Bereichen, jedoch nicht allgemeingültig zu quantifizieren[195]. Daher liegt der Fokus der Arbeit auf der qualitativen Bewertung möglicher Produktivitätspotenziale.

Die Anwendung der technologischen Potenziale der Industrie 4.0 zur Realisierung signifikanter Produktivitätssteigerungen steht im Zentrum der Zielsetzung dieser Arbeit (vgl. Teilkapitel 1.2). Dementsprechend werden die Einflussgrößen der Arbeitsproduktivitätssteigerung unabhängig von bestehenden, methodischen Produktivitätssteigerungsansätzen, wie dem Regelkreis des Produktivitätsmanagements betrachtet (vgl. Unterkapitel 2.1.1 und 2.1.2). Im Gegensatz zu den dort zumeist fokussierten inkrementellen Verbesserungen in bestehenden Strukturen, sind die produktivitätsdeterminierenden Tätigkeiten radikaler zu hinterfragen (vgl. Unterkapitel 2.1.2). Daher ist es erforderlich, diese detailliert auf ihr Optimierungspotenzial durch den Einsatz von Datentechnologien zu analysieren.

Prozesse und Bereiche produzierender Unternehmen weisen eine Heterogenität ihrer beinhalteten Tätigkeiten auf. Sie sind insbesondere nach Wertschöpfungsgrad, Materialität und Geschäftsprozessbezug zu unterscheiden (vgl. Unterkapitel 2.3.1). Die Potenziale des IPU basieren vor allem auf den implementierten Datentechnologien (vgl. Unterkapitel 2.2.3). Diese wirken insbesondere dort, wo Informationen verarbeitet werden, bspw. in der Informationsaufnahme, -verarbeitung oder -ausgabe (vgl. Unterkapitel 2.2.2). Dementsprechend sind insbesondere diejenigen Unternehmensprozesse potenzialträchtig, die sich mit ebenjenen informationsbezogenen Aufgaben befassen: Informations- bzw. wissensintensive Prozesse. Die Betrachtung erfolgt dementsprechend im Rahmen dieser Arbeit primär in wissensintensiven Bereichen. Der Materialitäts- und Wertschöpfungsfokus der Arbeit liegt daher auf immateriellen Tätigkeiten in indirekt wertschöpfenden Prozessen bzw. Bereichen[196]. Dabei werden insbesondere Leistungsinnovations- und Leistungserstellungsprozesse analysiert, die Kundenprozesse als dritte Geschäftsprozessart werden aufgrund des Produktionsfokus der Arbeit nicht betrachtet[197].

Den technologischen Rahmen der Arbeit bildet schließlich das IPU (vgl. Teilkapitel 1.2). Es stellt den unternehmensbezogenen Zielzustand der Industrie 4.0 dar (vgl. Unterkapitel 2.2.3). Fähigkeitsbündel werden definiert als eine Menge von Fähigkeiten, die in ihrer Gesamtheit die Realisierung des IPU ermöglichen (vgl.

[195] Vgl. Eisele et al. (2021), Produktivitätsmanagement, S. 24

[196] Dieser Fokus wird gestützt von EISELE ET AL., die in ihrer Forschung zum Produktivitätsmanagement im Kontext der Digitalisierung ebenfalls einen zukünftig verstärkten Fokus auf indirekte Bereiche vorhersagen (Vgl. Eisele et al. (2021), Produktivitätsmanagement, S. 39).

[197] Vgl. Rüegg-Stürm (2004), St. Galler Management-Modell, S. 117

Unterkapitel 2.3.3). Im Fokus der Arbeit stehen insbesondere diejenigen Potenziale, die durch die Implementierung von Datentechnologien ermöglicht werden (vgl. Unterkapitel 2.2.4). Die Arbeit fokussiert dementsprechend im Reifegradverständnis nach SCHUH ET AL. auf die höheren Stufen der Industrie 4.0[198]. Folglich ist auch der Fähigkeitsbegriff im Kontext von Datentechnologien zu spezifizieren.

Der objektbezogene Betrachtungsbereich der vorliegenden Arbeit liegt in der Auswahl von Fähigkeiten zur qualitativen Steigerung der wertmäßigen Arbeitsproduktivität in indirekten Bereichen produzierender Unternehmen.

2.5.2 Prädikatsbezogene Eingrenzung

Die prädikatsbezogene Eingrenzung bestimmt, in welchen Tätigkeiten bzw. Prozessen der Anwender durch das Ergebnis der Arbeit unterstützt werden soll. Die angestrebte Identifikation von Fähigkeitsbündeln zur Steigerung der Arbeitsproduktivität ist auf verschiedene Arten relevant für Unternehmen.

Primär unterstützt deren Kenntnis Planungs- und Entscheidungsprozesse zur langfristig-strategischen Ausrichtung des Unternehmens. So erlaubt die Verknüpfung von Produktivitätspotenzialen des Einsatzes von Datentechnologien und den dazu erforderlichen Fähigkeiten eine Strukturierung des strategischen Handlungsfelds der Digitalisierung und Industrie 4.0 aus wirtschaftlicher Perspektive. Mit der Kenntnis dieser nutzenbezogenen Perspektive wird die zielgerichtete Ressourcenallokation unterstützt.

Sekundär leistet die Arbeit ebenfalls einen Beitrag für operativere Prozesse. So bietet die erhöhte Transparenz der Tätigkeitsstruktur und der darin befindlichen Produktivitätspotenziale Ansatzpunkte für Analysen im Rahmen kontinuierlicher Verbesserungsprozesse oder im (operativen) Produktivitätsmanagement. Darüber hinaus wird durch die Strukturierung von Fähigkeiten des IPU auch bspw. die Wissensgrundlage zur Implementierung von Datentechnologien verbessert.

Durch die Verknüpfung der Potenziale von Datentechnologien mit den Möglichkeiten zur Steigerung der Arbeitsproduktivität unterstützt die Arbeit primär strategische Planungs- und Budgetierungsprozesse.

---

[198] Vgl. Schuh et al. (2020), Industrie 4.0 Maturity, S. 18

2.5.3 Subjektbezogene Eingrenzung

Für die subjektbezogene Eingrenzung werden sowohl die adressierten Unternehmen als auch der Anwenderkreis der Ergebnisse der Arbeit beschrieben. Gemäß der Zielsetzung der Arbeit wird bereits der Fokus auf Unternehmen des produzierenden Gewerbes deutlich (vgl. Teilkapitel 1.2). Grundlegend sind die Ergebnisse der Arbeit dabei produzierenden Unternehmen aller Größen von Nutzen. Aufgrund der mit der Unternehmensgröße korrelierenden Komplexität der Unternehmensprozesse ist jedoch zu vermuten, dass auch die Anzahl der Informationsübergänge zunimmt. Demnach ist die Relevanz der Ergebnisse der Arbeit insbesondere für mittlere und große Unternehmen hoch.

Die primären Anwender der Ergebnisse dieser Arbeit sind im strategischen Management produzierender Unternehmen tätig. Es handelt sich je nach Unternehmensgröße um Strategieverantwortliche im Produktionsbereich, Produktionsleiter oder die Unternehmensleitung selbst. Ihnen obliegt die Aufgabe, erforderliche Fähigkeiten für das Unternehmen zu bestimmen und damit den zukünftigen Erfolg des Unternehmens zu sichern. Die identifizierten Fähigkeitsbündel dienen Ihnen als Strukturhilfe, um den individuellen Weg zum IPU zu bestimmen. Mittels der formulierten Einflussgrößen der Arbeitsproduktivitätssteigerung und deren Verknüpfung zu Datentechnologien wird zudem die wirtschaftlich sinnvolle Definition von Projekten im Kontext der Industrie 4.0 unterstützt. Darüber hinaus existieren auch sekundäre Nutzer der Ergebnisse der Arbeit, die nur mittelbar Nutzen aus den Erkenntnissen ziehen oder davon betroffen sind. In diesem Zusammenhang sind Fach- und Führungskräfte zu nennen, die für die operative Umsetzung der Transformation zum IPU zuständig sind. Das Ergebnis der Arbeit dient für sie als Leitlinie und Verständnisgrundlage. Weiterhin sind auch die Mitarbeiter der operativen Produktion zu nennen, die durch die Transformation zum IPU gemäß der formulierten Fähigkeitsbündel in der Ausübung ihrer Funktionen beeinflusst werden.

Die Anwender der Arbeit sind vorrangig Angehörige des strategischen Managements produzierender Unternehmen. Sie sind verantwortlich für den wirtschaftlichen Erfolg des Unternehmens und die dazu erforderliche Fähigkeitsauswahl.

2.6 Zwischenfazit zur Ableitung des Forschungsbedarfs

Die Analyse des Stands der Forschung ermöglicht die Identifikation der Defizite bestehender Ansätze. Mit ihrer Kenntnis wird die zielgerichtete Adressierung relevanter wissenschaftlicher Probleme im Rahmen dieser Arbeit sichergestellt. Nachfolgend werden die vier identifizierten Defizite vorgestellt. Sie bilden die Ausgangsbasis für die weitere Konkretisierung dieser Arbeit.

Unzureichendes Verständnis der Einflussgrößen zur Steigerung der Arbeitsproduktivität im Kontext der Industrie 4.0

Die Steigerung der Arbeitsproduktivität wird bislang primär aus arbeitswissenschaftlicher Sicht betrachtet. Dies impliziert eine Fokussierung auf methodische Ansätze des Produktivitätsmanagements. Auch eine Identifikation von Produktivitätspotenzialen auf Basis der technologischen Möglichkeiten der Industrie 4.0 erfolgt somit immer aus dieser Sichtweise. Die bestehende Literatur lässt bislang detailliertere Untersuchungen konkreter Einflussgrößen zur Steigerung der Arbeitsproduktivität im Kontext der Industrie 4.0 vermissen.

Fehlende Kenntnis und Konkretisierung der erforderlichen Fähigkeiten zur Realisierung des IPU

Die technologischen Potenziale der Industrie 4.0 sind umfangreich beschrieben, ihre Konkretisierung in einem unternehmerischen Zielzustand – im Verständnis dieser Arbeit dem IPU – dagegen weniger. Zudem mangelt es an einer Segmentierung dieses Zielzustands in seine konstituierenden Fähigkeiten. Erst die Kenntnis dieser konstituierenden Elemente ermöglicht eine systematische Gestaltung produktivitätsoptimierter Bündel.

Fehlende Möglichkeit der Zuordnung einzelner Fähigkeiten zur Steigerung von Einflussgrößen der Arbeitsproduktivität

Möglichkeiten zur Steigerung der Arbeitsproduktivität bleiben bislang weitestgehend auf der Ebene einzelner „Best Practice“ Beispiele. Die systematische Zuordnung strategischer Fähigkeiten erfolgt demgegenüber bislang nicht. Dementsprechend mangelt es ebenfalls an dem dazu erforderlichen methodischen Verständnis zur Anleitung der Praxis.

Mangelndes Verständnis des arbeitsproduktivitätsoptimierten Entwicklungspfads zum IPU

Das Problem wurde in Teilkapitel 1.1 bereits aus Praxissicht identifiziert, liegt jedoch im Fokus bestehender Forschung begründet: Die darin vorrangig thematisierten technologischen Potenziale der Industrie 4.0 werden ungenügend aus der in der Praxis unverzichtbaren wirtschaftlichen Perspektive betrachtet. Dies führt für Praktiker zu einer zunehmenden Orientierungslosigkeit in Bezug auf die Priorisierung von Projekten und damit auch auf den optimalen Entwicklungspfad zum IPU. Das übergeordnete

Defizit liegt demnach in der mangelnden Zusammenstellung und Priorisierung produktivitätsoptimierter Bündel von datentechnologiebezogenen Fähigkeiten.

Mit der Ableitung des Forschungsbedarfs ist nun nach der einleitenden Beschreibung der praktischen Problemstellung auch das theoretische Defizit beschrieben. Damit sind die Voraussetzungen zur Konzeption der Methodik zur Identifikation und zielgerichteten Verknüpfung von Fähigkeitsbündeln IPU im nachfolgenden Kapitel geschaffen.

3 Konzeption der Methodik

Die vorliegende Arbeit verfolgt das Ziel Fähigkeitsbündel zur Steigerung der Arbeitsproduktivität für intelligente produzierende Unternehmen zu identifizieren. Ausgehend von dieser praktischen Problemstellung (vgl. Teilkapitel 1.1-1.2) wurden gemäß des ausgewählten Forschungsprozesses nach ULRICH problemrelevante Theorien und Grundlagen untersucht (vgl. Teilkapitel 2.1-2.4). Basierend auf dem Forschungsbedarf der Arbeit (vgl. Teilkapitel 2.5) wird in den nachfolgenden Teilkapiteln die Methodik zur Beantwortung der eingangs definierten Forschungsfrage erarbeitet. Dazu werden zunächst formale und inhaltliche Anforderungen formuliert (vgl. Teilkapitel 3.1). Anschließend werden aufgrund der Komplexität der Problemstellung und der Modellentwicklung wissenschaftlich-formale und theoretisch-inhaltliche Grundlagen erläutert, die in der nachfolgenden Konzeption Anwendung finden (vgl. Teilkapitel 3.2 und 3.3). Die Anforderungen und Grundlagen werden schließlich zur Entwicklung der Modellstruktur genutzt (vgl. Teilkapitel 3.4) und das Kapitel wird mit einem Zwischenfazit abgeschlossen (vgl. Teilkapitel 3.5).

3.1 Anforderungen an die Methodik

Als Grundlage der systematischen Konzeption der Methodik werden zunächst Anforderungen an diese formuliert. Diese werden unterteilt in formale (vgl. Unterkapitel 3.1.1) und inhaltliche Anforderungen (vgl. Unterkapitel 3.1.2). Die formalen Anforderungen basieren auf allgemeinen modell- und systemtheoretischen Überlegungen. Die inhaltlichen Anforderungen dagegen gründen sich auf den konkreten Kontext der Arbeit. Sie beziehen Zielsetzung sowie praktische und theoretische Defizite mit ein.

3.1.1 Formale Anforderungen

Formale Anforderungen sind allgemeine Kriterien für die Entwicklung wissenschaftlicher Modelle. Deren Berücksichtigung in der Modellformulierung erhöht die Wirksamkeit eines Modells. Als Charakteristika eines „guten Modells“ nennt PATZAK die empirische Richtigkeit, formale Richtigkeit, Zweckbezogenheit, Handhabbarkeit und Effizienz. Diese Charakteristika sind jedoch nicht unabhängig, insbesondere die

Forderungen nach formaler und empirischer Richtigkeit stehen in Konkurrenz zu den übrigen Anforderungen.[199]

Ein Modell ist per se eine vereinfachte Abbildung der Realität. Um den Zielkonflikt zwischen Modellqualität und Aufwand der Modellerstellung und -anwendung weiter aufzulösen, finden Vereinfachungsprinzipien Verwendung:[200]

- Reduzierung des Anspruchs der Vollständigkeit
- Reduzierung des Anspruchs der Formalisierung
- Reduzierung der Ansprüche an Genauigkeit des Modells

Diese Vereinfachungen erhöhen die Effizienz des Modells. Jedwede Vereinfachung hat jedoch einen Einfluss auf die Qualität des Modells. Der konkrete Kompromiss zwischen dem Grad der Vereinfachung und der Erfüllung obiger Anforderungen ist daher eine zentrale Aufgabe des Modellerstellers.

3.1.2 Inhaltliche Anforderungen

Im Gegensatz zu formalen Anforderungen sind inhaltliche Anforderungen themenspezifisch. Sie dienen gleichermaßen als struktureller Rahmen der Entwicklung der Methodik, wie als Grundlage zur späteren Prüfung der Vollständigkeit der Lösung. Die inhaltlichen Anforderungen basieren auf der praktischen Problemstellung (vgl. Teilkapitel 1.1), der Zielsetzung dieser Arbeit (vgl. Teilkapitel 1.2) sowie den formulierten theoretischen Defiziten (vgl. Teilkapitel 2.5). Die in den vorangegangenen Kapiteln erarbeiteten Erkenntnisse werden in Abbildung 3-1 zusammenfassend dargestellt, ebenso wie die resultierenden Anforderungen. Diese werden anschließend in Textform detailliert.

[199] Vgl. Patzak (1982), Systemtechnik, S. 309f.
[200] Vgl. Patzak (1982), Systemtechnik, S. 315f.

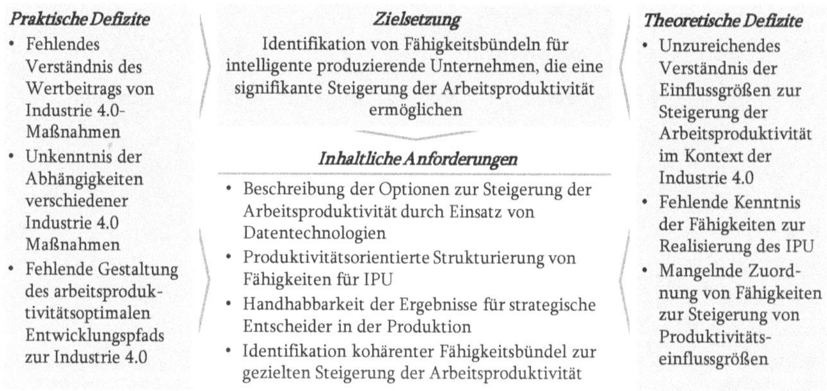

Abbildung 3-1: Inhaltliche Anforderungen an die Methodik

Beschreibung der Optionen zur Steigerung der Arbeitsproduktivität durch Einsatz von Datentechnologien

Die Industrie 4.0 wird vielfach mit hohen ökonomischen Potenzialen assoziiert (im Fokus dieser Arbeit liegt das der Steigerung der Arbeitsproduktivität), sodass Unternehmen bereit sind, in die Implementierung zu investieren (vgl. Teilkapitel 1.1). Da deren Ressourcen dennoch begrenzt sind und um diese möglichst gewinnbringend einzusetzen, ist die Identifikation derjenigen Bereiche oder Tätigkeiten erforderlich, in denen ihr Einsatz am sinnvollsten ist (vgl. Teilkapitel 1.1). Gerade an dieser Verknüpfung der Möglichkeiten zur Steigerung der Arbeitsproduktivität mit den Potenzialen der Industrie 4.0 bzw. den dafür verantwortlichen Datentechnologien mangelt es jedoch (vgl. Unterkapitel 2.4.3). Demensprechend resultiert die Anforderung an diese Arbeit, die Einflussfaktoren der Arbeitsproduktivitätssteigerung zu beschreiben und ihre Beeinflussbarkeit durch den Einsatz von Datentechnologien zu analysieren.

Produktivitätsorientierte Strukturierung von Fähigkeiten für IPU

Neben dem Verständnis der zuvor beschriebenen ökonomischen Relevanz der Implementierung der Industrie 4.0, ist auch der technologisch-inhaltliche Aspekt der Umsetzung zu betrachten. In der Unternehmenspraxis werden oftmals Leuchtturmprojekte durchgeführt, die in sich geschlossen technologisch wie wirtschaftlich logisch sind (vgl. Teilkapitel 1.1). Um für eine großflächige Transformation potenzielle Synergien zu ermöglichen, müssen jedoch die Abhängigkeiten zwischen solchen Projekten verstanden werden (vgl. Teilkapitel 1.1). Da dies auf der Ebene der konkreten Maßnahmen und Projekte nicht möglich ist, resultiert somit die Anforderung, die zugrundeliegenden Fähigkeiten zu strukturieren. Gemäß der Zielsetzung dieser Arbeit erwächst diese Anforderung vor dem Hintergrund der Produktivitätssteigerung.

Handhabbarkeit der Ergebnisse für strategische Entscheider in der Produktion

Gemäß der subjektorientierten Eingrenzung müssen die Ergebnisse dieser Arbeit für Anwender in strategischen Funktionen produzierender Unternehmen nutzbar sein (vgl. Unterkapitel 2.5.3). Der Aspekt der Handhabbarkeit wurde bereits als formale Anforderung formuliert (vgl. Unterkapitel 3.1.1). Aufgrund der Komplexität der Themenstellung besitzt er jedoch eine besondere Relevanz und wird an dieser Stelle hervorgehoben und inhaltlich spezifiziert. Für die zufriedenstellende Handhabbarkeit ist insbesondere die Art und Weise der Ergebnisaufbereitung von Bedeutung. Demnach besteht für die Anwender dieser Arbeit das Spannungsfeld aus schneller Verständlichkeit sowie möglichst generischer Anwendbarkeit der Ergebnisse auf der einen Seite und der Möglichkeit der Detaillierung dieser in besonders relevanten Anwendungsfeldern auf der anderen Seite. Somit resultiert die Anforderung, die Handhabbarkeit der Ergebnisse für strategische Entscheider in produzierenden Unternehmen sicherzustellen.

Identifikation kohärenter Fähigkeitsbündel zur gezielten Steigerung der Arbeitsproduktivität

Neben der singulären Betrachtung der Produktivitätssteigerungsoptionen auf der einen Seite und der inhaltlichen Strukturierung der Fähigkeiten von IPU auf der anderen Seite, mangelt es Unternehmen insbesondere am Verständnis des aus der Kombination beider Seiten resultierenden Entwicklungspfads (vgl. Teilkapitel 1.1). Die gleichzeitige Umsetzung aller erforderlichen Fähigkeiten für die Realisierung des IPU ist zwar inhaltlich sinnvoll, steht jedoch im Konflikt mit der beschriebenen Ressourcenknappheit (vgl. Teilkapitel 1.1). Somit ist eine Sequenzierung der Fähigkeitsimplementierung erforderlich, verbunden mit der Bestimmung der daraus hervorgehenden ökonomischen Vorteilhaftigkeit. Demzufolge ergibt sich für diese Arbeit die Anforderung, kohärente Mengen von Fähigkeiten zu bestimmen (im Kontext dieser Arbeit als Fähigkeitsbündel bezeichnet), deren Implementierung eine signifikante Steigerung der Arbeitsproduktivität zur Folge hat.

3.2 Grundlagen zur wissenschaftlich-formalen Konzeption

Im Rahmen der Herleitung des Grobkonzepts in Teilkapitel 3.4 werden etablierte formalwissenschaftliche Ansätze genutzt. Zur Offenlegung dieser Theorien und der Klärung von Begrifflichkeiten, werden in diesem Teilkapitel die relevanten Aspekte kurz beschrieben. Zunächst werden modelltheoretische Grundlagen vorgestellt (vgl. Unterkapitel 3.2.1), bevor die Denkmodelle und Grundprinzipien der erläutert werden (vgl. Unterkapitel 3.2.2).

3.2.1 Modelltheorie

Ein Modell wird durch die Merkmale der Abbildung, der Verkürzung und des Pragmatismus charakterisiert. Das Abbildungsmerkmal besagt, dass das Modell eine Wiedergabe von natürlichen oder künstlichen Originalen ist, die selbst auch ein Modell sein können. Gemäß des Verkürzungsmerkmals umfasst das Modell nicht alle Aspekte der repräsentierten Originale, sondern nur die für die Anwender des Modells relevanten. Das Modell ersetzt das repräsentierte Original nicht vollständig, sondern nur für bestimmte Benutzer, in bestimmten Zeiträumen und für bestimmte Anwendungen. Dies wird durch das pragmatische Merkmal ausgedrückt.[201]

Die Generierung von Aussagen über ein Original durch die Modellanwendung ist vom Verwendungszweck abhängig. PATZAK identifiziert vier Modellarten je nach Verwendungszweck. Diese sind das Beschreibungs-, das Erklärungs-, das Vorhersage- und das Entscheidungsmodell. Das Beschreibungsmodell ist ein deskriptives Modell, das Phänomene erfasst und Zustände abbildet und keine Aussagen über die Gültigkeitsvoraussetzungen oder die Ursachenwirkungszusammenhänge liefert. Ein Erklärungsmodell führt eine logisch-induktive Ermittlung von Wirkungszusammenhängen und Ursachen für bestimmte Zustände durch. Vorhersagemodelle ermöglichen auf Basis von Erklärungsmodellen deduktiv Prognosen über die Zustände und das Verhalten der Systeme in der Zukunft. Entscheidungsmodelle sind präskriptiv-normative Modelle, die Handlungsmöglichkeiten für die Erreichung bestimmter Ziele ableiten.[202]

Die Zielsetzung der Arbeit indiziert bereits die Relevanz verschiedener Modelltypen. Da eine Priorisierung relevanter Fähigkeitsbündel unter der Maßgabe der Steigerung der Arbeitsproduktivität erfolgen soll, ist mindestens ein Entscheidungsmodell erforderlich. Die Darstellung grundlegender Zusammenhänge der Arbeitsproduktivitätssteigerung sowie von Fähigkeiten des IPU erfordern zudem Beschreibungsmodelle. Im Zuge der Interpretation von Möglichkeiten zur Steigerung der Arbeitsproduktivität im Kontext des IPU wird darüber hinaus ein Erklärungsmodell benötigt.

[201] Vgl. Stachowiak (1973), S. 131ff.

[202] Vgl. Patzak (1982), Systemtechnik, S. 313f.

3.2.2 Systemtechnik

Die Systemtechnik („Systems Engineering") bietet Denkmodelle, Grundprinzipien und eine uniforme Terminologie zur Handhabe komplexer Probleme[203]. Da es sich bei der Zielsetzung der Arbeit um ein ebensolches Problem von hoher Komplexität handelt, wird die Systemtechnik als Hilfsmittel für die folgende Modellkonzeption und -detaillierung ausgewählt. Das gedankliche Gerüst der Systemtechnik beruht auf zwei grundlegenden Prinzipien, die nachfolgend detailliert werden – dem Denken in Systemen (Systemdenken) und der Gliederung einer Problemlösung in Teilschritte (Vorgehensmodell)[204].

Das Systemdenken umfasst Hilfsmittel und Werkzeuge zur Beschreibung und Gestaltung von Situationen und Zusammenhängen[205]. Das System besteht aus Elementen, die je nach Zweck und Anwendung bestimmte Eigenschaften und Funktionen besitzen. Sie könnten wiederum ebenfalls als Systeme (Subsysteme) betrachtet werden. Die Elemente sind durch Beziehungen miteinander verknüpft. Die Schnittstelle zwischen dem System und der Umgebung stellt die Systemgrenze dar. Systeme und Elemente, die sich in der Umgebung befinden und einen Einfluss auf das System haben oder davon beeinfluss werden können, können als Umsystem bezeichnet werden.[206] Die dargelegten Begrifflichkeiten des Systemdenkens sind in Abbildung 3-2 visualisiert.

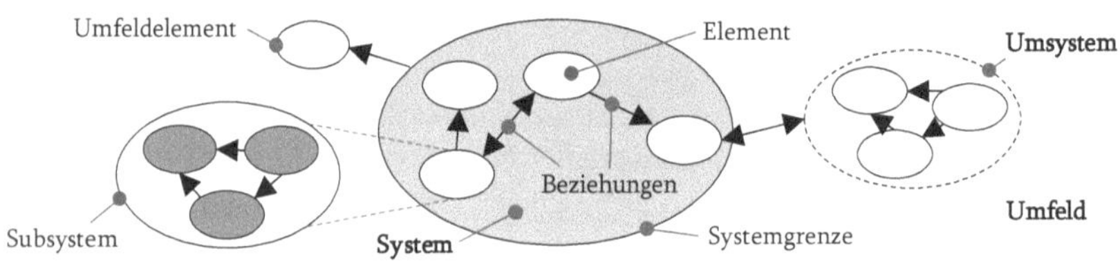

Abbildung 3-2: Grundbegriffe des Systemdenkens[207]

Das Vorgehensmodell besteht aus vier Grundprinzipien, die in Kombination verwendet werden (vgl. Abbildung 3-3). Vom Groben zum Detail beschreibt das schrittweise Vorgehen in unterschiedlichen Granularitätsstufen, ausgehend von einem weiten Rahmen hin zum Konkreten. In jeder dieser Detaillierungsstufen gilt die Maßgabe der Variantenbildung. Diese beschreibt das Denken in Alternativen, also der Betrachtung

[203] Vgl. Patzak (1982), Systemtechnik, S. 15

[204] Vgl. Haberfellner et al. (2012), Systems Engineering, S. 28f.

[205] Vgl. Haberfellner et al. (2012), Systems Engineering, S. 28

[206] Vgl. Haberfellner et al. (2012), Systems Engineering, S. 34ff.

[207] I.A.a. Haberfellner et al. (2012), Systems Engineering, S. 34ff.

verschiedener möglicher Lösungsmöglichkeiten. Die Phasengliederung erweitert die vorgenannten Konzepte und ermöglicht eine stufenweise Abwicklung des Werdegangs einer Lösung. Sie wird auch als Makro-Logik bezeichnet. In Abgrenzung dazu bietet der Problemlösungszyklus eine Mikro-Logik, die als Leitfaden der Problembearbeitung in jeder Phase eines Projektes dient. Der Problemlösungszyklus besteht aus den Schritten Zielkonkretisierung, Lösungssuche und Auswahl.[208]

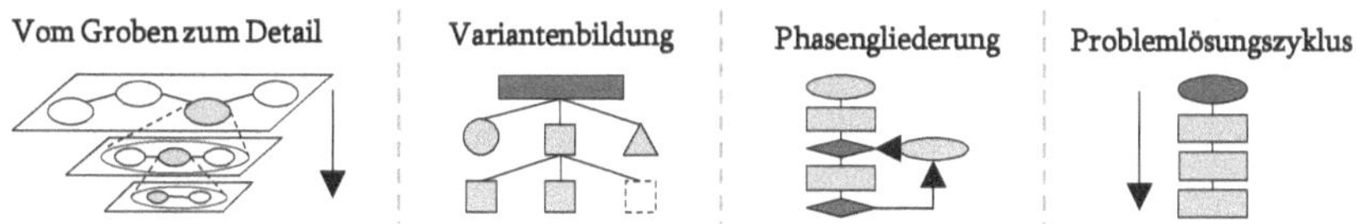

Abbildung 3-3: Grundgedanken des Vorgehensmodells[209]

Die dargestellten Prinzipien des Systemdenkens sowie die Grundgedanken des Vorgehensmodells kommen in der Modellkonzeption und -detaillierung zum Einsatz. Die Aufteilung in ein Grobkonzept und Detailkonzept, ist selbst bereits eine Anwendung des Prinzips vom Groben zum Detail.

3.3 Grundlagen zur theoretisch-inhaltlichen Konzeption

Im Rahmen der Modellkonzeption und -detaillierung werden verschiedene methodische Werkzeuge benötigt. Zur Gewährleistung eines einheitlichen Verständnisses dazu, werden diese im vorliegenden Teilkapitel kurz vorgestellt. Die umfangreiche Analyse bestehender Forschungsliteratur wird durch die systematische Inhaltsanalyse unterstützt. Die dazu erforderlichen Grundlagen werden in Unterkapitel 3.3.1 beschrieben. Um darüber hinaus umfangreiche Inhalte zielgerichtet zu abstrahieren, wird das Verfahren der Typisierung in Unterkapitel 3.3.2 eingeführt.

3.3.1 Inhaltsanalyse

Die (qualitative) Inhaltsanalyse wird verwendet, um aus großen Datenmengen replizierbare und valide Erkenntnisse zu gewinnen[210]. Die zugrundeliegenden Daten können in unterschiedlichen Formen vorliegen (bspw. schriftlich oder visuell)[211]. Im Rahmen dieser Arbeit werden ausschließlich Textdaten als Eingangsgrößen verwendet, da Literaturquellen als Grundlage genutzt werden. Die untersuchten Texte werden durch

[208] Vgl. Haberfellner et al. (2012), Systems Engineering, S. 58ff.
[209] I.A.a. Haberfellner et al. (2012), Systems Engineering, S. 57ff.
[210] Vgl. Krippendorff (2004), Content Analysis, S. 18
[211] Vgl. Cole (1988), Content Analysis, S. 54

das Vorgehen der Inhaltsanalyse codiert, wodurch ihre Kernaussagen strukturiert werden.[212]

Das Codesystem ist das Kernstück der Inhaltsanalyse. Im Allgemeinen kategorisieren Codes eine Gruppe von Wörtern, Sätzen oder Absätzen, die eine ähnliche Bedeutung vermitteln[213]. Die anfängliche Bildung eines Codesystems kann entweder induktiv oder deduktiv erfolgen und wird im Folgenden daher erörtert. Codes werden entweder aus bereits vorhandenen Daten, Literatur, Theorien, Methoden oder der Forschungsfrage der Studie abgeleitet. Im Laufe der Analyse können Codes oder Untercodes auch auf der Grundlage neuer Erkenntnisse aus den Daten hinzugefügt werden.[214] KUCKARTZ stellt mehrere Kategorien von Codes vor, die in der sozialwissenschaftlichen Literatur zu finden sind, räumt aber ein, dass es für jede Methode der Inhaltsanalyse eigene Codekategorien gibt[215]. Es gibt keinen "richtigen Weg", ein Codesystem zu planen und zu konstruieren, da die Methode flexibel und iterativ ist und vom Anwender verlangt, dass er sich mit Unsicherheiten abfinden kann[216]. Der grundsätzliche Ablauf einer Analyse wird von KUCKARTZ in sechs Schritten beschrieben:[217]

1. Aufbereitung der Daten
2. Bildung von Hauptcodes, die der Forschungsfrage oder dem Kontext entsprechen
3. Kodierung der Daten unter Verwendung der Hauptcodes
4. Zusammenstellung der Passagen und Bildung von Untercodes
5. Codebasierte Analyse und Ergebnisdarstellung
6. Validierung und Dokumentation

Die Begriffe "Code" und "Kategorie" sind in der inhaltsanalytischen Literatur in der Regel austauschbar, können aber auch so verwendet werden, dass "Code" eine Unterkategorie einer "Kategorie" ist[218]. In dieser Arbeit beschreiben die Begriffe "Code" und "Untercode" die Hierarchie des Codesystems.

---

[212] Vgl. Kuckartz (2019), Qualitative Text Analysis, S. 183; Stemler (2000), Content Analysis, S. 2; Elo, Kyngäs (2008), Content Analysis Process, S. 108

[213] Vgl. Weber (1990), Basic Content Analysis, S. 37

[214] Vgl. Hsieh, Shannon (2005), Qualitative Content Analysis; Polit, Beck (2004), Nursing Research; Sandelowski (1995), Qualitative analysis

[215] Vgl. Kuckartz (2019), Qualitative Text Analysis, S. 183f.

[216] Vgl. Elo, Kyngäs (2008), Content Analysis Process, S. 113; Glaser (1978), Theoretical Sensitivity; Polit, Beck (2004), Nursing Research

[217] Vgl. Kuckartz (2019), Qualitative Text Analysis, S. 187f.

[218] Vgl. Kuckartz (2019), Qualitative Text Analysis, S. 183; Stemler (2000), Content Analysis, S. 2

Die konkrete Anwendung der Inhaltsanalyse im Rahmen dieser Arbeit in der Grobkonzeption in Teilkapitel 3.4 beschrieben. Das beschriebene Vorgehen dient als Leitlinie für die anschließende Detaillierung.

3.3.2 Typisierung

Typologien werden gemäß der zusammenfassenden Analyse von KLUGE als „Ergebnis eines Gruppierungsprozesses“[219] eingeordnet. Der untersuchte Objektbereich wird dabei gemäß eines oder mehrerer Merkmale in die sogenannten Typen unterteilt. Diese entsprechen Gruppen, die sich gegenseitig maximal unterscheiden. Die Elemente der Gruppen selbst sind jedoch möglichst ähnlich zueinander.[220] Der Untersuchungsbereich wird demnach durch die Typisierung strukturiert und zusammengefasst.

Es existieren verschiedene Vorgehensweisen der Typenbildung, deren Anwendung alternativ möglich ist[221]. KNOBLICH präsentiert für das Vorgehen der Typisierung die grundlegenden Schritte „Auswahl und Komposition von Merkmalen“ sowie „Typenbildung“. Die Merkmalsidentifikation wird darüber hinaus um die vorherige Analyse des Untersuchungsobjekts sowie die an die Identifikation anschließende Zusammenfassung von Merkmalen ergänzt[222]. Der Schritt der Typenbildung wird optional durch die Darstellung der erarbeiteten Typen erweitert[223]. Für den weiteren Verlauf dieser Arbeit wird das darauf basierende Typisierungsvorgehen folgendermaßen zusammengefasst[224]:

1. Abgrenzung des Betrachtungsbereichs
2. Auswahl der Merkmale
3. Bestimmung der Merkmalsausprägungen
4. Typenbildung
5. Darstellung der Typen

Die Bildung der Typen selbst ist auf zwei verschiedenen Wegen möglich: der progressiven bzw. synthetischen oder der retrograden bzw. analytischen Typenbildung. Während bei der progressiven Typenbildung der Merkmalsraum den Ausgangspunkt bildet und aus der sinnvollen Merkmalskombinationen Typen gebildet werden, erfolgt bei der retrograden Typenbildung die Ableitung von Merkmalsraum sowie

[219] Vgl. Kluge (1999), Typenbildung, S. 26
[220] Vgl. Kluge (1999), Typenbildung, S. 26f.
[221] Vgl. Kluge (1999), Typenbildung, S. 260ff.; Knoblich (1969), Warentypologie, S. 42ff.
[222] Vgl. Knoblich (1969), Warentypologie, S. 47f.
[223] Vgl. Knoblich (1969), Warentypologie, S. 58
[224] Vgl. Welter (2006), Typisierung, S. 115f.; Knoblich (1969), Warentypologie, S. 47ff.

Merkmalskombinationen auf Basis der bereits anvisierten Typen. Diese resultieren aus dem Vorverständnis des Forschers über den Untersuchungsbereich. Um die Aussagekraft der gebildeten Typen zu garantieren, wird eine Kombination beider Vorgehensweisen empfohlen.[225]

Bei einer großen Anzahl theoretisch sinnvoller Typen ist eine typologische Reduktion möglich[226]. LAZARSFELD unterscheidet drei Formen dieser Reduktion[227]:

- Funktionale Reduktion: Selten oder gar nicht vorkommende Typen bzw. Merkmalsausprägungen werden eliminiert.
- Numerische Reduktion: Merkmalausprägungen werden aus inhaltlichen Gründen zusammengefasst.
- Pragmatische Reduktion: Ähnliche Typen oder Merkmalsausprägungen werden zusammengefasst, falls dies im Kontext des Forschungsvorhabens sinnvoll erscheint.

Die Typisierung dient zusammenfassend als Werkzeug zur Reduktion der Anzahl von Alternativen mittels einer inhaltlich begründeten Strukturierung. Sie unterstützt somit die zielgerichtete Reduktion der Komplexität in der Erarbeitung einer Thematik. Im nachfolgenden Teilkapitel wird ihre Anwendung im Rahmen dieser Arbeit hergeleitet.

3.4 Grobkonzept

Die Konzeption der Methodik legt die Grundlage für eine zielgerichtete Detaillierung. Zuvor wurden bereits das Ziel der Arbeit definiert (vgl. Teilkapitel 1.2) sowie inhaltliche und formale Anforderungen an die Methodik formuliert (vgl. Teilkapitel 3.1). Die darüber hinaus dargestellten wissenschaftlich-formalen sowie theoretisch-inhaltlichen Grundlagen (vgl. Teilkapitel 3.2-3.3) unterstützen die Konzeption der Methodik. Innerhalb dieses Rahmens wird in dem Teilkapitel der strukturelle Aufbau zum Erreichen der Zielsetzung der Arbeit gestaltet. Dabei werden die erforderlichen Modelle hergeleitet und die Beziehungen untereinander beschrieben.

Den Grundprinzipien der Systemtechnik folgend, erfolgt die Konzeption der Methodik vom Groben zum Detail (vgl. Unterkapitel 3.2.2). Demzufolge wird zunächst eine Strukturierung auf höchstmöglicher Ebene vorgenommen, bevor diese dann schrittweise detailliert wird. Unter Berücksichtigung der Modelltheorie resultiert die Strukturierung auf der groben Ebene in einer Menge von Modellen, die in ihrem Ziel und

[225] Vgl. Welter (2006), Typisierung, S. 116
[226] Vgl. Bailey (2003), S. 21
[227] Vgl. Lazarsfeld (1937), Typological Procedures (zitiert nach: Bailey (2003), S. 26ff.)

grobem Inhalt sowie der Abhängigkeiten zu den jeweils anderen Modellen beschrieben werden (vgl. Unterkapitel 3.2.1). Zunächst werden dazu die in Unterkapitel 3.1.2 formulierten inhaltlichen Anforderungen aufgegriffen und darauf basierend grundsätzlich erforderliche Modelle identifiziert. Dies erfolgt zunächst noch ohne Festlegung der Reihenfolge der späteren Modellbearbeitung.

Die Anforderung „Beschreibung der Optionen zur Steigerung der Arbeitsproduktivität durch Einsatz von Datentechnologien" impliziert zwei Aspekte: Die Möglichkeiten zur Steigerung der Arbeitsproduktivität müssen verständlich werden und es muss sich um grundsätzlich durch Datentechnologien beantwortbare Optimierungsmöglichkeiten handeln. Aufgrund ihrer starken Abhängigkeiten bietet es sich an, die Bearbeitung aller Aspekte synergetisch gemeinsam durchzuführen. Daher werden sie in einem Modell zur „Identifikation der Einflussgrößen zur Steigerung der Arbeitsproduktivität" (kurz „Produktivitätsmodell") gemeinsam bearbeitet.

Die Anforderung „Produktivitätsorientierte Strukturierung von Fähigkeiten für IPU" beinhaltet zwei Aspekte für die Modellgestaltung. Zunächst müssen die Fähigkeiten des IPU bekannt sein, bevor sie produktivitätsorientiert strukturiert werden können. Aufgrund der wenig produktionsspezifischen Litertaturlandschaft in diesem Themengebiet (vgl. Unterkapitel 2.4.3), ist die detaillierte Erarbeitung dieser Fähigkeiten erforderlich. Demzufolge wird ein Modell zur Identifikation der „Fähigkeiten des IPU" (kurz „Fähigkeitsmodell") benötigt. Die Produktivitätsorientierung der Fähigkeitsstrukturierung erfordert eine Reflexion der Fähigkeiten vor dem Hintergrund der Erkenntnisse des zuvor identifizierten Produktivitätsmodells. Aufgrund der inhaltlichen Überschneidung wird dieser Aspekt gemeinsam mit der nachfolgend beschriebenen Anforderung diskutiert.

Die Anforderung „Identifikation kohärenter Fähigkeitsbündel zur gezielten Steigerung der Arbeitsproduktivität" verbindet Fähigkeiten und Produktivitätssteigerung. Sie erfordert demzufolge sowohl das Produktivitäts- als auch das Fähigkeitsmodell als Grundlage. Die Formulierung der Bildung von Bündeln zur gezielten Steigerung erfordert eine Strukturierung der Ergebnisse von beiden zugrundeliegenden Modellen. Dies überschneidet sich mit dem auf Basis der zweiten Anforderung identifizierten Aspekt der produktivitätsorientierten Strukturierung der Fähigkeiten. Um diese beiden Anforderungen ausreichend abzubilden ist schließlich ein Modell zur „Identifikation und Priorisierung von Fähigkeitsbündeln zur Steigerung der Arbeitsproduktivität für IPU" (kurz „Bündelungsmodell") erforderlich.

Die Anforderung „Handhabbarkeit der Ergebnisse für strategische Entscheider in der Produktion“ ist sowohl formeller als auch inhaltlicher Natur. Sie ist übergreifend über die formulierten Modelle zu berücksichtigen. Zur Berücksichtigung dieser Anforderung ist die Kenntnis der Anforderungen strategischer Entscheider sowie der von ihnen bearbeiteten Prozesse erforderlich.

Aus der Berücksichtigung der Anforderungen ergeben sich somit drei Modelle. Da das Bündelungsmodell sowohl auf dem Produktivitäts- als auch auf dem Fähigkeitsmodell basiert, wird es als drittes Modell detailliert. Die beiden anderen Modelle weisen zunächst keine direkten Abhängigkeiten auf. Unter Berücksichtigung der Anforderung der „Handhabbarkeit der Ergebnisse für strategische Entscheider in der Produktion“ wird das Produktivitätsmodell als erstes bearbeitet, da es im Gegensatz zum Fähigkeitsmodell stärker zum Verständnis praktischer Herausforderungen beiträgt. Die Kenntnis dieser Herausforderungen wird anschließend nutzenbringend in den weiteren Modellen berücksichtigt. Abbildung 3-4 illustriert die drei Modelle, deren Zusammenspiel sowie die Anforderungen auf Basis dessen nachfolgend die Teilmodelle in den Unterkapiteln 3.4.1-3.4.3 konzeptioniert werden.

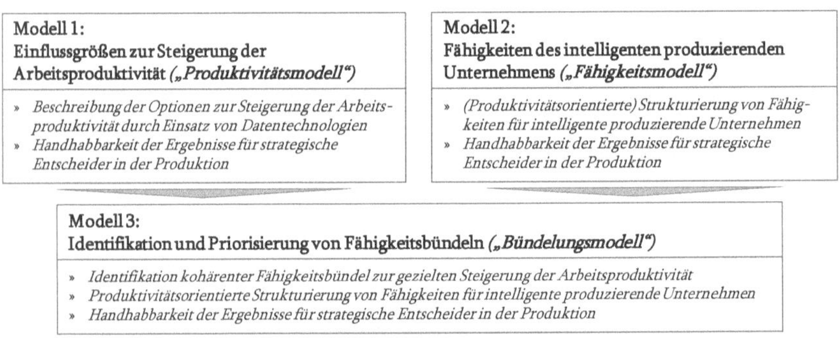

Abbildung 3-4: Modellstruktur und zugeordnete Anforderungen

3.4.1 Einflussgrößen zur Steigerung der Arbeitsproduktivität

Das Ziel des Produktivitätsmodells liegt in der problembasierten Identifikation und Strukturierung von Einflussgrößen der Arbeitsproduktivität. Die Ergebnisse sind so zu gestalten, dass sie einerseits Orientierung geben, welche Möglichkeiten zur Beeinflussung der Arbeitsproduktivität im Kontext der Industrie 4.0 existieren. Andererseits besteht die Anforderung, dass die Ergebnisse des Modells so strukturiert sind, dass sie die Bündelung der Fähigkeiten im Bündelungsmodell adäquat unterstützen.

In der objektorientierten Eingrenzung (vgl. Unterkapitel 2.5.1) wurden bereits diverse Restriktionen für die Strukturierung dieses Unterkapitels formuliert: Demnach erfolgt die Betrachtung der Arbeitsproduktivitätssteigerung wertmäßig und qualitativ. Darüber hinaus wird ein radikaleres Steigerungspotenzial mit den technologischen Möglichkeiten der Industrie 4.0 assoziiert, als es bislang durch die methodischen Ansätze des Produktivitätsmanagements realisierbar ist. Somit ist eine Betrachtung der Optimierbarkeit anhand bestehender Ansätze dieses Forschungsbereichs nicht ausreichend. Stattdessen werden die wissensintensiven Tätigkeiten in den fokussierten indirekten Bereichen grundlegend auf ihre Beeinflussbarkeit im IPU hinterfragt.

Zur Untersuchung wissensintensiver Tätigkeiten ist es zunächst erforderlich, den Betrachtungsbereich innerhalb des produzierenden Unternehmens zu definieren. Dieser wird durch die Eingrenzung in Teilkapitel 2.5 bereits eingeschränkt. Demnach liegt der Fokus auf indirekt wertschöpfenden Bereichen produzierender Unternehmen. Darin sind immaterielle Tätigkeiten in Leistungsinnovations- und Leistungserstellungsprozessen zu betrachten. Um diesen Detaillierungsschritt durchzuführen werden die Grundlagen zur Prozesshierarchie sowie der Wissensintensität von Tätigkeiten herangezogen (vgl. Unterkapitel 2.3.1-2.3.2). Somit umfasst das erste Teilmodell des Produktivitätsmodells die Bestimmung der wissensintensiven Tätigkeiten in indirekten Bereichen produzierender Unternehmen (vgl. Unterkapitel 4.1.1).

Die im ersten Teilmodell zu identifizierenden Tätigkeiten bilden die höchste Detailebene des Betrachtungsbereichs möglicher Ansatzpunkte für Produktivitätssteigerungen. Sie zeigen zunächst ausschließlich auf, welche Tätigkeiten in produzierenden Unternehmen ausgeübt werden und bilden noch keine Optimierungsperspektive ab. Damit sind sie der Ausgangspunkt für die Bestimmung der Einflussgrößen der Produktivitätssteigerung. Um die Verbindung der Einflussgrößen mit den Fähigkeiten des IPU im Rahmen des Bündelungsmodells zu begünstigen, werden diese in Form von Herausforderungen formuliert. Diese bauen auf der Tätigkeitsanalyse auf und entsprechen den Tätigkeiten, die durch den Einsatz von Datentechnologien gelöst werden müssen, um eine Steigerung der Arbeitsproduktivität zu bewirken. Die Einschränkung der Lösbarkeit durch den Einsatz von Datentechnologien liegt darin begründet, dass die technologischen Möglichkeiten des IPU den möglichen Lösungsraum der Arbeit bilden (vgl. Teilkapitel 1.2). Da dieser durch den Einsatz von Datentechnologien charakterisiert ist, sind somit auch die datentechnologierelevanten Herausforderungen diejenigen, deren Lösung im IPU erreicht wird (vgl. Unterkapitel 2.2.4). Das Ziel des zweiten Teilmodells besteht somit in der Formulierung datentechnologierelevanter

Herausforderungen, deren Lösung zur Steigerung der Arbeitsproduktivität beiträgt (vgl. Unterkapitel 4.1.2).

Mit der Bestimmung von datentechnologierelevanten Herausforderungen wird die Anforderung nach der Identifikation von Einflussgrößen der Arbeitsproduktivität im Betrachtungsbereich der Arbeit beantwortet[228]. Offen ist demnach noch die Eignung zur Bestimmung produktivitätsoptimierter Fähigkeitsbündel im Bündelungsmodell. Die in der Breite identifizierten Herausforderungen bieten zwar eine vollständige inhaltliche Grundlage dazu, sind jedoch nicht mit den formalen Anforderungen der Handhabbarkeit und Effizienz vereinbar. Daher ist eine Zusammenfassung der Herausforderungen erforderlich, ohne dabei inhaltliche Richtigkeit zu verlieren. Mit dem Verfahren der Typisierung wurde in Unterkapitel 3.3.2 bereits ein adäquates Werkzeug dazu vorgestellt. Demnach wird über die Analyse typenbildender und -beschreibender Merkmale eine Typenbildung vorgenommen und somit eine Reduktion des Umfangs an Herausforderungen bewirkt, die in das Bündelungsmodell eingehen. Die Typisierung schmälert jedoch in keiner Weise die Relevanz der induktiv ermittelten Herausforderungen – zum einen finden sie ebenfalls Eingang im Typisierungsprozess, zum anderen unterstützen sie im Rahmen der Modellanwendung die konkrete Umsetzbarkeit im Unternehmenskontext. Um die nachgelagerte Identifikation der relevanten Fähigkeiten weiter zu begünstigen, werden abschließend zudem Anforderungen der Herausforderungstypen an diese Fähigkeiten formuliert. Somit besteht das dritte Teilmodell in der Typisierung der Produktivitätsherausforderungen und der Formulierung von Anforderungen an die Fähigkeiten (vgl. Unterkapitel 4.1.3).

Zusammenfassend wird in diesem Modell der Problemraum der Steigerung der Arbeitsproduktivität in indirekten Bereichen produzierender Unternehmen beschrieben. Dabei erfolgt durch die Typisierung der Herausforderungen bereits eine Strukturierung der Steigerungsmöglichkeiten der Arbeitsproduktivität im Kontext der technologischen Möglichkeiten des intelligenten produzierenden Unternehmens. Mit der Bearbeitung dieses Modells wird somit die Beantwortung der Forschungsfrage „Wie lässt sich die Steigerung der Arbeitsproduktivität operationalisieren?“ angestrebt.

---

[228] Die ermittelten Einflussgrößen entsprechen nicht allen denkbaren Einflussgrößen zur Steigerung der Arbeitsproduktivität, stellen jedoch die im Betrachtungsbereich dieser Arbeit Relevanten dar. Dies liegt neben den übrigen in Unterkapitel 2.5.1 vorgenommenen Eingrenzungen insbesondere im vorab beschriebenen Fokus auf solche Herausforderungen begründet, deren Beantwortung innerhalb des Lösungsraums des IPU möglich ist.

3.4.2 Fähigkeiten des intelligenten produzierenden Unternehmens

Das Ziel des Fähigkeitsmodells besteht in der Identifikation derjenigen Fähigkeiten, die das IPU konstituieren. Diese Fähigkeiten gilt es zudem so zu beschreiben, dass sie im nachfolgenden Bündelungsmodell mit den Einflussgrößen zur Steigerung der Arbeitsproduktivität verbunden werden können.

Die Relevanz der Bestimmung der Fähigkeiten des IPU gründet sich primär auf die unzureichende Literaturbasis in diesem spezifischen Themengebiet. Wie in den Teilkapiteln 2.2 und 2.4 gezeigt, gibt es zwar viele Arbeiten mit einer inhaltlichen Überschneidung, jedoch keinen Ansatz der Fähigkeiten für IPU definiert. Da es neben der Beschreibung von Fähigkeiten bislang auch an einer vollständigen Definition des IPU mangelt (vgl. Teilkapitel 2.4), stellt die Erarbeitung dieser den Ausgangspunkt der inhaltlichen Gestaltung dieses Unterkapitels dar. Die Definition des IPU gründet sich dabei auf mehrere Themengebiete, die ihrerseits wieder gut beschrieben sind: Das intelligente Unternehmen, das produzierende Unternehmen, sowie die Potenziale von Datentechnologien (vgl. Unterkapitel 2.5.1). Die Herausforderung gleicht somit der von WEBB ET AL. in der Definition von „IT-Governance“[229]. Dem folgend werden Inhaltsanalysen dieser untergeordneten Themengebiete durchgeführt und anschließend in der Formulierung einer Definition und charakteristischer Merkmale zusammengeführt (vgl. Unterkapitel 3.3.1). Das erste Teilmodell des Fähigkeitsmodells besteht somit in der Erarbeitung einer Definition und den charakteristischen Merkmalen des IPU (vgl. Unterkapitel 4.2.1).

Die Definition und insbesondere die charakteristischen Merkmale des IPU bilden somit eine umfassend beschriebene Grundlage für die Formulierung von Fähigkeiten, die ein solches Unternehmen konstituieren. Diese erfolgt demnach inhaltslogisch durch eine detaillierte Analyse der zugrundeliegenden Literaturbasis nach den Fähigkeiten, die erfüllt sein müssen, damit Unternehmen durch bestimmte Charakteristika beschrieben werden. Etwaige Redundanzen in dieser Erarbeitung werden durch die Formulierung darauf basierender Kernfähigkeiten aufgelöst[230]. Eine Herausforderung in der Erarbeitung der Fähigkeiten des IPU liegt in der Gewährleistung der Relevanz und Handhabbarkeit. Unter Berücksichtigung der im Rahmen der objektorientierten Eingrenzung betonten Fokussierung auf datentechnologische Potenziale zur Realisierung der angestrebten Produktivitätssteigerungen werden die Kernfähigkeiten daher anschließend auf ihren Bezug zu Datentechnologien untersucht. Dies begünstigt somit auch die spätere Verbindung mit den Einflussfaktoren der Arbeitsproduktivität. Um

[229] Vgl. Webb et al. (2006), IT Governance
[230] Vgl. Schuh et al. (2023), Capabilities, S. 8

auch die nicht-datentechnologiebezogenen Kernfähigkeiten in der Bündelung adäquat zu berücksichtigen, werden alle Kernfähigkeiten auf ihre Abhängigkeiten untersucht und diese beschrieben[231]. Zusammenfassend besteht das zweite Teilmodell demnach in der Ableitung und Beschreibung der Kernfähigkeiten des IPU (vgl. Unterkapitel 4.2.2).

Analog zu der im Rahmen des Produktivitätsmodells abschließend vorgenommen Zusammenfassung der Produktivitätsherausforderungen besteht auch im Fähigkeitsmodell der Anspruch, eine bestmögliche Beschreibung der Fähigkeiten für die nachfolgende Bündelung sicherzustellen. Da auch hier eine Reduktion der Menge der Eingangsgrößen in das Bündelungsmodell bei gleichzeitiger Gewährleistung der inhaltlichen Richtigkeit angestrebt wird, wird ebenfalls eine Typisierung vorgenommen (vgl. Unterkapitel 3.3.2). Das dritte Teilmodell besteht demnach in der Typisierung der datentechnologiebezogenen Kernfähigkeiten[232] des IPU (vgl. Unterkapitel 4.2.3).

Zusammenfassend dient das Fähigkeitsmodell somit der Formulierung, Charakterisierung und Strukturierung der Fähigkeiten des IPU. Dies eröffnet den technologischen Lösungsraum zur Steigerung der Arbeitsproduktivität. Mit den Ergebnissen des Modells wird die Beantwortung der Forschungsfragen „Welche konstituierenden Merkmale kennzeichnen das IPU?“ und „Welche Fähigkeiten sind zur Realisierung des IPU erforderlich?“ angestrebt.

3.4.3 Identifikation und Priorisierung von Fähigkeitsbündeln

Das Bündelungsmodell dient dem Ziel der Bestimmung von Fähigkeitsbündeln, die eine gezielte Steigerung der Arbeitsproduktivität ermöglichen. Dabei ist zu berücksichtigen, dass die resultierenden Bündel handhabbar für die Adressaten der Arbeit sind. Demzufolge müssen sie eine Anpassbarkeit im Anwendungskontext aufweisen.

Ein Fähigkeitsbündel wurde in Unterkapitel 2.3.3 als definierte Menge einzelner Fähigkeiten definiert, verbunden mit dem Ziel, eine Steigerung der Arbeitsproduktivität zu ermöglichen. Die Eingangsgrößen für dieses Bündelungsmodell wurden in den Unterkapiteln 3.4.1 und 3.4.2 bereits konzeptionell beschrieben. Es handelt sich somit um die Ergebnisse des Produktivitäts- sowie des Fähigkeitsmodells.

---

[231] Diese nicht-datentechnologiebezogenen Kernfähigkeiten sind zwar nicht unmittelbar relevant für die Realisierung von Produktivitätssteigerungen, sind für die vollständige Umsetzung des IPU jedoch erforderlich. Demnach ist die Kenntnis der Abhängigkeiten aller Kernfähigkeiten essenziell, um auch die nicht-datentechnologiebezogenen Fähigkeiten später in der Bündelung zu berücksichtigen.

[232] Aufgrund der nur indirekten Relevanz der nicht-datentechnologiebezogenen Kernfähigkeiten für die Lösung der Herausforderungen, und um die Handhabbarkeit der Modellierung zu gewährleisten, werden diese an der Stelle nicht berücksichtigt. Sie werden stattdessen im Rahmen der nachfolgenden Identifikation und Priorisierung von Fähigkeitsbündeln integriert.

Als Ergebnis des Produktivitätsmodells resultieren Typen von Herausforderungen in der Steigerung der Arbeitsproduktivität, jeweils verbunden mit einer Anforderung an die Fähigkeitsbasis (vgl. Unterkapitel 3.4.1). Diese Anforderung beschreibt, welchen Bedarf die Lösung der Herausforderung an die Gesamtheit der Fähigkeiten stellt. Eine konkrete Lösungsperspektive wird dadurch jedoch noch nicht eingenommen. Das Fähigkeitsmodell schließt ab mit der Strukturierung datentechnologiebezogener Kernfähigkeiten des IPU (vgl. Unterkapitel 3.4.2). Diese Kernfähigkeiten bilden den fähigkeitsseitigen Ausgangspunkt für die Bildung der produktivitätssteigernden Bündel. Um die Kernfähigkeiten nun den Anforderungen aus dem Produktivitätsmodell zuzuordnen, ist ein Zwischenschritt erforderlich. Die Fähigkeit bzw. Kernfähigkeit ist losgelöst von der konkreten Anwendung. Sie kann jedoch einem Anwendungspotenzial der darunter liegenden Technologien zugeordnet werden. Der Innovationsgrad des IPU liegt vor allem in der Nutzung von Datentechnologien begründet (vgl. Unterkapitel 2.2.4). Die Beschreibung des datentechnologischen Potenzials der Kernfähigkeiten ermöglicht demnach die Beantwortung der Anforderungen der produktivitätsbezogenen Herausforderungen. Somit wird als erstes Teilmodell des Bündelungsmodells die Zuordnung von herausforderungsbezogenen Anforderungen und datenanalytischen Potenzialen der Kernfähigkeiten definiert (vgl. Unterkapitel 4.3.1).

Mit der Kenntnis der zuvor beschriebenen Abhängigkeiten von Anforderungen und Potenzialen ist die Verbindung der Inhalte aus Produktivitäts- und Fähigkeitsmodell hergestellt. Für jeden produktivitätsbezogenen Herausforderungstyp ist über die Anforderungs-Potenzial-Kombination eine Auswahl erforderlicher Fähigkeiten möglich. Das Ergebnis dessen entspricht der zuvor dargestellten Definition eines Fähigkeitsbündels. Dieser Schritt wird in einem zweiten Teilmodell zur Bildung der herausforderungstypenbezogenen Fähigkeitsbündel zusammengefasst (vgl. Unterkapitel 4.3.2).

Die identifizierten Fähigkeitsbündel sind durch den analytischen Herleitungsprozess formal richtig und vollständig, aus Anwenderperspektive fehlt durch die vorgenommenen Abstraktionsschritte jedoch die Möglichkeit der direkten Einordnung in den praktischen Problemkontext. Um diesen zu schaffen, wird daher in einem dritten Teilmodell eine Methodik zur anwenderspezifischen Priorisierung entwickelt (vgl. Unterkapitel 4.3.3). Diese unterstützt den Anwender unter Berücksichtigung des individuellen Herausforderungsprofils bei der Priorisierung von produktivitätssteigernden Fähigkeitsbündeln.

Zusammenfassend werden in diesem Modell somit Fähigkeitsbündel zur Steigerung der Arbeitsproduktivität für IPU formuliert und eine anwenderspezifische Priorisierung ermöglicht. Der Abschluss dieses Modells strebt demnach die Beantwortung der Forschungsfragen „Wie können Fähigkeiten des IPU zu Einflussgrößen der

Arbeitsproduktivität zugeordnet werden?" und „Wie sollten Fähigkeiten des IPU zur zielgerichteten Beeinflussung der Arbeitsproduktivität gebündelt werden?" an. In Kombination mit den Ergebnissen der zuvor konzeptionierten Modelle ist dies gleichbedeutend mit der Beantwortung der übergeordneten Forschungsfrage.

3.4.4 Zusammenfassung der Modell- und Teilmodellstruktur

Aus den Herleitungen in den vorangegangenen Unterkapiteln resultiert eine Konzeption in drei Modellen und neun Teilmodellen. Deren Inhalte und ihr Zusammenspiel werden in zusammenfassend in Abbildung 3-5 illustriert.

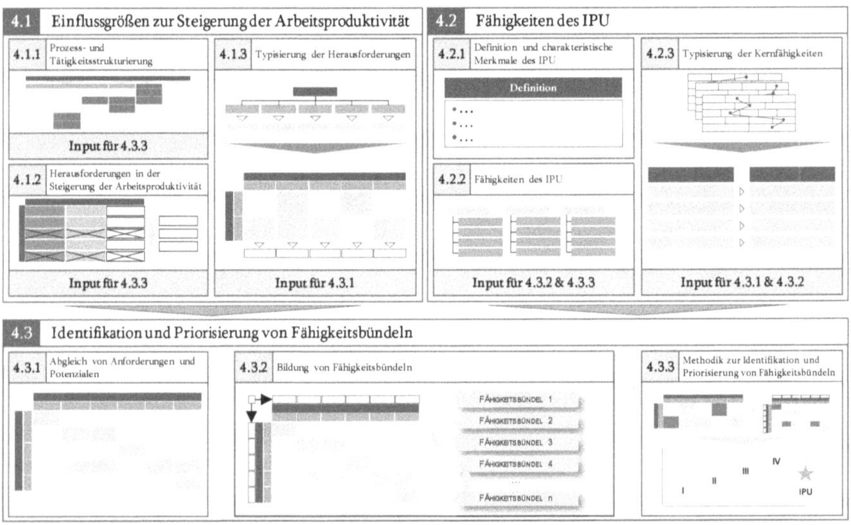

Abbildung 3-5: Übersicht der Grobkonzeption

3.5 Zwischenfazit zur Konzeption der Methodik

Mit dem Grobkonzept wurde der strukturelle Rahmen für die nachfolgende Detaillierung der Arbeit hergeleitet. Die dazu formulierten inhaltlichen und formalen Anforderungen integrieren die zuvor in Kapiteln 1 und 1 gewonnenen Erkenntnisse in die Lösungsfindung. Auf Basis dieser Anforderungen und unter Zuhilfenahme der wissenschaftlich-formalen sowie theoretisch-inhaltlichen Grundlagen wurde das Grobkonzept schrittweise aufgebaut. Die Herleitung des Konzepts wurde durch die Berücksichtigung zweier zentraler Herausforderungen geprägt, die auch in der weiteren Konkretisierung zu antizipieren sind. Sie werden nachfolgend geschildert.

Die erste Herausforderung liegt in der Handhabbarkeit der Ergebnisse für Anwender und einer gleichzeitigen Handhabbarkeit der Erarbeitung. Die Relevanz für den Anwender ist dann besonders hoch, wenn die Ergebnisse konkret und direkt nutzbar sind. Im Gegensatz dazu steht die Anforderung an die Allgemeingültigkeit der Ergebnisse, aus der jedoch keine beliebig tiefe Spezifizierung abgeleitet werden kann. Dieses Dilemma wird auf unterschiedliche Arten in den Modellen aufgelöst. Die konkrete Anwendungsperspektive findet Eingang in die Lösungsstruktur über die detaillierte Aufarbeitung von Tätigkeiten und produktivitätsbezogenen Herausforderungen in produzierenden Unternehmen. Die Typisierungsschritte sowie die abstrakte Formulierung der Fähigkeitsbündel gewährleisten eine hohe Allgemeingültigkeit der Ergebnisse und begünstigen damit das Verständnis der Anwender. Das abschließende Vorgehen zur Priorisierung der Fähigkeitsbündel erlaubt es wiederum, passende Bündel für den Anwendungskontext zu ermitteln und in der richtigen Reihenfolge zu sortieren. Dies gewährleistet somit die Relevanz und Handhabbarkeit der Ergebnisse der Arbeit für deren Adressaten. Die Kombination aus detaillierter Beschreibung von Teilaspekten der Arbeit und diversen Abstraktionsschritten sichern darüber hinaus auch die Handhabbarkeit der Erarbeitung.

Die zweite Herausforderung stellt die Quantität der bestehenden Forschung innerhalb der konstituierenden Themengebiete der Arbeit bei gleichzeitig fehlender Verknüpfung zum konkreten Problemkontext dar. Die Integration systematischer Inhaltsanalysen, insbesondere im Fähigkeitsmodell, ermöglicht die Analyse großer Literaturmengen. Sie gewährleisten somit die systematische Erfassung der bestehenden Forschungslandschaft, wodurch diese umfassend in der Definitionsbildung sowie der Fähigkeitsableitung berücksichtigt wird. Die Anwendung erprobter Vorgehensweisen in diesen inhaltsanalysebasierten Schritten sichert das Vorgehen darüber hinaus ab und ermöglicht die Berücksichtigung von Lerneffekten aus anderen Forschungsarbeiten[233].

Grundsätzlich wäre die Konzeption der Lösungsstruktur auch auf andere Arten möglich gewesen: So hätte bspw. statt des literaturbasierten Ansatzes auch ein fallstudienbasierter Ansatz gewählt werden können. Mit diesem wäre eine detaillierte Betrachtung einzelner Erfolgsbeispiele möglich, die Allgemeingültigkeit und Breite der Analyse des literaturbasierten Ansatzes ist jedoch nicht realisierbar. Alternativ würde auch ein stärker methodisch fokussierter Ansatz eine Beantwortung der Zielsetzung ermöglichen, in dem das Vorgehen für den Anwender im Zentrum der Betrachtung steht. In einem solchen Ansatz wäre im Rahmen der Arbeit jedoch nur exemplarische Zuordnungen von Fähigkeiten zu Optimierungsoptionen der Produktivität möglich. Dies

233 Vgl. Saldaña (2013), Coding Manual; Webb et al. (2006), IT Governance

widerspricht der Anforderung der Handhabbarkeit der Ergebnisse durch strategische Entscheider in der Produktion, da diese auf den Vorschlag bereits begründeter Fähigkeitsbündel angewiesen sind und deren vollständig individuelle Ableitung eine nicht leistbare Aufgabe darstellen würde.

Mit der Konzeption des Vorgehens für die Detaillierung in Modellen und Teilmodellen wurde ein Rahmen zur Beantwortung der Zielsetzung der Arbeit definiert. Die Detaillierung der Methodik zur Identifikation und zielgerichteten Verknüpfung von Fähigkeitsbündeln für intelligente produzierende Unternehmen zur Steigerung der Arbeitsproduktivität erfolgt im nachfolgenden Detaillierungskapitel.

4 Detaillierung der Methodik

Die Feingliederung und inhaltliche Erarbeitung der Methodik bildet den letzten Schritt zur Beantwortung der Forschungsfrage. Das zuvor definierte Grobkonzept gibt hierzu den Rahmen vor (vgl. Teilkapitel 3.4), dem die nachfolgenden Teilkapitel folgen (vgl. Abbildung 4-1).

Dazu werden zunächst die Einflussfaktoren zur Steigerung der Arbeitsproduktivität analysiert (vgl. Teilkapitel 4.1). Auf Basis einer literaturbasierten Definitionserarbeitung werden anschließend die Fähigkeiten des IPU beschrieben (vgl. Teilkapitel 4.2). Diese beiden Modelle werden im dritten Schritt als Eingangsgrößen zur Identifikation und Priorisierung von Fähigkeitsbündeln genutzt (vgl. Teilkapitel 4.3).

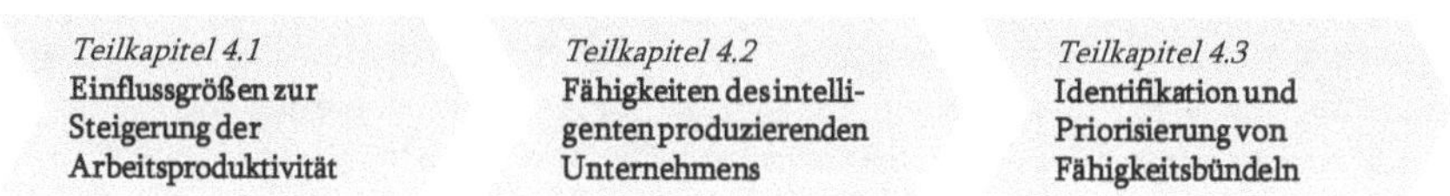

Abbildung 4-1: Übersicht der zu detaillierenden Modellstruktur

4.1 Einflussgrößen zur Steigerung der Arbeitsproduktivität

Entsprechend des hergeleiteten Grobkonzepts wird die angestrebte Steigerung der Produktivität qualitativ anhand der Beeinflussung wissensintensiver Tätigkeiten in indirekten Bereichen des Unternehmens betrachtet (vgl. Unterkapitel 3.4.1). Im Folgenden werden dazu zunächst die wissensintensiven Tätigkeiten in indirekten Bereichen produzierender Unternehmen detailliert (vgl. Unterkapitel 4.1.1). Auf dieser Basis werden anschließend Herausforderungen in der Steigerung der Arbeitsproduktivität identifiziert und strukturiert (vgl. Unterkapitel 4.1.2). Dabei wird bereits die grundsätzliche Optimierbarkeit der Tätigkeiten durch den Einsatz von Datentechnologien in Antizipation des Fähigkeitsmodells berücksichtigt. Um die Voraussetzung für die Verbindung der genannten Herausforderungen mit den Fähigkeiten des IPU in Teilkapitel 4.3 zu schaffen, werden diese abschließend typisiert (vgl. Unterkapitel 4.1.3). Hieraus ergibt sich die inhaltliche Struktur des Teilkapitels, die zusammenfassend in Abbildung 4-2 dargestellt ist.

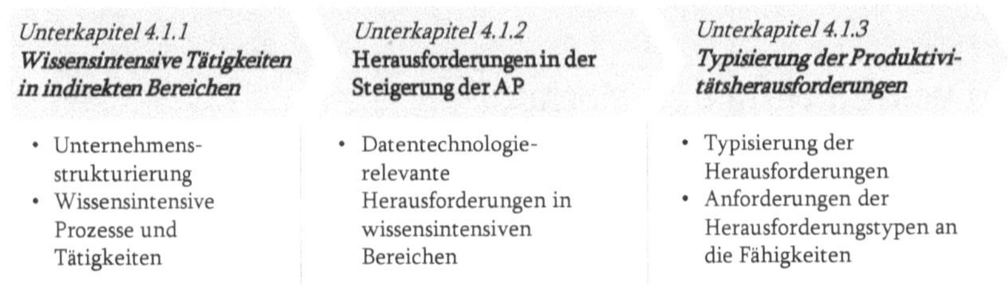

Abbildung 4-2: Gliederungsübersicht des Produktivitätsmodells

4.1.1 Wissensintensive Tätigkeiten in indirekten Bereichen

Ziel dieses Unterkapitels ist die Bestimmung wissensintensiver Tätigkeiten, die eine potenzielle Steigerung der Arbeitsproduktivität bewirken. Diese bilden die Grundlage für die spätere Bestimmung der zu lösenden Herausforderungen in der Steigerung der Arbeitsproduktivität.

Zunächst werden dazu die indirekt wertschöpfenden Bereiche von produzierenden Unternehmen bestimmt (vgl. Abschnitt 4.1.1.1). Innerhalb der darin liegenden Hauptprozesse werden die zugehörigen Teilprozesse untersucht, indem für die jeweiligen Bereiche literaturbasiert eine Prozessstruktur detailliert wird (vgl. Abschnitt 4.1.1.2). Eine solche Struktur unterstützt die Einordnung der zu bestimmenden Tätigkeiten und gibt Orientierung bei den späteren Analysen im Rahmen der übrigen Teilmodelle. Der Fokus wird dabei gemäß der objektorientierten Eingrenzung auf diejenigen Teilprozesse gelegt, die den Leistungsinnovations- und Leistungserstellungsprozessen als übergeordnete Geschäftsprozesse zugerechnet werden und primär immaterielle Prozesse darstellen bzw. immaterielle Tätigkeiten enthalten (vgl. Unterkapitel 2.5.1). Für die relevanten Teilprozesse werden die darin liegenden Tätigkeiten literaturbasiert ermittelt (vgl. Abschnitt 4.1.1.3). Um diese auf ihre Wissensintensität zu untersuchen, werden auf Basis der Definition von wissensintensiven Prozessen und Tätigkeiten aus Unterkapitel 2.3.2 Abgrenzungskriterien für solche gegenüber nicht wissensintensiven Tätigkeiten erarbeitet. Anhand dieser Kriterien wird schließlich geprüft, inwiefern die dargestellten Tätigkeiten als wissensintensiv zu klassifizieren sind. Im Sinne einer stringenten Darstellung wird an dieser Stelle von der Detaillierung der Kriterien zur Wissensintensität abgesehen und diese stattdessen in Abschnitt 4.1.1.3 vorgenommen. Die zuvor beschriebenen Abgrenzungskriterien werden in Abbildung 4-3 zusammenfassend dargestellt.

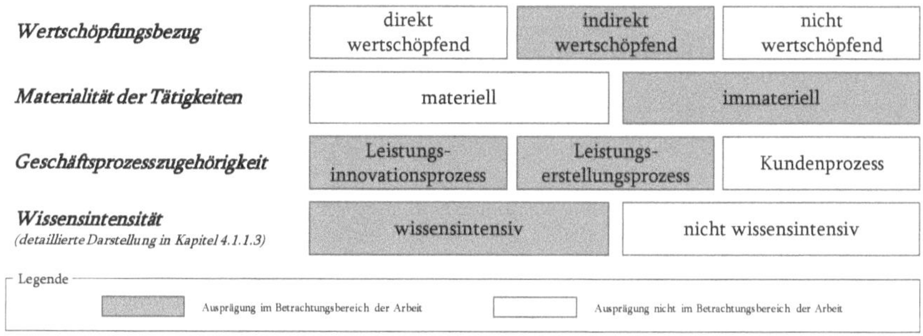

Abbildung 4-3: Abgrenzungskriterien der Prozessstrukturierung

4.1.1.1 Einordnung fokussierter Hauptprozesse

Wie in Unterkapitel 2.3.1 herausgestellt, werden die Hauptprozesse in direkt wertschöpfende, indirekt wertschöpfende und indirekte, nicht-wertschöpfende Hauptprozesse unterteilt. In Abbildung 4-4 sind die Hauptprozesse produzierender Unternehmen dieser Klassifikation folgend strukturiert. Darüber hinaus orientiert sich die Darstellung in Bezug auf die Trennung zwischen Lenkungsinstanz (Produktionsmanagement) und Leistungssystem an der Konzeption des Produktionssystems nach DYCKHOFF sowie SCHUH UND SCHMIDT (vgl. Unterkapitel 2.3.1). Zudem sind Wechselwirkungen bzw. Informations- und Materialflüsse zwischen den Prozessen mit Pfeilen gekennzeichnet. Da das Qualitätsmanagement (etwa im Rahmen der Qualitätsplanung) auch in Interaktion mit der Entwicklung und Konstruktion sowie dem Engineering-Prozess steht, ist dieser Hauptprozess über die Grenzen des Produktionssystems hinweg gestrichelt dargestellt[234]. Darüber hinaus ist zu beachten, dass die indirekten, nicht-wertschöpfenden Hauptprozesse weiterhin strukturlos ohne Andeutung ihrer Wechselwirkungen dargestellt sind, da diese Hauptprozessart aufgrund ihres fehlenden Wertschöpfungsbezugs außerhalb des definierten Betrachtungsbereichs liegt (vgl. Unterkapitel 2.5.1).

Da gemäß der objektorientierten Eingrenzung der Arbeit die indirekt wertschöpfenden Hauptprozesse im Rahmen dieser Arbeit fokussiert werden, stellen grundsätzlich das Technologiemanagement, das Innovationsmanagement, der Engineering-Prozess bzw. das Anlaufmanagement, die Produktions- und Logistikplanung und -steuerung, das Qualitätsmanagement, die Instandhaltung, die Eingangs-, Intra- und

[234] Vgl. Heine et al. (2021), Qualitätsgerechte Organisationsstrukturen, S. 44

Ausgangslogistik, die Teilefertigung, die Montage sowie der Vertrieb und Service relevante Hauptprozesse für die nachfolgenden Untersuchungen dar.

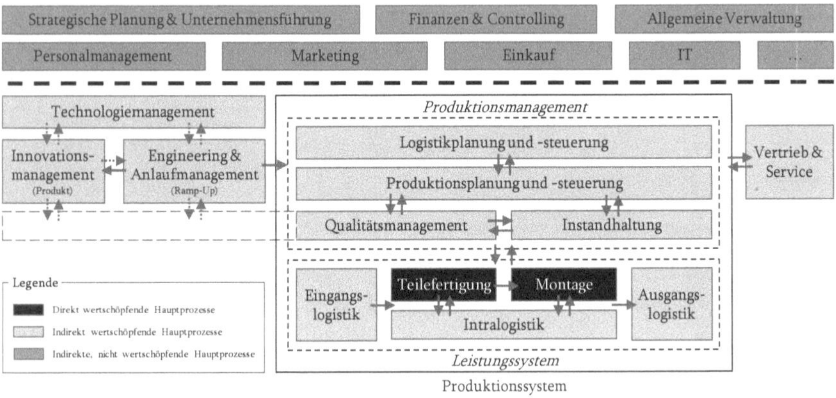

Abbildung 4-4: Klassifizierte Hauptprozesse in produzierenden Unternehmen[235]

Die (Haupt-) Prozesse produzierender Unternehmen werden den Leistungserstellungs-, Leistungsinnovations- oder Kundenprozessen zugeordnet. Gemäß der Eingrenzung in Unterkapitel 2.5.1 sind für die vorliegende Arbeit die Leistungserstellungs- und Leistungsinnovationsprozesse relevant. Da der Vertrieb und Service den Kundenprozessen zuzurechnen ist, liegt dieser Hauptprozess somit nicht im Betrachtungsbereich[236]. Eine indirekte Berücksichtigung der Kundenprozesse findet jedoch in der Produktionsplanung statt, da hier Kundenaufträge aus dem Vertrieb einen Input im Rahmen des Auftragsmanagements darstellen[237]. Die Logistikprozesse der Eingangs-, Intra- und Ausgangslogistik gehören zwar zu den Leistungserstellungsprozessen, allerdings werden dort primär materielle Tätigkeiten ausgeführt, die ebenfalls nicht in den Betrachtungsrahmen der vorliegenden Arbeit fallen. Dies wird in Abbildung 4-4 aus der expliziten Trennung zwischen dem im Produktionsmanagement angesiedelten Logistikplanungs- und -steuerungsprozess und den im Leistungssystem angeordneten

[235] Vgl. Porter (2014), Wettbewerbsvorteile, S. 64; Thomas, Hemmers (1981), Zeit- und Kapazitätsplanung, S. 433; Aldinger (2009), Strategische Leistungsplanung, S. 111; Dorner (2014), Produktivitätsmanagement, S. 33; Wildemann (2018), Produktivität, S. 138; Eisele et al. (2021), Produktivitätsmanagement, S. 23; Darstellung i.A.a. Dyckhoff, Spengler (2007), Produktionswirtschaft, S. 7; Schuh, Schmidt (2014), Produktionsmanagement, S. 5

[236] Vgl. Rüegg-Stürm (2004), St. Galler Management-Modell, S. 117

[237] Vgl. Schuh et al. (2014), Auftragsmanagement, S. 112; Schuh et al. (2014), Produktionsprogrammplanung, S. 64

ausführenden Logistikprozessen ersichtlich. Daher werden auch die Hauptprozesse der Eingangs-, Intra- und Ausgangslogistik aus dem Betrachtungsbereich ausgeschlossen.

Die für diese Arbeit relevanten indirekt wertschöpfenden Hauptprozesse sind, den vorstehenden Ausführungen folgend, Technologiemanagement, Innovationsmanagement, Engineering bzw. Anlaufmanagement, Produktionsplanung und -steuerung, Logistikplanung und -steuerung, Qualitätsmanagement und Instandhaltung. Im nachfolgenden Abschnitt werden die ausgewählten Hauptprozesse im Zuge der Detaillierung der Teilprozesse näher beschrieben.

4.1.1.2 Strukturierung der Haupt- und Teilprozesse

Die Hauptprozesse werden in diesem Abschnitt strukturiert und hinsichtlich ihrer untergeordneten Prozessstruktur beschrieben. Teilprozesse sind dabei eine den Hauptprozessen untergeordnete Prozessart, die aus mehreren zu einem logischen Ablauf gebündelten Tätigkeiten besteht (vgl. Unterkapitel 2.3.1). Sie werden in Abhängigkeit der Komplexität in mehrere Ebenen gegliedert werden. Zu jedem Hauptprozess wird die Teilprozessstruktur der ersten und zweiten Ebene dargestellt. Auf die Herleitung der Teilprozessstruktur der zweiten Ebene wird an dieser Stelle aus Platzgründen verzichtet, die dazu konsultierten Quellen werden in den jeweiligen zusammenfassenden Abbildungen angezeigt.

Technologiemanagement

Die Hauptprozesse des Technologiemanagements und Innovationsmanagements sind eng miteinander verwandt. BINDER und KANTOWSKI differenzieren bezüglich der Einordnung dieser beiden Prozesse zwischen dem Bezugsobjekt (Technologie oder Leistung) und dem Aufgabenumfang (Entstehung oder Verwertung) der beiden Prozesse. Demnach ist das Innovationsmanagement in den Dimensionen der Leistungsentstehung und -verwertung, aber auch der Technologieentstehung zu verorten. Das Technologiemanagement hingegen zielt auf die Technologieentstehung und -verwertung sowie die Leistungsentstehung ab.[238] Die Schnittmenge dieser beiden Hauptprozesse in der Dimension der Leistungs- und Technologieentstehung wird als F&E-Management bezeichnet und ist somit als Teilprozess beider Hauptprozesse zu verstehen[239].

Das Technologiemanagement befasst sich somit in Abgrenzung zum Innovationsmanagement stärker mit der produkt- bzw. leistungsneutralen Technologiebereitstellung. Die aktuell und zukünftig erforderlichen Technologien sind zu angemessenen Kosten und zum richtigen Zeitpunkt bereitzustellen. Der Technologiebegriff umfasst dabei

---

[238] Vgl. Binder, Kantowsky (1996), Technologiepotentiale, S. 99f.
[239] Vgl. Brockhoff (1999), Forschung und Entwicklung, S. 70f.

Produkt-, Fertigungs- sowie Materialtechnologien.[240] Das Technologiemanagement umfasst Aufgaben auf drei unterschiedlichen Ebenen. So befasst sich das normative Technologiemanagement u.a. mit der Ausrichtung der technologischen Unternehmenspolitik oder der Gestaltung der Unternehmenskultur vor dem Hintergrund der anvisierten Innovations- und Technologieziele. Ziel des strategischen Technologiemanagements ist die Erarbeitung von Technologiestrategien als Grundlage für das operative Technologiemanagement, welches die konkrete Umsetzung der strategischen Vorgaben beinhaltet.[241] Das strategische wie das normative Technologiemanagement liegen als indirekte, nicht-wertschöpfende Bereiche nicht im gewählten Betrachtungsbereich der Detaillierung (vgl. Abbildung 4-3).

Zur prozessualen Strukturierung des (operativen) Technologiemanagements bieten die bislang gezeigten Ansätze zur Unterscheidung zwischen Technologie- und Innovationsmanagement (BINDER UND KANOWSKI) oder der Ebenendifferenzierung (BULLINGER) aufgrund ihrer fehlenden Prozessperspektive nur begrenzten Mehrwert[242]. Diese wird stattdessen von Standardwerken wie denen von WOLFRUM oder SCHUH UND KLAPPERT eingenommen[243]. Das letztgenannte Werk von SCHUH UND KLAPPERT integriert dabei verschiedene Perspektiven anderer Autoren und wird demnach als umfänglichstes Werk zum Technologiemanagement für die Strukturierung der Teilprozesse herangezogen.

Der Hauptprozess des Technologiemanagements besteht demnach auf erster Ebene aus den Teilprozessen Technologiefrüherkennung, Technologieplanung, Technologieentwicklung, Technologieverwertung und Technologieschutz[244]. Die beiden Teilprozesse der Technologieverwertung und des Technologieschutzes liegen dabei jedoch nicht im Betrachtungsbereich dieser Arbeit. Die Technologieverwertung wird zwischen interner und externer Technologieverwertung unterschieden[245]. Bei der internen Technologieverwertung steht die Nutzung der technologischen Fähigkeiten des Unternehmens für eigene Produkte und Fertigungstechnologien im Vordergrund[246]. Diese Aspekte werden in den Hauptprozessen des Innovationsmanagements und des Engineerings bzw. Anlaufmanagements behandelt und daher an dieser Stelle nicht zusätzlich aufgegriffen. Bei der externen Technologieverwertung sind hingegen Fragestellungen

[240] Vgl. Klappert et al. (2011), Abgrenzung des Technologiemanagements, S. 6
[241] Vgl. Bullinger (1996), Technologiemanagement, S. 4ff.
[242] Vgl. Binder, Kantowsky (1996), Technologiepotentiale; Bullinger (1996), Technologiemanagement
[243] Vgl. Wolfrum (1991); Schuh, Klappert (2011), Technologiemanagement
[244] Vgl. Schuh et al. (2011), Ordnungsrahmen Technologiemanagement, S. 15
[245] Vgl. Schuh et al. (2011), Prozessmanagement, S. 332
[246] Vgl. Schuh et al. (2011), Technologieverwertung, S. 242

der Übertragung der Nutzungsrechte von Technologien an Dritte zentral, etwa durch gemeinschaftliche Nutzung in Form von strategischen Allianzen oder Joint Ventures, durch Lizenzierungen oder durch Technologieverkäufe[247]. Hierbei handelt es sich um strategische Entscheidungen, weshalb die externe Technologieverwertung der strategischen Ebene des Technologiemanagements zugeordnet und im Folgenden daher ebenfalls ausgeschlossen wird. Der Teilprozess des Technologieschutzes baut darüber hinaus gleichermaßen primär auf strategischen Fragestellungen bezüglich Themengebieten wie Produktpolitik, Lieferantenmanagement, Produktionsstrategie oder gewerblichen Schutzrechten auf und wird deshalb ebenso nicht berücksichtigt[248].

In der Detaillierung der demzufolge betrachteten Teilprozesse Technologiefrüherkennung, -planung und -entwicklung dient zur Gewährleistung der Durchgängigkeit der Darstellung und aufgrund der hohen Detailtiefe ebenfalls das Sammelwerk von SCHUH UND KLAPPERT als Grundlage[249]. Abbildung 4-5 fasst die betrachteten Teilprozesse erster und zweiter Ebene zusammen.

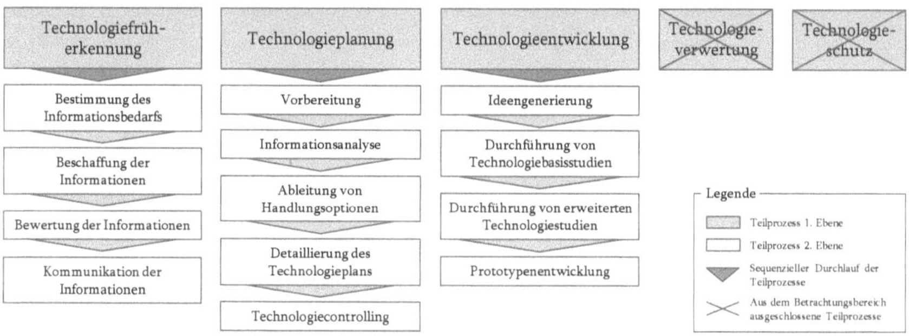

Abbildung 4-5: Betrachtete Teilprozesse des Technologiemanagements[250]

Innovationsmanagement

Der Hauptprozess des Innovationsmanagements umfasst alle planerischen, steuernden und kontrollierenden Aktivitäten zum systematischen Transfer von Ideen in Innovationen[251]. Sein Ziel ist somit die „effiziente [...] Erzeugung wirtschaftlich erfolgreicher

[247] Vgl. Schuh et al. (2011), Ordnungsrahmen Technologiemanagement, S. 16

[248] Vgl. Neemann, Schuh (2011), Technologieschutz, S. 290ff.

[249] Vgl. Wellensiek et al. (2011), Technologiefrüherkennung, S. 89ff.; Schuh et al. (2011), Technologieplanung, S. 171ff.; Klappert et al. (2011), Technologieentwicklung, S. 223ff.

[250] Vgl. Schuh et al. (2011), Ordnungsrahmen Technologiemanagement, S. 15; Wellensiek et al. (2011), Technologiefrüherkennung, S. 89ff.; Schuh et al. (2011), Technologieplanung, S. 171ff.; Klappert et al. (2011), Technologieentwicklung, S. 223ff.

[251] Vgl. Schuh, Bender (2012), Grundlagen Innovationsmanagement, S. 2

Neuheiten“[252]. Das Innovationsmanagement beinhaltet dabei eine normative, strategische und operative Komponente[253]. Während auf normativer Ebene die innovations- und technologiebezogene Vision, Mission, Werte und Leitbilder zu klären sind, werden auf der strategischen Ebene die Innovationsstrategie aus Markt-, Kunden- und ressourcenbasierter Sicht erarbeitet[254]. Auf operativer Ebene wiederum liegt der Fokus auf der eigentlichen Gestaltung und des Managements des Innovationsprozesses, der nach dem Konzept eines Innovationstrichters von einer großen Anzahl an Ideen hin zu innovativen Produkten, Dienstleistungen o.ä. führt[255]. Analog zur Abgrenzung im Technologiemanagement liegen die normative und strategische Ebene außerhalb des Betrachtungsbereichs der Detaillierung und werden dementsprechend ausgeschlossen.

Das (operative) Innovationsmanagement ist nach BROCKHOFF als Management der Produktionseinführung sowie Markeinführung einer Neuerung zu sehen[256]. Um im Rahmen eines Innovationsprozesses effektiv und effizient Ergebnisse zu erzielen, muss das richtige Gleichgewicht zwischen Strukturiertheit und Kreativität sichergestellt werden[257]. Zu diesem Zweck existieren verschiedene Vorgehensmodelle, die eine Strukturierung der verschiedenen Phasen des Innovationsprozesses ermöglichen (vgl. etwa die Stage-Gate-Modelle nach COOPER[258], das Prozessmodell nach BROCKHOFF[259] oder das W-Modell nach BRANDENBURG[260]) und den tätigkeitsbasierten Ansatz der vorliegenden Arbeit auch für diesen Hauptprozess ermöglichen. Aufgrund der durchgängigen und, im Gegensatz zu den übrigen Ansätzen, wesentlich umfangreicheren Beschreibung der Teilprozesse wird das W-Modell nach BRANDENBURG für die weitere Detaillierung genutzt[261].

Für den Hauptprozess des Innovationsmanagements ergeben sich somit auf erster Ebene die Teilprozesse Zielbildung, Zukunftsanalyse, Ideenfindung, Ideenbewertung, Ideendetaillierung, Konzeptbewertung und Umsetzungsplanung[262]. Der Teilprozess der Zielbildung wird dabei nicht berücksichtigt, da er der Erarbeitung der

[252] Vgl. Schuh et al. (2011), Prozessmanagement, S. 334
[253] Vgl. Gassmann, Sutter (2011), Innovationsmanagement, S. 7
[254] Vgl. Albers, Gassmann (2005), Technologie- und Innovationsmanagement, S. 5
[255] Vgl. Gassmann, Sutter (2011), Innovationsmanagement, S. 9
[256] Vgl. Brockhoff (1999), Forschung und Entwicklung, S. 71
[257] Vgl. Schuh, Bender (2012), Grundlagen Innovationsmanagement, S. 3
[258] Vgl. Cooper (2008), Stage-Gate Process, S. 215
[259] Vgl. Brockhoff (1999), Forschung und Entwicklung, S. 36
[260] Vgl. Brandenburg (2002), Technologische Produktinnovationen, S. 52
[261] Die Beschreibung wird an einigen Stellen durch das Sammelwerk von EVERSHEIM unterstützt (Vgl. Eversheim (2003), Innovationsmanagement).
[262] Vgl. Brandenburg (2002), Technologische Produktinnovationen, S. 60

Produktinnovationsstrategie dient, bspw. der Ableitung von Innovationszielen und strategischen Gestaltungsfeldern des Unternehmens. Er ist somit dem strategischen Innovationsmanagement zuzurechnen, das aufgrund des geringen Wertschöpfungsbezugs nicht im Betrachtungsbereich der Arbeit liegt (vgl. Abbildung 4-3)[263].

Die fokussierten Teilprozesse erster Ebene werden in Abbildung 4-6 gemeinsam mit den darunter liegenden Teilprozessen zweiter Ebene schematisch gemäß den Ansätzen von BRANDENBURG und EVERSHEIM dargestellt.

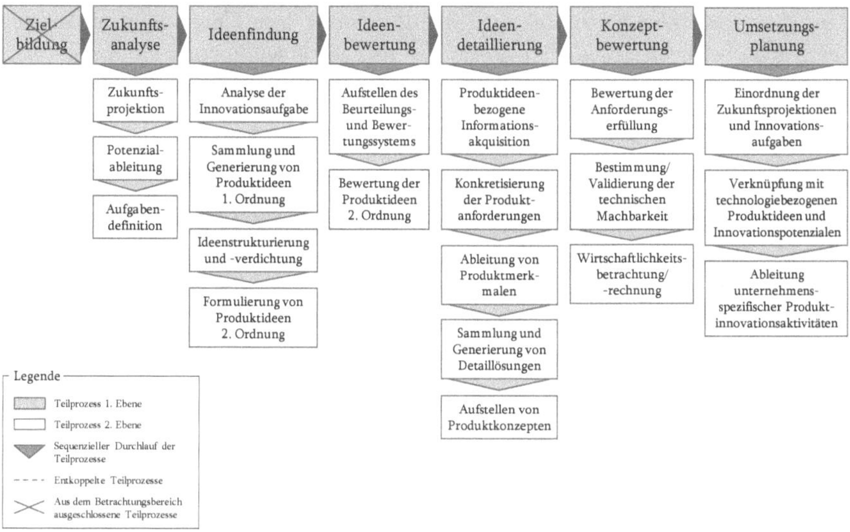

Abbildung 4-6: Betrachtete Teilprozesse des Innovationsmanagements[264]

Engineering bzw. Anlaufmanagement

Der Hauptprozess des Engineerings bzw. des Anlaufmanagements beschreibt als Bestandteil des Produktentstehungsprozesses die produktionsbezogene integrierte Produkt- und Prozessentwicklung inklusive des (erfolgreichen) Serienanlaufs [265]. Durch Einbindung aller beteiligten Funktionsbereiche und (mitunter) simultaner Ausführung der notwendigen Aktivitäten der Produkt- und Prozessentwicklung sowie des

[263] Vgl. Brandenburg (2002), Technologische Produktinnovationen, S. 61

[264] Vgl. Brandenburg (2002), Technologische Produktinnovationen, S. 60ff.; Eversheim (2003), Innovationsmanagement, S. 51ff.

[265] Vgl. Meyer, Thiesen (1997), Produktentwicklung, S. 185; Dombrowski, Hanke (2017), Lean Ramp-up, S. 387; Burggräf et al. (2021), Integriertes Anlaufmanagement, S. 497

Produktionshochlaufs wird ein Zeit- und Kostenvorteil gegenüber einer streng sequenziellen Durchführung der Aufgaben erzielt[266]. Dieses Vorgehen wird auch als „Simultaneous Engineering“ oder „Concurrent Engineering“ bezeichnet. Dementsprechend ist dieser Hauptprozess aufgrund häufiger Änderungsschleifen stark geprägt von Instabilitäten der jungen Produktionsprozesse[267]. Zudem stellen unterschiedliche Zieldimensionen der beteiligten Funktionsbereiche eine Herausforderung für eine erfolgreiche Durchführung eines Anlaufprozesses dar[268]. Zur Strukturierung des Anlaufmanagements existiert bspw. das „Aachener Modell zum interdisziplinären Anlaufmanagement“, worin insbesondere Schnittstellen zu den übrigen Unternehmensprozessen dargestellt werden[269]. BURGGRÄF ET AL legen dagegen einen Fokus auf die operativen Aufgaben des Anlaufmanagements. Sie beschreiben diese dabei durchgehend auf einem Detailgrad, sodass diese Beschreibung aufgrund ihrer Durchgängigkeit und Detailtiefe auch für die weitere Detaillierung im Rahmen dieser Arbeit genutzt wird.[270]

Der Hauptprozess wird demnach gemäß BURGGRÄF ET AL. auf erster Ebene in die Teilprozesse Produkteinführung (Produktionsprozessplanung und Produktionslogistikplanung), Änderungsmanagement, Störungsmanagement, Logistikmanagement im Produktionsanlauf, Mitarbeiterqualifizierung und Wissensmanagement sowie Anlagenbeschaffung und Produktionstests untergliedert[271]. Die Mitarbeiterqualifizierung und das Wissensmanagement stellen Personalentwicklungsprozesse dar. Sie werden im Rahmen dieser Arbeit aufgrund des Ausschlusses von auf Mitarbeitermotivation oder -qualifizierung abzielender Einflussfaktoren jedoch nicht berücksichtigt (vgl. Unterkapitel 2.5.1). Folglich wird der Teilprozess der Mitarbeiterqualifizierung und des Wissensmanagements bei den weiteren Untersuchungen ausgelassen. Bezüglich des Teilprozesses der Anlagenbeschaffung und Produktionstests gilt, dass die Anlagenbeschaffung primär dem nicht betrachteten Hauptprozess des Einkaufs zuzurechnen ist und die Durchführung von Produktionstests ebenfalls auf die Qualifizierung der Mitarbeiter abzielt[272]. Zudem stellt das Durchführen von Produktionstests eine materielle Tätigkeit dar, die nicht Betrachtungsobjekt dieser Arbeit liegt. Der Teilprozess der Anlagenbeschaffung und Produktionstests wird daher ebenfalls nicht berücksichtigt. Demzufolge liegen zusammenfassend die Teilprozesse der Mitarbeiterqualifizierung und des Wissensmanagements sowie der Anlagenbeschaffung und Produktionstests nicht im

[266] Vgl. Bischoff (2007), Anlaufmanagement, S. 11f.; Meyer, Thiesen (1997), Produktentwicklung, S. 186
[267] Vgl. Dombrowski, Hanke (2017), Lean Ramp-up, S. 387
[268] Vgl. Burggräf et al. (2021), Integriertes Anlaufmanagement, S. 502ff.
[269] Vgl. Schmitt (2015), Anlaufmanagement, S. 23
[270] Vgl. Burggräf et al. (2021), Integriertes Anlaufmanagement, S. 518ff.
[271] Vgl. Burggräf et al. (2021), Integriertes Anlaufmanagement, S. 518f.
[272] Vgl. Burggräf et al. (2021), Integriertes Anlaufmanagement, S. 548

Betrachtungsbereich für das weitere Vorgehen. Der Betrachtungsbereich im Engineering bzw. Anlaufmanagement wird in Abbildung 4-7 zusammengefasst. Darin werden auch die Teilprozesse inkl. ihrer Abhängigkeiten gemäß BURGGRÄF ET AL. dargestellt[273].

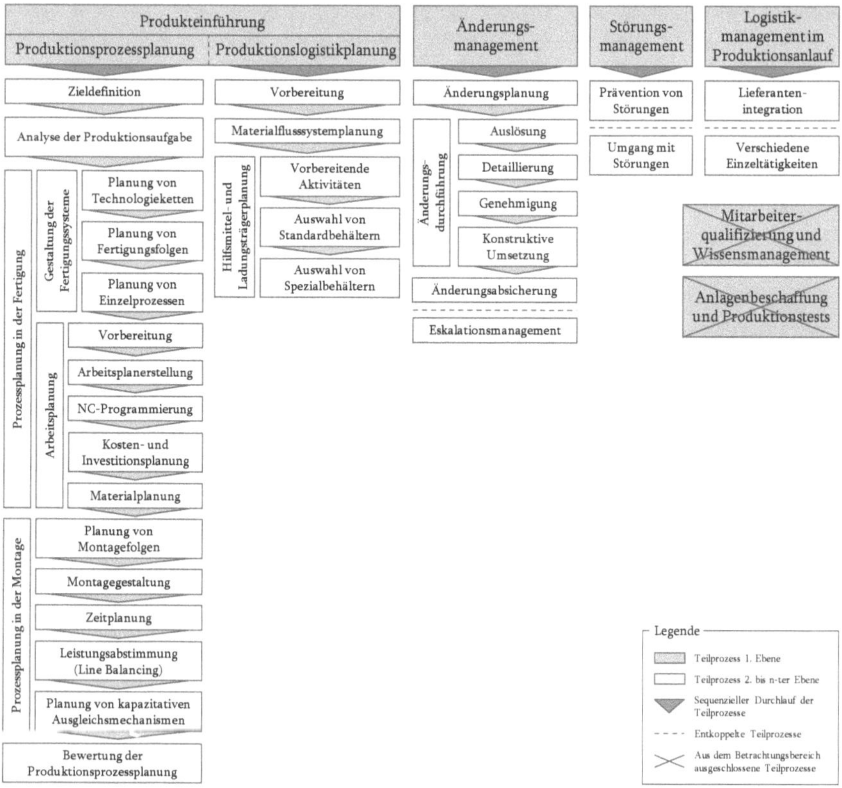

Abbildung 4-7: Betrachtete Teilprozesse des Engineerings bzw. Anlaufmanagements[274]

[273] Die Detaillierung der Teilprozesse zweiter Ebene wird durch weitere Ansätze unterstützt, die in den Quellen der Abbildung aufgeführt werden.

[274] Vgl. Burggräf et al. (2021), Integriertes Anlaufmanagement, S. 518ff.; Burggräf et al. (2021), Produktionsprozessplanung, S. 165ff.; Burggräf et al. (2021), Layoutplanung, S. 412ff.; Rösch et al. (2008), Änderungsmanagement, S. 219; Klug (2018), Logistikmanagement, S. 169ff.; Rixe, Augustin (2020), Intralogistik, S. 894; Günther, Tempelmeier (2012), Produktion und Logistik, S. 322; Käselau, Schmidt (1997), Materialwirtschaft, S. 267; Käselau, Rokitta (1997), Arbeitsvorbereitung, S. 219ff.

Produktions- und Logistikplanung und -steuerung

Die Produktionsplanung und -steuerung wird auch als Produktionsmanagement bezeichnet[275]. Sie liefert die Stellgrößen zur Anpassung der materiellen Transformationsprozesse (vgl. Unterkapitel 2.3.1). Die Aufgabe besteht dabei in der Ermöglichung der qualitäts-, mengen- und termingerechten Erstellung der Produkte eines Unternehmens zu möglichst geringen Kosten[276]. Konkrete Zielgrößen der Produktionsplanung und -steuerung sind demnach „hohe Termintreue, hohe und gleichmäßige Kapazitätsauslastungen, kurze Durchlaufzeiten, geringe Lager- und Werkstattbestände und hohe Flexibilität"[277]. Eng verbunden mit der Produktionsplanung und -steuerung ist auch die Planung und Steuerung der notwendigen Logistikprozesse[278]. Dies schließt sowohl die innerbetrieblichen Transport-, Umschlags- und Lagerprozesse als auch die eingehenden Prozesse der Beschaffungslogistik und die ausgehenden Prozesse der Distributionslogistik ein[279]. Aufgabe der Logistikplanung und -steuerung ist die Sicherstellung einer anforderungsgemäßen Versorgung der nachfragenden Stellen mit den jeweiligen Bedarfen an Materialien, Erzeugnissen etc. unter Berücksichtigung der geforderten Mengen, Zeitpunkte, Orte und Qualitäten[280].

Aufgrund der starken Verzahnung der Logistikplanung und -steuerung mit der Produktionsplanung und -steuerung werden diese beiden Hauptprozesse für die nachfolgenden Analysen zum Hauptprozess der Produktions- und Logistikplanung und -steuerung zusammenfassend beschrieben. Die Analyse wird aufgrund ihrer detaillierten Beschreibung der Prozesse primär auf Sammelwerke von SCHUH UND SCHMIDT und SCHUH UND STICH sowie eine Veröffentlichung von RIXE UND AUGUSTIN gestützt. Demnach ergeben sich auf erster Ebene die Teilprozesse Produktionsprogrammplanung, Produktionsbedarfsplanung, Eigenfertigungsplanung und -steuerung, Fremdbezugsplanung und -steuerung, Auftragsmanagement, Beschaffungslogistik und Produktionslogistik.[281] Die ersten vier Teilprozesse werden dabei sequenziell durchlaufen. Die Teilprozesse der ersten Ebene sind wiederum in weitere Teilprozesse untergliedert. Der Teilprozess der Fremdbezugsplanung und -steuerung umfasst allerdings seinerseits mit Teilprozessen wie der Angebotseinholung, Lieferantenauswahl oder des Lieferantenmanagements Aufgabenbereiche, die primär im nicht betrachteten Hauptprozess des

[275] Vgl. Dyckhoff, Spengler (2007), Produktionswirtschaft, S. 29

[276] Vgl. Schuh, Schmidt (2014), Grundlagen Produktionsmanagement, S. 1

[277] Vgl. Schuh et al. (2012), Aachener PPS-Modell, S. 29

[278] Vgl. Günther, Tempelmeier (2012), Produktion und Logistik, S. 146

[279] Vgl. Schuh et al. (2013), Logistikmanagement, S. 13f.

[280] Vgl. Günther, Tempelmeier (2012), Produktion und Logistik, S. 268

[281] Vgl. Schuh, Schmidt (2014), Grundlagen Produktionsmanagement, S. 8; Schuh et al. (2013), Logistikmanagement, S. 12; Rixe, Augustin (2020), Intralogistik, S. 894

Einkaufs zu verorten sind [282]. Die Fremdbezugsplanung und -steuerung liegt daher nicht im Betrachtungsbereich dieser Arbeit. Die Teilprozesse der Beschaffungslogistik und Produktionslogistik sind ferner lediglich als Ergänzung zu den übrigen Teilprozessen der Produktionsplanung und -steuerung zu sehen, da weite Teile der Logistikplanung und -steuerung aufgrund der engen Verzahnung der beiden Bereiche bereits in diesen Teilprozessen inbegriffen sind[283]. Aufgrund des unternehmensinternen Fokus werden zudem weitere Aufgabenbereiche des Logistikmanagements mit externem Bezug, wie etwa die Konfiguration und Steuerung logistischer Netzwerke oder das Supply-Chain-Management, nicht betrachtet [284]. Auch die Teilprozesse Distributionslogistik und Ersatzteillogistik werden nicht berücksichtigt, da sie dem nicht betrachteten Geschäftsprozess der Kundenprozesse zugerechnet werden. Die resultierende Teilprozessstruktur erster und zweiter Ebene wird in Abbildung 4-8 dargestellt.

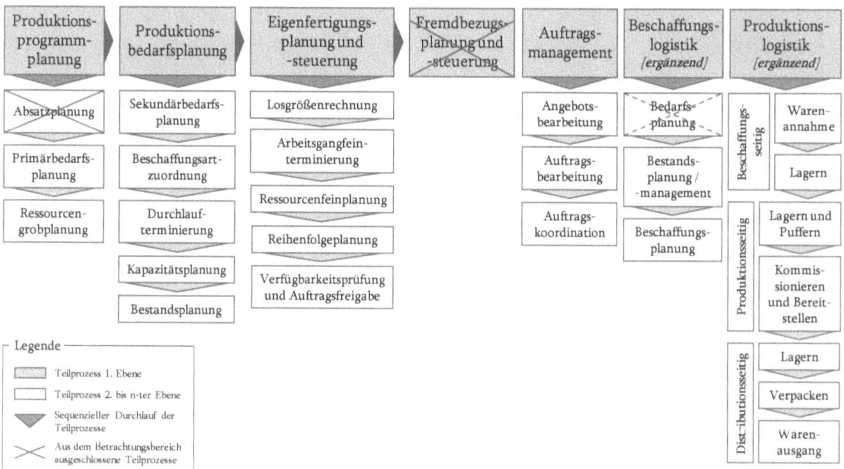

Abbildung 4-8: Betrachtete Teilprozesse der Produktions- und Logistikplanung und -steuerung[285]

[282] Vgl. Schuh et al. (2014), Fremdbezugsplanung und -steuerung, S. 237

[283] Vgl. Konz et al. (2006), Intralogistik, S. 89

[284] Vgl. Schuh et al. (2013), Logistikmanagement, S. 12

[285] Vgl. Schuh, Schmidt (2014), Grundlagen Produktionsmanagement, S. 8; Schuh et al. (2013), Logistikmanagement, S. 12ff.; Rixe, Augustin (2020), Intralogistik, S. 894; Schuh et al. (2014), Produktionsprogrammplanung, S. 65ff.; Schuh et al. (2011), Prozessmanagement, S. 344; Schuh et al. (2014), Produktionsbedarfsplanug, S. 152ff.; Käselau, Schmidt (1997), Materialwirtschaft, S. 257ff.; Schuh et al. (2014), Eigenfertigungsplanung und -steuerung, S. 198ff.; Schuh et al. (2014), Auftragsmanagement, S. 110ff.; Stich et al. (2013), Beschaffungslogistik, S. 79; Fleischmann (2018), Logistik, S. 13ff.

Qualitätsmanagement

Das Qualitätsmanagement ist über die reine Auffassung als Funktionseinheit hinaus als ganzheitliches Führungskonzept zu verstehen, das in allen Bereichen und bei allen Aktivitäten eines Unternehmens Anwendung findet[286]. Somit umfasst das betriebliche Qualitätsmanagement nicht nur unmittelbar produkt- und prozessqualitätsbezogene Aktivitäten, sondern auch solche, die die Systemqualität adressieren[287]. Hierfür kommen Qualitätsmanagementsysteme zum Einsatz, mit denen Unternehmen ihre Ziele ermitteln sowie Prozesse und Ressourcen für deren Erreichung bestimmen[288]. Da im Kontext der vorliegenden Arbeit jedoch die Betrachtung von wissensintensiven Tätigkeiten in den indirekt wertschöpfenden Hauptprozessen im Fokus liegt, ist an dieser Stelle der auf Produkt- und Prozessqualität fokussierte Teil des Qualitätsmanagements relevant. Somit werden die Ziele des Qualitätsmanagements in der Sicherstellung und Verbesserung der Produktqualität durch die Umsetzung von Kundenforderungen sowie der Prozessqualität durch die Beherrschung und Optimierung der Fertigungsprozesse gesehen[289]. Auf diese Weise werden exponentiell steigende Folgekosten von Qualitätsfehlern präventiv vermieden[290].

Aufgrund der Relevanz der Zertifizierung des Qualitätsmanagementsystems im Unternehmenskontext wird auch dessen prozessuale Struktur zumeist an der Normung (DIN EN ISO 9000[291]) orientiert[292]. Die Strukturierung des Hauptprozesses wird demnach auf erster Ebene in die Teilprozesse Qualitätsplanung, Qualitätslenkung, Qualitätssicherung und Qualitätsverbesserung unterteilt[293]. Zur Detaillierung der zweiten Ebene der Teilprozesse werden neben der zuvor genannten Norm auch weiter Veröffentlichungen herangezogen, die einzelne Aspekte der Struktur behandeln. Hervorzuheben ist dabei das Standardwerk von PFEIFER UND SCHMITT[294], dessen prozessorientierte Darstellung als umfassende Grundlage für die Beschreibung der Teilprozesse und Tätigkeiten dient. Aus der Analyse folgt die in Abbildung 4-9 dargestellte Detaillierung des Teilprozesse erster und zweiter Ebene.

---

286 Vgl. Heine et al. (2021), Qualitätsgerechte Organisationsstrukturen, S. 44

287 Vgl. Schuh et al. (2011), Prozessmanagement, S. 350

288 Deutsches Institut für Normung (2015), Qualitätsmanagementsysteme, S. 10

289 Vgl. Schmitt, Pfeifer (2015), Qualitätsmanagement, S. 9; Schuh et al. (2011), Prozessmanagement, S. 351

290 Vgl. Masing (2021), Unternehmen im Wettbewerb, S. 11f.

291 Deutsches Institut für Normung (2015), Qualitätsmanagementsysteme

292 Vgl. Heine et al. (2021), Qualitätsgerechte Organisationsstrukturen, S. 44f.

293 Deutsches Institut für Normung (2015), Qualitätsmanagementsysteme, S. 70

294 Vgl. Pfeifer, Schmitt (2021), Qualitätsmanagement

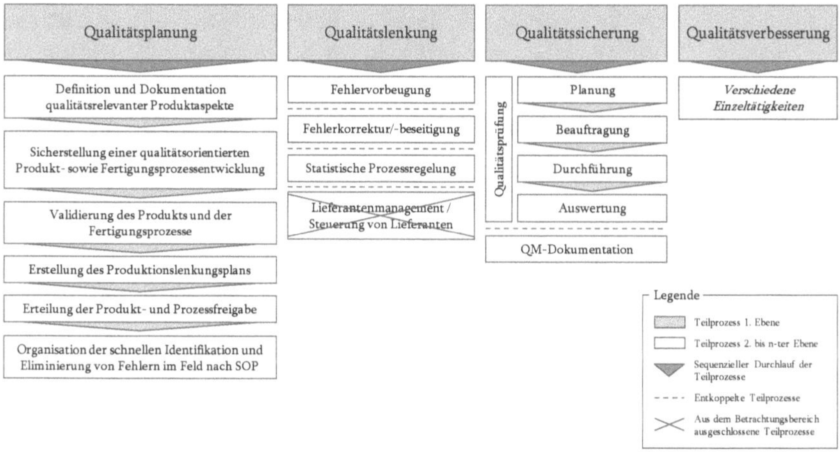

Abbildung 4-9: Betrachtete Teilprozesse des Qualitätsmanagements[295]

Instandhaltung

Die Instandhaltung dient der Sicherung der Funktionsfähigkeit der Anlagen und Betriebsmittel[296]. Dies wird erreicht, indem alle technischen sowie administrativen Maßnahmen zum Erhalt oder der Wiederherstellung des funktionsfähigen Zustands des betrachteten Objekts während seines gesamten Lebenszyklus kombiniert werden[297]. Zum Erreichen der Instandhaltungsziele ist die Anwendung unterschiedlicher Instandhaltungsstrategien möglich[298]. Dabei wird grundsätzlich zwischen reaktiven und präventiven Strategien unterschieden[299]. Die reaktive Instandhaltung (auch als korrektive Instandhaltung bezeichnet) wird nach einer Fehlererkennung durchgeführt, um das betroffene Objekt in einen funktionsfähigen Zustand zu versetzen[300]. Die präventive Instandhaltung dient primär einer Verringerung der Zustandsverschlechterung

[295] Deutsches Institut für Normung (2015), Qualitätsmanagementsysteme, S. 70; Heine et al. (2021), Qualitätsgerechte Organisationsstrukturen, S. 45; Schönsleben (2020), Logistikmanagement, S. 737; Prefi (2021), Qualitätsmanagement, S. 412ff.; Geiger, Kotte (2008), Handbuch Qualität, S. 107 sowie S. 381; Brüggemann, Bremer (2020), Qualitätsmanagement, S. 113; Wagner (2021), Lieferantenmanagement, S. 832ff.; Linß (2021), Prüfplanung, S. 653; Bruns et al. (2021), Dokumentation, S. 316ff.

[296] Vgl. Schierenbeck, Wöhle (2016), Betriebswirtschaftslehre, S. 243

[297] Deutsches Institut für Normung (2018), Begriffe der Instandhaltung, S. 8

[298] Vgl. Ryll, Freund (2010), Instandhaltung, S. 26; Deutsches Institut für Normung (2018), Begriffe der Instandhaltung, S. 9

[299] Vgl. Matyas (2002), Instandhaltungsstrategien, S. 13 (zitiert nach: Ryll, Freund (2010), Instandhaltung, S. 27)

[300] Deutsches Institut für Normung (2018), Begriffe der Instandhaltung, S. 38

der Objekte und der Reduzierung der Ausfallwahrscheinlichkeit[301]. Diese Strategie wird weiterhin in ein periodisch vorbeugendes, ein zustandsabhängiges und ein vorausschauendes Vorgehen unterteilt[302]. Dabei beschreibt die periodisch vorbeugende Instandhaltung das Durchführen von Instandhaltungsmaßnahmen zu festgelegten Zeitabständen oder nach festgelegten Nutzungseinheiten. Die zustandsabhängige Instandhaltung umfasst die Durchführung von Instandhaltungsmaßnahmen auf Basis des ermittelten Zustands des Objekts. Dagegen beinhaltet die vorausschauende Instandhaltung die Durchführung von Instandhaltungsmaßnahmen auf Basis von Prognosen, die auf der Grundlage von Analyseergebnissen bezüglich der Objektparameter und -eigenschaften getroffen werden[303].

Analog zum Qualitätsmanagement ist der Bereich der Instandhaltung ebenfalls durch die Normung geprägt. Auch hier wird die Strukturierung der Unternehmensprozesse vielfach an die Normen angelehnt. Die Strukturierung dieses Hauptprozesses folgt daher den zentralen Normschriften DIN 31051[304] und DIN EN 13306[305].

Demnach setzt sich die Instandhaltung auf erster Ebene aus den Teilprozessen Wartung, Inspektion, Instandsetzung und Verbesserung der Funktionssicherheit zusammen[306]. Die Wartung und Inspektion werden dabei aufgrund der Überschneidungen ihrer Aktivitäten gemeinsam betrachtet. Die Verbesserung der Funktionssicherheit beschreibt weiterhin die „Kombination aller technischen und administrativen Maßnahmen sowie Maßnahmen des Managements zur Steigerung der immanenten Zuverlässigkeit und/oder Instandhaltbarkeit und/oder Sicherheit eines Objekts, ohne seine ursprüngliche Funktion zu ändern“[307]. Dies schließt somit einerseits Aktivitäten ein, die bereits in den anderen drei Teilprozessen der Instandhaltung vorgenommen werden. Andererseits erscheint dieses sehr generische und managementlastige Tätigkeitsspektrum wenig geeignet für den in der vorliegenden Arbeit verfolgten Ansatz einer Tätigkeitsbetrachtung auf operativer Ebene. Aus diesem Grund wird der Teilprozess der Verbesserung der Funktionssicherheit für die weiteren Analysen nicht betrachtet. Die Struktur der Teilprozesse erster und zweiter Ebene gemäß der Normung ist in Abbildung 4-10 dargestellt.

---

[301] Deutsches Institut für Normung (2018), Begriffe der Instandhaltung, S. 34

[302] Vgl. Matyas (2002), Instandhaltungsstrategien, S. 13 (zitiert nach: Ryll, Freund (2010), Instandhaltung, S. 27)

[303] Deutsches Institut für Normung (2018), Begriffe der Instandhaltung, S. 35

[304] Deutsches Institut für Normung (2019), Grundlagen der Instandhaltung

[305] Deutsches Institut für Normung (2018), Begriffe der Instandhaltung

[306] Deutsches Institut für Normung (2019), Grundlagen der Instandhaltung, S. 12

[307] Deutsches Institut für Normung (2019), Grundlagen der Instandhaltung, S. 6f.

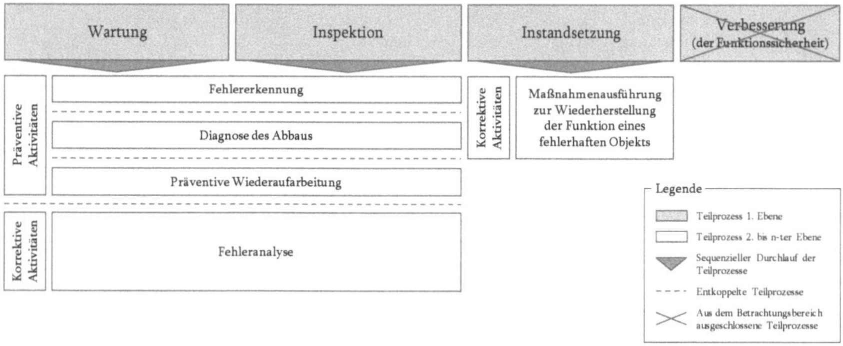

Abbildung 4-10: Betrachtete Teilprozesse der Instandhaltung[308]

Gesamtübersicht der Hauptprozesse und Teilprozesse erster Ebene

Die in diesem Abschnitt detaillierten Prozessstrukturierungen der sechs Hauptprozesse im Betrachtungsbereich der Arbeit werden in Abbildung 4-11 zusammenfassend dargestellt. Dabei sind zu jedem der Hauptprozesse im Sinne der Übersichtlichkeit ausschließlich die Teilprozesse erster Ebene dargestellt. Sofern es sich bei mehreren Teilprozessen um eine Prozesskette mit klar strukturiertem Ablauf handelt, ist dies durch Pfeile zwischen den Teilprozessen markiert. Andernfalls sind sie durch gestrichelte Linien getrennt. Teilprozesse, die die Kriterien des Betrachtungsbereichs der vorliegenden Arbeit gemäß den Erläuterungen in den vorangegangenen Unterabschnitten nicht erfüllen, sind durchgekreuzt dargestellt.

[308] Deutsches Institut für Normung (2019), Grundlagen der Instandhaltung, S. 5ff.; Deutsches Institut für Normung (2018), Begriffe der Instandhaltung, S. 44ff.

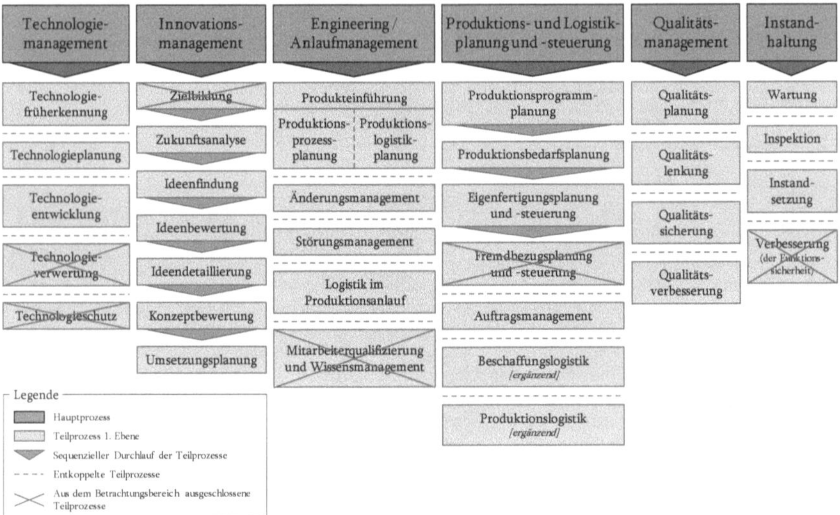

Abbildung 4-11: Übersicht der betrachteten Hauptprozesse und zugehörigen Teilprozesse erster Ebene[309]

4.1.1.3 Identifikation wissensintensiver Tätigkeiten

Die weitere Detaillierung der Haupt- und Teilprozesse auf der Tätigkeitsebene ist erforderlich, um konkrete Herausforderungen für die Steigerung der Arbeitsproduktivität zu bestimmen. In diesem Abschnitt wird dazu im ersten Schritt die Detaillierung der Tätigkeiten innerhalb der ausgewählten Haupt- und Teilprozesse aus der Forschungsliteratur beschrieben. Anschließend werden im zweiten Schritt die Abgrenzungskriterien für eine weitere Konkretisierung der Tätigkeitsauswahl entsprechend dem definierten Betrachtungsbereich auf wissensintensive Tätigkeiten ermittelt. Deren Einsatz zur Filterung der Tätigkeiten wird im abschließenden dritten Schritt durchgeführt. Auf diese Weise werden diejenigen Tätigkeiten ermittelt, die die Grundlage für die nachfolgende Ermittlung von Herausforderungen zur Steigerung der

309 I.A.a. Burggräf et al. (2021), Integriertes Anlaufmanagement, S. 518f.; Rixe, Augustin (2020), Intralogistik, S. 894; Schuh, Schmidt (2014), Grundlagen Produktionsmanagement, S. 10f.; Schuh et al. (2013), Logistikmanagement, S. 12; Heine et al. (2021), Qualitätsgerechte Organisationsstrukturen, S. 44f.; Deutsches Institut für Normung (2015), Qualitätsmanagementsysteme, S. 31; Deutsches Institut für Normung (2019), Grundlagen der Instandhaltung, S. 12; Schuh, Klappert (2011), Technologiemanagement, S. 15f.; Brandenburg (2002), Technologische Produktinnovationen, S. 60

Arbeitsproduktivität bilden (vgl. Unterkapitel 4.1.2). Abbildung 4-12 fasst das beschriebene Vorgehen zusammen.

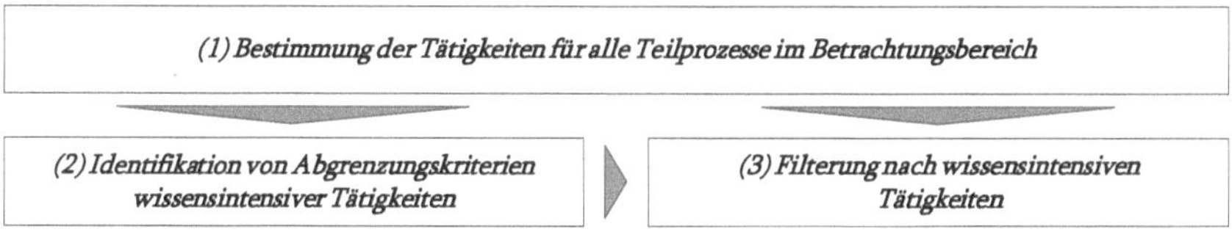

Abbildung 4-12: Vorgehen zur Identifikation wissensintensiver Tätigkeiten in den Teilprozessen

Bestimmung der Tätigkeiten in den Teilprozessen

Innerhalb der in Abschnitt 4.1.1.2 detaillierten Teilprozesse existiert eine Vielzahl von Tätigkeiten auf der untersten Ebene der Prozesshierarchie (vgl. Unterkapitel 2.3.1). Eine Tätigkeit ist dabei ein Arbeitsablauf, der von einem konkreten Mitarbeiter zur Erfüllung einer Elementaraufgabe ausgeführt wird[310]. Die Beschleunigung oder vollständige Obsoleszenz eines solchen Arbeitsablaufs bewirkt schließlich eine Steigerung der Arbeitsproduktivität. Anhand der Analyse der in Abschnitt 4.1.1.2 genutzten Literatur werden diese Tätigkeiten bestimmt. Dabei wird auch bewertet, ob die Tätigkeiten im in Abbildung 4-3 dargestellten Betrachtungsbereich der Prozessdetaillierung liegen (vgl. Unterkapitel 4.1.1). Diese erneute Prüfung ist erforderlich, da aufgrund der Diversität der beinhalteten Tätigkeiten auf der Ebene der Haupt- und Teilprozesse lediglich eine vorläufige Bewertung möglich ist.

Ein Beispiel findet sich im Teilprozess „Lagern und Kommissionieren" im Rahmen der Produktionslogistik im Hauptprozess der Produktions- und Logistikplanung und -steuerung. Tätigkeiten dieses Teilprozesses sind bspw. die Bildung von Kommissionierungsaufträgen auf Basis der Kundenaufträge sowie die physische Bereitstellung der Gesamtmenge[311]. Bei der letztgenannten Tätigkeit handelt es sich um eine materielle Tätigkeit, da diese die physische Handhabung und Bewegung von Materialien umfasst. Sie ist somit gemäß der Abgrenzungskriterien nicht relevant für die Detaillierung.

Im Hauptprozess des Qualitätsmanagements besteht dagegen bspw. im Rahmen des Teilprozesses der Qualitätsplanung, konkret der Erstellung des Produktionslenkungsplans, eine Tätigkeit in der Festlegung der Prüfparameter und -verfahren für die Serienproduktion zur Sicherstellung der Qualität der Produkte und Prozessfähigkeit (vgl.

[310] Vgl. Dorner (2014), Produktivitätsmanagement, S. 10

[311] Vgl. Günther, Tempelmeier (2012), Produktion und Logistik, S. 322; Käselau, Schmidt (1997), Materialwirtschaft, S. 267

Abschnitt 4.1.1.2)[312]. Sie entspricht den Kriterien des Betrachtungsbereichs und wird daher weiterbetrachtet.

Die Vorstellung der ermittelten Tätigkeiten sowie die einzelfallbezogene Erläuterung, ob die Tätigkeiten im Betrachtungsbereich der Arbeit liegen, ist aufgrund des großen Umfangs nicht in Textform möglich und widerspricht der formalen Anforderung der Handhabbarkeit des Modells. Die Gesamtübersicht und Bewertung aller Tätigkeiten ist stattdessen in Tabellenform, strukturiert nach den betrachteten Hauptprozessen, in Anhang 2 bis Anhang 8 beigefügt.

Abgrenzungskriterien wissensintensiver Tätigkeiten

Zur Filterung der Tätigkeiten nach ihrer Wissensintensität bedarf es der Ermittlung klarer Abgrenzungskriterien. Diese werden daher zunächst hergeleitet, bevor die konkrete Identifizierung der wissensintensiven Tätigkeiten durchgeführt wird.

Wissensintensive Tätigkeiten sind im Rahmen dieser Arbeit definiert als Tätigkeiten, in denen kreative, planende, überwachende oder steuernde Arbeiten ausgeübt werden, die auf der Verarbeitung von Informationen und Wissen beruhen. Sie beinhalten zudem Entscheidungsaufgaben und weisen einen erhöhten Kommunikations- und Koordinationsaufwand auf (vgl. Unterkapitel 2.3.2). Nicht-wissensintensive Tätigkeiten bzw. Prozesse werden dem gegenüber typischerweise als Sachbearbeitertätigkeiten oder Routineprozesse[313], als Regelprozesse[314] oder als routinemäßige, repetitive, standardisierte und hochvolumige Transaktionsprozesse[315] bezeichnet[316].

Bestehende Klassifizierungen wissensintensiver Prozesse unterscheiden sich maßgeblich durch die zugrundeliegende Definition von Wissensintensität. Die repräsentativen Ansätze von REMUS[317] und SCHMELZER UND SESSELMANN[318] sind bspw. nicht kompatibel

---

312 Vgl. Prefi (2021), Qualitätsmanagement, S. 421

313 Vgl. Goesmann (2002), Unterstützung wissensintensiver Prozesse, S. 33f.; Schmelzer, Sesselmann (2020), Geschäftsprozessmanagement, S. 89

314 Vgl. Schmelzer, Sesselmann (2020), Geschäftsprozessmanagement, S. 89

315 Vgl. Marjanovic (2016), Knowledge-Intensive Business Processes, S. 2821

316 Aufgrund der oftmals nicht trennscharfen Verwendung des Prozess- und Tätigkeitsbegriffs in der Literatur werden die beiden Begriffe an dieser Stelle, trotz der im Rahmen dieser Arbeit klaren Abgrenzung der Begrifflichkeiten synonym verwendet.

317 Vgl. Remus (2002), Prozessorientiertes Wissensmanagement, S. 116 (Merkmalskatalog mit typischen Ausprägungen für wissensintensive Geschäftsprozesse aus 26 Merkmalen aus fünf Merkmalsklassen und einer Vielzahl an dazugehörigen Ausprägungen)

318 Vgl. Schmelzer, Sesselmann (2020), Geschäftsprozessmanagement, S. 89 (Dreifaltige Klassifizierung von Prozessen anhand verschiedener Prozessmerkmale)

mit dem dieser Arbeit zugrundeliegenden Verständnis von wissensintensiven Prozessen bzw. Tätigkeiten.

Dahingegen bietet die Kategorisierung von Tätigkeiten aus arbeitswissenschaftlicher Perspektive eine passendere Möglichkeit zur Abgrenzung von wissensintensiven Tätigkeiten. Demnach werden bei wissensintensiven Tätigkeiten kombinative und kreative Arbeiten ausgeübt, während nicht-wissensintensive Arbeiten primär auf mechanischen, motorischen oder reaktiven Arbeiten basieren. Kombinatorische Arbeiten sind gekennzeichnet durch die Kombination von Informationen primär zum Zweck des Anwendens der Informationen. Kreative Arbeiten beschreiben hingegen die Erzeugung neuer Informationen.[319] Dieser Ansatz unterstützt somit sinnvoll bei der Abgrenzung wissensintensiver Tätigkeiten von nicht-wissensintensiven Tätigkeiten. Zusammen mit den weiteren charakterisierenden Merkmalen von wissensintensiven Prozessen aus der Definition in Unterkapitel 2.3.2 ergeben sich demnach folgende Abgrenzungskriterien für wissensintensive Tätigkeiten in produzierenden Unternehmen:

- Typus der Tätigkeiten: primär planend, überwachend oder steuernd mit starkem Wissens- und Informationsverarbeitungsbezug
- Art der verrichteten Arbeiten: kombinativ oder kreativ
- Anzahl oder Umfang der beinhalteten Entscheidungsaufgaben: eher hoch bis hoch
- Kommunikations- und Koordinationsaufwand: eher hoch bis hoch

Filterung nach wissensintensiven Tätigkeiten

Mithilfe der zuvor aufgestellten Abgrenzungskriterien werden die Tätigkeiten der Teilprozesse nach ihrer Wissensintensität gefiltert. Ein Beispiel dieser Bewertung bietet das Qualitätsmanagement: Im Rahmen der Erstellung des Produktionslenkungsplans im Rahmen der Qualitätsplanung gilt es, Prüfparameter und -verfahren für die Serienproduktion zur Sicherstellung der Qualität der Produkte und der Prozessfähigkeit festzulegen[320]. Bei dieser Tätigkeit handelt es sich um eine planende Tätigkeit, für deren Ausführung Wissen und Informationen notwendig sind. Die verrichtete Arbeit wird als kombinativ oder kreativ beschrieben, da durch Kombination von Informationen und Wissen neue Informationen erzeugt werden (vgl. Unterkapitel 2.3.2). Die Tätigkeit umfasst weiterhin eine Entscheidungsaufgabe, da die Prüfparameter und -verfahren aus einer Menge möglicher Parameter und Verfahren ausgewählt werden müssen. Hierfür bedarf es zudem Abstimmungen beispielsweise mit dem Hautprozess des

[319] Vgl. Schlick et al. (2018), Arbeitswissenschaft, S. 142
[320] Vgl. Prefi (2021), Qualitätsmanagement, S. 421

Engineerings bzw. Anlaufmanagements, da technische Möglichkeiten zur Realisierung der Prüfverfahren im Produktionsprozess erörtert und in der Prozessplanung berücksichtigt werden müssen. Die Tätigkeit der Prüfparameter- und Prüfverfahrensfestlegung erfüllt somit alle Kriterien von wissensintensiven Tätigkeiten. Sie stellt folglich eine wissensintensive Tätigkeit dar, die für die weitere Arbeit verwendet wird. Analog zur grundlegenden Ermittlung der Tätigkeiten im ersten Unterabschnitt wird aufgrund des erforderlichen Umfangs auf eine Beschreibung der Bewertung aller Tätigkeiten im Rahmen der Detaillierung verzichtet. Diese wird stattdessen ebenfalls in Tabellenform in Anhang 2 bis Anhang 8 zusammengefasst.

Insgesamt resultieren aus der Identifikation wissensintensiver Tätigkeiten innerhalb der definierten Prozesse 222 wissensintensive Tätigkeiten, die im weiteren Vorgehen als Grundlage für die Ermittlung der Herausforderungen zur Steigerung der Arbeitsproduktivität genutzt werden.

4.1.2 Herausforderungen in der Steigerung der Arbeitsproduktivität

Die Identifikation von Herausforderungen zur Steigerung der Arbeitsproduktivität dient der Überprüfung, inwiefern den vorab ermittelten Tätigkeiten eine Aufgabe zugrunde liegt, die durch den Einsatz von Datentechnologien gelöst werden kann. Zur nachvollziehbaren Bestimmung dieser Herausforderungen wird nachfolgend das Vorgehen auf Basis der vorab identifizierten Tätigkeitsstruktur sowie exemplarische Ergebnisse beschrieben.

Die datentechnologierelevanten Herausforderungen repräsentieren die Problemseite im Kontext der tätigkeitsbasierten Arbeitsproduktivitätssteigerung durch Datentechnologien. Um zu prüfen, ob bzw. inwiefern ein schlüssiger Anwendungsfall für den Einsatz von Datentechnologien zur Steigerung der Arbeitsproduktivität bei einer betrachteten wissensintensiven Tätigkeit vorliegt, wird zur Ermittlung der Herausforderungen zunächst eine unterstützende Leitfrage aufgestellt (vgl. Abschnitt 4.1.2.1). Anhand ihrer Beantwortung wird bestimmt, inwiefern die jeweilige Tätigkeit signifikant durch den Einsatz von Datentechnologien verbessert werden kann (vgl. Abschnitt 4.1.2.2). Hierzu werden Verbesserungsmöglichkeiten der Tätigkeiten beschrieben und die Wirkungskette der zu verwendenden Datentechnologie(n) abstrakt skizziert. Die Zielsetzung liegt hierbei nicht in der Beschreibung von inkrementellen Verbesserungsmöglichkeiten. Vielmehr werden tiefgreifende Optimierungsmöglichkeiten anvisiert, die durch die Datentechnologien der Industrie-4.0-Reifegradstufen drei bis sechs ermöglicht werden (vgl. Unterkapitel 2.2.1). Die abschließende Konsolidierung der Herausforderungen bildet die Grundlage für die im nachfolgenden Unterkapitel durchzuführende Typisierung.

4.1.2.1 Leitfrage und Syntax zur Formulierung datentechnologierelevanter Herausforderungen

Um die datentechnologierelevanten Herausforderungen aus den wissensintensiven Tätigkeiten zu extrahieren, wird zunächst eine Leitfrage aufgestellt, deren Antwort Möglichkeiten zur Verbesserung der betrachteten wissensintensiven Tätigkeit aufzeigt. Hieraus lassen sich dann mögliche Wirkungsketten zur Realisierung dieser Optimierung skizzieren. In diesem Sinne wird die Leitfrage wie folgt formuliert: „Wie kann diese wissensintensive Tätigkeit signifikant durch den Einsatz von Datentechnologien verbessert werden?“.

Um eine systematische, standardisierte Formulierung der Herausforderungen zu ermöglichen, bedarf es darüber hinaus einer spezifischen Syntax zwecks formaler Korrektheit des Modells. Da die zu formulierenden Herausforderungen einen Technologiebezug aufweisen, wird hierfür das sog. A-W-O-Modell nach VON MANGOLDT aufgegriffen und entsprechend den Charakteristika datentechnologierelevanter Herausforderungen adaptiert[321].

Das A-W-O-Modell umfasst die drei Komponenten Aktivitätsbezug, Wertungsbezug und Objektbezug. Der Aktivitätsbezug beschreibt dabei ursprünglich die ausübende Handlung der Technologiekompetenz, die zur Wertschöpfung ausgeführt wird, und entspricht aus grammatikalischer Sicht dem Prädikat einer Aussage oder Beschreibung. In Bezug auf die Formulierung der datentechnologierelevanten Herausforderungen stellt der Aktivitätsbezug somit die Art der Handlung dar, die durch Datentechnologien zur Steigerung der Arbeitsproduktivität vorgenommen werden muss. Der Objektbezug beschreibt weiterhin in der originären Fassung die physische oder virtuelle wertschöpfungsbezogene Sache, auf die sich die Handlung der Technologiekompetenz auswirkt. Übertragen auf die vorliegende Arbeit beschreibt der Objektbezug folglich den Optimierungsgegenstand einer Herausforderung, der durch die Datentechnologie adressiert wird. Der Wertungsbezug schließlich wird als Attribut in Form von Adjektiven (bezogen auf das Objekt) oder Adverbien (bezogen auf die Aktivität) aufgefasst, der in der Arbeit von VON MANGOLDT der Sicherstellung eines qualitativ messbaren Bezugs zu den wesentlichen Zielgrößen der betriebswirtschaftlichen Wertschöpfungsprozesse dient. In Bezug auf die Formulierung von datentechnologierelevanten Herausforderungen werden mit dem Wertungsbezug zusätzliche Informationen in Form von Konkretisierungen der Aktivitäten oder Objekte der datentechnologierelevanten Herausforderungen zur Verfügung gestellt.[322] Zur Optimierung des Sprachbilds wird

[321] Vgl. Mangoldt (2018), Diversifikation, S. 100ff

[322] Vgl. Mangoldt (2018), Diversifikation, S. 100f.

die Reihenfolge der Darstellung im Rahmen der Adaption ebenfalls angepasst, sodass sie zu Objekt-Wertung-Aktivität resultiert. Die Adaption des A-W-O Modells wird in Abbildung 4-13 zusammengefasst und anhand eines Beispiels veranschaulicht.

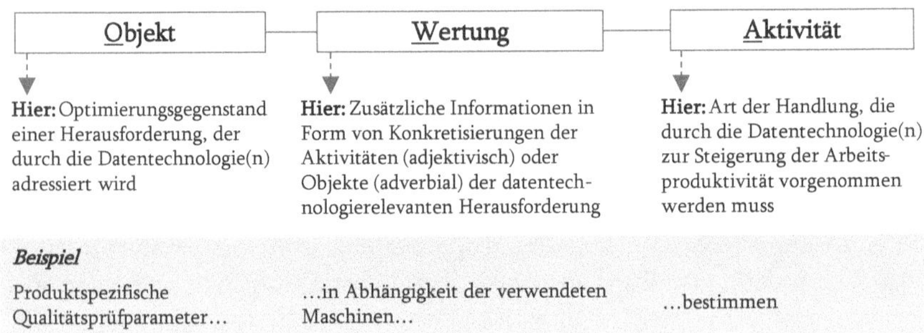

Abbildung 4-13: Adaptiertes A-W-O-Modell als Syntax zur Formulierung von datentechnologierelevanten Herausforderungen[323]

Die auf diese Weise adaptierte Syntax ermöglicht folglich eine reproduzierbare Antwort auf die zuvor aufgestellte Leitfrage und somit eine strukturierte Formulierung der datentechnologierelevanten Herausforderungen.

4.1.2.2 Formulierung der datentechnologierelevanten Herausforderungen

Die im Vergleich zur Festlegung der Syntax wesentlich aufwendigere Tätigkeit liegt in der konkreten Formulierung der datentechnologierelevanten Herausforderungen. Dies wird einzeln für alle 222 identifizierten wissensintensiven Tätigkeiten durchgeführt. Zunächst wird dazu unter Zuhilfenahme der Formulierungssyntax die Leitfrage beantwortet. Anschließend werden die datentechnologierelevanten Herausforderungen aus den Antworten auf die Leitfrage extrahiert. Zunächst wird dieses Vorgehen anhand zweier Beispiele beschrieben, bevor die ermittelten Herausforderungen konsolidiert werden.

Detaillierte Formulierung exemplarischer Herausforderungen

Zunächst wird die Formulierung der datentechnologierelevanten Herausforderung für die zuvor bereits in Abschnitt 4.1.1.3 eingeführte Tätigkeit „Festlegung der Prüfparameter und -verfahren für die Serienproduktion zur Sicherstellung der Qualität der Produkte und Prozessfähigkeit" durchgeführt: Die Tätigkeit wird signifikant durch den Einsatz von Datentechnologien verbessert, indem die Qualitätsprüfparameter und -verfahren automatisiert ermittelt werden. Dies geschieht bspw. durch die Analyse

[323] I.A.a. Mangoldt (2018), Diversifikation, S. 109

historischer Daten zu Zusammenhängen zwischen häufigen Qualitätsfehlern bzw. deren Ursachenketten und den Produktparametern sowie fertigungstechnischen Verfahrensparametern. Mit der auf diese Weise gewonnenen Kenntnis über fehlererzeugende Parameter werden sinnvolle Prüfparameter für ein bestimmtes Produkt abgeleitet, die zudem je nach zu verwendender Maschine modifiziert werden können. Die datentechnologierelevante Herausforderung dieser wissensintensiven Tätigkeit liegt folglich in der Bestimmung der Qualitätsprüfparameter. Diese soll produktspezifisch und in Abhängigkeit der verwendeten Maschinen geschehen. Gemäß der oben eingeführten Syntax sind die Qualitätsprüfparameter somit das Objekt der datentechnologierelevanten Herausforderung. Die Aktivität liegt dabei im Bestimmen dieser Parameter. Die Aspekte der Produktspezifizität und Maschinenabhängigkeit stellen weiterhin eine Wertung dar. Die datentechnologierelevante Herausforderung wird daher wie folgt formuliert: „Produktspezifische Qualitätsprüfparameter in Abhängigkeit der verwendeten Maschinen bestimmen".

Ein weitere exemplarische Herausforderungsableitung wird im Hautprozess der Instandhaltung gezeigt: Dieser umfasst u.a. die Teilprozesse der Wartung und Inspektion, in denen im Rahmen der präventiven Aktivitäten die präventive Wiederaufarbeitung einen Teilprozess darstellt (vgl. Abschnitt 4.1.1.2). Eine dort verortete Tätigkeit ist die Ableitung möglicher Instandhaltungsmaßnahmen auf Basis der Analyse und Beurteilung des physischen Zustands des instandzuhaltenden Objekts[324]. Es handelt sich also um eine zustandsorientierte Instandhaltungstätigkeit[325]. Eine signifikante Verbesserung dieser Tätigkeit liegt in der Automatisierung der Maßnahmenableitung. Dies wird bspw. durch eine Mustererkennung und darauf basierende Ableitung geeigneter Maßnahmen ermöglicht. Hierfür müssen historische Daten hinsichtlich der Zusammenhänge zwischen Maschinendaten, Fehlern und effektiven Instandhaltungsmaßnahmen analysiert werden. Mithilfe der erkannten Muster können die Maschinendaten überwacht und bei Identifikation eines drohenden Fehlers geeignete präventive Instandhaltungsmaßnahmen in Echtzeit abgeleitet werden. Die datentechnologierelevante Herausforderung dieser Tätigkeit liegt demnach im Vorschlag von geeigneten Fehlervermeidungsmaßnahmen. Dies entspricht dem Objekt der Herausforderung. Die Aktivität ist dabei das Ableiten der Maßnahmen. Dies basiert auf den jeweiligen Maschinendaten, was folglich als Wertung gesehen wird. Die datentechnologierelevante Herausforderung wird daher wie folgt formuliert: „Fehlervermeidungsmaßnahmen auf Basis der Maschinendaten ableiten".

[324] Deutsches Institut für Normung (2018), Begriffe der Instandhaltung, S. 35
[325] Deutsches Institut für Normung (2018), Begriffe der Instandhaltung, S. 63

Wie bereits in Unterkapitel 4.1.1 zeigt sich auch an dieser Stelle ein Zielkonflikt bezüglich der Modellanforderungen der Handhabbarkeit und der formalen Richtigkeit. Im Rahmen des Detaillierungskapitel ist es nicht möglich, alle Herausforderungen in der zuvor dargestellten Detailtiefe herzuleiten. Stattdessen werden in Anhang 10 bis Anhang 15 alle ermittelten Herausforderungen in Tabellenform zusammengefasst. Nachdem die im nächsten Schritt erforderliche Konsolidierung der Herausforderungen beschrieben ist, wird zum Ende dieses Abschnitts ein Auszug der Zusammenfassung im Anhang gezeigt.

Konsolidierung der datentechnologierelevanten Herausforderungen

Bedingt durch Überschneidungen und Mehrfachnennungen bestimmter Tätigkeiten in verschiedenen Hauptprozessen in der Forschungsliteratur bestehen Redundanzen in den ermittelten wissensintensiven Tätigkeiten bzw. in der Folge in den daraus abstrahierten Herausforderungen. So wird bspw. die in den vorherigen Teilabschnitten exemplarisch verwendete Tätigkeit der Festlegung der Prüfparameter und -verfahren sowohl im Hauptprozess der Qualitätsplanung als auch in leicht unterschiedlicher Form im Hauptprozess der Qualitätssicherung im Rahmen des Teilprozesses der Qualitätsprüfung aufgeführt[326]. Demnach ergeben sich hieraus sehr ähnliche datentechnologierelevante Herausforderungen, die unter einer Herausforderung zusammengefasst werden sollten.

Weiterhin existieren Herausforderungen, die auf kleinschrittig strukturierten wissensintensiven Tätigkeiten beruhen. Diese werden ohne Verlust relevanter Informationen zusammengefasst. Ein Beispiel hierfür stellen die beiden Tätigkeiten aus dem Teilprozess der Planung von Einzelprozessen dar, der im Hauptprozess des Engineerings bzw. des Anlaufmanagements in der Produktionsprozessplanung verortet ist. Die beiden Tätigkeiten beschreiben die Definition der konkreten Prozessbedingungen der im vorhergehenden Teilprozess bestimmten Technologiekette bzw. Fertigungsfolge und die Durchführung einer Operations- und Bewegungsplanung. Dies umfasst bspw. die Auswahl von Werkzeugen, die Generierung der Werkzeugbahn oder die Definition und Optimierung der Schnittparameter auf Basis der definierten Prozessbedingungen (vgl. Anhang 12).[327] Hieraus ergeben sich entsprechend die datentechnologierelevanten Herausforderungen „Prozessbedingungen der einzelnen Prozesse der Technologieketten festlegen", „Werkzeuge für die Einzelprozesse auswählen" sowie „Werkzeugbahnen und Schnittparameter auf Basis der Prozessbedingungen optimal festlegen". Diese Herausforderungen werden in der Herausforderung „Prozessbedingungen,

[326] Vgl. Prefi (2021), Qualitätsmanagement, S. 421; Linß (2021), Prüfplanung, S. 653

[327] Vgl. Burggräf et al. (2021), Produktionsprozessplanung, S. 175

Werkzeuge, Werkzeugbahnen und Schnittparameter der Einzelprozesse optimal festlegen" konsolidiert.

Der beschriebene Konsolidierungsschritt ist gemeinsam mit weiteren exemplarischen Herausforderungen in Tabelle 4-1 dargestellt. Diese illustriert einen Auszug der vollständigen Darstellung aller datentechnologierelevanter Herausforderungen des Engineerings bzw. des Anlaufmanagements sowie ihrer Konsolidierung in Anhang 10 bis Anhang 15. In der Darstellung ist ebenfalls bereits die Zuordnung zu den in Unterkapitel 4.1.3 zu ermittelnden Herausforderungstypen vorgesehen. Um den folgenden Ausführungen nicht vorzugreifen, wird sie an dieser Stelle nicht mit aufgeführt.

Tabelle 4-1: Auszug der Zusammenfassung von Herausforderungen in Anhang 12

Nr.	Datentechnologierelevante Herausforderung	Konsolidierte datentechnologierelevante Herausforderung	Typenzuordnung
H3.04	Prozessbedingungen der einzelnen Prozesse der Technologieketten festlegen	Prozessbedingungen, Werkzeuge, Werkzeugbahnen und Schnittparameter der Einzelprozesse optimal festlegen	
	Werkzeuge für die Einzelprozesse auswählen sowie Werkzeugbahnen und Schnittparameter auf Basis der Prozessbedingungen optimal festlegen		
H3.05	Eingangsdaten der Prozessplanung (Konstruktionsdaten) auf Richtigkeit prüfen	Eingangsdaten der Prozessplanung (Konstruktionsdaten) auf Richtigkeit prüfen	
H3.06	Rohteilart und -abmessungen unter Berücksichtigung der Anforderungen des Werkstücks festlegen	Arbeitsvorgänge festlegen und Maschinen sowie Betriebsmitteln unter Berücksichtigung der Anforderungen des Werkstücks kostenoptimal zuordnen	
	Arbeitsvorgänge festlegen und Maschinen sowie Betriebsmitteln kostenoptimal zuordnen		
H3.07	Vorgabezeiten kosten- und arbeitswissenschaftlich optimal bestimmen	Vorgabezeiten kosten- und arbeitswissenschaftlich optimal bestimmen	

Durch die Konsolidierung der Herausforderungen wird die Übersichtlichkeit der Ergebnisse erhöht und ein angemessenes Abstraktionslevel für die nachfolgende Typisierung der Herausforderungen erreicht. Die zuvor, direkt aus den wissensintensiven Tätigkeiten extrahierten datentechnologierelevanten Herausforderungen werden auf diese Weise von 202 auf 116 Herausforderungen reduziert.

4.1.3 Typisierung der Produktivitätsherausforderungen

Zur Gewährleistung der Handhabbarkeit der Ergebnisse und zum Abgleich der Herausforderungen mit den Fähigkeiten des IPU, ist eine Zusammenfassung der Herausforderungen erforderlich. Um innerhalb dieser die inhaltliche Komplexität ausreichend abzubilden, wird das Verfahren der Typisierung genutzt (vgl. Unterkapitel 3.3.2). Dabei werden inhaltlich ähnliche Herausforderungen zu Typen zusammengefasst, die dann die gesamte Menge dieser Herausforderungen repräsentieren.

Das Vorliegen der konkreten datentechnologierelevanten Herausforderungen (vgl. Unterkapitel 4.1.2) ermöglicht eine Untersuchung dieser auf sinnvolle Typen. Somit werden gemäß dem retrograden Ansatz (vgl. Unterkapitel 3.3.2) valide Typen bzw. Merkmalskombinationen auf Basis der Anschauung gebildet, die die tatsächliche Sachlage der Untersuchungsobjekte abbilden[328]. Im Folgenden wird daher die Erarbeitung der typenbildenden und -beschreibenden Merkmale und ihrer Ausprägungen im Wechselspiel einer retrograden wie auch einer progressiven Typenbildung vorgenommen.

Dabei orientiert sich das nachfolgend beschriebene Vorgehen der Typisierung an der in Unterkapitel 3.3.2 dargestellten Abfolge. Der erste Schritt besteht aus der Abgrenzung des Untersuchungsbereichs. Da das Ziel die Bildung von Herausforderungstypen ist, stellen die datentechnologierelevanten Herausforderungen folglich die Untersuchungsobjekte der Typisierung dar. Anschließend werden im zweiten Schritt geeignete Merkmale sowie im dritten Schritt sinnvolle Merkmalsausprägungen festgelegt (vgl. Abschnitt 4.1.3.1).[329] Dabei wird zwischen typenbildenden und typenbeschreibenden Merkmalen unterschieden[330]. Erstere stellen die konstituierenden Merkmale der verschiedenen Typen dar, während letztere die Typen charakterisieren. Anhand der typenbildenden Merkmale werden im vierten Schritt des Verfahrens schließlich die Typenbildung vorgenommen und die Ergebnisse im letzten Schritt grafisch dargestellt (vgl. Abschnitt 4.1.3.2)[331].

Im Anschluss an die Typisierung werden die Anforderungen der Herausforderungstypen an die Fähigkeiten formuliert (vgl. Abschnitt 4.1.3.3). Auf diese Weise wird ein herausforderungsseitiger Anknüpfungspunkt für die spätere, arbeitsproduktivitätsoptimierte Bündelung der Fähigkeiten geschaffen (vgl. Teilkapitel 4.3).

4.1.3.1 Identifikation der Merkmale und ihrer Ausprägungen[332]

Die datentechnologierelevanten Herausforderungen basieren auf wissensintensiven Tätigkeiten. Dieser Aspekt der Wissensintensität konstituiert sich in hohem Maße durch die inhärenten Entscheidungsaufgaben (vgl. Unterkapitel 2.3.2). DALMARIS ET AL. bestätigen die zentrale Rolle der Entscheidungssituation und charakterisieren wissensintensive Funktionen darüber hinaus durch folgende Aspekte: Das Kontextwissen,

---

[328] Vgl. Knoblich (1969), Warentypologie, S. 32

[329] Vgl. Knoblich (1969), Warentypologie, S. 47f.; Welter (2006), Typisierung, S. 115f.

[330] Vgl. Welter (2006), Typisierung, S. 114

[331] Vgl. Knoblich (1969), Warentypologie, S. 58; Welter (2006), Typisierung, S. 115f.

[332] Nach KNOBLICH ist eine Erfassung sämtlicher Merkmale weder möglich noch erforderlich (vgl. Unterkapitel 3.3.2). Im Sinne der Handhabbarkeit der Arbeit werden in diesem Abschnitt daher lediglich die, aus Sicht des Autors, relevantesten Merkmale diskutiert.

komplexe und dynamische Inputs und Outputs sowie die Bedeutung des Outputs im Allgemeinen[333]. Aufgrund ihrer zentralen Rolle wird die Art der Entscheidungssituation nachfolgend als erstes potenzielles Merkmal untersucht. Weiterhin werden die Aspekte des Entscheidungskontextes sowie der Dynamik von Input und Output als zweites und drittes Merkmal übernommen. Die Bedeutung des Outputs im Allgemeinen wird vor dem Hintergrund der Datentechnologierelevanz der Herausforderungen über die Art der Informationsverarbeitung als viertes Merkmal widergespiegelt. Abbildung 4-14 illustriert die beschriebenen Merkmale in ihrer Interaktion.

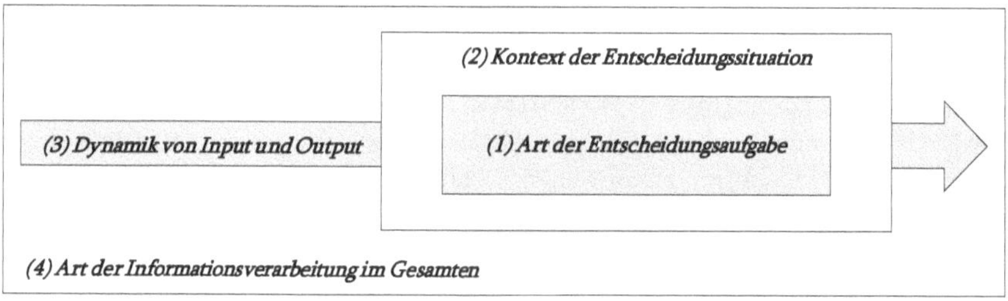

Abbildung 4-14: Ausgewählte Merkmale von wissensbasierten Entscheidungssituationen

Die beschriebenen Merkmale werden in den folgenden Unterabschnitten hinsichtlich ihrer Ausprägungen analysiert. Dabei wird auch ihre Relevanz als typenbildendes Merkmal für den nachfolgenden Typisierungsschritt geprüft. Abgeschlossen wird der Abschnitt mit einer Zusammenfassung der Analysen sowie der Festlegung der Merkmale für die weitere Betrachtung.

Unterscheidung nach der Art der Entscheidungsaufgabe

Als Entscheidungsaufgabe bzw. Entscheidungsfindung wird der Prozess der Auswahl zwischen zwei oder mehr Handlungsalternativen bezeichnet, der dem Erreichen eines oder mehrerer Ziele dient[334]. Diese Relevanz der Entscheidungsaufgaben zeigt sich entsprechend auch in den identifizierten Herausforderungen (vgl. Anhang 10 bis Anhang 15). Darin ist mitunter aus dem Wortlaut erkennbar, dass sie eine Entscheidungsaufgabe enthalten, so bspw. bei der Herausforderung „Entscheidung über Änderungsdurchführung auf Basis von technischen, wirtschaftlichen und planerischen Zielkriterien treffen“. Bei anderen Herausforderungen ergibt sich die Entscheidungsaufgabe nur implizit aus dem Wortlaut. Ein Beispiel hierfür ist die Herausforderung „Zwischentermine der Arbeitsgänge im Rahmen der Durchlaufterminierung festlegen“, bei

[333] Vgl. Dalmaris et al. (2007), Improvement of Knowledge-intensive Processes, S. 296f.
[334] Vgl. Sharda et al. (2015), Analytics, S. 41

der die Festlegung der Zwischentermine eine Abwägung zwischen mehreren möglichen Terminen und somit eine Entscheidung darstellt.

SCHUH ET AL. differenzieren Entscheidungssituationen vor dem Hintergrund des Einsatzes von maschinell lernenden Systemen in der vernetzten adaptiven Produktion in Kontroll-, Identifikations-, Prädiktions-, Planungs- und Koordinationsentscheidungen. Kontrollentscheidungen haben das Ziel, Zustände zu überwachen und Abweichungen von definierten Soll-Werten zu erfassen. Identifikationsentscheidungen dienen der Analyse von Ursache-Wirkungs-Beziehungen, d. h. der Identifikation von Abhängigkeiten und Wirkungszusammenhängen der betrachteten Elemente. Prädiktionsentscheidungen zielen darauf ab, auf Basis des aktuellen Zustands Prognosen über zukünftige Zustände zu treffen. Planungsentscheidungen verfolgen das Ziel, eine richtige Lösung aus einer Menge möglicher Lösungen unter Berücksichtigung von Abhängigkeiten und Bedingungen auszuwählen. Kontrollentscheidungen zielen schließlich auf die Koordinierung komplexer Systeme ab mit dem Ziel, ein optimales Gesamtergebnis zu erreichen.[335] Eine Übersicht der beschriebenen Arten der Entscheidungssituationen ist in Abbildung 4-15 gegeben.

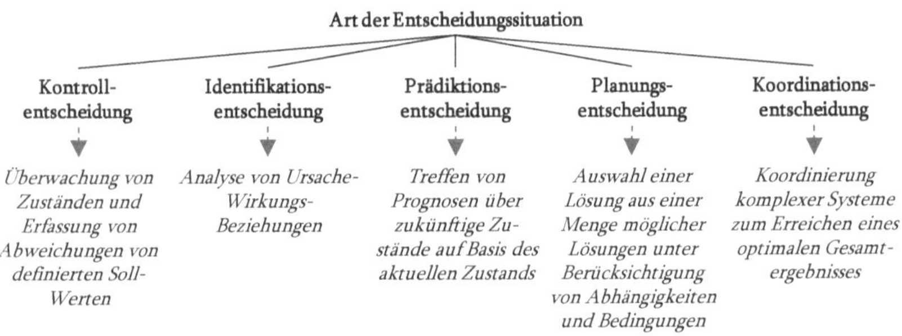

Abbildung 4-15: Arten von Entscheidungssituationen[336]

Die ermittelten datentechnologierelevanten Herausforderungen (vgl. Unterkapitel 4.1.2) lassen sich den fünf Arten von Entscheidungssituationen zuordnen. So weist exemplarisch die Herausforderung „Änderungsfortschritt kontinuierlich überwachen und Abweichungen aufzeigen“ die Charakteristika einer Kontrollentscheidung nach SCHUH ET AL. auf. Die Herausforderung „Ursachen und Auswirkungen von fertigungsprozessinduzierten Qualitätsfehlern bestimmen sowie Eintritts- und

[335] Vgl. Schuh et al. (2020), Machine Learning, S. 5ff.
[336] Vgl. Schuh et al. (2020), Machine Learning, S. 5ff.

Entdeckungswahrscheinlichkeiten identifizieren" wiederum wird den Identifikationsentscheidungen zugeordnet, da die Ermittlung von Ursache-Wirkungs-Beziehungen im Vordergrund steht.

Die Arten der Entscheidungssituationen nach SCHUH ET AL. sind zusammenfassend ein Merkmal, das zur Differenzierung der Untersuchungsobjekte geeignet ist. Die Art der Entscheidungssituation wird demnach als typenbildendes Merkmal aufgefasst.

Unterscheidung nach dem Kontext der Entscheidungssituation

Eine weitere Klassifikation von Entscheidungssituationen bei der Ausführung wissensintensiver Geschäftsprozesse liefern darüber hinaus VAN HELDEN ET AL., die zwischen Entscheidungssituationen innerhalb einer Aktivität und Entscheidungssituationen zur Bestimmung einer Folgeaktivität unterscheiden.[337] Diese Unterscheidung ist allerdings zu undifferenziert, um eine sinnvolle Alternative zu den Entscheidungssituationen nach SCHUH ET AL. zu bieten. Sie kann jedoch eine Ergänzung zu den dort genannten Arten von Entscheidungssituationen in Form eines typenbeschreibenden Merkmals darstellen. Diese Art von Merkmalen dient der tiefergehenden Charakterisierung der durch die typenbildenden Merkmale konstituierten Typen[338].

Unterscheidung nach der Dynamik der Informationsgrundlage

Nach DICICCIO ET AL. ergibt sich der tatsächliche Handlungsablauf von wissensintensiven Prozessen oft erst allmählich während der Prozessausführung und ist abhängig von der Verfügbarkeit der relevanten Informationen[339]. Hieraus wird geschlossen, dass sowohl die Informationsgrundlage der datentechnologierelevanten Herausforderungen als auch die Art, wie der Output der Herausforderungen verwendet wird, unterschiedlich beschaffen ist.

So lässt beispielsweise die zuvor bereits exemplarisch als Koordinationsentscheidung aufgeführte datentechnologierelevante Herausforderung „Just-in-time-Lieferungen auf Basis der aktuellen Fertigungssituation steuern" andere Anforderungen an ihre datentechnologiegetriebene Optimierung vermuten als etwa die Herausforderung „Vorgabezeiten kosten- und arbeitswissenschaftlich optimal bestimmen", die den Planungsentscheidungen zugeordnet wird und einmalig im Rahmen der Arbeitsplanung vorzunehmen ist (vgl. Anhang 13). Die Informationsgrundlage der Just-in-time Steuerung ist dynamisch, da sie von der vorherrschenden Fertigungssituation abhängig ist. Bei der Bestimmung der Vorgabezeiten hingegen verändert sich die

337 Vgl. van Helden et al. (2018), Entscheidungsunterstützung, S. 201f.

338 Vgl. Welter (2006), Typisierung, S. 114f.

339 Vgl. Di Ciccio et al. (2015), Knowledge-Intensive Processes, S. 39f.

Informationsgrundlage im Laufe der Zeit nicht, sie ist folglich statisch. Dasselbe gilt auch für den Output. Bei der Steuerung der Just-in-time-Lieferungen ändert sich das Ergebnis der Koordinationsentscheidungen aufgrund der Veränderlichkeit der Situation beständig und wird kontinuierlich in den Prozess zurückgeführt. Bei der Vorgabezeitplanung ist das Ergebnis nach Durchführung der Tätigkeit indes fix und wird lediglich einmalig, also statisch, an nachfolgende Aktivitäten weitergereicht.

Es wird somit geschlossen, dass die Dynamik der Informationsgrundlage und Output-Rückkopplung ein sinnvolles Merkmal zur weiteren Differenzierung der Herausforderungstypen ist. Es wird als typenbeschreibendes Merkmal in den Ausprägungen statisch und dynamisch festgehalten: Eine statische Informationsgrundlage und Output-Rückkopplung deuten auf eine einmalige oder periodische Durchführung der Aufgaben der Herausforderungen hin. Eine dynamische Informationsgrundlage und Output-Rückkopplung weisen hingegen kontinuierlich durchgeführte Herausforderungen bzw. deren Aufgaben auf.

Die Dynamik der Informationsgrundlage wird auch oftmals mit der Unterscheidung zwischen historischen Daten und Echtzeitdaten in Verbindung gesetzt. Historische Daten werden als Daten definiert, die zu einem gewissen, in der Vergangenheit liegenden Zeitpunkt erhoben wurden[340]. Sie beschreiben also nicht den Datenstand zum aktuellen Zeitpunkt, sondern stets zu einem Zeitpunkt oder einem Intervall, der bzw. das spätestens unmittelbar vor dem aktuellen Zeitpunkt endet. Echtzeitdaten hingegen repräsentieren den aktuellen Datenstand, da die mit fortschreitender Zeit neu generierten Daten dem Datenstand fortlaufend hinzugefügt werden[341]. Demnach bedeutet eine statische Informationsgrundlage und Output-Rückkopplung, dass die herausforderungsbezogenen Aufgaben auf Basis von historischen Daten einmalig oder periodisch durchgeführt werden. Eine dynamische Informationsgrundlage und Output-Rückkopplung beschreibt hingegen die kontinuierliche Durchführung der Aufgaben der Herausforderung auf Basis von Echtzeitdaten. Grundsätzlich ist an dieser Stelle auch eine feinere Unterteilung der Ausprägungen der Dynamik der Informationsgrundlage und Output-Rückkopplung möglich, etwa die Aufteilung der Ausprägung „statisch" in die beschriebene einmalige oder periodische Durchführung. Aus forschungspragmatischen Gründen wird darauf jedoch verzichtet, da die weitere Unterscheidung keinen Mehrwert für die Typisierung bieten würde (vgl. Unterkapitel 3.3.2).

[340] Vgl. Salatian, Hunter (1999), Trends in Data, S. 48; Sharda et al. (2015), Analytics, S. 84
[341] Vgl. Salatian, Hunter (1999), Trends in Data, S. 48

Unterscheidung nach der Art der Informationsverarbeitung

TOMS nennt verschiedene informationsverarbeitende Aktivitäten, die in Arbeitstätigkeiten zu finden sind und sich zu sechs Arten der Informationsverarbeitung zusammenfassen lassen: Aggregation, Organisation und Aufbereitung von Informationen, Überwachung von Informationen, Vergleich, Verknüpfung und Synthetisierung von Informationen, Generierung neuer Informationen durch Manipulation, Anreicherung und Kombination von Informationen, Bewertung von Informationen, und Weitergabe und Verbreitung von Informationen.[342] Hierbei ist zu beachten, dass in der vorliegenden Arbeit auf Datentechnologiepotenziale fokussiert wird, die den Industrie-4.0-Reifegradstufen drei bis sechs zugeordnet sind (vgl. Unterkapitel 2.2.1). Da die reine Weitergabe oder Verbreitung von Informationen jedoch auf der zweiten Stufe zu sehen ist, wird diese Art der Informationsverarbeitung hier nicht berücksichtigt. Somit verbleiben fünf Arten der Informationsverarbeitung. Insbesondere das Vergleichen, Verknüpfen und Synthetisieren von Informationen ist jedoch bei Betrachtung der datentechnologierelevanten Herausforderungen – in unterschiedlichem Ausmaß – Bestandteil jeder Herausforderung. Demnach sind die Arten der Informationsverarbeitung nach TOMS lediglich als typenbeschreibendes Merkmal geeignet, welches das typenbildende Merkmal der Art der Entscheidungssituation nach SCHUH ET AL. weitergehend charakterisiert.[343]

Zusammenfassung der typenbildenden und typenbeschreibenden Merkmale

Als sinnvolle typenbildende Merkmale bieten sich die Art von Entscheidungssituationen und die Dynamik der Informationsgrundlage und Output-Rückkopplungen. Auf diese Weise wird eine hinreichende Differenzierung der datentechnologierelevanten Herausforderungen erreicht. Die beiden übrigen Merkmale hingegen beschreiben die gebildeten Typen weiter. Prinzipiell ist darüber hinaus die Untersuchung weiterer Aspekte auf ihre Eignung als typenbildende oder typenbeschreibende Merkmale möglich. Der Merkmalsraum sollte jedoch zum Erreichen eines ausreichenden Abstraktionsgrads bei der Typisierung möglichst klein gehalten werden und muss nicht vollständig oder umfassend gestaltet sein[344]. Anhand der beiden typenbildenden Merkmale sowie ihrer Ausprägungen werden daher im folgenden Abschnitt die Herausforderungstypen abgeleitet.

[342] Vgl. Toms (2019), Information Activities, S. 47f.
[343] Vgl. Toms (2019), Information Activities, S. 47f.; Schuh et al. (2020), Machine Learning, S. 5ff.
[344] Vgl. Kluge (1999), Typenbildung, S. 94f.; Knoblich (1972), Typologische Methode, S. 143

4.1.3.2 Typenbildung von datentechnologierelevanten Herausforderungen

Gemäß des konzeptionell-analytischen Typenbildungsverfahrens folgt auf die Bestimmung der Merkmale die Bildung der Typen im fünften und letzten Schritt. Dazu werden die Ausprägungen der beiden typenbildenden Merkmale in einer 2x5-Matrix angeordnet. Somit ist je Art der Entscheidungssituation eine Unterscheidung zwischen einer statischen oder einer dynamischen Informationsgrundlage und Output-Rückkopplung möglich. Im Folgenden wird dieser typenbildende Merkmalsraum entlang der Art der Unterscheidungssituationen analysiert. Dabei werden Herausforderungstypen abgeleitet und abschließend zusammengefasst.

Bei einer Kontrollentscheidung steht die Überwachung von Zuständen inklusive der Erfassung von Abweichungen von einem definierten Soll-Wert im Vordergrund (vgl. Abschnitt 4.1.3.1). Das bedeutet, dass die Zustandsdaten kontinuierlich untersucht werden müssen, um Abweichungen zu erkennen. Folglich ist eine Kontrollentscheidung stets dynamisch, sie findet demzufolge kontinuierlich statt und basiert auf Echtzeitdaten. Somit wird der Herausforderungstyp „Überwachung von dynamischen Zuständen" abgeleitet.

Identifikationsentscheidungen beinhalten das Ziel der Bestimmung von Zusammenhängen (vgl. Abschnitt 4.1.3.1). Denkbar ist dabei, dass dies sowohl statisch als auch dynamisch geschieht. So wird einerseits auf Basis von historischen Daten zu einem bestimmten Zeitpunkt einmalig oder auch periodisch eine Ursache-Wirkungs-Analyse durchgeführt. Andererseits ist dies auch kontinuierlich in Echtzeit sinnvoll, wenn dynamische Zustände betrachtet werden. Daher wird der Herausforderungstyp „Identifikation von statischen oder dynamischen Zusammenhängen" gebildet.

Bei Prädiktionsentscheidungen besteht der Zweck in der Vorhersage zukünftiger Zustände. Diese erfolgt auf Basis des aktuellen Zustands (vgl. Abschnitt 4.1.3.1) und somit auf Basis von Echtzeitdaten. Folglich ergibt sich der Herausforderungstyp „Vorhersage von dynamischen Zuständen".

Bei Planungsentscheidungen muss eine richtige Lösung aus einer Menge möglicher Lösungen unter Berücksichtigung von Abhängigkeiten und Bedingungen ausgewählt werden (vgl. Abschnitt 4.1.3.1). Die Kernelemente dieser Entscheidungsaufgabe liegen demnach in der Bewertung der untersuchten Sachverhalte und Auswahl des am besten geeigneten Sachverhaltes. Eine Planungsentscheidung greift meist auf statische Modelle und Heuristiken zurück[345]. Sie ist daher in Abgrenzung zu Koordinationsentscheidungen als statische Entscheidungsaufgabe zu betrachten. Demnach wird der

[345] Vgl. Scholz (2022), Maschinell lernende Systeme, S. 119

Herausforderungstyp „Bewertung und/oder Auswahl von statischen Sachverhalten“ formuliert. Dabei wird in der Formulierung die gemeinsame oder exklusive Ausführung von Bewertung und Auswahl bewusst offengehalten, um ein breiteres Spektrum an konkreten datentechnologierelevanten Herausforderungen abzudecken.

Ähnlich zu Planungsentscheidungen besteht bei Koordinationsentscheidungen das Ziel in der Erreichung optimaler Ergebnisse. Jedoch bezieht sich die Optimierung dabei wie im vorigen Abschnitt aufgezeigt nicht auf die Bewertung und Auswahl statischer Sachverhalte, sondern auf die Koordination komplexer, dynamischer Systeme (vgl. Abschnitt 4.1.3.1). Infolgedessen ergibt sich hieraus der Herausforderungstyp „Optimierung von dynamischen Sachverhalten“. Die gebildeten Typen datentechnologierelevanter Herausforderungen sind zusammenfassend in Abbildung 4-16 dargestellt.

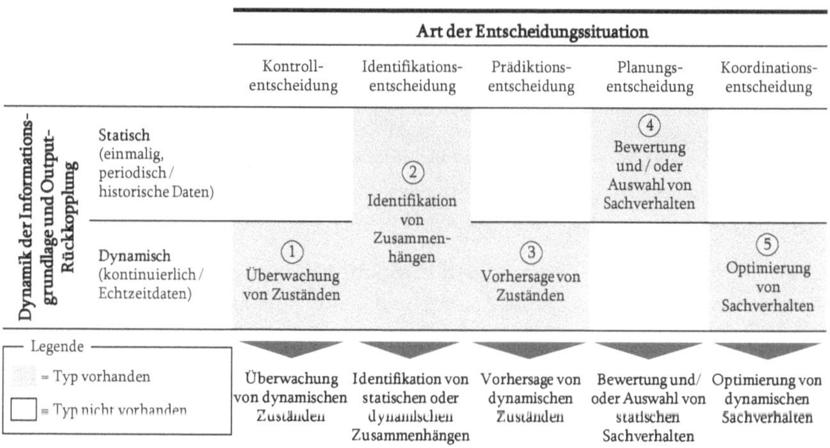

Abbildung 4-16: Typenbildender Merkmalsraum und Ableitung der Herausforderungstypen

Nach der Bildung der Herausforderungstypen ist nun auch die Zuordnung der zuvor identifizierten konkreten Herausforderungen möglich. Dies geschieht dabei durch die Beurteilung, welche Ausprägungen der beiden typenbildenden Merkmale die jeweilige Herausforderung erfüllt. Da bei einer Typisierung die Untersuchungsobjekte mehreren Typen zugeordnet werden können (vgl. Unterkapitel 3.3.2), ist es möglich und auch zulässig, dass hierbei mitunter Mehrfachzuordnungen auftreten. Die Zuordnung der empirisch ermittelten Herausforderungen zu den Herausforderungstypen ist zusammenfassend in Anhang 10 bis Anhang 15 dargestellt. Die zusammenfassende Übersicht wurde bereits in Abschnitt 4.1.2.2 eingeführt und wird daher an dieser Stelle nicht erneut beschrieben.

4.1.3.3 Anforderungen der Herausforderungstypen an die Fähigkeiten

Um die Herausforderungstypen in Teilkapitel 4.3 mit den Fähigkeiten des IPU zu verbinden, ist eine Formulierung von Anforderungen an die Fähigkeitsauswahl erforderlich. Diese werden im Folgenden zunächst für jeden Herausforderungstyp diskutiert und anschließend zusammenfassend dargestellt.

Der erste Herausforderungstyp („Überwachung von dynamischen Zuständen") beschreibt die Beobachtung von Ereignissen oder Trends (vgl. Abschnitt 4.1.3.2). Diesem Herausforderungstyp liegt eine Kontrollentscheidung zugrunde, welche auf dem Prinzip der Umweltwahrnehmung beruht[346]. Die Umweltwahrnehmung beschreibt die Möglichkeit, Zustandsinformationen echtzeitnah und hinreichend genau innerhalb eines Unternehmens bzw. Produktionssystems zu übermitteln[347]. Die Anforderungen des ersten Herausforderungstyps an die Lösbarkeit durch die jeweiligen Fähigkeiten des IPU ergeben sich demnach in der Visualisierung und Offenlegung von Zuständen, Vorgängen, Ereignissen, Trends etc. in Echtzeit oder echtzeitnah. Die Forderung nach (nahezu) Echtzeitfähigkeit dient der Befähigung, schnell auf ungewünschte Ereignisse zu reagieren, was einen signifikant höheren Nutzen als eine späte Reaktion verspricht[348].

Der zweite Herausforderungstyp („Identifikation von statischen oder dynamischen Zusammenhängen") beinhaltet die Analyse von Ursache-Wirkungs-Beziehungen und Abhängigkeiten der untersuchten Elemente (vgl. Abschnitt 4.1.3.2). Es handelt sich hierbei um eine Identifikationsentscheidung, die auf das Prinzip der Exploration angewiesen ist[349]. Unter Exploration wird dabei die Erlangung von Wissen bzgl. Zusammenhängen, Wirkungsweisen und Abhängigkeiten in Produktionssystemen verstanden [350]. Die Anforderungen des zweiten Herausforderungstyps bestehen daher im Aufzeigen von Wirkzusammenhängen und Abhängigkeiten der erfassten Zustände, Vorgänge, Ereignisse und Trends.

Der dritte Herausforderungstyp („Vorhersage von dynamischen Zuständen") umfasst die Prognose zukünftiger Zustände oder Ereignissen auf Basis des aktuellen Zustands und ermittelter Ursache-Wirkungs-Beziehungen (vgl. Abschnitt 4.1.3.2). Grundlage

[346] Vgl. Schuh et al. (2020), Machine Learning, S. 4f.; Scholz (2022), Maschinell lernende Systeme, S. 108
[347] Vgl. Scholz (2022), Maschinell lernende Systeme, S. 109
[348] Vgl. Schuh et al. (2020), Industrie 4.0 Maturity, S. 13
[349] Vgl. Schuh et al. (2020), Machine Learning, S. 4ff.; Scholz (2022), Maschinell lernende Systeme, S. 108
[350] Vgl. Schuh et al. (2020), Machine Learning, S. 6; Scholz (2022), Maschinell lernende Systeme, S. 109

bildet hierbei eine Prädiktionsentscheidung, welche auf dem Prinzip der Prognose aufbaut. Als Prognose wird die Antizipation und Beschreibung von Zukunftszuständen bezeichnet.[351] Der dritte Herausforderungstyp weist demnach die Anforderung auf, Prognosen der zukünftigen Entwicklung von Zuständen zu ermöglichen.

Der vierte Herausforderungstyp („Bewertung und/oder Auswahl von statischen Sachverhalten") ist gekennzeichnet durch die Bewertung von Sachverhalten und der Auswahl der sinnvollsten Alternative (vgl. Abschnitt 4.1.3.2). Solche Planungsentscheidungen basieren auf dem Prinzip der Neuordnung, das die durch Umweltveränderungen bedingte Anpassung von Produktionssystemen, etwa durch die Auswahl optimaler Handlungsalternativen, beschreibt.[352] Die Anforderungen des vierten Herausforderungstyps liegen somit in der Analyse komplexer Sachverhalte mit dem Ziel, Alternativen unter Berücksichtigung von Zielgrößen zu vergleichen und Auswahlentscheidungen für die beste Alternative zu treffen[353].

Der fünfte Herausforderungstyp („Optimierung von dynamischen Sachverhalten") beschreibt das Erzielen optimaler Ergebnisse im Rahmen der Koordination von komplexen Systemen (vgl. Abschnitt 4.1.3.2). Er umfasst eine Koordinationsentscheidung, die auf dem Prinzip der Selbstorganisation beruht. Als Selbstorganisation wird die Koordination und das Zusammenwirken von Teilsystemen zum Erreichen eines ganzheitlich-optimalen Zustands bezeichnet.[354] Darüber hinaus sind auch, analog zum vierten Herausforderungstyp, Aspekte des Prinzips der Neuordnung relevant. In Abgrenzung zum vierten Herausforderungstyp liegt der Fokus hier jedoch auf dem Aspekt der Selbstorganisation in einem dynamischen, veränderlichen Umfeld (vgl. Abschnitt 4.1.3.2). Vor dem Hintergrund der Industrie 4.0 ergeben sich die Anforderungen folglich in der Auswahl geeigneter Optimierungsmaßnahmen und Handlungsempfehlungen auf Basis des Ist-Zustands bzw. der Prognosen sowie der bekannten Wirkzusammenhänge des betrachteten Systems[355].

Den fünf Herausforderungstypen wurden übergeordnete Anforderungen zugeordnet, deren Erfüllung eine Steigerung der Arbeitsproduktivität verspricht. Um in Teilkapitel 4.3 die produktivitätsbezogenen Eingangsgrößen zu nutzen, werden die vorstehend hergeleiteten Herausforderungstypen sowie deren Anforderungen an die Fähigkeiten in Tabelle 4-2 zusammengefasst.

[351] Vgl. Schuh et al. (2020), Machine Learning, S. 4ff.; Scholz (2022), Maschinell lernende Systeme, S. 110
[352] Vgl. Schuh et al. (2020), Machine Learning, S. 6f.; Scholz (2022), Maschinell lernende Systeme, S. 110
[353] Vgl. Schuh et al. (2020), Machine Learning, S. 6
[354] Vgl. Schuh et al. (2020), Machine Learning, S. 4ff.; Scholz (2022), Maschinell lernende Systeme, S. 108ff.
[355] Vgl. Schuh et al. (2020), Industrie 4.0 Maturity, S. 21

Tabelle 4-2: Anforderungen der Herausforderungstypen an die Fähigkeiten

Herausforderungstyp	Anforderungen
Überwachung von dynamischen Zuständen	Visualisierung und Offenlegung von Zuständen, Ereignissen und Trends in Echtzeit oder echtzeitnah
Identifikation von statischen oder dynamischen Zusammenhängen	Aufzeigen von Wirkzusammenhängen und Abhängigkeiten der erfassten Zustände, Ereignisse und Trends
Vorhersage von dynamischen Zuständen	Prognose der zukünftigen Entwicklung aktueller Zustände, Ereignisse und Trends auf Basis von deren Echtzeitentwicklung
Bewertung und/oder Auswahl von statischen Sachverhalten	Analyse komplexer Sachverhalte mit dem Ziel, Alternativen unter Berücksichtigung von Zielgrößen zu vergleichen und Auswahlentscheidungen für die beste Alternative zu treffen
Optimierung von dynamischen Sachverhalten	Auswahl geeigneter Optimierungsmaßnahmen und Handlungsempfehlungen auf Basis des Ist-Zustands bzw. der Prognosen sowie der bekannten Wirkzusammenhänge des betrachteten Systems

4.1.4 Zwischenfazit: Produktivitätsmodell

Die Arbeitsproduktivität ist in dieser Arbeit die wirtschaftliche Optimierungsgröße für die Zusammenstellung von Fähigkeitsbündeln. Um dazu eine strukturierte Bewertungsgrundlage zu schaffen, wurden in den vorangegangenen Unterkapiteln Herausforderungen in der Steigerung der Arbeitsproduktivität auf Basis der Analyse der wissensintensiven Tätigkeiten in indirekten Bereichen produzierender Unternehmen ermittelt.

Hierzu wurden Haupt- und Teilprozesse sowie die darin liegenden Tätigkeiten für alle wissensintensiven, indirekt produktiven und immateriellen Tätigkeiten beschrieben. Da dies mit großem Aufwand verbunden ist, konnten nicht alle Zwischenschritte der Analyse im Detail dargestellt werden. Dafür wurden stattdessen relevante Zwischenergebnisse mit einem Erkenntniswert für den Anwender, zusätzlich zu den vollständigen Ergebnissen im Anhang, erläutert. Die Strukturierung auf Haupt- und Teilprozessebene bietet bspw. eine Grundlage für Anwender zur Verortung der eigenen Prozesslandschaft innerhalb des Betrachtungsbereichs dieser Arbeit und bildet damit die Basis für eine nutzenstiftende Anwendung der Ergebnisse der nachfolgenden Modelle. Für die Identifizierung der wissensintensiven Tätigkeiten wurden zunächst Kriterien zur Abgrenzung von wissensintensiven Tätigkeiten von nicht-wissensintensiven Tätigkeiten erarbeitet. Anhand dieser Kriterien wurden die erarbeiteten Tätigkeiten auf ihre Wissensintensität überprüft. Auf diese Weise wurden 222 wissensintensive Tätigkeiten in den Hauptprozessen des Technologiemanagements, Innovationsmanagements,

Engineering / Anlaufmanagements, der Produktions- und Logistikplanung und -steuerung, des Qualitätsmanagements und der Instandhaltung bzw. ihrer jeweiligen Teilprozesse bestimmt. Dabei gilt zu beachten, dass die konkret ermittelten Tätigkeiten von der Auswahl der Forschungsliteratur abhängen. Bei Zugrundlegung anderer Publikationen können sich folglich andere Tätigkeiten ergeben. Aufgrund der subjektbezogenen Eingrenzung auf Praktiker in strategischen Funktionen produzierender Unternehmen (vgl. Unterkapitel 2.5.3) sowie der Anforderungen der Zweckbezogenheit und Handhabbarkeit der Ergebnisse (vgl. Unterkapitel 3.1.1) ist eine Konkretisierung der Tätigkeiten und somit die Festlegung auf bestimmte Quellen jedoch erforderlich. Dabei wird sichergestellt, dass die Sicht der Anwender bestmöglich abgedeckt ist. Darüber hinaus besteht durch die Beschreibung des Vorgehens der Tätigkeits- wie auch der Herausforderungsableitung die Möglichkeit der nachträglichen Aktualisierung der Modelle.

Datentechnologierelevante Herausforderungen zur Steigerung der Produktivität beinhalten diejenigen Aspekte der analysierten Tätigkeiten, die durch den Einfluss von Datentechnologien signifikant beschleunigt oder obsolet werden. Um die Nachvollziehbarkeit und Vergleichbarkeit der Herausforderungen sicherzustellen, folgen diese einer einheitlichen Beschreibungslogik. Die aus den Tätigkeiten ermittelten Herausforderungen zeigen diverse Ansatzpunkte für Steigerungen der Arbeitsproduktivität und beantworten somit die erste Forschungsfrage („Wie ist die Steigerung der Arbeitsproduktivität zu operationalisieren?").

Um den späteren Abgleich mit den Fähigkeiten zu ermöglichen und das Modell handhabbar zu halten, wurde die hohe Anzahl von 116 konsolidierten Herausforderungen[356] über eine Typisierung zusammengefasst. Über die Sicherstellung der Handhabbarkeit der Modellierung hinaus bietet die durch die Typisierung vorgenommene Ordnung der Herausforderungen dem Anwender eine Orientierungsmöglichkeit innerhalb der Ergebnisse dieses Modells. So ermöglichen die Herausforderungstypen dem Anwender eine Strukturierung seiner individuellen Herausforderungen, auch wenn diese nicht unmittelbar den in Unterkapitel 4.1.2 bestimmten konkreten Herausforderungen entsprechen. Mit der Kenntnis der daraufhin formulierten Anforderungen an die Fähigkeiten des IPU, wurde zudem für die jeweiligen Herausforderungstypen eine Verbindung zu den Fähigkeiten des IPU geschaffen.

[356] Die zuvor ermittelten 202 Herausforderungen wurden auf Ähnlichkeiten und Überscheidungen untersucht und entsprechend zusammengefasst.

Im nachfolgenden Teilkapitel werden nun die Fähigkeiten des IPU hergeleitet, um die die inhaltliche Grundlage zur Komposition der Fähigkeitsbündel im abschließenden Modell zu legen.

4.2 Fähigkeiten des intelligenten produzierenden Unternehmens

Fähigkeiten sind das kontextunabhängige Vermögen von Ressourcen, bestimmte Handlungen auszulösen (vgl. Unterkapitel 2.3.3). Sie bilden damit in ihrer problemspezifischen Zusammenstellung die befähigende Grundlage für verschiedene Anwendungen im Unternehmen. Um die Transformation zum IPU in produktivitätsoptimierten Schritten zu gestalten, wird die Betrachtungsebene der Fähigkeiten zur Bestimmung der konstituierenden Elemente eines solchen Unternehmens genutzt. Die Kenntnis der Abhängigkeiten zwischen Fähigkeiten und Einflussfaktoren der Produktivitätssteigerung erlaubt es dann, sinnvolle Anwendungen zu identifizieren.

Dazu wird zunächst das IPU als Visionsrahmen dieser Arbeit definiert (vgl. Unterkapitel 4.2.1). Dieser Schritt ist aufgrund des Neuheitsgrads des Begriffs auf Inhaltanalysen der zugrundeliegenden Themengebiete zu stützen (vgl. Unterkapitel 3.4.2). Anschließend werden in Unterkapitel 4.2.2 auf Basis von Definition und charakteristischen Merkmalen des IPU dessen konstituierende Fähigkeiten bestimmt und charakterisiert. Damit die spätere Zuordnung zu den Gestaltungsoptionen der Arbeitsproduktivitätssteigerung handhabbar durchführbar ist, werden die Fähigkeiten darüber hinaus typisiert (vgl. Unterkapitel 4.2.3). Der beschriebene inhaltliche Aufbau des Teilkapitels ist zusammenfasend in Abbildung 4-17 visualisiert.

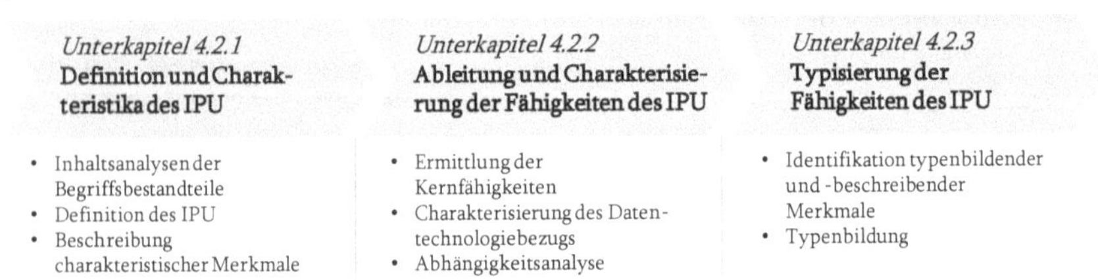

Abbildung 4-17: Gliederungsübersicht des Fähigkeitsmodells

4.2.1 Definition und charakteristische Merkmale[357]

Das IPU wurde zuvor grundlegend als unternehmensbezogener Zielzustand der Industrie 4.0 definiert und in die Wissenschaftslandschaft eingeordnet (vgl. Unterkapitel 2.2.4, 2.4.2 und 3.4.2). Dabei wurden unterschiedliche Ansätze vorgestellt, die jeweils Teilaspekte des IPU adressieren. Insbesondere zum Konzept des intelligenten Unternehmens, d. h. außerhalb des Produktionskontextes, existieren bereits zahlreiche Beschreibungsansätze (vgl. Unterkapitel 2.2.3 sowie 2.4.2). Die Einordnung des Begriffs der Intelligenz im Kontext produzierender Unternehmen und die Identifikation dazu erforderlicher Fähigkeiten wurde jedoch als theoretisches Defizit identifiziert, das es in dieser Arbeit aufzuarbeiten gilt (vgl. Teilkapitel 2.5). Damit die Identifikation dieser Fähigkeiten auf einer fundierten Basis erfolgt, wird in diesem Unterkapitel zunächst eine Definition des IPU erarbeitet und Charakteristika ebenjenes Unternehmenstypus beschrieben. Die Definitionserarbeitung gründet auf Inhaltsanalysen zugrundeliegender Themengebiete und ermöglicht damit eine systematische Abbildung des Stands des wissenschaftlichen Diskurses zu diesen Themen. Nachfolgend werden daher zunächst die Analysen dieser Inhaltsanalysen zusammengefasst (vgl. Abschnitt 4.2.1.1). Anschließend werden darauf basierend die Definition und charakteristische Merkmale des IPU vorgestellt (vgl. Abschnitt 4.2.1.2).

4.2.1.1 Inhaltsanalysen der konstituierenden Begriffsmerkmale des IPU

Um einer erprobten Methodik zur Neudefinition eines Begriffs auf Basis bekannter Teilaspekte zu folgen, wird das Vorgehen an das von WEBB ET AL. zur Definition von "IT-Governance" angelehnt[358]. Analog dazu werden in dieser Arbeit die drei zugrundeliegenden Theoriebereiche „Intelligentes Unternehmen", „Herausforderungen produzierender Unternehmen" sowie „Potenziale von Datentechnologien" definiert. Diese leiten sich aus Teilkapitel 1.2 ab: Mit der Definition des IPU wird explizit ein Transfer des intelligenten Unternehmens in die produzierende Industrie angestrebt, sodass ebenfalls grundlegende Herausforderungen produzierender Unternehmen betrachtet werden[359]. Die Analyse der Potenziale von Datentechnologien trägt darüber

---

[357] Die Erarbeitung der Definition und charakteristische Merkmale wurden bereits im Rahmen einer Veröffentlichung unter Mitwirkung des Autors dargestellt (vgl. Schuh et al. (2022), Intelligent Manufacturing Enterprise). Dieses Teilkapitel baut auf den darin dargestellten Erkenntnissen auf.

[358] Vgl. Webb et al. (2006), IT Governance; Ihre Forschung steht vor ähnlichen Herausforderungen wie diese Arbeit. In ihrem Fall gibt es kein klares Konzept für "IT-Governance". Dennoch gibt es eine Vielzahl von Literatur, die die Entwicklung des Begriffs und eine Vielzahl von Definitionsvorschlägen beschreibt Infolgedessen wird eine einheitliche Definition von "IT-Governance" systematisch mit Hilfe eines inhaltsanalytischen Ansatzes und einer Sammlung von zwölf Definitionen aus der einschlägigen Literatur entwickelt.

[359] Diese Betrachtung grundlegender Herausforderungen produzierender Unternehmen ist abzugrenzen von der Analyse konkreter Herausforderungen in der Steigerung der Arbeitsproduktivität in Kapitel 4.1.

hinaus dem datentechnologischen Fokus der Industrie 4.0 Rechnung. Die durchgeführten Inhaltanalysen bilden systematisch das vorhandene Wissen der jeweiligen Themengebiete ab, sodass aus den Teildefinitionen schließlich die Definition und Charakteristika in Abschnitt 4.2.1.2 zusammengesetzt werden. Das Vorgehen ist zusammenfassend in Abbildung 4-18 dargestellt.

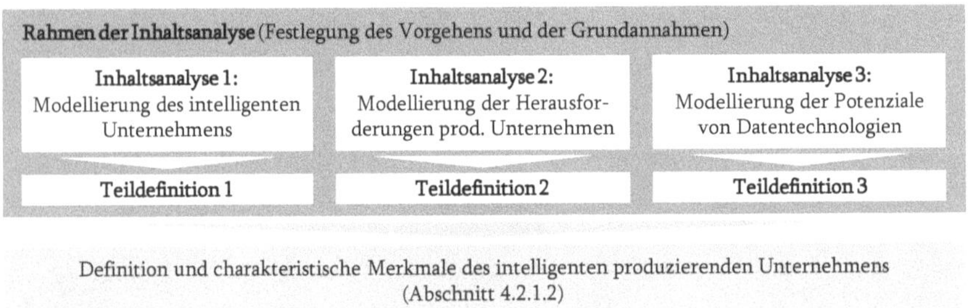

Abbildung 4-18: Vorgehen und Einordnung der Inhaltsanalyse

Rahmen und Vorgehen der Inhaltsanalyse

Mithilfe einer Inhaltsanalyse ist es möglich, aus großen Datenmengen systematisch Schlüsse zu ziehen[360]. Diese systematische Analyse ist notwendig, da in den zugrundeliegenden Themengebieten bereits eine große Anzahl bestehender Ansätze und Konzepte existiert. Die konkreten Ergebnisse der Inhaltsanalyse sind Konzepte und Kategorien, die das Forschungsthema detailliert beschreiben[361]. Die Inhaltsanalyse wird in englischer Sprache durchgeführt, da der Großteil der wissenschaftlichen Literatur der relevanten Themengebiete auf dieser Sprache veröffentlich ist. Der Forschungsprozess findet demzufolge auf Englisch statt, die Ergebnisse werden dann wiederum auf Deutsch übersetzt.

Die Inhaltsanalyse folgt dem in Unterkapitel 3.3.1 beschriebenen sechsstufigen Prozess nach KUCKARTZ[362]. In den Analysen wird ein uneingeschränkter, deduktiver Coderahmen verwendet, sodass die vorhandene Theorie zur Erstellung des Coderahmens genutzt wird. Gleichzeitig ist das induktive Hinzufügen von Codes und Untercodes möglich, wenn die Daten während der Analyse deren Notwendigkeit offenbaren[363]. In jedem der analysierten Themen werden die relevanten kodierten Segmente in die

[360] Vgl. Krippendorff (2004), Content Analysis, S. 18
[361] Vgl. Elo, Kyngäs (2008), Content Analysis Process, S. 108
[362] Vgl. Kuckartz (2019), Qualitative Text Analysis, S. 187f.
[363] Vgl. Elo, Kyngäs (2008), Content Analysis Process, S. 110f.

gewünschten Ergebnisse (Merkmale, Herausforderungen, Potenziale usw.) über SALDAÑAs Codes-To-Theory-Modell umgewandelt[364].

Um die inhaltliche Grundlage für die Inhaltanalysen der drei in Abbildung 4-18 eingeführten Themengebiete zu schaffen, werden zu Beginn die darin relevantesten Veröffentlichungen zusammengestellt. Dazu werden verschiedene Suchmaschinen und Datenbanken genutzt[365]. Aufgrund der hohen Zahl an den Veröffentlichungen in den jeweiligen Themenbereichen und um die Qualität der Ergebnisse sicherzustellen, werden zwei Ausschlusskriterien definiert: Die Veröffentlichungen müssen mehr als 100 Zitationen durch andere Veröffentlichungen aufweisen sowie einer inhaltlichen Kurzprüfung der Zusammenfassung standhalten. In der Literaturrecherche zum intelligenten Unternehmen[366] resultieren so initial über zwei Millionen Ergebnisse, aus denen durch die Anwendung der Qualitätsfilter die relevantesten 42 Veröffentlichungen ausgewählt werden. Aufgrund der inhaltlichen Überschneidungen der Themen und der Relevanz einzelner Veröffentlichungen werden die für die übrigen Themengebiete ermittelten Veröffentlichungen diesem Literaturkorpus ebenfalls hinzugefügt. Abbildung 4-19 illustriert das Vorgehen der Literaturrecherche. Der zusammengefasste Literaturkorpus ist in Anhang 17 dargestellt.

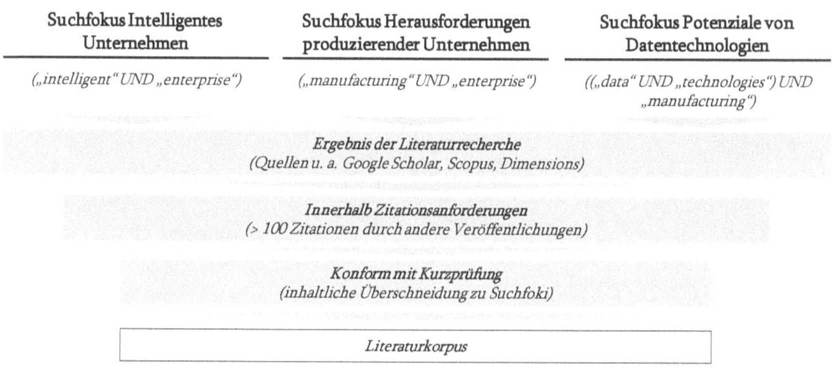

Abbildung 4-19: Vorgehen und Ergebnisse der Ermittlung des Literaturkorpus

[364] Vgl. Saldaña (2013), Coding Manual, S. 12f.

[365] Primär werden die Datenbanken Google Scholar (https://scholar.google.de), Scopus (https://www.scopus.com) und Dimensions (https://www.dimensions.ai) genutzt.

[366] Suchbegriffe „intelligent" UND „enterprise"

Im Rahmen der nachfolgenden Analyse zusätzlich als relevant erscheinende Veröffentlichungen werden nicht mehr nachträglich dem Literaturkorpus hinzugefügt, sondern stattdessen gesondert zitiert.

Modellierung des intelligenten Unternehmens

Der Begriff "intelligentes Unternehmen" wurde in Unterkapitel 2.2.3 bereits grundlegend beschrieben und in Kurzform definiert. Ziel des nun folgenden Teilabschnitts ist die Erweiterung dieser Definition und die Formulierung charakteristischer Merkmale solcher Unternehmen. Diese dienen jeweils als Eingangsgrößen für die Erarbeitung von Definition und Merkmalen des IPU (vgl. Abschnitt 4.2.1.2).

Neben den Grundlagen zum intelligenten Unternehmen (vgl. Unterkapitel 2.2.3) wird der definierte Literaturkorpus genutzt (vgl. Anhang 17). Auf dieser Grundlage werden zunächst existierende Definitionen des intelligenten Unternehmens untersucht, um wiederkehrende Aspekte zu identifizieren und daraus eine detailliertere Definition abzuleiten (im Vergleich zu derjenigen in Unterkapitel 2.2.3). Dieser Schritt zur Formulierung einer neuen Definition ist aufgrund der Vielfalt existierender Definitionen erforderlich (vgl. Unterkapitel 2.2.3). Anschließend wird diese Definition durch die Identifikation von Merkmalen ergänzt. Das Vorgehen ist in Abbildung 4-20 schematisch dargestellt.

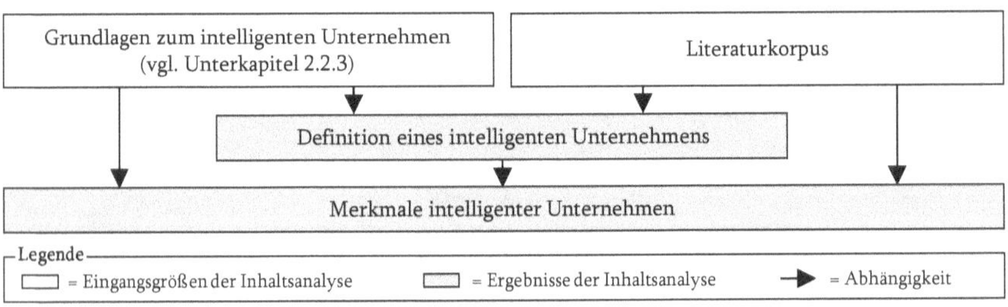

Abbildung 4-20: Vorgehen der Modellierung des intelligenten Unternehmens

In den Definitionen des intelligenten Unternehmens treten vier Aspekte häufig auf: Der erste ist die Nutzung von Datentechnologien zur Steuerung oder Überwachung von Prozessen. BYRUM beispielsweise bezieht sich in seiner vollständigen Definition auf das Unternehmen, das für die Nutzung von KI ausgelegt ist[367]. SNYDER ET AL. bezeichnen KI-Algorithmen als einen wesentlichen Bestandteil der Produktionsumgebung einer intelligenten Fabrik. Außerdem wird darauf hingewiesen, wie wichtig es

[367] Vgl. Byrum (2020), Leading the Intelligent Enterprise, S. 1

ist, Kombinationen verschiedener Datentechnologien (bspw. zwischen KI, IoT, Cloud Computing) zu nutzen, anstatt nur eine Technologie zu implementieren[368]. Zweitens werden integrierte Prozesse von intelligenten Unternehmen eingesetzt, um die Effizienz zu steigern und die Arbeitsintensität zu senken[369]. Drittens haben intelligente Unternehmen einen einzigartigen Kundenfokus[370]. Und schließlich konzentrieren sich intelligente Unternehmen auf ihre Anpassungsfähigkeit an Kundenanforderungen und externe Umweltveränderungen, sodass erforderliche Prozessänderungen unmittelbar erfolgen können[371]. Auf Basis dieser Ausführungen wird die erweiterte Definition des intelligenten Unternehmens wie folgt formuliert:

Ein intelligentes Unternehmen nutzt Datentechnologien, um Informationen und Wissen über seine Systeme, seine Konkurrenz, seine Produkte und seine Mitarbeiter zu koordinieren und so einen Mehrwert für den Kunden zu schaffen. Diese Fähigkeiten ermöglichen es ihm, effizienter zu arbeiten, indem datengestützte Entscheidungen in Echtzeit auf der Grundlage des gewonnenen Wissens getroffen werden.

Zur Identifikation charakteristischer Merkmale intelligenter Unternehmen ($M_{IU,i}$) werden im Literaturkorpus (vgl. Anhang 17) zunächst alle Textpassagen identifiziert, in denen Charakteristika beschrieben werden und jeweils zusammengefasst. Aus dieser Auswahl werden die wiederholt vorkommenden Punkte als initiale Zusammenstellung von Charakteristika genutzt. So fließen bspw. die Aspekte „Echtzeit- und Wissensbasierte Entscheidungen"[372], „Datenmanagement und -analytik zur Unterstützung von Managemententscheidungen"[373] sowie „Entscheidungsfindung durch Echtzeit-Sichtbarkeit"[374] aufgrund ihrer inhaltlichen Überschneidungen in die Formulierung des Merkmals „Datengestützte Entscheidungsfindung" ($M_{IU,2}$) ein. Nach Abgleich mit der zuvor formulierten Definition des intelligenten Unternehmens und ggf. erforderlichen Anpassungen ergeben sich auf diese Weise 13 charakteristische Merkmale, die

[368] Vgl. Snyder et al. (2020), Smart Manufacturing, S. 1ff.
[369] Vgl. Ge et al. (2020), Big Data Management Capability, S. 646f.
[370] Vgl. Quinn (1992), Paradigm for a New Era, S. 373; Wiig (1999), Intelligent Enterprise and Knowledge Management, S. 3
[371] Vgl. Byrum (2021), Driving Innovation, S. 30; Keller (2019), Intelligent Utility Enterprise, S. 484
[372] Vgl. Oztemel, Gursev (2020), Industry 4.0, S. 127ff.
[373] Vgl. DalleMule, Davenport (2017), Data Strategy
[374] Vgl. Ricketts (2016), Intelligent Enterprise

zusammen mit den jeweilig zugrundeliegenden Literaturabschnitten in Tabelle 4-3 dargestellt sind[375].

Tabelle 4-3: Merkmale des intelligenten Unternehmens als Ergebnis der Inhaltsanalyse[376]

Nr.	Bezeichnung*
$M_{IU,1}$	Bereitschaft zur Veränderung, Entwicklung und Anpassung
$M_{IU,2}$	Datengestützte Entscheidungsfindung
$M_{IU,3}$	Einfacher Zugang zu Informationen
$M_{IU,4}$	Entwicklung und Einsatz von intellektuellen statt physischen Vermögenswerten und Ressourcen
$M_{IU,5}$	Entwicklung und Integration neuer Technologien
$M_{IU,6}$	Entwicklung von Kernkompetenzen
$M_{IU,7}$	Investition in spezielle Fähigkeiten, Wissen und Intellekt der Mitarbeiter
$M_{IU,8}$	Klare Kommunikation innerhalb der Organisation
$M_{IU,9}$	Kontinuierliche Entwicklung von Fähigkeiten
$M_{IU,10}$	Nutzung des Wissens der Mitarbeiter zur Kompetenzentwicklung
$M_{IU,11}$	Nutzung von Vorausschau und Vorhersage
$M_{IU,12}$	Ökologisch nachhaltiges Handeln
$M_{IU,13}$	Speicherung und Pflege von Wissen und Know-how

**Nennung in alphabetischer Reihenfolge*

[375] Bei den dargestellten Merkmalen intelligenter Unternehmen handelt es sich um diejenigen Merkmale, die innerhalb der gewählten Literaturbasis am häufigsten genannt wurden. Die Häufigkeit der Nennung wird demnach als Indikator für ihre Relevanz herangezogen.

[376] Vgl. Armaş (2014), Intelligent Enterprises, S. 89ff.; Schuh et al. (2020), Industrie 4.0 Maturity; Chavarría-Barrientos et al. (2018), Sensing, Smart and Sustainable; Oztemel, Gursev (2020), Industry 4.0, S. 127ff.; Wang (2010), Intelligent Enterprises, S. 85ff.; Ricketts (2016), Intelligent Enterprise; DalleMule, Davenport (2017), Data Strategy; Felin, Powell (2016), Dynamic Capabilities; Schoemaker, Tetlock (2017), Intelligent Enterprise; Arthur et al. (1995), Intelligent Enterprise, S. 7ff.; Venkatraman (1993), Intelligent Enterprise, S. 122f.; Rogers et al. (2016), Digital Transformation; Björkdahl (2020), Strategies for Digitalization, S. 17ff.; Snyder et al. (2020), Smart Manufacturing; Dumitrache et al. (2013), Intelligent Cyber-Enterprise, S. 399ff.; Brock (1995), Intelligent Enterprise, S. 105ff.; Jin-Hai et al. (2003), Agile Manufacturing, S. 170ff.; Quinn (1992), Intelligent Enterprise, S. 48ff.; Warren (1994), Review Intelligent Enterprise, S. 275ff.; Quinn (1992), Paradigm for a New Era; Wiig (1999), Intelligent Enterprise and Knowledge Management; Esmaeilian et al. (2016), Future of Manufacturing; World Economic Forum (2016), Manufacturing; Ghobakhloo (2018), Future of Manufacturing; Capgemini Research Institute (2019), AI in Manufacturing; Klie (2019), Data

Modellierung der Herausforderungen produzierender Unternehmen

Der zweite Teilaspekt der Inhaltsanalyse dient dem Verständnis der Herausforderungen produzierender Unternehmen als Grundlage der Definitionsentwicklung des IPU (vgl. Abschnitt 4.2.1.2)[377]. Die in Unterkapitel 2.3.1 formulierte Definition des produzierenden Unternehmens gibt den grundlegenden Verständnishorizont vor. Neben den dort bereits ermittelten Quellen wird der gemeinsame Literaturkorpus genutzt (vgl. Anhang 17). Darauf basierend werden, gemäß dem Vorgehen von KUCKARTZ, Herausforderungen produzierender Unternehmen ermittelt (vgl. Unterkapitel 3.3.1). Der beschriebene Ablauf der Herausforderungsbestimmung ist in Abbildung 4-21 dargestellt.

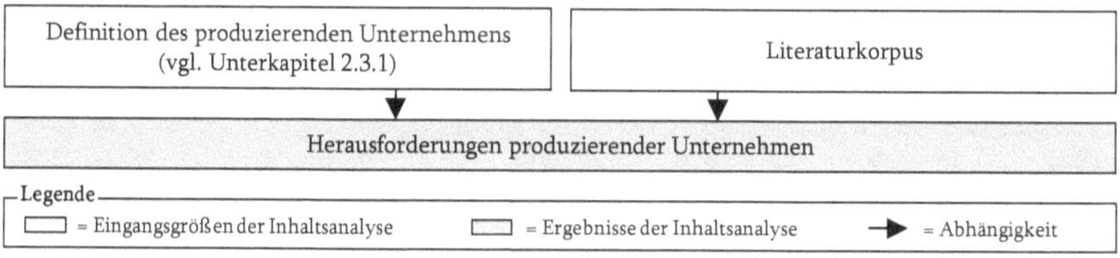

Abbildung 4-21: Vorgehen der Modellierung der Herausforderungen produzierender Unternehmen

Das Ziel der Analyse ist die Ermittlung möglichst relevanter und überschneidungsfreier Herausforderungen produzierender Unternehmen ($H_{PU,i}$). Diese werden dazu auf ihre Überschneidungen untersucht und entsprechend kombiniert. Die Aspekte „Reagieren auf veränderliche Kundennachfrage“[378] und „Befriedigung individueller Kundenbedürfnisse“[379] werden bspw. zur Herausforderung „Reaktion auf sich ändernde, individuelle Kundenbedürfnisse und Kundennachfrage“ ($H_{PU,1}$) zusammengefasst. Zur Indikation der literaturbasierten Relevanz wird dabei die Anzahl beinhalteter einzelner Nennungen herangezogen und somit eine Rangfolge der Herausforderungen

[377] Diese explizite Betrachtung der Herausforderungen produzierender Unternehmen dient der Absicherung des ausreichenden Fokus auf den Kontext produzierender Unternehmen in der Definition des IPU. Die Quellennachweise werden aus darstellungstechnischen Gründen zusammengefasst. Ihre detaillierte Aufschlüsselung ist Anhang 18 zu entnehmen.

[378] Vgl. Camarinha-Matos et al. (2009), Networked Organizations, S. 46ff.; Davis et al. (2012), Smart Manufacturing, S. 145ff.; Esmaeilian et al. (2016), Future of Manufacturing, S. 83f.; Jin-Hai et al. (2003), Agile Manufacturing, S. 171; Leitão, Restivo (2006), Adaptive Manufacturing, S. 121ff.; Shen, Norrie (1999), Agent-Based Systems, S. 129f.; Wang et al. (2020), Intelligent Decision Making, S. 2090

[379] Vgl. Camarinha-Matos et al. (2009), Networked Organizations, S. 46ff.; Day (1994), Capabilities; Jin-Hai et al. (2003), Agile Manufacturing, S. 171; Leitão, Restivo (2006), Adaptive Manufacturing, S. 121ff.; Monostori (2014), Cyber-physical Production Systems, S. 9ff.; Shen, Norrie (1999), Agent-Based Systems, S. 129f.; Leitão (2009), Distributed Manufacturing Control, S. 979ff.

gebildet. Aus der analog durchgeführten Ermittlung resultieren 14 Herausforderungen, die mehr als einmal genannt werden. Aus darstellungstechnischen Gründen sind in Tabelle 4-4 ausschließlich die fünf meistgenannten exemplarisch illustriert, die übrigen Herausforderungen werden in Anhang 19 zusammengefasst.

Tabelle 4-4: Auswahl an Herausforderungen produzierender Unternehmen

Nr.	Bezeichnung*	Quelle(n)
$H_{PU,1}$	Reaktion auf sich ändernde, individuelle Kundenbedürfnisse und Kundennachfrage	380
$H_{PU,2}$	Arbeiten in einem globalen Wettbewerbsumfeld	381
$H_{PU,3}$	Erwartung von schnellster Markteinführung, höchster Qualität, niedrigsten Kosten, bestem Service, saubersten Umgebung, größter Flexibilität und höchstem Wissen	382
$H_{PU,4}$	Zunehmende Komplexität der Lieferkette	383
$H_{PU,5}$	Arbeiten in dynamischen und unsicheren Umgebungen	384

* Reihenfolge nach absteigender Anzahl an Nennungen // Darstellung der fünf am häufigsten genannten Herausforderungen

Die ermittelten Herausforderungen produzierender Unternehmen beschreiben den Kontext, in dem sich IPU befinden. Da sie dementsprechend zu lösen sind, stellen sie eine wichtige Wissensgrundlage für die Formulierung von Definition und Merkmalen des IPU dar. Nachfolgend wird nun mit der Modellierung der Potenziale von Datentechnologien die dritte Inhaltsanalyse dargestellt, die für die Bildung der Definition des IPU genutzt wird.

[380] Vgl. Camarinha-Matos et al. (2009), Networked Organizations, S. 46ff.; Davis et al. (2012), Smart Manufacturing, S. 145ff.; Jin-Hai et al. (2003), Agile Manufacturing, S. 171; Leitão, Restivo (2006), Adaptive Manufacturing, S. 121; Shen, Norrie (1999), Agent-Based Systems, S. 129f.; Wang et al. (2020), Intelligent Decision Making, S. 2090; Esmaeilian et al. (2016), Future of Manufacturing, S. 83f.

[381] Vgl. Carlsson (1988), Evolution of Manufacturing, S. 8; Davis et al. (2012), Smart Manufacturing; Jin-Hai et al. (2003), Agile Manufacturing; Leitão (2009), Distributed Manufacturing Control, S. 121; Wang et al. (2020), Intelligent Decision Making; World Economic Forum (2016), Manufacturing, S. 11

[382] Vgl. Camarinha-Matos et al. (2009), Networked Organizations, S. 46; Davis et al. (2012), Smart Manufacturing; Jin-Hai et al. (2003), Agile Manufacturing, S. 172; Leitão, Restivo (2006), Adaptive Manufacturing, S. 121; Leitão (2009), Distributed Manufacturing Control; Tao et al. (2011), Cloud Manufacturing, S. 1969

[383] Vgl. Tao et al. (2011), Cloud Manufacturing; World Economic Forum (2016), Manufacturing, S. 11; Davis et al. (2012), Smart Manufacturing; Stock et al. (2000), Enterprise Logistics, S. 531ff.

[384] Vgl. Barari et al. (2021), Intelligent Manufacturing Systems; Davis et al. (2012), Smart Manufacturing, S. 145ff.; Leitão (2009), Distributed Manufacturing Control, S. 979ff.; Schuh et al. (2020), Industrie 4.0 Maturity; Wang et al. (2020), Intelligent Decision Making

Modellierung der Potenziale von Datentechnologien

Die Implementierung von Datentechnologien ermöglicht die im IPU angestrebten Produktivitätssteigerungen (vgl. Unterkapitel 2.5.1). Daher sind diese auch in der nachfolgenden Definitionsformulierung des IPU zu berücksichtigen (vgl. Abschnitt 4.2.1.2). Demensprechend liegt das Ziel der dritten Inhaltsanalyse in der Modellierung der Potenziale von Datentechnologien. Die Ausführungen in Unterkapitel 2.2.2 dienen daher als Ausgangspunkt der Modellierung. Ergänzend wird der Literaturkorpus (vgl. Anhang 17) gemäß dem einleitend beschriebenen Vorgehen der Inhaltsanalyse kodiert und zusammengefasst. Auf dieser Basis wird der Begriff der Datentechnologien ausführlich definiert und abgegrenzt, bevor die Potenziale von Datentechnologien bestimmt werden. Abbildung 4-22 fasst das beschriebene Vorgehen zusammen.

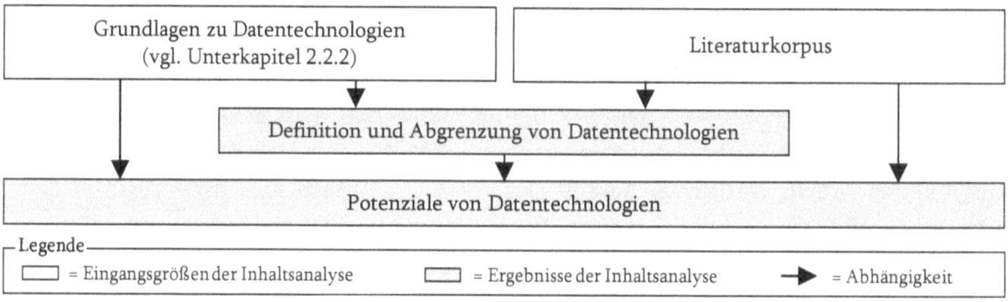

Abbildung 4-22: Vorgehen der Modellierung der Potenziale von Datentechnologien

Gemäß der in Unterkapitel 2.2.2 formulierten Definition werden unter Datentechnologien insbesondere Datenanalysetechnologien verstanden, also solche Technologien, die durch die Analyse von Daten Wert für das Unternehmen generieren. Diese Wertperspektive wird durch häufig wiederkehrende Ausdrücke wie "interpretieren", "Wert extrahieren" und "in wertvolles Wissen umwandeln" auch in der Inhaltsanalyse bestätigt. Datentechnologien liefern somit neues Wissen und Erkenntnisse, die sich aus den Input-Daten ergeben[385]. Exemplarisch dafür ist die künstliche Intelligenz zu nennen, einschließlich des maschinellen Lernens und des Deep Learning. Sie erledigt Aufgaben, die normalerweise menschliche Intelligenz erfordern[386]. So vorverarbeitet der menschliche Verstand beispielsweise Daten durch Mustererkennung, bevor er sie

[385] Vgl. Bansal et al. (2021), Big Data, S. 2; Capgemini Research Institute (2019), AI in Manufacturing, S. 4; Ghobakhloo (2018), Future of Manufacturing, S. 920

[386] Vgl. Bini (2018), Artificial Intelligence, S. 2359f.; Ongsulee (2017), AI, ML and Deep Learning, S. 1; Rajasekhara Mouly et al. (2020), Digitalization, S. 75

bewusst analysiert.[387]. In gleicher Weise arbeitet KI bei Bedarf mit Rohdaten, nimmt aber in erster Linie verarbeitete Daten als Input[388]. Auf Basis der Inhaltsanalyse sowie der Eingrenzung aus Unterkapitel 2.2.2 werden Datentechnologien folgendermaßen definiert:

Eine Datentechnologie ist eine Technologie, die rohe oder verarbeitete Daten nutzt, um Informationen und Erkenntnisse aus diesen Daten zu gewinnen[389]. Sie stützt sich dabei insbesondere auf die Aktivität der Datenanalyse, um Wert zu generieren.

Mit dem Verständnis dieser Definition werden die Anwendungspotenziale der Datentechnologien bestimmt. Dies erfolgt durch die Auswertung der im Rahmen der Inhaltsanalyse angefertigten Zusammenfassungen. Darin wiederkehrende Potenziale werden gesammelt und gemäß der Anzahl ihrer Nennungen geordnet. Daraus resultiert bspw. das Potenzial „Echtzeit-Prozessvisualisierung und -kontrolle" ($P_{DT,2}$), das zusammenfasst, inwiefern Datentechnologien die Beobachtung und Darstellung physischer Prozesse unterstützen. Der Aspekt der Echtzeitfähigkeit tritt darüber hinaus bspw. auch noch im Potenzial „Sammlung und Analyse von Daten in Echtzeit" ($P_{DT,6}$) auf, aufgrund der unterschiedlichen Einordnung im Datenfluss ist es jedoch von erstgenanntem abzugrenzen[390]. Zusammenfassend werden die zehn meistgenannten Anwendungspotenziale von Datentechnologien ($P_{DT,i}$) Tabelle 4-5 dargestellt[391].

[387] Vgl. Caelli et al. (1987), Visual Pattern Recognition; Schwab, Nusbaum (1986), Pattern Recognition

[388] Vgl. Zhang (2010), Machine Learning, S. 9; Capgemini Research Institute (2019), AI in Manufacturing

[389] Vgl. Gates et al. (2016), Global Manufacturing; Oztemel, Gursev (2020), Industry 4.0; Chiarello et al. (2018), Industry 4.0 Technologies; Raguseo (2018), Big Data Technologies

[390] Vgl. Meinel, Schneiss (2015), Smart Data, S. 7ff.

[391] Die Quellennachweise werden aus darstellungstechnischen Gründen zusammengefasst. Ihre detaillierte Aufschlüsselung ist Anhang 20 zu entnehmen.

Tabelle 4-5: Anwendungspotenziale von Datentechnologien[392]

Nr.	Bezeichnung*
$P_{DT,1}$	Autonome Produktionsumgebungen
$P_{DT,2}$	Echtzeit-Prozessvisualisierung und -kontrolle
$P_{DT,3}$	Nachhaltige Fertigung
$P_{DT,4}$	Nutzen prädiktiver Modelle und Analytik
$P_{DT,5}$	Optimierung von Energiemanagement und -verbrauch
$P_{DT,6}$	Sammlung und Analyse von Daten in Echtzeit
$P_{DT,7}$	Transparenz und verbessertes Management der Supply Chain
$P_{DT,8}$	Umsetzung vorausschauender Wartung
$P_{DT,9}$	Verbesserung der Produktentwicklung
$P_{DT,10}$	Verbesserung der Qualitätskontrolle

*Nennung in alphabetischer Reihenfolge

Die dargestellten Potenziale werden im weiteren Verlauf der Arbeit genutzt, um die Herausforderungen produzierender Unternehmen zu lösen und sind daher für die nun folgende Definitionsbildung relevant. Darin werden darüber hinaus auch die Erkenntnisse der zuvor dargestellten Inhaltsanalysen berücksichtigt.

4.2.1.2 Definition und charakteristische Merkmale des IPU

In der Definition des IPU werden die Ergebnisse der Inhaltsanalysen zu intelligenten Unternehmen, den Herausforderungen produzierender Unternehmen und der Potenziale von Datentechnologien miteinander verknüpft. Ergebnis dieser Verknüpfung sind neben der Definition selbst auch charakteristische Merkmale, die ein solchen Unternehmen kennzeichnen. Diese Merkmale detaillieren die Definition und bilden die Grundlage für die Ableitung von Fähigkeiten. Nachfolgend wird nun zunächst die Definition erläutert, bevor charakteristische Merkmale dargestellt werden.

---

[392] Vgl. Oztemel, Gursev (2020), Industry 4.0, S. 134ff.; Capgemini Research Institute (2019), AI in Manufacturing, S. 2ff.; Ghobakhloo (2018), Future of Manufacturing, S. 919f.; Kortuem et al. (2010), Smart Objects; Kephart, Chess (2003), Autonomic Computing; Da Xu et al. (2014), Internet of Things, S. 2240; World Economic Forum (2016), Manufacturing, S. 11; Ricketts (2016), Intelligent Enterprise, S. 14; Li et al. (2015), Big Data, S. 675ff.; Esmaeilian et al. (2016), Future of Manufacturing, S. 79ff.; Gilchrist (2016), Industry 4.0; Klie (2019), Data, S. 34; Lee et al. (2015), Future Maintenance, S. 4; Oussous et al. (2018), Big Data Technologies, S. 433; Wang (2019), Intelligent Manufacturing, S. 617; Raguseo (2018), Big Data Technologies, S. 190f.; Wang et al. (2010), RFID Adoption, S. 807; Elia et al. (2016), Augmented Reality in Manufacturing

Definition des IPU

Die Definition des IPU stützt sich auf die Kombination der zuvor abgeleiteten Definitionen für produzierende Unternehmen und intelligente Unternehmen als semantischen Kern. Die entscheidenden Punkte der jeweiligen Definition sind, dass produzierende Unternehmen physische Güter für den Verkauf produzieren und intelligente Unternehmen Datentechnologien zur Koordinierung von Informationen nutzen[393]. Die identifizierten Herausforderungen produzierender Unternehmen werden im Kontext dieser Arbeit durch die den Datentechnologien inhärenten Potenziale adressiert (vgl. Teilkapitel 1.2). Demzufolge ist dieser Aspekt ebenfalls zu berücksichtigen.

Aufgrund der inhaltlichen Überschneidung des IPU mit dem Paradigma der Industrie 4.0, wird zunächst die Abhängigkeit der Begriffe eingeordnet. SCHUH ET AL. skizzieren in ihrem Industrie 4.0-Reifegradverständnis sechs Stufen. Die Implementierung von Datenanalysetechnologien kennzeichnet die Vollendung der letzten vier Stufen des Entwicklungspfads: Sichtbarkeit, Transparenz, Vorhersagefähigkeit und Anpassungsfähigkeit.[394] Mit der für das IPU postulierten erfolgreichen Bewältigung der Industrie 4.0 (vgl. Unterkapitel 2.5.1) befindet es sich auf der sechsten Stufe. Daher bietet die Unterscheidung von IPU in Bezug auf den Industrie 4.0-Reifegrad die Möglichkeit, die Grundlagen zu spezifizieren, die für den Beginn der Entwicklung zu einem IPU erforderlich sind.

Darüber hinaus wiederholen sich die Themen der intelligenten Fertigung und operativen Exzellenz im Rahmen der Inhaltsanalyse zu den Herausforderungen produzierender Unternehmen. Daher sind sie relevante unterstützende Themenbereiche, mit denen etablierte Fertigungsstrategien in der Definition des IPU berücksichtigt werden.

Gemäß der zuvor beschriebenen Vorgehensweise sowie unter Nutzung der Ergebnisse der Inhaltsanalysen wird die Definition des IPU entwickelt zu:

> Ein intelligentes produzierendes Unternehmen ist ein Unternehmen, das physische Güter für den Verkauf produziert und Datentechnologien einsetzt, um Informationen und Wissen über seine Systeme, seinen Wettbewerb, seine Produkte und seine Mitarbeiter zu koordinieren und dadurch operative Spitzenleistungen zu erzielen. Durch den Einsatz von Datentechnologien werden die Herausforderungen produzierender Unternehmen adressiert. Intelligente produzierende Unternehmen

[393] Vgl. Byrum (2020), Leading the Intelligent Enterprise, S. 1; Davis et al. (2012), Smart Manufacturing; Ge et al. (2020), Big Data Management Capability; SAP (2021), Intelligent Enterprise; Snyder et al. (2020), Smart Manufacturing, S. 1f.

[394] Vgl. Schuh et al. (2020), Industrie 4.0 Maturity, S. 18

haben die sechs Reifegradstufen der Entwicklung zur Industrie 4.0 durchlaufen. Neben der Erlangung von Intelligenz durch den Einsatz von Datentechnologien werden traditionelle Fertigungsstrategien (TQM, LM, JIT usw.) angewandt, um kontinuierliche Wettbewerbsvorteile zu erzielen.

Um diese Definition im Rahmen der Validierung verständlich zu vermitteln, wird nachfolgend ebenfalls eine verkürzte Version formuliert:

Ein intelligentes produzierendes Unternehmen ist ein Unternehmen, das physische Güter für den Verkauf herstellt und Datentechnologien einsetzt, um Wissen zu koordinieren und operative Spitzenleistungen zu erzielen.

Charakteristische Merkmale

Charakteristische Merkmale ergänzen die Definition eines Begriffs und verbessern dadurch die Abgrenzbarkeit von anderen Begriffen. Für die nachfolgende Ermittlung der konstituierenden Fähigkeiten sind eine hohe Prägnanz und Klarheit der Definition des IPU essenziell. Daher werden nachfolgend charakteristische Merkmale des IPU abgeleitet.

Analog zur Definition der konstituierenden Begriffsmerkmale in Abschnitt 4.2.1.1 folgt die Ermittlung der Merkmale des IPU dem Codes-To-Theory-Modell von SALDAÑA. Die kodierten Segmente der dazu durchgeführten Inhaltsanalysen werden demnach zusammengefasst und Charakteristika extrahiert[395]. Konkret wird dabei zunächst eine Ersthypothese der Merkmale erstellt, indem die meistgenannten Charakteristika aus den Literaturzusammenfassungen übernommen werden. Um deren Relevanz für das IPU zu garantieren, werden anschließend diejenigen entfernt, die sich zu spezifisch auf einen Teilaspekt beziehen und demnach nicht vollständig auf das IPU anwendbar sind.

Geprägt durch den wiederholt in den Potenzialen der Datentechnologien genannten Aspekt der Echtzeitfähigkeit (bspw. $P_{DT,2}$ und $P_{DT,6}$) sowie die Herausforderungen des produzierenden Unternehmens in einem dynamischen Umfeld (bspw. $H_{PU,1}$ und $H_{PU,5}$) resultiert für das IPU bspw. das Merkmal „Echtzeitreaktion auf veränderte Anforderungen und Bedingungen" (M_4). Im Gegensatz dazu wird das Merkmal „Nutzung datenbasierter Entscheidungen" (M_{13}) direkt von den Merkmalen des intelligenten

[395] Vgl. Saldaña (2013), Coding Manual, S. 12f.

Unternehmens übernommen.[396] Eine Übersicht aller charakteristischen Merkmale ist in Tabelle 4-6 dargestellt.

Tabelle 4-6: Charakteristische Merkmale des IPU[397]

Nr.	Bezeichnung*
M1	Abstimmung und Integration der Produktionsprozesse
M2	Angebot personalisierter Fertigung und Dienstleistungen für Kunden
M3	Bereitschaft zur Veränderung, Entwicklung und Anpassung
M4	Echtzeitreaktion auf veränderte Anforderungen und Bedingungen
M5	Entwicklung und Integration neuer Technologien
M6	Entwicklung und Nutzung von intellektuellen Vermögenswerten und Ressourcen
M7	Fokus auf Qualität und Produktivität
M8	Investition in spezielle Fähigkeiten, Wissen und Intellekt der Mitarbeiter
M9	Klare Kommunikation in der gesamten Organisation
M10	Leichter Zugang zu Informationen
M11	Management von Wissen und Erfahrung
M12	Nachhaltige Fertigung
M13	Nutzung datenbasierter Entscheidungen
M14	Nutzung von Beeinflusser-Datentechnologien
M15	Nutzung von Früherkennung und Vorhersage
M16	Resilienz gegenüber einschneidenden Störereignissen
M17	Vernetzung von Anlagen

*Nennung in alphabetischer Reihenfolge

Die Herleitung der Merkmale des IPU verdeutlicht die zentrale Rolle der Inhaltsanalyse des intelligenten Unternehmens. Aus der Interpretation der darin beschrieben Charakteristika (vgl. Tabelle 4-3 in Abschnitt 4.2.1.1) im Herausforderungskontext produzierender Unternehmen resultiert der Großteil der Merkmale in Tabelle 4-6. Darüber hinaus ermöglicht die Kenntnis der Anwendungspotenziale von Datentechnologien (vgl. Tabelle 4-5 in Abschnitt 4.2.1.1) die Integration aktueller technologischer Möglichkeiten in das IPU. Gemeinsam mit der zuvor abgeleiteten Definition beschreiben die charakteristischen Merkmale das IPU somit vollständig in seinem

[396] Vgl. dazu die detaillierten Darstellungen der Inhaltsanalysen in Abschnitt 4.2.1.1.

[397] Die Zuordnung der zugrundeliegenden Literaturquellen ist aus Platzgründen an dieser Stelle nicht dargestellt. Sie wird stattdessen in Anhang 21 gegeben.

Zielzustand. Um diesen erreichbar zu machen, werden nachfolgend die konstituierenden Fähigkeiten detailliert.

4.2.2 Ableitung und Charakterisierung von Fähigkeiten des intelligenten produzierenden Unternehmens

Die Identifikation der Fähigkeiten steht im Spannungsfeld der Vollständigkeit und gleichzeitigen Handhabbarkeit, mit Blick auf ihre spätere Zuordnung zu den Herausforderungen in der Steigerung der Arbeitsproduktivität (vgl. Unterkapitel 3.4.1). Um diesen gegensätzlichen Zielen bestmöglich gerecht zu werden, wird zunächst eine möglichst vollständige Übersicht der Fähigkeiten auf Basis der zuvor bestimmten charakteristischen Merkmale des IPU ermittelt. Anschließend werden diese zu Kernfähigkeiten zusammengefasst und zu Potenzialen des Datentechnologieeinsatzes zugeordnet.[398]

4.2.2.1 Ermittlung der Fähigkeiten

Für die zuvor ermittelten charakteristischen Merkmale (vgl. Abschnitt 4.2.1.2) werden zunächst nacheinander die jeweilig erforderlichen Fähigkeiten bestimmt. Auf Basis dieser werden anschließend gemäß des „Codes-to-Theory“-Vorgehens nach SALDAÑA[399] Kernfähigkeiten gebildet.

Merkmalbasierte Identifikation der Fähigkeiten

Für jedes Merkmal des IPU gilt es die Fähigkeiten zu identifizieren, die Unternehmen besitzen müssen, um mit diesem Merkmal beschrieben zu werden. Dazu wird für jedes zuvor abgeleitete Merkmal die Frage "Welche Fähigkeiten muss ein Unternehmen implementieren, um durch dieses Merkmal beschrieben zu werden?" gestellt. Zur Beantwortung werden die Kodierungen, Zusammenfassungen und Literaturquellen herangezogen, die im zuvor erarbeiteten Definitionsmodell zusammengestellt sind (vgl. Unterkapitel 4.2.1).

Für das Merkmal „Nutzung datenbasierter Entscheidungen“ (vgl. Tabelle 4-6 in Abschnitt 4.2.1.2) resultieren aus der Analyse der inhaltsanalytischen Literaturbasis neun Fähigkeiten, deren Beherrschung die Beschreibbarkeit durch das Merkmal bewirkt. Darunter sind bspw. die Fähigkeiten „Automatische Datenbeschaffung und -speicherung“ oder „Offenheit des Managements für datenbasierte Erkenntnisse“[400]. Herausfordernd ist es dabei, die Fähigkeiten zum einen auf einem ähnlichen Abstraktionslevel

[398] Vgl. Schuh et al. (2023), Capabilities, S. 4ff.

[399] Vgl. Saldaña (2013), Coding Manual

[400] Es sei anzumerken, dass aufgrund der konsolidierten Ermittlung der Fähigkeiten im Rahmen der Inhaltsanalyse keine direkten Quellenzuordnungen auf Ebene der Fähigkeiten mehr möglich sind.

zu formulieren. So werden zur Umsetzung eines bestimmten Merkmals erforderliche, ähnliche Fähigkeiten zusammengefasst. Die für das beschriebene Merkmal resultierenden Fähigkeiten werden in Tabelle 4-7 zusammengefasst.

Tabelle 4-7: Ermittelte Fähigkeiten zum Merkmal "Nutzung datenbasierter Entscheidungen"

Nr.	Bezeichnung
$F_1(M_{13})$	Automatische Datenerfassung und -speicherung
$F_2(M_{13})$	Investition in Mitarbeiter mit datenanalytischen Fähigkeiten
$F_3(M_{13})$	Schaffung standardisierter Datenschnittstellen mit der Option zur Personalisierung
$F_4(M_{13})$	Vorurteilsfreier Umgang beim Arbeiten mit Daten
$F_5(M_{13})$	Datennutzung zur Generierung höherwertiger Informationen
$F_6(M_{13})$	Data Governance vorhanden
$F_7(M_{13})$	Hohe Daten-/IT-Sicherheit
$F_8(M_{13})$	Resiliente IT-Struktur
$F_9(M_{13})$	Offenheit des Managements für datenbasierte Erkenntnisse

Aus der Fähigkeitsermittlung für alle 17 Merkmale resultieren 108 Fähigkeitszuordnungen. Darunter sind jedoch Fähigkeiten, die in ähnlicher Form für verschiedene Merkmale erforderlich sind. So ist bspw. die Gestaltung flexibler Prozesse sowohl für Merkmal M_4 („Echtzeitreaktion auf veränderte Anforderungen und Bedingungen") als auch für Merkmal M_{16} („Resilienz gegenüber einschneidenden Störereignissen") erforderlich. Da für das weitere Vorgehen eine Zuordnung der Fähigkeiten zu den Merkmalen des IPU nicht mehr erforderlich ist und um Überschneidungen zu vermeiden, werden die Fähigkeiten dementsprechend konsolidiert, sodass 98 unterschiedliche Fähigkeiten resultieren. Eine Zusammenfassung der Fähigkeiten und ihrer Zuordnung zu den Merkmalen des IPU ist, analog zur Darstellung in Anhang 22 gegeben.

Aggregation der Fähigkeiten zu Kernfähigkeiten

Um die Fähigkeiten überschneidungsfrei und handhabbar für eine Zusammenführung im nachfolgenden Bündelungsmodell (vgl. Teilkapitel 4.3) zu gestalten, werden diese zu Kernfähigkeiten aggregiert. Dies erfolgt in zwei aufeinander aufbauenden Schritten: Zunächst wird der Bezug der Fähigkeiten zu den Herausforderungen produzierender Unternehmen analysiert. Durch die Hervorhebung der zu bewältigenden Herausforderungen wird eine spätere Verbindung zur Steigerung der Arbeitsproduktivität vereinfacht. Bspw. wird die Fähigkeit "Schaffung von Mitarbeitern mit mehreren

Qualifikationen" umformuliert in "Schaffung von Mitarbeitern mit mehreren Qualifikationen zur Erhöhung der organisationalen Flexibilität". Diese Umformulierung trägt der Herausforderung Rechnung, dass Unternehmen des verarbeitenden Gewerbes flexible Organisationsstrukturen und -prozesse benötigen, um bspw. auf veränderte Kundenanforderungen zu reagieren[401].

Anschließend werden diese Herausforderungen kombiniert, um breitere Kernfähigkeiten zu bilden und die Handhabbarkeit des Modells zu erhöhen[402]. Weiterhin werden mögliche Wiederholungen oder zu ähnliche Kernformulierungen zusammengefasst und die Duplikate entfernt. Die Fähigkeiten „Bereitschaft von Management und Mitarbeitern, Änderungen auf der Grundlage von datenbasierten Vorschlägen vorzunehmen" ($F_{18.1}$) und „Offenheit und Akzeptanz des Managements für datengenerierte Erkenntnisse" ($F_{18.2}$) werden bspw. in der Kernfähigkeit „Einleitung von Änderungen basierend auf datenbasierten Vorschlägen" (KF_{18}) zusammengefasst.

Aus der Durchführung des beschriebenen Aggregationsschritts resultieren 34 Kernfähigkeiten. Die Zuordnung dieser und der jeweiligen zugrundeliegenden Fähigkeiten, analog zum dargestellten Beispiel, ist in Anhang 23 zusammengefasst.

4.2.2.2 Charakterisierung des Datentechnologiebezugs der Kernfähigkeiten

Die in Abschnitt 4.2.2.1 ermittelten Kernfähigkeiten bieten einen umfassenden Blick auf die konstituierenden Elemente des IPU. Nicht alle dieser Fähigkeiten weisen dabei einen direkten Bezug zur Steigerung der Arbeitsproduktivität auf. Einen messbaren Einfluss haben Fähigkeiten dann, wenn der Kern der Intelligenz des IPU adressiert wird – die Nutzung von Datentechnologien, da deren erfolgreiche Implementierung wiederum der Lösung der Herausforderungen dient. Mit der Nutzung von Datentechnologien sind IPU somit in der Lage, ihre Arbeitsproduktivität signifikant zu beeinflussen. Im Folgenden werden dazu zunächst die Ausprägungen der möglichen Beziehung zwischen Datentechnologien und Kernfähigkeiten beschrieben. Anschließend werden die Ergebnisse der Charakterisierung vorgestellt, bevor deren Bedeutung für den weiteren Verlauf der Arbeit interpretiert wird.

Die Charakterisierung des Bezugs von Fähigkeiten und Datentechnologien beschreibt, inwiefern für das Vorhandensein der Fähigkeit die Implementierung von Datentechnologien erforderlich ist. Um diesen Schritt für alle Kernfähigkeiten durchführen zu können, wird zunächst die Bedeutung der Implementierung von Datentechnologien

[401] Vgl. Leitão, Restivo (2006), Adaptive Manufacturing; Leitão (2009), Distributed Manufacturing Control; Tao et al. (2011), Cloud Manufacturing

[402] Vgl. Patzak (1982), Systemtechnik, S. 309f.

spezifiziert. Der Ablauf von der Datenaufnahme bis zur Realisierung von Erkenntnissen wird als Datenfluss bzw. Datenwertschöpfungskette bezeichnet[403]. Es existieren verschiedene Ansätze zur Beschreibung dieses Ablaufs, die sich je nach Anwendungszweck in ihrer Struktur unterscheiden[404]. Um die Fähigkeiten zu den Stufen dieses Ablaufs zuzuordnen, ist es erforderlich, einen Ansatz zu wählen, in dem die Aktion innerhalb der jeweiligen Stufe deutlich wird. Zudem ist die allgemeine Verständlichkeit im Sinne der Anwenderorientierung der Arbeit wichtig. Diese Anforderungen werden durch den Ansatz von CURRY erfüllt[405]. Darin werden die fünf Kernaktivitäten eines Informationssystems als Datenakquisition, Datenanalyse, Datenpflege, Datenspeicherung und Datennutzung beschrieben[406]. Datenanalyse und -nutzung überschneiden sich im Kontext dieser Arbeit, da mit der Analyse immer eine Nutzung verbunden ist. Dementsprechend werden die beiden Schritte auch für diese Abfrage zusammengefasst. Darüber hinaus wird ebenfalls die Möglichkeit berücksichtigt, dass die Fähigkeit auf keiner der Aktivitäten direkt beruht. Somit ergeben sich die in Abbildung 4-23 dargestellten fünf Optionen der Einordnung des Datentechnologiebezugs.

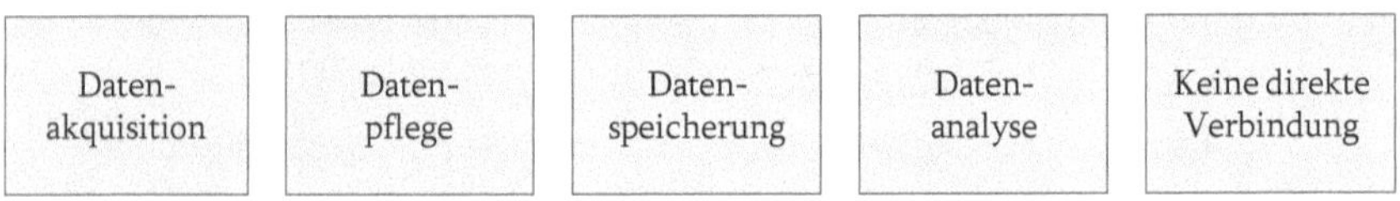

Abbildung 4-23: Optionen der Einordnung des Datentechnologiebezugs

Für die spätere Bildung von Fähigkeitsbündeln zur Steigerung der Arbeitsproduktivität (vgl. Teilkapitel 4.3) sind insbesondere diejenigen Kernfähigkeiten relevant, deren Vorhandensein eine direkte Steigerung der Arbeitsproduktivität bewirkt. Gemäß den Ausführungen in Unterkapitel 2.2.2 entsteht der Nutzen der Anwendung von Datentechnologien primär in der Datenanalyse. Dementsprechend sind für die Identifikation der Fähigkeitsbündel zunächst diejenigen Fähigkeiten von Interesse, die einen Bezug zur Datenanalyse und -nutzung aufweisen. In Abbildung 4-24 sind diese Fähigkeiten farblich in grau hervorgehoben. Hierauf aufbauend wird in Unterkapitel 4.2.3 der Bezug zur Datenanalyse weiter spezifiziert. Zuvor werden im nachfolgenden Abschnitt jedoch noch die Abhängigkeiten aller Kernfähigkeiten untereinander betrachtet, um inhaltliche Restriktionen der Bündelung von Fähigkeiten zu bestimmen.

---

[403] Vgl. Meinel, Schneiss (2015), Smart Data, S. 7ff.; Curry (2016), Big Data Value Chain, S. 30

[404] Vgl. El Arass, Soussi (2018), Data Lifecycle, S. 85f.

[405] Vgl. Curry (2016), Big Data Value Chain, S. 30ff.

[406] Vgl. Curry (2016), Big Data Value Chain, S. 31ff.

Kernfähigkeiten		Verbindung zu Kernaktivitäten der Informationssysteme				
Nr.	Bezeichnung	Daten-akquisition	Daten-pflege	Daten-speicherung	Daten-analyse und -nutzung	Keine direkte Verbindung
KF_1	Aufbau zuverlässiger und belastbarer IT-Systeme		x	x		
KF_2	Agieren in flachen Hierarchien					x
KF_3	Aktive Suche nach neuen Einsatzmöglichkeiten der Datentechnologien				x	
KF_4	Anpassungsfähige und effektive Teamführung					x
KF_5	Ausbildung der Mitarbeiter zu Datentechnologie-Spezialisten					x
KF_6	Aufrechterhaltung des technologischen Wettbewerbsvorteils					x
KF_7	Ausnutzung von Befähiger-Technologien	x	x	x		
KF_8	Automatische Erfassung und Speicherung von Daten	x		x		
KF_9	Automatische Erkennung von Fehlerursachen				x	
KF_{10}	Automatische Vorverarbeitung der erfassten Daten	x	x			
KF_{11}	Bereitstellung von Möglichkeiten zur Weiterentwicklung der Mitarbeiter					x
KF_{12}	Bestimmung der Stärken und Schwächen der Mitarbeiter					x
KF_{13}	Bewertung von datenbasierten Vorschlägen				x	
KF_{14}	Digitale Verbindung aller Vermögenswerte des Unternehmens	x		x		
KF_{15}	Digitalisierung von Prozessen	x	x	x	x	
KF_{16}	Durchführung von Analysen in Echtzeit				x	
KF_{17}	Verfolgung der Nachfrage in Echtzeit	x	x	x	x	
KF_{18}	Einleitung von Änderungen auf datenbasierten Vorschlägen				x	
KF_{19}	Erkenntnisgewinn durch Transformation von Daten in Wissen				x	
KF_{20}	Erstellung von individualisierten Produktangeboten					x
KF_{21}	Flexibilität und Anpassungsfähigkeit					x
KF_{22}	Selbständige Weiterentwicklung der Mitarbeiter					x
KF_{23}	Offene Kommunikation entlang aller Unternehmensebenen					x
KF_{24}	Identifizierung von vielfältigen und flexiblen Mitarbeiterrollen					x
KF_{25}	Motivieren der Mitarbeiter					x
KF_{26}	Nutzung von vorausschauender Wartung	x	x	x	x	
KF_{27}	Optimierung entlang aller Unternehmensbereiche					x
KF_{28}	Proaktive Planung der Erweiterung der Nutzung von Datentechnologien					x
KF_{29}	Reduzierung der Umweltbelastung				x	
KF_{30}	Sammlung und Analyse relevanter Kundendaten	x	x	x	x	
KF_{31}	Pflege der Kundenbeziehungen					x
KF_{32}	Aktiver und bereitwilliger Umgang mit Wandel					x
KF_{33}	Zentrale Speicherung von Wissen		x	x		
KF_{34}	Verteilung von gespeichertem Wissen				x	

Legende
x = Implementierung von Datentechnologien in dieser Phase für die Existenz der Kernfähigkeit erforderlich
(grau hinterlegt) = Kernfähigkeiten mit Bezug zur Datenanalyse und -nutzung

Abbildung 4-24: Datentechnologiebezug der Kernfähigkeiten des IPU

4.2.2.3 Abhängigkeiten der Kernfähigkeiten

Für die Formulierung inhaltlich sinnvoller Fähigkeitsbündel in Teilkapitel 4.3 ist es erforderlich, neben dem vorab bestimmten Datentechnologiebezug auch die Abhängigkeiten der Kernfähigkeiten untereinander zu kennen. Wird eine Kernfähigkeit ausgewählt, die ihrerseits auf anderen Kernfähigkeiten aufbaut, so sind diese ebenfalls auszuwählen.

Um abhängige Kernfähigkeiten zu bestimmen, ist somit die Kenntnis der Beziehungen untereinander erforderlich. Eine Methode zur Ermittlung von Abhängigkeiten in n:n-Beziehungen stellt die Anwendung einer Design Structure Matrix (DSM) dar[407]. Darin werden alle n Elemente einander in einer Matrix gegenübergestellt und jede Abhängigkeitsbeziehung beschrieben. Da dieses Verfahren sowohl einfach als auch wirkungsvoll und zudem für den gegebenen Umfang von 34 Kernfähigkeiten noch handhabbar ist, wird es nachfolgend genutzt, um die Abhängigkeiten zu modellieren. Demzufolge werden alle Kernfähigkeiten in einer Matrix einander gegenübergestellt und die Existenz und Richtung der Abhängigkeit sachlogisch bestimmt. Mithilfe von Strukturierungsregeln werden Cluster von stärker voneinander abhängigen Kernfähigkeiten identifiziert.[408] Daraus resultiert die in Anhang 25 dargestellte DSM. Der Übersicht halber wird das Ergebnis an dieser Stelle als Flussdiagramm dargestellt (vgl. Abbildung 4-25)[409]. Hieraus wird ersichtlich, dass eine Menge an Kernfähigkeiten weder direkt mit Datentechnologien verbunden ist noch Verbindungen zu den übrigen Kernfähigkeiten aufweist.

[407] Vgl. Eppinger (2012), Design Structure Matrix

[408] Diese Analyse wurde bereits in Auszügen unter Mitwirkung des Autors veröffentlicht und wurde für diese Arbeit weiter spezifiziert (vgl. Schuh et al. (2023), Capabilities).

[409] Die Bezeichnungen der Kernfähigkeiten wurden aufgrund besserer Darstellbarkeit teilweise leicht angepasst im Vergleich zur Formulierung in Kapitel 4.2.2.2. Diese behält weiter ihre Gültigkeit.

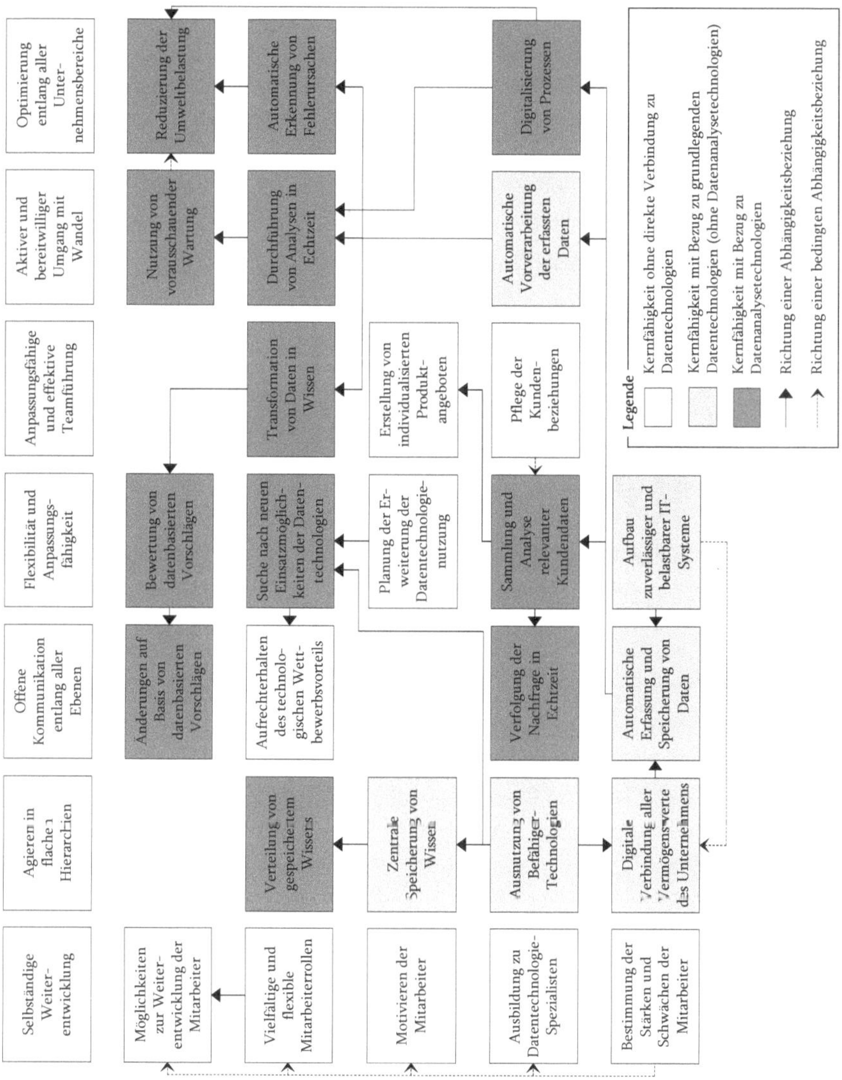

Abbildung 4-25: Hierarchie und Abhängigkeiten zwischen den Kernfähigkeiten des IPU[410]

[410] I.A.a. Schuh et al. (2023), Capabilities, S. 8

Das Verständnis der dargestellten Zusammenhänge ist insbesondere in der Anwendung der Erkenntnisse dieser Arbeit in Unternehmen relevant. Dabei werden nicht nur die Bündel unmittelbar erforderlicher Fähigkeiten zur Lösung eines spezifischen Problems benötigt, sondern ist es darüber hinaus essenziell, diese Fähigkeiten in den Kontext aller erforderlichen Voraussetzungen zu setzen. Dementsprechend kommt diese Darstellung in der Methodik zur Identifikation und Priorisierung der Fähigkeitsbündel in Unterkapitel 4.3.3 zum Einsatz.

4.2.3 Typisierung der Fähigkeiten

Im Rahmen der literaturbasierten Fähigkeitsermittlung werden 34 Kernfähigkeiten ermittelt, die das IPU konstituieren (vgl. Abschnitt 4.2.2.1). Diese werden anschließend in Abschnitt 4.2.2.2 auf ihren Datentechnologiebezug untersucht, um diejenigen Fähigkeiten zu filtern, die aus der Anwendung arbeitsproduktivitätsrelevanter Datentechnologien resultieren. Dementsprechend ergeben sich 18 Fähigkeiten, die einen direkten Bezug zu Datentechnologien aufweisen und damit in besonderem Maße relevant für die arbeitsproduktivitätsoptimierte Bündelung der Fähigkeiten in Teilkapitel 4.3 sind. Um die Handhabbarkeit der Fähigkeiten für die Bündelung zu erhöhen, werden diese im Folgenden analog zur Zusammenfassung der Produktivitätsherausforderungen in Unterkapitel 4.1.3 typisiert. Dazu werden erneut Merkmale identifiziert, beschrieben und hinsichtlich ihres typenbildenden oder -beschreibenden Charakters eingeordnet (vgl. Abschnitt 4.2.3.1). Anschließend werden auf Basis dessen die Typen gebildet und graphisch dargestellt (vgl. Abschnitt 4.2.3.2).

4.2.3.1 Identifikation der Merkmale und ihrer Ausprägungen

Die Bündelung der Fähigkeiten folgt im Kontext dieser Arbeit keinem Selbstzweck, sondern dient der Lösung von Herausforderungen zur Steigerung der Arbeitsproduktivität. Vor dem Hintergrund des grundsätzlich abstrakten Charakters von Fähigkeiten (vgl. Unterkapitel 2.3.3) orientiert sich dementsprechend die Auswahl der betrachteten Merkmale ebenfalls an dem Kontext und Zweck der Fähigkeitsimplementierung. Da die wirtschaftliche Zielgröße der Arbeit die Steigerung der Arbeitsproduktivität ist, sind insbesondere diejenigen Fähigkeiten von Interesse, die eine maßgebliche Auswirkung darauf haben. Dazu wurde in Abschnitt 4.2.2.2 bereits der Datentechnologiebezug der Fähigkeiten betrachtet. Demzufolge werden im Rahmen dieser Typisierung ausschließlich datentechnologiebezogene Kernfähigkeiten betrachtet.

Entsprechend des gewählten Typisierungsverfahrens ist es nicht notwendig, alle Merkmale zur Beschreibung der Fähigkeiten zu bestimmen (vgl. Unterkapitel 3.3.2)[411].

[411] Vgl. Knoblich (1969), Warentypologie, S. 49

Stattdessen werden diese insbesondere an den Ausführungen des vorangegangenen Unterkapitels zur Ableitung und Charakterisierung der Fähigkeiten angelehnt (vgl. Unterkapitel 4.2.2). Folglich werden daher die Potenziale von Datenanalysetechnologien, die Unterscheidung nach dem Industrie 4.0-Reifegrad sowie die Abhängigkeiten der Fähigkeiten untereinander als Merkmale analysiert.

Unterscheidung nach dem datenanalytischen Potenzial

Das zentrale, nutzenstiftende Element der Datentechnologien ist die Datenanalyse. Mit ihr werden Unternehmensvorteile wie die Steigerung des Unternehmenserfolgs und die Ausnutzung von Optimierungsmöglichkeiten realisiert.[412] Da ausschließlich datentechnologiebezogene Fähigkeiten betrachtet werden und das Kernelement der Datentechnologien wiederum die Datenanalyse ist, ist diese von besonderem Interesse. Insbesondere die Kenntnis des den Datentechnologien inhärenten Potenzials ist dabei erforderlich, um in Teilkapitel 4.3 Fähigkeiten zur Lösung von Produktivitätsherausforderungen zu bündeln (vgl. Unterkapitel 3.4.3): Die Nutzung der unterschiedlichen datenanalytischen Potenziale unterstützt die Ausführung der unternehmerischen Tätigkeiten und somit die Überwindung von arbeitsproduktivitätsbezogenen Herausforderungen. Dementsprechend geht die Beherrschung von Fähigkeiten, die auf der Umsetzung datenanalytischer Potenziale basieren, ebenfalls mit einer erhöhten Arbeitsproduktivität einher.

Grundlegend wird die Datenanalyse in die deskriptive, diagnostische, prädiktive und präskriptive Analyse unterschieden (vgl. Unterkapitel 2.2.2)[413]. Die Potenziale der deskriptiven Datenanalyse liegen dabei vor allem in der Strukturierung sowie in der Darstellung von historischen und gegenwärtigen Daten[414]. Aufbauend darauf dient die diagnostische Analyse der Ergründung von Ursache-Wirkungs-Beziehungen und dem Erkennen von Mustern in historischen Daten[415]. Die prädiktive Analyse ermöglicht neben dem Erkennen von Mustern vor allem die Vorhersage von Ereignissen, Trends und Verhalten auf Basis von historischen und gegenwärtigen Daten[416]. Mit der

---

[412] Vgl. Lade et al. (2017), Manufacturing Analytics, S. 74; Chen et al. (2012), Business Intelligence, S. 1166; Soofastaei (2019), Analytics and AI Applications, S. 2

[413] Vgl. Dagnino (2021), Data Analytics, S. 21

[414] Vgl. Choudhary et al. (2009), Data Mining, S. 508; Lade et al. (2017), Manufacturing Analytics, S. 78; Menezes et al. (2019), Analytics for Smart Manufacturing, S. 568; Lustig et al. (2010), Analytics Journey; Dagnino (2021), Data Analytics, S. 21ff.

[415] Vgl. Gleich et al. (2017), Advanced Analytics, S. 35; Lade et al. (2017), Manufacturing Analytics, S. 77; Menezes et al. (2019), Analytics for Smart Manufacturing, S. 568ff.; Wang et al. (2018), Deep Learning, S. 148ff.

[416] Vgl. Choudhary et al. (2009), Data Mining, S. 518; Bundesverband Informationswirtschaft, Telekommunikation und neue Medien e. V. (Bitkom) (2015), Industrie 4.0, S. 36; Wuest et al. (2016),

präskriptiven Analytik ist schließlich die Ermittlung und Bewertung von Handlungsalternativen sowie der Entscheidungsempfehlung und -auswahl möglich[417]. Die beschriebenen Potenziale Datenanalysetechnologien werden auf Basis der Ausführungen in Tabelle 4-8 zusammengefasst. Dabei ist zu berücksichtigen, dass die Erkennung von Mustern auf Basis historischer Daten sowohl der diagnostischen als auch der prädiktiven Analyse zuzuordnen ist. Da sie jedoch häufiger im Rahmen der diagnostischen Analyse erwähnt wird, wird sie im für den weiteren Verlauf der Arbeit ausschließlich der diagnostischen Analytik zugeordnet. Eine detaillierte Darstellung der zugrundeliegenden Literaturanalyse ist zudem in Anhang 26 bis Anhang 29 gegeben.

Tabelle 4-8: Potenziale des Einsatzes von Datenanalysetechnologien[418]

Datenanalyseverfahren	Potenzial
Deskriptive Analyse	Strukturierung von historischen und gegenwärtigen Daten
	Darstellung von historischen und gegenwärtigen Daten
Diagnostische Analyse	Ursache-Wirkungsanalyse
	Erkennung von Mustern auf Basis von historischen Daten
Prädiktive Analyse	Vorhersagen von Ereignissen, Trends, Verhalten auf Basis von historischen Daten
	Vorhersagen von Ereignissen, Trends, Verhalten auf Basis von gegenwärtigen Daten
Präskriptive Analyse	Ermittlung und Bewertung von Handlungsalternativen
	Entscheidungsempfehlung und -auswahl

Machine Learning in Manufacturing, S. 26; Boobier (2018), Advanced Analytics and AI, S. 32; Menezes et al. (2019), Analytics for Smart Manufacturing, S. 568; Lustig et al. (2010), Analytics Journey

417 Vgl. Menezes et al. (2019), Analytics for Smart Manufacturing, S. 568ff.; Lepenioti et al. (2020), Prescriptive Analytics, S. 58ff.; Bundesverband Informationswirtschaft, Telekommunikation und neue Medien e. V. (Bitkom) (2015), Industrie 4.0, S. 36; Boobier (2018), Advanced Analytics and AI, S. 32; Lustig et al. (2010), Analytics Journey

418 Vgl. Choudhary et al. (2009), Data Mining, S. 508ff.; Lade et al. (2017), Manufacturing Analytics, S. 77f.; Menezes et al. (2019), Analytics for Smart Manufacturing, S. 568ff.; Lustig et al. (2010), Analytics Journey; Gleich et al. (2017), Advanced Analytics, S. 35; Dagnino (2021), Data Analytics, S. 21ff.; Wang et al. (2018), Deep Learning, S. 148ff.; Bundesverband Informationswirtschaft, Telekommunikation und neue Medien e. V. (Bitkom) (2015), Industrie 4.0, S. 36; Wuest et al. (2016), Machine Learning in Manufacturing, S. 26; Boobier (2018), Advanced Analytics and AI, S. 32; Lepenioti et al. (2020), Prescriptive Analytics, S. 58ff.

Unterscheidung nach dem Industrie 4.0-Reifegrad

Entsprechend des Verständnisses dieser Arbeit (vgl. Unterkapitel 2.5.1) sind die Fähigkeiten die konstituierenden Elemente, mit deren vollständigem Aufbau die Vision des IPU erreicht wird. Sie sind dabei nicht unabhängig voneinander, sondern bauen wie in Abschnitt 4.2.2.3 gezeigt teilweise aufeinander auf, sodass eine Strukturierung der Entwicklungsstufen zum IPU entlang der ACATECH Reifegrad-Level naheliegt (vgl. Unterkapitel 2.2.1). Da sich die Struktur dieses Modells jedoch an den Verfahren der Datenanalyse orientiert, ist die darauf basierende Einordnung weitestgehend redundant zu den Potenzialen der Datenanalyse. Die Unterscheidung nach dem Industrie 4.0-Reifegrad wird somit nicht alleinstehend als typenbildendes Merkmal in Betracht gezogen und demensprechend nicht weiter detailliert.

Unterscheidung nach der Abhängigkeitsbeziehung zu anderen Fähigkeiten

In Abschnitt 4.2.2.3 wurden bereits die Abhängigkeiten der Fähigkeiten aufgezeigt. Das Merkmal der Abhängigkeitsbeziehung lässt sich in die Anzahl der Vorgänger und die Anzahl der Nachfolger unterteilen. Diese Abhängigkeitsbeziehungen sind insbesondere in der konkreten Anwendung der Ergebnisse der Arbeit relevant, wenn es gilt Fähigkeitsbündel zu priorisieren (vgl. Unterkapitel 4.3.3). Dementsprechend nehmen sie im Zuge der Typisierung der Fähigkeiten keine zentrale Rolle ein, sondern sind lediglich ein typenbeschreibendes Merkmal.

Konsolidierung der typenbildenden und -beschreibenden Merkmale

Zusammenfassend ist festzustellen, dass das datenanalytische Potenzial differenzierend in Bezug auf die Relevanz der Fähigkeit im Kontext der Arbeitsproduktivitätssteigerung wirkt und daher als typenbildendes Merkmal genutzt wird. Die Einordnung bzgl. des Industrie 4.0-Reifegrads hat zwar ebenfalls eine differenzierende Wirkung, ist jedoch weitestgehend deckungsgleich in seiner Aussage mit dem vorgenannten Merkmal. Es wird daher lediglich typenbeschreibend genutzt, ebenso wie die Abhängigkeitsbeziehung der Fähigkeiten. Diese ist im Zuge der Bündelung in Teilkapitel 4.3 relevant, konstituiert jedoch nicht die Fähigkeitstypen.

4.2.3.2 Typenbildung

Im Rahmen der Merkmalsanalyse in Abschnitt 4.2.3.1 wurden zwei typenbeschreibende sowie ein typenbildendes Merkmal identifiziert. Der Merkmalsraum zur Bildung der Fähigkeitstypen umfasst somit lediglich eine Dimension und konstituiert sich durch das datenanalytische Potenzial, welches den Anwendungsnutzen der Datenanalysetechnologien aufzeigt. Die Ausprägungen des Merkmals werden dementsprechend als Grundlage für die Formulierung der Typen genutzt. Zwei Fähigkeitstypen fassen jedoch jeweils zwei Potenziale zusammen. Diese typologische Reduktion wird nachfolgend kurz erläutert: Der Fähigkeitstyp „Strukturierung und Darstellung" ergibt sich aus den beiden Potenzialen der Strukturierung historischer und gegenwärtiger Daten sowie der Darstellung dieser. Da die Fähigkeitstypen zum Zweck der späteren Bündelung der Fähigkeiten (vgl. Teilkapitel 4.3) gebildet werden, würde eine getrennte Ausweisung zweier Typen mit nahezu gleicher Fähigkeitsbasis zu vermeidbarem Mehraufwand führen. Gleiches gilt für den Fähigkeitstyp „Vorhersagen". Die Datenbasis hat zwar eine Auswirkung auf die konkrete Umsetzungsgestaltung, jedoch bewirkt dies in der zusammengestellten Fähigkeitsbasis keinen Unterschied, sodass die beiden Potenziale zusammengefasst werden. Abbildung 4-26 fasst die gebildeten Typen anhand des datenanalytischen Potenzials zusammen.

Ausprägung des datenanalytischen Potenzials	Fähigkeitstyp (FT_i)
Strukturierung von historischen und gegenwärtigen Daten Darstellung von historischen und gegenwärtigen Daten	Strukturierung und Darstellung (FT_1)
Ursache-Wirkungsanalyse	Ursache-Wirkungs-Analyse (FT_2)
Erkennung von Mustern auf Basis von historischen Daten	Mustererkennung (FT_3)
Vorhersagen von Ereignissen, Trends, Verhalten auf Basis von historischen Daten Vorhersagen von Ereignissen, Trends, Verhalten auf Basis von gegenwärtigen Daten	Vorhersagen (FT_4)
Ermittlung und Bewertung von Handlungsalternativen	Alternativenbewertung (FT_5)
Entscheidungsempfehlung und -auswahl	Entscheidungsunterstützung (FT_6)

Abbildung 4-26: Graphische Darstellung der Typenbildung

Da im weiteren Verlauf der Arbeit (vgl. Unterkapitel 4.3.2) die Kenntnis der Zuordnung der Kernfähigkeiten zu den gebildeten Typen erforderlich ist, wird diese in Anhang 24 vollständig dargestellt.

4.2.4 Zwischenfazit: Fähigkeitsmodell

Mit der Definition und den Fähigkeiten des IPU wurden in Teilkapitel 4.2 diejenigen Elemente detailliert, die der Lösung der vorab in Teilkapitel 4.1 identifizierten Herausforderungen dienen. Mittels des Werkzeugs der Inhaltsanalyse wurde eine breite

Literaturbasis systematisch in der Definition und den charakteristischen Merkmalen des IPU berücksichtigt. Herausfordernd war dabei, die Definition gleichzeitig so kurz wie möglich und dennoch inhaltlich vollständig zu gestalten. Die charakteristischen Merkmale lösen diesen Konflikt auf, indem sie eine weitere Detaillierung und damit inhaltliche Konkretisierung der Definition erlauben. Diese Charakteristika stellen gemeinsam mit den nachgelagert erarbeiteten Fähigkeiten die konstituierenden Merkmale des IPU dar, wodurch die zweite Forschungsfrage („Welche konstituierenden Merkmale kennzeichnen das IPU?") beantwortet wird.

Die konkrete Formulierung von Fähigkeiten für das IPU ist vor dem Hintergrund des hohen Abstraktionsgrads des Fähigkeitsbegriffs und der gleichzeitigen Anforderung der Allgemeingültigkeit der Ergebnisse herausfordernd. An dieser Stelle erwies sich die Kenntnis des Zwecks der Fähigkeitsermittlung als hilfreich: Da die in Teilkapitel 4.3 angestrebte Bündelung der Fähigkeiten mit dem Ziel der Arbeitsproduktivitätssteigerung vorgenommen wird, wird dieses Wissen auch bereits in Teilkapitel 4.2 genutzt, um die Fähigkeiten zu strukturieren. Mit der Erarbeitung und Charakterisierung der Kernfähigkeiten des IPU wird auch die dritte Forschungsfrage („Welche Fähigkeiten sind zur Realisierung des IPU erforderlich?") beantwortet. Die Lösung dieser Frage wäre alternativ ebenfalls durch den Fokus auf bereits bestehende Fähigkeitszusammenstellungen möglich gewesen, wie den Fähigkeiten zur Entwicklung der Industrie 4.0 von SCHUH ET AL. oder den Fähigkeiten des intelligenten Unternehmens nach ARMAŞ[419]. Da jedoch keiner der bestehenden Ansätze vollständig dem Betrachtungsbereich der Arbeit entspricht, ermöglicht der gewählte inhaltsanalytische Ansatz stattdessen die Berücksichtigung einer wesentlich breiteren Literaturbasis und erhöht somit die Relevanz der Ergebnisse.

Durch die Typisierung der datentechnologiebezogenen Kernfähigkeiten wurde abschließend die Fähigkeitsbündelung in Teilkapitel 4.3 vorbereitet. Die Identifikation eines typenbildenden Merkmals stellt sich dabei aufgrund der abstrakten Form und unterschiedlichen möglichen Perspektiven der Abhängigkeiten von Fähigkeiten und datenanalytischen Potenzialen als besonders herausfordernd dar. Aus technologischer Sicht sind die Fähigkeiten das Resultat der Beherrschung von Technologien und somit auch der Realisierung der damit verbundenen Potenziale.[420] Diese Beziehung wird aus unternehmensorganisationaler Sicht jedoch umgekehrt betrachtet. Zur systematischen Herangehensweise an die Steigerung der Arbeitsproduktivität werden die erforderlichen Fähigkeiten bestimmt. Deren Beherrschung wiederum ermöglicht die

[419] Vgl. Schuh et al. (2020), Industrie 4.0 Maturity; Armaş (2014), Intelligent Enterprises
[420] Vgl. Javidan (1998), Core Competence, S. 62

Realisierung datenanalytischer Potenziale und somit eine Steigerung der Arbeitsproduktivität. Letztere Sichtweise wird insbesondere in Teilkapitel 4.3 bzw. in der Anwendung der Ergebnisse dieser Arbeit eingenommen.

4.3 Identifikation und Priorisierung von Fähigkeitsbündeln

Die Bestimmung von Fähigkeitsbündeln stellt das übergreifende Ziel dieser Arbeit dar. Unter Fähigkeitsbündeln wird eine abgeschlossene Menge von Fähigkeiten verstanden, die sich im Kontext dieser Arbeit aus der Gesamtmenge der Fähigkeiten des IPU konstituieren (vgl. Unterkapitel 2.3.3). Die Zielgröße der Formulierung dieser Bündel ist die Steigerung der Arbeitsproduktivität. Damit adressiert die Arbeit die praktische Herausforderung, die Transformation zur Industrie 4.0 bzw. dem IPU gleichzeitig inhaltlich sinnvoll und wirtschaftlich attraktiv zu gestalten (vgl. Teilkapitel 1.1).

In den vorangegangenen Teilkapiteln wurden bereits die Einflussgrößen der Arbeitsproduktivitätssteigerung (vgl. Teilkapitel 4.1) sowie die Fähigkeiten des IPU (vgl. Teilkapitel 4.2) detailliert. Um eine Verbindung zwischen den Ergebnissen dieser Teilkapitel zu schaffen, werden zunächst die Anforderungen der Herausforderungstypen an die Fähigkeitsbasis mit den Potenzialen der Kernfähigkeiten verbunden (vgl. Unterkapitel 4.3.1). Mit der Kenntnis dieser Abhängigkeiten erfolgt anschließend die Bildung und Beschreibung der Fähigkeitsbündel (vgl. Unterkapitel 4.3.2). Zur Anpassung dieser zunächst generischen Bündel wird abschließend eine Methodik zur anwenderspezifischen Priorisierung entwickelt (vgl. Unterkapitel 4.3.3). Abbildung 4-27 stellt die beschriebene Teilkapitelstruktur zusammenfassend dar.

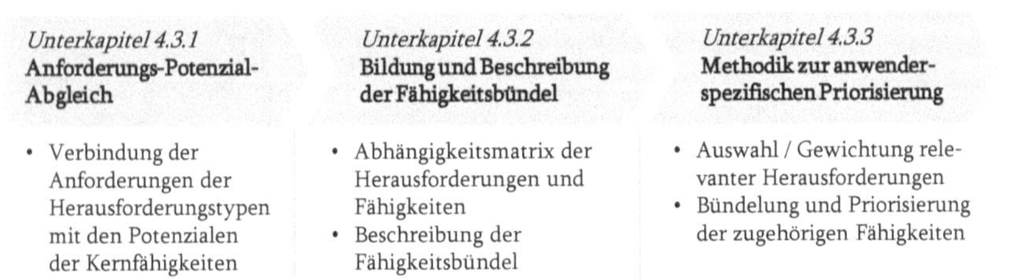

Abbildung 4-27: Gliederungsübersicht des Bündelungsmodells

4.3.1 Zuordnung von Anforderungen an die Fähigkeitsbasis zu Potenzialen des Einsatzes von Datentechnologien

Zur systematischen Ableitung der Fähigkeitsbündel zur Steigerung der Arbeitsproduktivität in Unterkapitel 4.3.2 ist es zuvor erforderlich, die erarbeiteten Inhalte aus

Produktivitäts- und Fähigkeitsmodell miteinander zu verknüpfen. Da die direkte Verbindung von Herausforderungs- (vgl. Unterkapitel 4.1.3) und Fähigkeitstypen (vgl. Unterkapitel 4.2.3) nicht unmittelbar möglich ist, wird gemäß der Konzeption des Produktivitätsmodells (vgl. Unterkapitel 3.4.3) zunächst ein Zwischenschritt durchgeführt: die Bestimmung der Abhängigkeitsbeziehungen zwischen den Anforderungen der Herausforderungstypen (vgl. Abschnitt 4.1.3.3) und Potenzialen der Fähigkeitstypen (vgl. Abschnitt 4.2.3.2). Dies bietet die Möglichkeit, im darauffolgenden Schritt schließlich auch Herausforderungen und Fähigkeiten selbst zueinander in Bezug zu setzen. Abbildung 4-28 skizziert die beschriebene Einordnung des Unterkapitels in den Gesamtzusammenhang der Arbeit.

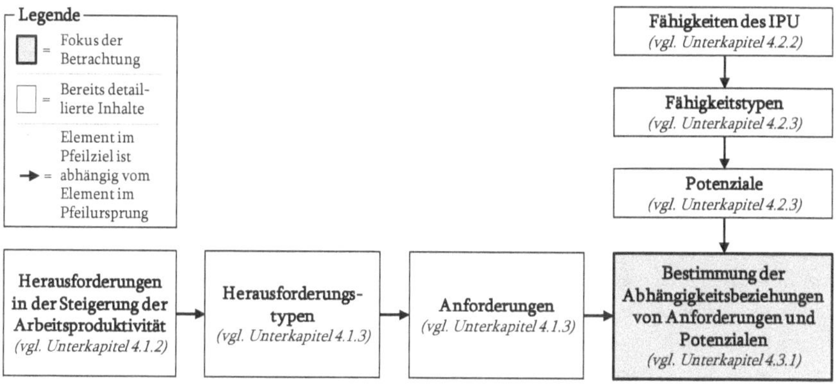

Abbildung 4-28: Einordung der Bestimmung der Abhängigkeitsbeziehungen

Zur Bestimmung der Abhängigkeitsbeziehungen ist es zunächst erforderlich, ein gemeinsames Merkmal von Anforderungen und Potenzialen zu bestimmen, um auf diese Weise eine Verbindung zwischen beiden zu ermöglichen. Im Rahmen der Typisierung der Fähigkeiten wurde bereits das Merkmal des Industrie 4.0-Reifegrads untersucht (vgl. Abschnitt 4.2.3.1). Die Anforderungen dagegen basieren auf den zuvor identifizierten Herausforderungstypen zur Steigerung der Arbeitsproduktivität. In deren Herleitung wurde die Art der Entscheidungssituation als typenbildendes Merkmal verwendet (vgl. Abschnitt 4.1.3.2). Da sich diese allerdings ebenfalls in den Reifegradstufen des ACATECH-Modells (vgl. Unterkapitel 2.2.1) widerspiegeln, ist die Einordnung des Industrie 4.0-Reifegrads der Anforderungen sinnvoll[421]. Somit werden nachfolgend zunächst nacheinander die Anforderungen an die Fähigkeiten (nachfolgend mit A_i

[421] Vgl. Schuh et al. (2020), Industrie 4.0 Maturity, S. 17ff.

bezeichnet, wobei i der Nummer der Anforderung entspricht) sowie die Potenziale der Fähigkeiten (nachfolgend mit P_i bezeichnet, wobei i der Nummer des Potenzials entspricht) in Bezug auf ihren Industrie 4.0-Reifegrad charakterisiert. Anschließend werden anhand dieser Charakterisierungen die Abhängigkeiten zwischen Anforderungen und Potenzialen bestimmt.

Herausforderungstypenbezogene Anforderungen

Die Anforderung „Visualisierung und Offenlegung von Zuständen" (A_1) befindet sich auf der Ebene der reinen Darstellung von Inhalten, ohne eine Analyse der darin liegenden Zusammenhänge anzustreben. Sie beschreibt somit eine deskriptive Aufgabe und ist daher dem Industrie 4.0-Reifegrad 3 (Sichtbarkeit) zuzuordnen. Die Anforderung A_2 liegt dahingegen bereits im Reifegradlevel 4 (Transparenz), da das geforderte Aufzeigen von Wirkzusammenhängen und Abhängigkeiten über die reine Darstellung hinaus geht und diagnostische Analysen erfordert. Bei der dritten Anforderung „Prognose zukünftiger Entwicklungen" (A_3) wird dieser Bedarf nach dem Verständnis von Zusammenhängen in die Zukunft projiziert. Somit wird diese dem Reifegradlevel 5 (Vorhersage) zugeordnet. Die Anforderung „Analyse komplexer Sachverhalte zum Vergleich von Alternativen" (A_4) wird im Gegensatz zu den übrigen Anforderungen nicht nur einem Reifegradlevel zugeordnet. Stattdessen ist eine Bandbreite zwischen den Leveln 4 (Transparenz) und 6 (Adaptierbarkeit) möglich. Dies ist darin begründet, dass diese Anforderung je nach Beschaffenheit des zu analysierenden Sachverhalts auf unterschiedlichen Leveln zu beantworten ist. Sie ist somit nicht umfassend in Bezug auf ihre Reifegradeinordnung charakterisiert und wird dementsprechend auch nachfolgend durch Potenziale auf verschiedenen Ebenen beantwortet. Die abschließend dargestellte Anforderung „Auswahl von Optimierungsmaßnahmen und Handlungsempfehlungen" (A_5) beinhaltet die Übernahme der Entscheidungsmacht in dem jeweiligen Herausforderungskontext und ist dementsprechend Level 6 (Adaptierbarkeit) zuzuordnen.[422] Tabelle 4-9 fasst die beschriebenen Anforderungen sowie ihre jeweilige Reifegradcharakterisierung zusammen.

[422] Vgl. Schuh et al. (2020), Industrie 4.0 Maturity, S. 18ff.

Tabelle 4-9: Reifegradcharakterisierung der Anforderungen[423]

Herausforderungstypenbasierte Anforderungen		Reifegradlevel
A_1	Visualisierung und Sichtbarmachung von Zuständen, Vorgängen, Ereignissen, Trends etc. in Echtzeit oder echtzeitnah	3 (Sichtbarkeit)
A_2	Aufzeigen von Wirkzusammenhängen und Abhängigkeiten der erfassten Zustände, Vorgänge, Ereignisse und Trends	4 (Transparenz)
A_3	Prognose der zukünftigen Entwicklung aktueller Zustände, Vorgänge, Ereignisse, Trends etc. auf Basis von deren Echtzeitentwicklung	5 (Vorhersage)
A_4	Analyse komplexer Sachverhalte mit dem Ziel, Alternativen unter Berücksichtigung von Zielgrößen zu vergleichen und Auswahlentscheidungen für die beste Alternative zu treffen	4 (Transparenz) – 6 (Adaptierbarkeit)
A_5	Auswahl geeigneter Optimierungsmaßnahmen und Handlungsempfehlungen auf Basis des Ist-Zustands bzw. der Prognosen sowie der bekannten Wirkzusammenhänge des betrachteten Systems	6 (Adaptierbarkeit)

Fähigkeitstypenbasierte Potenziale

Die Zuordnung von Potenzialen zu Reifegradstufen ergibt sich weitestgehend eindeutig aus dem Vergleich des Potenzials mit der Beschreibung der Stufen (vgl. Unterkapitel 2.2.1). Die in P_1 formulierte „Strukturierung und Darstellung" ist eine rein deskriptive Aufgabe und wird damit der Stufe 3 (Sichtbarkeit) zugeordnet. Die nachfolgenden Potenziale der „Ursache-Wirkungs-Analyse" (P_2) sowie „Mustererkennung" (P_3) sind beide dem Reifegradlevel 4 (Transparenz) zuzuordnen, da sie diagnostische Analysen ermöglichen und somit Transparenz schaffen. Das Potenzial „Vorhersage von Ereignissen, Trends, Verhalten" (P_4) umfasst eine Fortschreibung von P_2 und P_3 in die Zukunft. Diese prädiktive Aufgabe wird demnach dem Level 5 (Vorhersage) zugeordnet. Den Potenzialen der Alternativenbewertung (P_5) sowie Entscheidungsunterstützung (P_6) liegt ein hoher Autonomiegrad der Entscheidung zugrunde. Demzufolge werden sie dem Reifegradlevel 6 (Adaptierbarkeit) zugeordnet.[424] Tabelle 4-10 fasst die fähigkeitstypenbasierten Potenziale mit ihrer jeweiligen Reifegradcharakterisierung zusammen.

[423] Vgl. Schuh et al. (2020), Industrie 4.0 Maturity, S. 18

[424] Vgl. Schuh et al. (2020), Industrie 4.0 Maturity, S. 18ff.

Tabelle 4-10: Reifegradcharakterisierung der Potenziale[425]

Fähigkeitstypenbasiertes Potenzial		Reifegradlevel
P_1	Strukturierung und Darstellung von historischen und gegenwärtigen Daten	3 (Sichtbarkeit)
P_2	Ursache-Wirkungs-Analyse	4 (Transparenz)
P_3	Erkennung von Mustern auf Basis von historischen Daten	4 (Transparenz)
P_4	Vorhersage von Ereignissen, Trends, Verhalten auf Basis von historischen und gegenwärtigen Daten	5 (Vorhersage)
P_5	Ermittlung und Bewertung von Handlungsalternativen	6 (Adaptierbarkeit)
P_6	Entscheidungsempfehlung und -auswahl	6 (Adaptierbarkeit)

Abhängigkeiten der Anforderungen und Potenziale

Zur Untersuchung der Abhängigkeiten zwischen Anforderungen und Potenzialen werden diese in einer Matrix gegenübergestellt. Anhand der Reifegradcharakterisierung (in der nachfolgenden Abbildung 4-29 mit L abgekürzt) werden potenzielle Schnittmengen identifiziert (graue Hinterlegung in der nachfolgenden Abbildung 4-29). Die Bestimmung der für das weitere Vorgehen relevanten Abhängigkeitsbeziehungen wird nachfolgend näher erläutert.

Die Anforderung „Visualisierung und Offenlegung" (A_1) wird durch das Potenzial der „Strukturierung und Darstellung" (P_1) beantwortet. Beide befinden sich auf Reifegradstufe 3, wodurch gemäß der für dieses Unterkapitel definierten Logik eine eindeutige Zuordnung erfolgt. Für die Anforderung nach „Offenlegung von Wirkzusammenhängen und Abhängigkeiten" (A_2) kommen im zugeordneten Reifegradlevel zwei Potenziale in Frage, die Wirkzusammenhänge offenlegen: die „Ursache-Wirkungsanalyse" (P_2) sowie die „Mustererkennung" (P_3). Das „Verständnis zukünftiger Zustände und Vorgänge" (A_3) findet sich auf der gleichen Reifegradstufe wie das Potenzial der „Vorhersage" (P_4) und wird von diesem vollständig beantwortet. Für die Anforderung nach „Alternativenvergleich und -auswahl" (A_4) kommen durch die Reifegradzuordnung die Potenziale P_2-P_6 in Frage. Wie bereits im Rahmen der Beschreibung der Anforderungen erläutert, hängt die Konkretisierung der Anforderung und somit auch die Potenzialzuordnung von der Beschaffenheit der konkreten Herausforderungssituation ab. Die umfassendste Beantwortung der Anforderung ermöglichen die Potenziale P_5 und P_6, da diese auf der höchstmöglichen Reifegradstufe angesiedelt sind und somit auch bei anspruchsvollster Anforderung eine Lösung bereitstellen. Die Potenziale P_2 bis P_4

[425] Vgl. Schuh et al. (2020), Industrie 4.0 Maturity, S. 18

kommen für die teilweise Beantwortung der Anforderung bzw. in weniger anspruchsvollen Alternativenentscheidungen jedoch ebenfalls in Frage. Die abschließende Zuordnung der Anforderung nach Optimierungsmaßnahmen und deren Auswahl (A5) zum Potenzial der Entscheidungsunterstützung (P6) wird in der höchsten Reifegradstufe durchgeführt. Diese nimmt ebenfalls P5 ein, ermöglicht aber im Gegensatz zu P6 keine Ableitung von Optimierungen, sondern nur die Bewertung von Alternativen. Demnach ist lediglich eine bedingte Zuordnung vorhanden. Die beschriebenen Zusammenhänge werden zusammenfassend in Abbildung 4-29 dargestellt.

Legende
- (grau) = Reifegrad von A_i und P_j identisch
- X = Zuordnung vorhanden
- (X) = Zuordnung bedingt vorhanden

Anforderung (A_i) \ Potenzial (P_j)	P_1 (L3) Strukturierung und Darstellung	P_2 (L4) Ursache-Wirkungs-Analyse	P_3 (L4) Mustererkennung	P_4 (L5) Vorhersagen	P_5 (L6) Alternativenbewertung	P_6 (L6) Entscheidungsunterstützung
A_1 (L3) Visualisierung und Sichtbarmachung	X					
A_2 (L4) Wirkzusammenhänge und Abhängigkeiten		X	X			
A_3 (L5) Zukünftige Zustände und Vorgänge				X		
A_4 (L4-6) Alternativenvergleich und -auswahl		(X)	(X)	(X)	X	X
A_5 (L6) Optimierungsmaßnahmen und Handlungsempfehlungen					(X)	X

Abbildung 4-29: Abhängigkeitsbeziehungen zwischen Anforderungen und Potenzialen

Die identifizierten Abhängigkeitsbeziehungen dienen als Grundlage für die Bildung der herausforderungstypenbezogenen Fähigkeitsbündel. Sie werden dazu im nachfolgenden Unterkapitel aufgegriffen und mit Herausforderungs- und Fähigkeitstypen in Bezug gesetzt.

4.3.2 Bildung von herausforderungstypenbezogenen Fähigkeitsbündeln

Das Ziel der in dieser Arbeit angestrebten Fähigkeitsbündel ist die Identifikation derjenigen Fähigkeiten, die jeweils in ihrem Zusammenspiel eine Steigerung der Arbeitsproduktivität bewirken. Dazu wurden im Rahmen der vorherigen Teilkapitel sowohl die Optionen der Produktivitätssteigerung als auch die Fähigkeiten des IPU eingehend untersucht. Über die im vorangegangenen Unterkapitel ermittelte Beziehung zwischen den Anforderungen der Herausforderungstypen und Potenzialen der Fähigkeitstypen (vgl. Unterkapitel 4.3.1) ist nun eine direkte Verbindung von Herausforderungs- und Fähigkeitstypen zu Fähigkeitsbündeln (FB_k) möglich. Abbildung 4-30 veranschaulicht die beschriebenen Zusammenhänge.

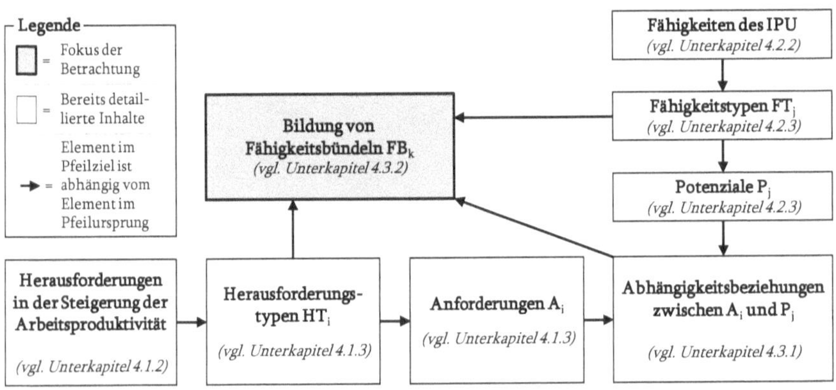

Abbildung 4-30: Abhängigkeiten der Eingangsgrößen zur Bildung der Fähigkeitsbündel

Fähigkeitsbündel dienen der bestmöglichen Zusammenfassung von Fähigkeiten vor dem Hintergrund der Optimierung der gewählten Zielgröße Arbeitsproduktivität. Demnach entspricht ein Fähigkeitsbündel der definierten Menge an Fähigkeiten, die erforderlich ist, um eine Steigerung der Arbeitsproduktivität zu ermöglichen. Da deren Beeinflussbarkeit in Herausforderungstypen gebündelt wurde, wird die Aussage weiter konkretisiert: Fähigkeitsbündel sind demnach dadurch charakterisiert, dass sie mindestens einen Herausforderungstypen adressieren. Ausgehend von dieser Definition und gemäß der vorangegangenen Charakterisierung des Industrie 4.0-Reifegrads als Zuordnungsgrundlage (vgl. Abbildung 4-29) werden die Fähigkeitsbündel (FB_k) somit aus der Perspektive der Herausforderungstypen (HT_i) betrachtet.

Für HT_1 („Überwachung von dynamischen Zuständen") ist gemäß Abbildung 4-29 lediglich eine Zuordnung zu FT_1 („Strukturierte Darstellung") vorhanden, sodass FB_1

(„Strukturierte Darstellung zur Zustandsüberwachung") eindeutig in dieser Schnittstelle resultiert.

HT_2 („Identifikation von statischen oder dynamischen Zusammenhängen") weist Beziehungen zu den Fähigkeitstypen FT_2 („Ursache-Wirkungsanalyse") und FT_3 („Erkennung von Mustern") auf. Diese Fähigkeitstypen sind darüber hinaus auch jeweils noch HT_4 („Bewertung und/oder Auswahl von statischen Sachverhalten") zugeordnet. Bei Konkretisierung von HT_4 auf dem Reifegradlevel der Fähigkeitstypen FT_2 und FT_3 (Level 4), ähneln sich die Herausforderungen HT_2 und HT_4 bzw. die dazu erforderliche Summe an Fähigkeiten jedoch stark (vgl. Unterkapitel 4.3.1). Hinsichtlich der Bildung von Fähigkeitsbündeln wird die Herausforderungsseite daher zur „Identifikation und Bewertung von statischen oder dynamischen Zusammenhängen" zusammengefasst. Zur Beantwortung dieser Herausforderungen wird zwischen FT_2 und FT_3 differenziert: Die Ursache-Wirkungsanalyse (FT_2) erfolgt retrospektiv, wohingegen Mustererkennung (FT_3) in Echtzeit möglich ist (vgl. Abschnitt 4.2.3.1) und daher auch unterschiedliche Fähigkeiten erfordert. Somit resultieren FB_2 („Ursache-Wirkungsanalyse zur Identifikation und Bewertung von statischen Zusammenhängen") in der Schnittstelle zwischen HT_2 (bzw. HT_4) und FT_2 sowie FB_3 („Musteranalyse zur Identifikation und Bewertung von dynamischen Zusammenhängen") in der Schnittstelle zwischen HT_2 (bzw. HT_4) und FT_3.

Die „Vorhersage von dynamischen Zuständen" (HT_4) weist analog zu HT_1 lediglich eine mögliche Zuordnung auf. In der Verbindung mit FT_4 („Vorhersagen") wird somit FB_4 („Vorhersage von Zuständen") gebildet.

HT_4 („Bewertung und/oder Auswahl von statischen Sachverhalten") wurde bereits im Zuge der Bildung von FB_2 und FB_3 diskutiert. Der Bezeichnung von HT_4 ist jedoch bereits zu entnehmen, dass ein Großteil der Herausforderungen durch FT_5 („Alternativenbewertung") adressiert werden kann. Es bietet sich somit an, hierfür ein weiteres Fähigkeitsbündel zu bilden. Somit resultiert in der Zuordnung von HT_4 und FT_5 die „Systembasierte Bewertung von Alternativen in statischen Sachverhalten" (FB_5).

Eine weitere Überschneidung von HT_4 besteht mit FT_6 („Empfehlung / Auswahl"). Dieser Fähigkeitstyp weist darüber hinaus Abhängigkeiten zu HT_5 („Optimierung von dynamischen Sachverhalten") auf. Da die in FT_6 fokussierte Empfehlung und Auswahl sowohl die Bewertung als auch die Optimierung von Sachverhalten unterstützt, wird in der Schnittstelle von HT_4 und HT_5 sowie FT_6 das Bündel „Entscheidungsempfehlung und -auswahl in statischen und dynamischen Sachverhalten" (FB_6) gebildet. Abbildung 4-31 illustriert das Ergebnis des beschriebenen Zuordnungsprozesses.

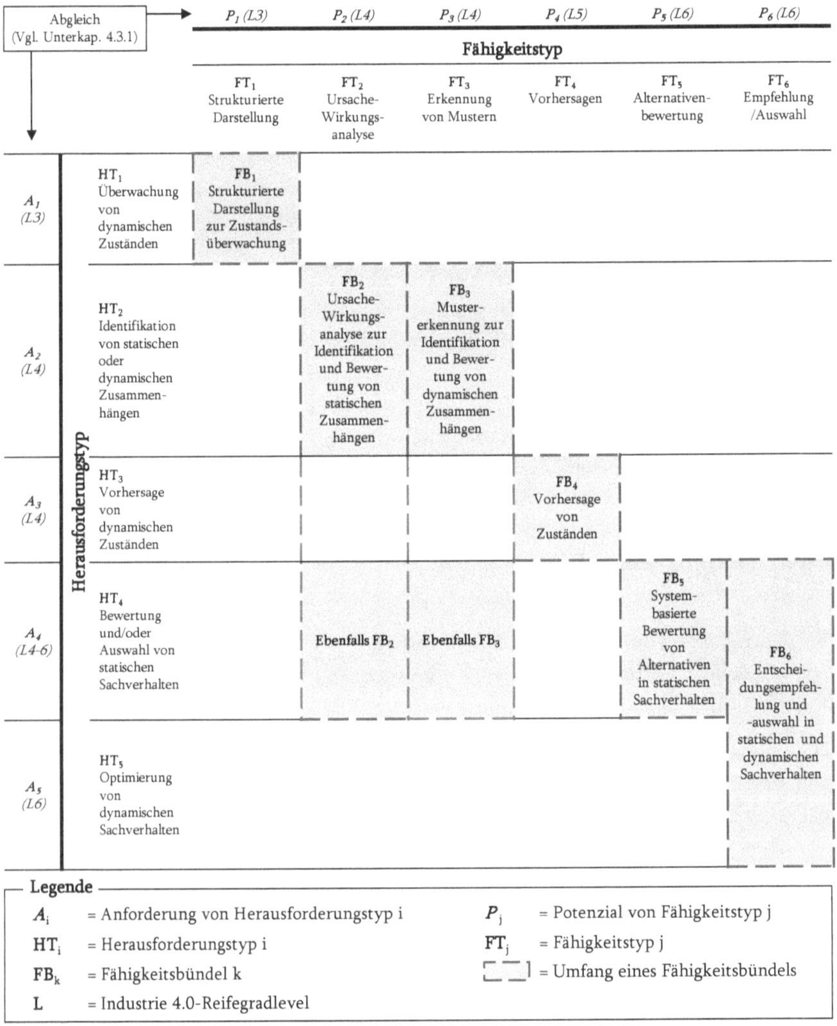

Abbildung 4-31: Übersicht der Fähigkeitsbündel zur Steigerung der Arbeitsproduktivität

Die sechs identifizierten Fähigkeitsbündel fassen die Verbindung von Herausforderungs- und Fähigkeitstypen zusammen. Aufgrund ihrer Orientierung an den Industrie 4.0-Reifegradstufen weisen die Fähigkeitsbündel mit aufsteigender Nummerierung des Bündels verstärkt Überschneidungen und Abhängigkeiten zu den vorhergehenden Bündeln auf. Bspw. erfordert das mit FB_6 assoziierte Reifegradlevel 6 die mehrheitlich erfolgreiche Bewältigung der darunterliegenden Level[426]. Für die Priorisierung der Fähigkeitsbündel in der Praxis resultiert daraus, dass die Fähigkeitsbündel mit zugeordnetem komplexerem analytischem Potenzial einen höheren Implementierungsaufwand im Vergleich zu denen mit weniger komplexer Analytik aufweisen. Um diese Priorisierung detaillierter abzuwägen, werden die Fähigkeitsbündel in den nachfolgenden Abschnitten 4.3.2.1 bis 4.3.2.6 in Bezug auf ihre differenzierenden Eigenschaften detailliert, sodass die Potenziale der Industrie 4.0 auch bereits bei einer nicht vollumfänglichen Implementierung von Unternehmen nutzbar sind. Dabei werden insbesondere die Wirkung auf die Arbeitsproduktivität sowie charakteristische Fähigkeiten erläutert (vgl. Anhang 30-Anhang 35 für eine vollständige Übersicht der beinhalteten Kernfähigkeiten, die es jeweils für eine Implementierung kontextspezifisch umzusetzen gilt).

4.3.2.1 FB_1 - Strukturierte Darstellung zur Zustandsüberwachung

Dem in FB_1 adressierten Herausforderungstyp („Überwachung von dynamischen Zuständen") liegt eine Kontrollentscheidung zugrunde (vgl. Abschnitt 4.1.3.2). Die Informationsgrundlage und die Output-Rückkopplung dieses Typs sind dabei dynamisch, d. h. die Durchführung der den konkreten Herausforderungen zugrundeliegenden Tätigkeiten findet kontinuierlich statt und beruht auf Echtzeitdaten. Dieses Fähigkeitsbündel befähigt den Anwender dementsprechend dazu, solche kontrollierenden Tätigkeiten kontinuierlich und in Echtzeit durch Datentechnologien zu lösen. Durch die Kernfähigkeiten des Bündels werden dabei verschiedene informationsverarbeitungsbezogene Problemstellungen adressiert, die bislang manuell von Mitarbeitern durchgeführt werden müssen (bspw. die Überwachung von Qualitätsabweichungen (vgl. H5.12 in Anhang 14) oder die kontinuierliche Überwachung von Lieferantenfortschritts im Engineering (vgl. H3.22 in Anhang 12)). So gilt es, Daten und Informationen zu aggregieren, organisieren und aufzubereiten (vgl. Abschnitt 4.2.3.2). Zudem müssen sie hinsichtlich von Veränderungen überwacht werden. Damit eine Bewertung der Daten bzw. Informationen möglich ist, müssen sie darüber hinaus verglichen, verknüpft oder synthetisiert werden. Infolge der Umsetzung von FB_1 wird der totale mitarbeiterbezogene Zeitaufwand zur Durchführung von Tätigkeiten dieses Herausforderungstyps je Periode (d. h. entweder die Anzahl der eingesetzten Arbeitskräfte oder die geleisteten Arbeitsstunden je Arbeitskraft) reduziert, wodurch die Arbeitsproduktivität gesteigert wird.

[426] Vgl. Schuh et al. (2020), Industrie 4.0 Maturity, S. 17

Charakteristisch für FB_1 sind dabei grundlegende Kernfähigkeiten, wie die Digitalisierung von Prozessen und der Aufbau zuverlässiger IT-Systeme, deren Beherrschung ebenfalls für alle weiteren Fähigkeitsbündel erforderlich ist. Anwender legen somit mit FB_1 die datentechnologischen Grundlagen zur weiteren Produktivitätssteigerung. Dabei ist neben der Voraussetzung der Datenverfügbarkeit insbesondere die Beherrschung deskriptiver Analytik zentral für den Umsetzungserfolg.

4.3.2.2 FB_2 - Ursache-Wirkungsanalyse zur Identifikation und Bewertung von statischen Zusammenhängen

Das Fähigkeitsbündel FB_2 adressiert die Herausforderungstypen HT_2 und HT_4, denen Identifikations- bzw. Planungsentscheidungen zugrunde liegen (vgl. Abschnitt 4.1.3.2). Es wird im gleichen Industrie 4.0-Reifegrad eingeordnet wie FB_3 und weist Überschneidungen, sowohl in Bezug auf die zu lösenden Tätigkeiten und damit die Wirkung auf die Arbeitsproduktvität, als auch auf die zugrundeliegende Fähigkeitsbasis auf. FB_2 befähigt den Anwender dazu, die zugrundeliegenden Identifikations- und Planungstätigkeiten einmalig oder periodisch auf Basis von historischen Daten durch Einsatz von Datentechnologien zu lösen. Damit wird der der totale mitarbeiterbezogene Zeitaufwand zur Durchführung von Tätigkeiten dieses Herausforderungstyps je Periode reduziert. Identifikations- und Planungsentscheidungen sind dabei im Gegensatz zu Kontrollentscheidungen (vgl. Abschnitt 4.3.2.1) bereits komplexere wissensintensive Tätigkeiten, da sie verstärktes Kontextwissen erfordern. Die Verringerung des Zeitaufwands auf einem höheren Lohnniveau hat somit einen größeren Einfluss auf die Arbeitsproduktivität als in FB_1.

Erreicht wird die Beeinflussung der Tätigkeiten durch den Vergleich, die Verknüpfung oder Synthetisierung von Daten oder Informationen, die Generierung neuer Informationen durch die Manipulation, Anreicherung oder Kombination bestehender Daten bzw. Informationen sowie die Bewertung von Informationen und Daten (vgl. Abschnitt 4.2.3.2). Im Gegensatz zu FB_3 ist in diesem Fähigkeitsbündel jedoch keine Echtzeitfähigkeit der Analysen erforderlich.

4.3.2.3 FB_3 - Mustererkennung zur Identifikation und Bewertung von dynamischen Zusammenhängen

Das Fähigkeitsbündel FB_3 adressiert analog zum Bündel FB_2 die Herausforderungstypen HT_2 und HT_4. Im Gegensatz zum FB_2 liegen jedoch dynamische Zusammenhänge im Fokus, sodass die Durchführung der jeweiligen Tätigkeiten hier kontinuierlich und in Echtzeit stattfindet. Hierin begründet liegt der Umstand, dass das FB_3 eine Mustererkennung ermöglicht, die über das reine Aufzeigen von Ursache-

Wirkungszusammenhängen in statischen Daten- bzw. Informationssituationen hinaus geht. Vielmehr dienen die mithilfe des FB2 zu identifizierenden Zusammenhänge als Grundlage einer echtzeitbasierten Mustererkennung. Die von Mitarbeitern bislang manuell zu lösenden informationsverarbeitungsbezogenen Problemstellungen sind abgesehen von der Dynamik der Informationsgrundlage jedoch ähnlich derer in FB2. Das Potenzial zur Steigerung der Arbeitsproduktivität, das durch die Anwendung der Fähigkeiten dieses Bündels realisiert wird, geht folglich über jenes des FB2 hinaus. Da zeitaufwändige (bis undurchführbare) Identifikationen und Bewertungen von Zusammenhängen durch die Mustererkennung auch in kontinuierlichen Abläufen datentechnologisch automatisiert bzw. überhaupt erst ermöglicht werden, liegt ein hohes Reduktionspotenzial der totalen mitarbeiterbezogenen Zeitaufwände bei Tätigkeiten vor, die der Kenntnis von (Ursache-Wirkungs-) Zusammenhängen bedürfen. Es handelt sich dabei aufgrund der Komplexität der Tätigkeit, ähnlich wie bei FB2 um Tätigkeiten mit einem höheren Lohnniveau. Entsprechend ist hier eine signifikante Steigerung der Arbeitsproduktivität möglich.

Hinsichtlich der beinhalteten Fähigkeiten differenziert sich FB3 im Vergleich zu FB2 insbesondere durch die Gewährleistung der Echtzeitfähigkeit der Mustererkennung. Die dazu erforderliche Algorithmik geht über das retrospektive Erkennen von Ursache-Wirkungsbeziehungen hinaus. Stattdessen ist je nach Komplexität der konkreten Herausforderung der Einsatz maschinell lernender Systeme erforderlich.

4.3.2.4 FB4 - Vorhersage von Zuständen

Das Fähigkeitsbündel FB4 adressiert den Herausforderungstyp HT3 zur Vorhersage von dynamischen Zuständen, dem eine Prädiktionsentscheidung zugrunde liegt (vgl. Abschnitt 4.1.3.2). Die Informationsgrundlage und die Output-Rückkopplung sind dabei rein dynamisch definiert, da die Prädiktion von Zuständen auf einer Mustererkennung gemäß FB3 basiert (vgl. hierzu auch Abschnitt 4.2.3.1). Zur Prädiktion von dynamischen Zuständen gilt es, Daten und Informationen zu vergleichen, zu verknüpfen und zu synthetisieren (vgl. Abschnitt 4.2.3.2). Zugleich müssen neue Informationen durch Manipulation, Anreicherung oder Kombination generiert und bewertet werden. Analog zum FB3 lässt sich an dieser Stelle ebenfalls auf große Potenziale für Arbeitsproduktivitätssteigerungen schließen, da mitarbeiterbezogene Zeitaufwände, die sich aus der Durchführung von konventionellen, infolge mangelnder Prognosefähigkeit resultierenden Tätigkeiten ergeben, reduziert werden oder gänzlich entfallen.

Aufgrund des hohen Reifegradlevels (5) bedarf die erfolgreiche Umsetzung von FB4 der vorherigen Implementierung diverser weiterer datentechnologiebezogener Kernfähigkeiten. Bereits in FB1-FB3 thematisierte Kernherausforderungen wie die Überwachung aktueller Zustände oder das Verständnis von Ursache-Wirkungsbeziehungen legen die Grundlage für den Einsatz fortschrittlicher maschinell lernender Systeme, mit denen die Vorhersage von Zuständen auch im dynamischen Umfeld möglich wird.

4.3.2.5 FB_5 - Systembasierte Bewertung von Alternativen in statischen Sachverhalten

Das Fähigkeitsbündel FB_5 adressiert den Herausforderungstyp HT_4 zur Bewertung und Auswahl von statischen Sachverhalten, dem eine Planungsentscheidung zugrunde liegt (vgl. Abschnitt 4.1.3.2). Wie bereits im Rahmen des FB_2 erläutert, liegt bei diesem Herausforderungstyp eine statische Informationsgrundlage und Output-Rückkopplung vor und es sind Daten bzw. Informationen zu vergleichen, zu verknüpfen oder zu synthetisieren und schließlich zu bewerten. Für diese zeitaufwändigen Informationsverarbeitungstätigkeiten ist Kontextwissen und Fachexpertise erforderlich, das mit der Umsetzung von FB_5 systembasiert unterstützt bzw. vollständig durchgeführt wird. Aufgrund der dementsprechenden Verlagerung von Tätigkeiten zu Mitarbeitern mit geringerem Lohnniveau sowie der grundsätzlichen Reduktion des damit verbundenen Zeitaufwands, ist eine signifikante Steigerung die Arbeitsproduktivität zu erwarten.

Aufgrund der Einordnung von FB_5 auf der höchsten Reifegradstufe existieren Abhängigkeitsbeziehungen zu datentechnologiebezogenen Kernfähigkeiten auf allen vorgelagerten Stufen. Neben der analytischen Komplexität der Bewertungsentscheidung ist darüber hinaus die Übertragung von Entscheidungsverantwortung erforderlich, sodass zusätzlich zu einer breiten Fähigkeitsbasis Vertrauen in die Leistungsfähigkeit und Stabilität des Systems erforderlich ist.

4.3.2.6 FB_6 - Entscheidungsempfehlung und -auswahl in statischen und dynamischen Sachverhalten

Das Fähigkeitsbündel FB_6 adressiert schließlich den Herausforderungstyp HT_5 zur Optimierung von dynamischen Sachverhalten. Diesem Typ liegt eine Koordinationsentscheidung mit dynamischer Informationsgrundlage und Output-Rückkopplung zugrunde (vgl. Abschnitt 4.1.3.2). Darüber hinaus wird durch dieses Fähigkeitsbündel auch der bereits zuvor beschriebene Herausforderungstyp HT_4 unterstützt. Insgesamt werden durch FB_6 somit die informationsverarbeitungsbezogenen Tätigkeiten des Vergleichs, der Verknüpfung und Synthetisierung von Daten und Informationen, Generierung neuer Informationen durch die Manipulation, Anreicherung oder Kombination bestehender Daten bzw. Informationen sowie die Bewertung von Informationen und Daten, die den beiden Herausforderungstypen HT_4 und HT_5 zugrunde liegen, automatisiert (vgl. Abschnitt 4.2.3.2). Da die Abgabe von Entscheidungsempfehlungen in dynamischen Sachverhalten ähnlich wie bei FB3 und FB4 manuell schwer realisierbar ist, eröffnen sich auch hier neue Optimierungsmöglichkeiten der Arbeitsproduktivität. Indem der totale Zeitaufwand bei alternativ zu leistenden Tätigkeiten stark reduziert wird oder komplett entfällt, sind höchste Arbeitsproduktivitätssteigerungen absehbar. Zudem wird die Arbeitsproduktivität durch die Anwendung der Fähigkeiten des FB6 auch über den Stellhebel des (maximalen) Lohnniveaus der eingesetzten Mitarbeiter beeinflusst. Indem Entscheidungen automatisch empfohlen oder sogar ausgewählt und umgesetzt werden, wird die (formale) Entscheidung eines hoch- bzw. höherentlohnten Mitarbeiters mit Entscheidungsbefugnis obsolet. Die auf diese Weise erreichte Reduktion des Lohnniveaus wirkt sich ebenfalls positiv auf die Arbeitsproduktivität aus.

Da sich das Bündel auf der höchsten Industrie 4.0-Reifegradstufe befindet, ist eine große Anzahl weiterer abhängiger datentechnologiebezogener wie auch nicht-datentechnologiebezogener Kernfähigkeiten zuvor aufzubauen. Analog zu FB5 ist zudem die Übertragung von Entscheidungsverantwortung an das System erforderlich. Dies stellt für FB6 aufgrund der Komplexität des Entscheidungsumfelds nochmals einen größeren Schritt dar. Demnach stellt die Umsetzung von FB6 hohe Anforderungen an die Umgebung und steht als letzter Meilenstein am Ende der Transformation zum IPU.

4.3.2.7 Zusammenfassung und Reflexion der Fähigkeitsbündel

In den vorangegangenen Abschnitten wurden sechs Bündel von Kernfähigkeiten beschrieben und in Bezug zur damit angestrebten Arbeitsproduktivitätssteigerung gesetzt. Über die einzelnen Bündel hinweg lassen sich Gemeinsamkeiten sowie Restriktionen der Implementierung feststellen, die im Folgenden erläutert werden.

Die Relevanz der Bündelung dieser Kernfähigkeiten wird durch ihr Zusammenspiel verdeutlicht. Erst wenn sie in Kombination vorliegen, ist eine Realisierung des zugeordneten Produktivitätspotenzials vollständig möglich. Dabei sind zum einen Abhängigkeiten auf erster Ebene festzustellen, d. h. um die Herausforderung direkt zu lösen: Zur Überwachung von Zuständen in FB1 („Strukturierte Darstellung zur Zustandsüberwachung") ist bspw. durch den Aspekt der Zustandsüberwachung offensichtlich erforderlich, dass Prozesse digitalisiert sind und Daten automatisch erfasst, vorverarbeitet und gespeichert werden. Zum anderen entfalten jedoch auch diese Fähigkeiten wiederum erst im Zusammenspiel mit anderen ihr volles Potenzial. Erst Fähigkeiten wie die Bewertung datenbasierter Vorschläge oder die Durchführung von Analysen in Echtzeit erlauben es dann auch, aus der Zustandsüberwachung einen Produktivitätsvorteil zu generieren, der über die reine Ersetzung der Tätigkeiten des Informationssammelns hinausgeht.

Ähnlich verhält es sich bspw. bei FB_3 („Mustererkennung zur Identifikation und Bewertung von dynamischen Zusammenhängen"). Auch dieses Fähigkeitsbündel entfaltet erst durch das Zusammenspiel der zugeordneten Kernfähigkeiten seine volle Wirkung: Die Einleitung von Änderungen auf der Basis datenbasierter Vorschläge löst praktische Herausforderungen erst sinnvoll, wenn diese Vorschläge auch bewertet werden können und zur Datenaufnahme zuverlässige und belastbare IT-Systeme vorliegen. Zudem sind auch innerhalb der Fähigkeitsmenge dieses Bündels hierarchische Abhängigkeiten zwischen den Kernfähigkeiten zu erkennen.

Darüber hinaus ist festzustellen, dass die Fähigkeitsbündel mit aufsteigender Nummerierung des Bündels (also von FB_1 bis FB_6) verstärkt Überschneidungen und Abhängigkeiten zu den übrigen Bündeln aufweisen. Dies liegt in der zunehmenden Komplexität der zugrundeliegenden Datenanalytik begründet (vgl. dazu die Ausführungen zur Datenanalyse in Abschnitt 4.2.3.1). Diese Beobachtung wird durch die in Unterkapitel 4.3.1 vorgenommene Charakterisierung von zugrundeliegenden Anforderungen und Potenzialen nach ihrem Industrie 4.0-Reifegrad bestätigt. Das demnach bspw. dem FB_6 assoziierte Reifegradlevel 6 erfordert die mehrheitlich erfolgreiche Bewältigung der darunterliegenden Level[427]. Für die Priorisierung der Fähigkeitsbündel in der Praxis resultiert daraus, dass die Fähigkeitsbündel mit zugeordnetem komplexeren analytischen Potenzial tendenziell einen höheren Implementierungsaufwand im Vergleich zu denen mit weniger komplexer Analytik aufweisen. Zur Konkretisierung der zunächst abstrakt anmutenden Fähigkeitsbündel wird nun anschließend eine Methodik entwickelt, anhand derer eine unternehmensindividuelle Implementierung in der Praxis möglich ist.

4.3.3 Methodik zur anwenderspezifischen Priorisierung der Fähigkeitsbündel

Nachdem in Unterkapitel 4.3.2 allgemeine Fähigkeitsbündel zur Lösung der typisierten Herausforderungen und damit zur Steigerung der Arbeitsproduktivität ermittelt wurden, wird nun im vorliegenden Unterkapitel deren Anwendung im Unternehmenskontext betrachtet. Dazu wird im Folgenden zunächst im Sinne der Systemtechnik das Grobkonzept des methodischen Vorgehens hergeleitet, bevor dieses anschließend in den Abschnitten 4.3.3.1 bis 4.3.3.3 detailliert wird (vgl. Unterkapitel 3.2.2).

Zur Anwendung im Unternehmenskontext ist eine anwenderspezifische Priorisierung erforderlich, da jedes Unternehmen ein eigenes Profil an Tätigkeiten und damit auch an daraus resultierenden Herausforderungen in der Steigerung der Arbeitsproduktivität aufweist (vgl. Unterkapitel 4.1.1). Darüber hinaus sind auch die ermittelten

---

[427] Vgl. Schuh et al. (2020), Industrie 4.0 Maturity, S. 17

Fähigkeitsbündel auf den Anwendungskontext anzupassen, um ihre Umsetzbarkeit zu verbessern. Für die Anwender der Methodik kommen dabei unterschiedliche Beweggründe der Anwendung in Frage: Der aufgrund des Titels dieser Arbeit naheliegendste Beweggrund ist die Steigerung der Arbeitsproduktivität. Darüber hinaus ist jedoch auch eine programmatische Motivation denkbar, in der die Transformation zum IPU im Vordergrund steht – unabhängig von den tatsächlichen Einsparpotenzialen. Um letztere Motivation zu verfolgen sind bereits die in Unterkapitel 4.3.2 formulierten allgemeinen Fähigkeitsbündel ausreichend. Lediglich deren Konkretisierung im Anwendungskontext anhand der darunter liegenden Fähigkeiten steht dazu noch aus. Da dies dem Anwender mit den in Anhang 23 dargestellten Beziehungen selbst möglich ist, wird die Motivation an dieser Stelle nicht weiter betrachtet. Demzufolge steht das Ziel der Steigerung der Arbeitsproduktivität im Fokus der nachfolgenden Methodikentwicklung. Dabei wird die Aufwandsseite dieser Umsetzung aus der Betrachtung ausgeschlossen, da diese durch den Anwender individuell bestimmbar ist, jedoch nicht im Betrachtungsbereich dieser Arbeit (vgl. Unterkapitel 2.5.2) liegt.

Um die Ausgangssituation des Anwenders ausreichend zu berücksichtigen ist zunächst eine Analyse der individuellen Herausforderungen im Kontext der Definition der ermittelten Herausforderungstypen erforderlich (vgl. Abschnitt 4.3.3.1). Zur anschließenden Verbindung dieser mit den dazu passenden Fähigkeiten, wird die in Unterkapitel 4.3.2 ermittelte Zuordnung von Herausforderungs- und Fähigkeitstypen mit der daraus resultierenden Zusammenstellung von Fähigkeitsbündeln genutzt (vgl. Abschnitt 4.3.3.2). Mit der Priorisierung dieser Fähigkeitsbündel wird das Ziel der Arbeit erfüllt (vgl. Teilkapitel 1.2) und die Grundlage für deren Implementierung gebildet. Zur Initiierung dieser in der Praxis ist jedoch zusätzlich die Konkretisierung der Maßnahmen und Projekte zum Aufbau der Fähigkeitsbündel erforderlich. Um den Anwender darin zu unterstützen, werden Leitlinien zur Konkretisierung der Umsetzung formuliert (vgl. Abschnitt 4.3.3.3)[428]. Die beschriebenen Zusammenhänge sind zusammenfassend in Abbildung 4-32 visualisiert und werden in den nachfolgenden Abschnitten näher beschrieben.

[428] Vgl. Schmid et al. (2011), Strategische Programme, S. 29ff.

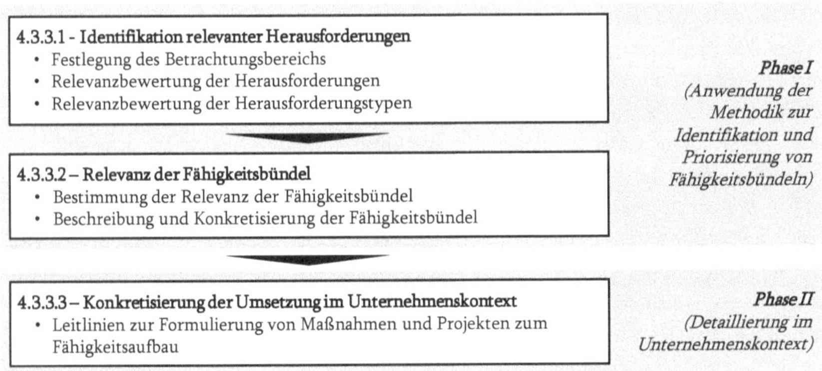

Abbildung 4-32: Grobkonzept der Methodik zur anwenderspezifischen Identifikation und Priorisierung von Fähigkeitsbündeln

4.3.3.1 Identifikation relevanter Herausforderungen

Der erste Schritt des Vorgehens zur anwenderspezifischen Priorisierung der Fähigkeitsbündel besteht in der Bewertung des Herausforderungsprofils im Anwendungskontext. Aufgrund der individuellen Tätigkeits- und Kostenstrukturen unterscheiden sich diese zwischen Unternehmen. Unter Nutzung der Analysen des Produktivitätsmodells (vgl. Teilkapitel 4.1) werden diese anwenderspezifischen Charakteristika aufgenommen und somit eine individuelle Relevanzverteilung der Herausforderungstypen bestimmt. Dazu wird zunächst der zu betrachtende Hauptprozess ausgewählt, bevor darin die Relevanz der Herausforderungen analysiert wird. Die Ergebnisse dieser Analyse werden abschließend genutzt, um zusammenfassend die daraus folgende Relevanz der Herausforderungstypen zu bestimmen.

Auswahl des fokussierten Hauptprozesses

Gemäß dem festgelegten Fokus auf wissensintensive Tätigkeiten in indirekten Bereichen sind sechs Hauptprozesse von Relevanz für diese Arbeit (vgl. Unterkapitel 4.1.1). Diese sind in Abbildung 4-33 dargestellt und stellen für die entwickelte Methodik den möglichen Betrachtungsbereich dar.

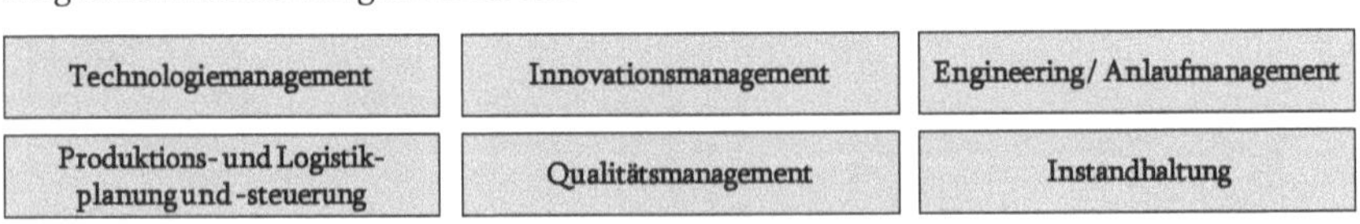

Abbildung 4-33: Betrachtete Hauptprozesse des Produktivitätsmodells

In einer vollständigen Analyse werden alle Hauptprozesse des Unternehmens betrachtet, um ebenfalls Potenziale über die Bereichsgrenzen hinweg zu identifizieren. Ist dagegen nur eine Betrachtung einzelner Hauptprozesse möglich, so ist die Analyse der Arbeitskostenstruktur ein mögliches Werkzeug zur Unterstützung der Priorisierung. Gemäß der in Unterkapitel 2.1.2 beschriebenen Einflussgrößen wird die Arbeitsproduktivität maßgeblich durch die absolute, in der Ausführung von Tätigkeiten gebundene Zeit sowie dem dazugehörigen Lohniveau bestimmt. Dementsprechend sind diejenigen Bereiche mit hohen Anteilen wissensintensiver Tätigkeiten im Besonderen geeignet, um Produktivitätssteigerungen durch die Implementierung der Fähigkeiten des IPU zu erreichen.

Bewertung der Relevanz von Herausforderungen

Die Relevanz von Herausforderungen bemisst sich an ihrem Effekt auf die Arbeitsproduktivität. Dieser setzt sich, wie zuvor bereits im Kontext der Auswahl der Hauptprozesse erläutert, maßgeblich durch die zur Ausführung der Tätigkeiten erforderliche Zeit (im Folgenden abgekürzt mit „Personalaufwand“) sowie das entsprechende Lohnniveau zusammen. Daraus resultiert in Formel 4-1 ein vereinfachtes Relevanzmaß der Herausforderungen im Anwendungskontext ($w(H_i)$):

$$\mathbf{w(H_i) = w_{Personalaufwand}\,(H_i) * w_{Lohnniveau}\,(H_i)} \qquad (4\text{-}1)$$

Zur Bestimmung der Relevanz von Herausforderungen werden für alle Herausforderungen im jeweiligen Hauptprozess die Bewertung des Personalaufwands ($w_{Personalaufwand}$) sowie des Lohnniveaus ($w_{Lohnniveau}$) vorgenommen. Dazu werden die in Anhang Anhang 10 bis Anhang 15 beigefügten Übersichten der Herausforderungen genutzt. Zur Bewertung bietet sich bspw. eine fünfstufige Skala mit beschrieben Skalenausprägungen an. Diese Analyse wird für alle n Herausforderungen des Hauptprozesses durchgeführt. Eine exemplarische, schematische Darstellung der Analyse ist in Abbildung 4-34 gegeben.

Nr.	Herausforderung	$w_{Personalaufwand}$ [Skala 1 (niedrig) - 5 (hoch)]	$w_{Lohnniveau}$ [Skala 1 (niedrig) - 5 (hoch)]	$w(H_i)$
H2.01	Umfeld offen mithilfe von Suchfeldern oder auf konkrete Technologietrends überwachen und Technologietrends oder allgemeine Trends identifizieren	2	3	1,2
H2.02	Wirkbeziehungen von Elementen der Zukunftsanalyse (Trends, Zukunftsprojektionen, Unternehmenspotenzialen, Innovationspotenzialen oder Innovationsaufgaben) identifizieren	1	4	0,8
H2.03	Innovationspotenziale auf Basis von identifizierten Zusammenhängen sowie Zukunftsprojektionen und Unternehmenspotenzialen bestimmen	4	4	3,2

Abbildung 4-34: Exemplarische Darstellung der Bewertung der Relevanz der Herausforderungen

Identifikation der normierten Relevanz der Herausforderungstypen

Die zuvor durchgeführte Bewertung der Relevanz von Herausforderungen wird genutzt, um die Relevanz der Herausforderungstypen zu bestimmen. Dazu ist ebenfalls die Berücksichtigung der Zuordnung der Herausforderung H_i zum Herausforderungstyp HT_j erforderlich ($r_{HT_j}(H_i)$). Sie wurde in Unterkapitel 4.1.3 ermittelt und wird aus den Tabellen in Anhang 10 bis Anhang 15 entnommen. Die Variable $r_{HT_j}(H_i)$ nimmt den Wert 1 oder 0 an, je nachdem, ob die Herausforderung dem Herausforderungstyp zugeordnet wurde (r=1) oder nicht (r=0). Zusammenfassend ergibt sich die relative Relevanz der Herausforderungstypen ($w(HT_j)$) entsprechend zu Formel 4-2:

$$\mathbf{w}(\mathbf{HT_j}) = \frac{\sum_{i=1}^{n} \mathbf{w}(\mathbf{H_i}) * \mathbf{r_{HT_j}}(\mathbf{H_i})}{\sum_{i=1}^{n} \mathbf{w}(\mathbf{H_i})} \qquad (4\text{-}2)$$

Somit resultiert aus den Berechnungen eine Übersicht der normierten Relevanz der Herausforderungstypen je Hauptprozess. Diese wird anschließend genutzt, um die daraus folgende Relevanz der Fähigkeitsbündel zu bestimmen.

4.3.3.2 Auswertung der anwendungsspezifischen Relevanz der Fähigkeitsbündel

In Unterkapitel 4.3.2 wurden sechs Fähigkeitsbündel auf Basis der generischen Zuordnung von Herausforderungs- und Fähigkeitstypen gebildet. Die Kenntnis dieser zugrundeliegenden Zusammenhänge dient nun der Bestimmung der Relevanz der Fähigkeitsbündel im anwenderspezifischen Herausforderungsprofil. Auf diese Weise wird ermittelt, welche Fähigkeitsbündel zur Lösung der Herausforderungen des Anwenders und damit zur Steigerung seiner Arbeitsproduktivität erforderlich sind. Im Falle einer 1 zu 1 Zuordnung zwischen Herausforderungs- und Fähigkeitstypen ergibt sich die Relevanz des Fähigkeitsbündels direkt aus der Relevanz des Herausforderungstyps.

Dies ist der Fall für FB_1 und FB_4 (vgl. Unterkapitel 4.3.2). Für die übrigen Fähigkeitsbündel ist eine genauere Analyse erforderlich. Dazu wird die Relevanz der den Herausforderungstypen zugrundeliegenden Herausforderungen im Anwendungskontext untersucht (vgl. Anhang 10 bis Anhang 15), um so die Verteilung der Relevanz der Fähigkeitstypen und damit der Fähigkeitsbündel je Herausforderungstyp zu bestimmen.

Aus der beschriebenen Auswertung resultiert eine Häufigkeitsverteilung der Relevanz der Fähigkeitsbündel. In Abbildung 4-35 ist eine exemplarische Darstellung dieser Ergebnisse über alle Hauptprozesse in Form einer „Heatmap" illustriert.

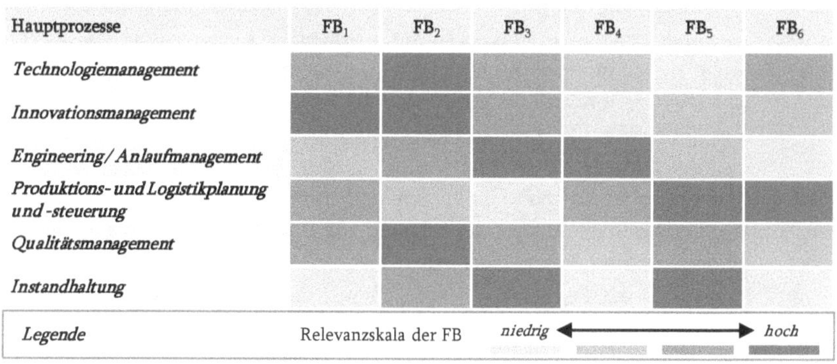

Abbildung 4-35: Exemplarische Häufigkeitsverteilung der Relevanz von Fähigkeitsbündeln

Durch die beschriebene Relevanzbewertung der Fähigkeitsbündel ist es dem Anwender möglich, seine Priorisierung der Bündel abzuleiten. Diese sind in diesem Zustand auf Ebene der enthaltenen Kernfähigkeiten beschrieben. Um die Fähigkeitsbündel weiter auf den realen Anwendungskontext zu konkretisieren, ist die Identifikation der Relevanz der darunterliegenden Fähigkeiten im Kontext der jeweiligen Herausforderungen möglich. Die dazu erforderlichen Fähigkeitsübersichten finden sich in Anhang 24.

4.3.3.3 Konkretisierung der Umsetzung im Unternehmenskontext

Die erfolgreiche Identifikation und Priorisierung der Fähigkeitsbündel resultiert nicht unmittelbar in der angestrebten Steigerung der Arbeitsproduktivität. Vielmehr gleicht sie der Formulierung strategischer Ziele.[429] Die daraus antizipierte Herausforderung des Transfers der Fähigkeitsbündel in umsetzbare Maßnahmen ist demnach als

[429] Vgl. Hungenberg (2014), Strategisches Management, S. 324f.

Operationalisierung einer strategischen Zielstellung zu abstrahieren. Zur systematischen Konkretisierung der Fähigkeitsbündel im Unternehmenskontext wird daher nachfolgend das Vorgehen der Überführung von Zielen in strategische Programme dargestellt. Dieser Schritt gilt im Managementprozess als besonders herausfordernd[430].

Der Strategieprozess wird von SCHMID ET AL. grundlegend in den Phasen „Zielbildung, Analyse, Generierung strategischer Optionen, Bewertung und Auswahl sowie Umsetzung und Kontrolle“[431] dargestellt. Der Umsetzungsaspekt ist dabei als Kaskade der Formulierung von Initiativen, Projekten und Maßnahmen zu verstehen[432]. Initiativen konstituieren ein strategisches Programm auf höchster Ebene und charakterisieren sich durch ihren „Sprungcharakter“[433]: Ihre Umsetzung resultiert in signifikanten Performance-Verbesserungen. Sie sind damit der Ebene der Fähigkeitsbündel im Kontext dieser Arbeit gleichzusetzen, deren Implementierung zu sprunghaften Steigerungen der Arbeitsproduktivität führt (vgl. Teilkapitel 1.2). Das Management solcher Initiativen wird durch die Formulierung entsprechender Ziele, Meilensteine und Aktivitäten bzw. Maßnahmen unterstützt.[434] Projekte diesen der temporären organisatorischen Zusammenfassung von Maßnahmen in einem Prozess abseits der Linienorganisation[435]. Die generische Ableitung von Projekten zur Umsetzung der Fähigkeitsbündel ist aufgrund des spezifischen Kontexts jedes einzelnen Unternehmens an dieser Stelle weder möglich noch das Ziel dieser Arbeit[436]. Stattdessen ist das beschriebene Vorgehen unternehmensspezifisch zu durchlaufen.

Darüber hinaus gilt es, neben der Definition von Maßnahmen und Projekten die Herausforderung der Verhaltensänderung im Unternehmen zu beachten[437]. Vielfach ist es nur das gleichzeitige Betreiben eines umfangreichen Change-Management Programms möglich, weitreichende strategische Ziele erfolgreich umzusetzen[438]. Da die Fähigkeiten durch eine Vielzahl von Maßnahmen in unterschiedlichen Bereichen aufgebaut werden, ist ein diverses Profil von Mitarbeitern in den Definitionsprozess zu

[430] Vgl. Al-Laham (2000), Strategieimplementierung, S. 262
[431] Vgl. Schmid et al. (2009), Strategische Initiativen, S. 81
[432] Vgl. Schmid et al. (2011), Strategische Programme, S. 19
[433] Vgl. Schmid et al. (2011), Strategische Programme, S. 29
[434] Vgl. Schmid et al. (2011), Strategische Programme, S. 29ff.
[435] Vgl. Gareis, Gareis (2017), Projekte und Programme, S. 33
[436] Vgl. Chandler (1992), Organizational Capabilities, S. 84
[437] Vgl. Hungenberg (2014), Strategisches Management, S. 359
[438] Vgl. Sirkin et al. (2005), Change-Management, S. 102; Hungenberg (2014), Strategisches Management, S. 363

involvieren. Die gemeinsame Erarbeitung dieser Inhalte in Workshops erhöht dabei sowohl die Ergebnisqualität als auch die Verpflichtung und das Engagement der Mitarbeiter[439].

4.3.4 Zwischenfazit: Bündelungsmodell

Teilkapitel 4.3 dient der Identifikation und Priorisierung der Fähigkeitsbündel zur Steigerung der Arbeitsproduktivität für IPU. In diesem abschließenden Modell werden die Erkenntnisse der vorherigen Modelle aufgegriffen und zur Beantwortung der übergreifenden Forschungsfrage genutzt.

Die eingangs formulierte vierte Forschungsfrage („Wie sind Fähigkeiten des IPU zu Einflussgrößen der Arbeitsproduktivität zuzuordnen?") thematisiert die Verbindung dieser Erkenntnisse vorangegangener Modelle. Beantwortet wurde die Frage anhand des Abgleichs der Anforderungen der Herausforderungstypen an die Fähigkeiten und den Potenzialen der Fähigkeiten (vgl. Unterkapitel 4.3.1). Auf diese Weise konnte eine Verbindung von Herausforderungs- und Fähigkeitsperspektive hergestellt werden, die dann im nachfolgenden Unterkapitel detailliert wurde (vgl. Unterkapitel 4.3.2).

Die dort formulierten allgemeinen Fähigkeitsbündel stellen bereits die Antwort auf die nachfolgende fünfte Forschungsfrage („Wie sollten Fähigkeiten des IPU zur zielgerichteten Beeinflussung der Arbeitsproduktivität gebündelt werden?") dar. Dabei ist zu erkennen, dass sowohl Fähigkeiten als auch Herausforderungen durch die Reifegradstufen der Industrie 4.0 strukturiert werden (vgl. Unterkapitel 4.3.1). Entsprechend der Komplexität der zugrundeliegenden Datenanalytik sind auch zwischen den Fähigkeitsbündeln starke Abhängigkeiten vorhanden (vgl. Abschnitt 4.2.3.1). Die große Überschneidung der Kernfähigkeiten über die Bündel zeigt zum einen, dass eine immer gleiche Menge von Kernfähigkeiten grundlegend für die Lösung der Herausforderungen und damit die Steigerung der Arbeitsproduktivität ist. Zum anderen indiziert sie die Relevanz der Detaillierung der Kernfähigkeiten im Anwendungskontext.

Aufgrund der durch die abstrakte Form begrenzten Aussagekraft der Kernfähigkeitsbündel für die Umsetzung durch den Anwender der Arbeit wurde abschließend eine Methodik erarbeitet, die eine anwendungsspezifische Operationalisierung der Bündel erlaubt. Auf diese Weise ist es möglich, das spezifische Herausforderungsprofil des Unternehmens zu berücksichtigen und die dazu relevanten Fähigkeitsbündel zu identifizieren. Dadurch ergibt sich eine arbeitsproduktivitätsoptimierte Priorisierung der Fähigkeitsbündel im Kontext des IPU, die auch die Spezifizierung der enthaltenen

[439] Vgl. Bowman (1995), Strategy Workshops, S. 5

Kernfähigkeiten ermöglicht. An dieser Stelle bleibt festzuhalten, dass die Methodik den Aufwand der Umsetzung vernachlässigt, der für eine Implementierung durch den Anwender ebenfalls zu berücksichtigen ist. Die Fokussierung dieser Arbeit auf das Steigerungspotenzial der Arbeitsproduktivität (vgl. Unterkapitel 2.5.1) legitimiert jedoch den Ausschluss, sodass dieser Schritt dem Anwender überlassen bleibt. Mit Abschluss der Detaillierung wird auch die übergreifende Forschungsfrage („Welche Fähigkeitsbündel für intelligente produzierende Unternehmen existieren und wie sind diese zu priorisieren, um die Arbeitsproduktivität langfristig bestmöglich zu steigern?") beantwortet.

4.4 Zwischenfazit zur Detaillierung der Methodik

Das Ziel von Kapitel 1 liegt in der Detaillierung des zuvor in Teilkapitel 3.4 entwickelten Grobkonzepts zur Identifikation und Priorisierung von Fähigkeitsbündeln zur Steigerung der Arbeitsproduktivität für IPU. Die dazu erarbeiteten drei Modelle beantworten zunächst jeweils einzelne Forschungsfragen und ermöglichen in ihrem Zusammenspiel auch die Beantwortung der übergreifenden Forschungsfrage.

Die initial detaillierten Einflussgrößen zur Steigerung der Arbeitsproduktivität zeigen die Komplexität einer solchen Analyse im Kontext produzierender Unternehmen auf. Obschon der Betrachtungsbereich ausschließlich wissensintensive Tätigkeiten in indirekten Bereichen umfasst, stellt die Aufschlüsselung der Prozesse und Tätigkeiten eine große Aufgabe dar. Dies bestätigt die im Grobkonzept antizipierte Relevanz einer zusammenfassenden Strukturierung der Ergebnisse. Die dementsprechend angewandte Typisierung erlaubt es, trotz der großen Breite an betrachteten Tätigkeiten eine beantwortbare Menge an Anforderungen an den Fähigkeitsaufbau zu formulieren.

Mit der Identifikation von Fähigkeiten des IPU konkretisiert diese Arbeit erstmalig umfassend den Begriff des intelligenten Unternehmens im Produktionskontext. Die gewählten inhaltsanalytischen Werkzeuge zur Definitionserarbeitung und Fähigkeitsableitung ermöglichen es, diese auf einer großen Menge an bestehenden Arbeiten zu basieren, die jeweils einen Ausschnitt des Betrachtungsbereichs beinhalten. Die resultierende Menge an Kernfähigkeiten beschreibt die konstituierenden Elemente des IPU auf einer abstrakten Ebene. Um Anwender in der Umsetzung zu unterstützen, ist damit jedoch auch die Konkretisierung im Anwendungskontext erforderlich. Der daraus ersichtliche Konflikt zwischen Abstraktion und Konkretisierung stellt die größte Herausforderung der Detaillierung des Konzepts dar. Das erforderliche Abstraktionslevel ist durch das Konstrukt der Fähigkeiten per se hoch, für die Anwendbarkeit der Ergebnisse ist jedoch deren Konkretisierung wichtig. Im Gegensatz zum gewählten

Vorgehen hätte auch die weitere Einengung des Betrachtungsbereichs, bspw. auf einen einzelnen Hauptprozess, eine stärkere Konkretisierung der Ergebnisse ermöglicht. Dies hätte jedoch die Ausschöpfung möglicher Synergien über ähnliche Herausforderungen hinweg verhindert und wurde somit bewusst ausgeschlossen.

Die Detaillierung von sowohl allgemeinen Fähigkeitsbündeln als auch einer Methodik zur anwenderspezifischen Identifikation und Priorisierung dieser, ermöglicht die Auflösung des zuvor beschriebenen Konflikts. Im Zuge der allgemeinen Bündelung wurde ersichtlich, dass eine starke Überschneidung zwischen den zugrundeliegenden Kernfähigkeiten der einzelnen Bündel vorliegt. Dies bestätigt zum einen die starken inhaltlichen Abhängigkeiten zwischen den verschiedenen Stufen der Datenanalyse, anhand derer die Formulierung der Fähigkeitsbündel maßgeblich strukturiert ist. Zum anderen bestärkt es die zuvor bereits dargestellte Relevanz der Konkretisierung der Ergebnisse im Anwendungskontext. Diese erforderliche Konkretisierung umfasst dabei nicht nur die fokussierte Ebene der Herausforderungen und Fähigkeiten, sondern sollte zur tatsächlichen Realisierung der avisierten Arbeitsproduktivitätssteigerungen bis auf Projekt- bzw. Maßnahmenebene konkretisiert werden. Dem gewählten Forschungsprozess folgend, gilt es nun zu prüfen, inwiefern die detaillierten Modelle im Anwendungskontext applizierbar sind (vgl. Teilkapitel 1.3).

5 Validierung und kritische Reflexion

Die Überprüfung der Modellierungsergebnisse im Anwendungszusammenhang kennzeichnet im Forschungsprozess nach ULRICH den Abschluss des Forschungsvorhabens (vgl. Teilkapitel 1.3)[440]. Dabei ist es nicht das Ziel die vollumfängliche Gültigkeit der Ergebnisse nachzuweisen. Vielmehr geht es darum, die Anwendbarkeit der Modellierungsergebnisse in der Praxis zu prüfen.[441] Dazu wird zunächst in Teilkapitel 5.1 die Ausgangssituation des betrachteten Unternehmens vorgestellt. Anschließend wird in Teilkapitel 5.2 die Anwendungserfahrung der Methodik zur anwenderspezifischen Priorisierung der Fähigkeitsbündel beschrieben. Den Abschluss dieses Kapitel bildet die kritische Reflexion der Anwendung des Modells in Teilkapitel 5.3, in deren Rahmen auch die Erfüllung der formalen sowie inhaltlichen Anforderungen an die Lösung überprüft wird.

5.1 Darstellung des Fallbeispiels

Bei dem betrachteten Unternehmen handelt es sich um einen international tätigen Konzern, der als Hersteller von Werkzeug- und Befestigungslösungen für die Bauindustrie tätig ist und im Folgenden als Befestigungstechnik AG bezeichnet wird. Die Befestigungstechnik AG wurde in der ersten Hälfte des 20. Jahrhunderts gegründet und beschäftigt weltweit etwa 30.000 Mitarbeiter. Das Unternehmen entwickelt seine Produkte und Services für professionelle Anwender und legt dabei hohen Wert auf die Qualität und Nachhaltigkeit der angebotenen Lösungen. Die Entwicklung erfolgt daher stets aus Sicht des Kunden, mit dem Ziel die Arbeit auf der Baustelle sicherer und besser zu machen.

Aus dem hohen Stellenwert der Qualität und Leistungsfähigkeit der Produkte leitet die Befestigungstechnik für ihre Produktionswerke den Anspruch der Technologie- und Qualitätsführerschaft ab. Das vorliegende Fallbeispiel betrachtet das mit ca. 600 Mitarbeitern weltweit größten Produktionswerk der Befestigungstechnik AG, das sowohl einen Zerspanungs- als auch einen Montagebereich umfasst. Das Werk fungiert im Unternehmensverbund als technologisches Leitwerk und nimmt eine Vorreiterrolle

[440] Vgl. Ulrich (1984), Management, S. 193
[441] Vgl. Ulrich (1984), Management, S. 174f.

bezüglich der Fertigung ausfallkritischer und hochwertiger Komponenten und Produkte sowie Fertigungstechnologieinnovationen ein.

5.2 Anwendungserfahrung der Methodik

Für die Anwendung der Methodik ist zunächst der Betrachtungsbereich innerhalb der Befestigungstechnik AG festzulegen. Dazu stehen sechs wissensintensive Hauptprozesse zur Auswahl (vgl. Unterkapitel 4.3.3).

Für die Befestigungstechnik AG führt der hohe Stellenwert der Produktqualität zu hohen jährlichen Qualitätsmanagementaufwänden. Aufgrund der technologischen Vorreiterrolle des Werks im Werksverbund werden in diesem Bereich zudem global auszurollende Qualitätsmanagementprozesse entwickelt. Damit ist dieser Bereich im Besonderen geeignet, um Produktivitätssteigerungen durch die Implementierung der Fähigkeiten des IPU zu erreichen und wird daher für die Anwendung ausgewählt (vgl. Abbildung 5-1).

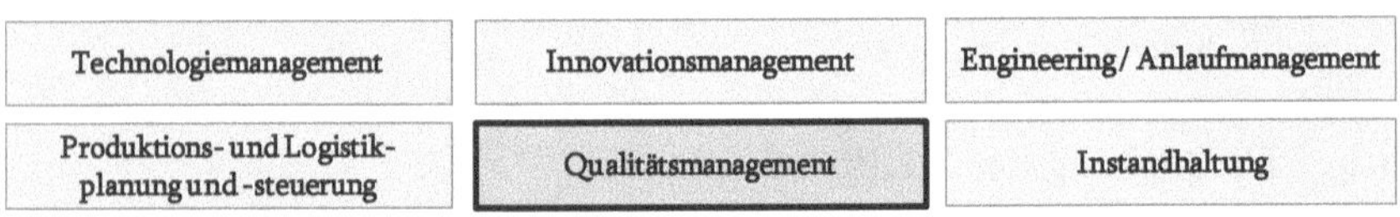

Abbildung 5-1: Gewählter Betrachtungsbereich der Anwendung

Das Qualitätsmanagement der Befestigungstechnik AG im betrachteten Produktionswerk umfasst die Bereiche Produktions-, Montage- sowie Zulieferqualität. Neben operativen Tätigkeiten der Qualitätskontrolle handelt es sich bei dem Großteil der durch die etwa 40 Mitarbeiter verantworteten Aufgaben um wissensintensive Tätigkeiten. Die Mitarbeiter unterscheiden sich dabei durch ihre Qualifikation (bspw. Messtechniker, Qualitätsmanager) und Entscheidungsverantwortung (bspw. Tätigkeitsverantwortung, Prozessverantwortung). Im Großteil der Stellen wird zudem aufgrund des Qualitätsfokus der Befestigungstechnik AG eine gewisse Berufserfahrung vorausgesetzt. Nachfolgend wird zunächst die Anwendung der Methodik zur Priorisierung der Fähigkeitsbündel beschrieben (vgl. Unterkapitel 5.2.1 und 5.2.2), bevor die Detaillierung der Projekte zum Fähigkeitsaufbau erläutert wird (vgl. Unterkapitel 5.2.3).

5.2.1 Identifikation und Relevanzbewertung der Herausforderungen im Qualitätsmanagement der Befestigungstechnik AG

Mit der Auswahl des Hauptprozesses „Qualitätsmanagement“ folgt die Fokussierung auf die für das Qualitätsmanagement relevanten Herausforderungen zur Steigerung der

Arbeitsproduktivität (vgl. Anhang 14). Gemäß Unterkapitel 4.3.3 wird zunächst deren Relevanz durch die Unternehmensvertreter bestimmt. Dazu ist neben der Bewertung des Personalaufwands ($w_{Personalaufwand}$) der zugrundeliegenden Tätigkeiten auch die Bewertung des Lohnniveaus ($w_{Lohnniveau}$) durchführen. Aus diesen Ergebnissen resultiert durch die Anwendung der in Abschnitt 4.3.3.1 definierten Formeln 4-1 und 4-2 die normierte Relevanz der Herausforderungstypen im Anwendungskontext ($w(HT_j)$). Für das Qualitätsmanagement der Befestigungstechnik AG sind demnach insbesondere HT_2 („Identifikation von statischen oder dynamischen Zusammenhängen") sowie HT_4 („Bewertung und/oder Auswahl von statischen Sachverhalten") relevant. Das Vorgehen und die Ergebnisse der Relevanzbewertung der Herausforderungen sind in Abbildung 5-2 illustriert. Eine vollständige Übersicht der zugrundeliegenden Zahlenwerte und Zwischenschritte findet sich in Anhang 36.

1) Formeln

$$\mathbf{w(H_i) = w_{Personalaufwand}\,(H_i) * w_{Lohnniveau}\,(H_i)} \qquad \mathbf{w(HT_j) = \frac{\sum_{i=1}^{n} w(H_i) * r_{HT_j}(H_i)}{\sum_{i=1}^{n} w(H_i)}}$$

2) Ermittlung der Berechnungsgrößen *(Ausschnitt aus Anhang 36)*

Nr.	Konsolidierte datentechnologierelevante Herausforderung	$w_{Personal}$	w_{Lohn}	$w(H_i)$
H5.01	Ein- und Ausgangsgrößen sowie Umfang von Entwicklungsaufgaben festlegen	1	3	0,6
H5.02	Technisch relevante Schnittstellenelemente des Bezugsrahmens von Entwicklungsaufgaben identifizieren und Parameter festlegen	1	3	0,6
H5.03	Qualitätsbezogene Anforderungen an den Fertigungsprozess maschinenspezifisch auf Basis der Produktqualitätsanforderungen bestimmen	3	3	1,8
H5.04	Ursachen und Auswirkungen von funktions- oder entwicklungs- bzw. konstruktionsinduzierten Qualitätsfehlern bestimmen sowie Eintritts- und Entdeckungswahrscheinlichkeiten identifizieren	2	2	0,8

3) Darstellung der normierten Relevanz der Herausforderungstypen

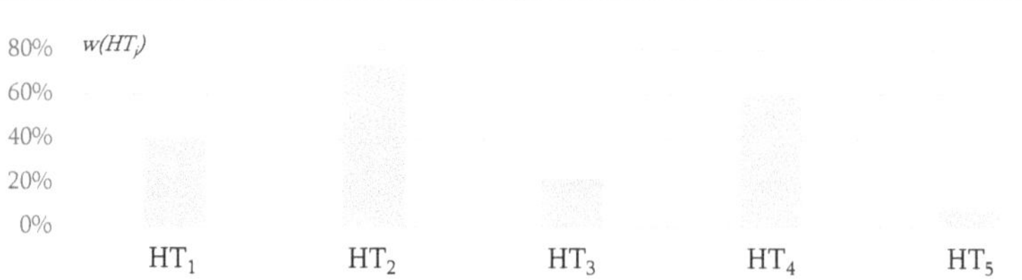

Abbildung 5-2: Normierte Relevanz der Herausforderungstypen im Qualitätsmanagement der Befestigungstechnik AG

5.2.2 Priorisierung der relevanten Fähigkeitsbündel für das Qualitätsmanagement der Befestigungstechnik AG

Die Relevanzbewertung der Herausforderungstypen wird als Ausgangspunkt für die Priorisierung der Fähigkeitsbündel genutzt. Da insbesondere HT_2 und HT_4 eine hohe Relevanz für die Befestigungstechnik AG aufweisen, sind gemäß der Abhängigkeitsbeziehungen von Herausforderungstypen und Fähigkeitsbündeln (vgl. Abbildung 4-31) FB_2, FB_3, FB_5 und FB_6 prinzipiell relevant. Da sich FB_6 jedoch neben HT_4 auch auf HT_5 bezieht und dieser im Anwendungsfall eine geringe Relevanz aufweist, wird FB_6 ausgeschlossen. FB_2 und FB_3 dagegen adressieren jeweils sowohl HT_2 und HT_4. Da ihre Umsetzung gemäß ihrer Industrie 4.0-Reifegradlevel zudem Voraussetzung für die Applikation von FB_5 ist, werden sie priorisiert betrachtet. Die Konkretisierung der beinhalteten Herausforderungen zeigt, dass darin insbesondere statische Sachverhalte von Interesse sind und somit primär FB_2 relevant ist. Tabelle 5-1 zeigt einen Auszug der in HT_2 und HT_4 enthaltenen Herausforderungen des Qualitätsmanagements der Befestigungstechnik AG. Die Reihenfolge der Darstellung folgt der Relevanzbewertung der Herausforderungen (w(Hi)).

Tabelle 5-1: Herausforderungen im Qualitätsmanagement der Befestigungstechnik AG (HT_2, HT_4)

Nr.	Konsolidierte datentechnologierelevante Herausforderung	Informations-grundlage	$w_{Personal}$	w_{Lohn}	$w(H_i)$
H5.06	Reifegrad der geplanten Produkte und Fertigungsprozesse bzgl. Verifikation und Validierung der Produkte bzw. Fertigungsprozesse bewerten und Freigabe erteilen	statisch	4	4	3,2
H5.10	Fertigungsprozesse überwachen und Notwendigkeiten von Qualitätsprüfungen produktspezifisch vorhersagen	dynamisch	5	3	3
H5.08	Maßnahmen zur Korrektur von Qualitätsabweichungen bzw. -fehlern produktspezifisch identifizieren	statisch	4	3	2,4
H5.03	Qualitätsbezogene Anforderungen an den Fertigungsprozess maschinenspezifisch auf Basis der Produktqualitätsanforderungen bestimmen	statisch	3	3	1,8
H5.07	Parameter und Bedingungen von Qualitätsprüfungen produktspezifisch und in Abhängigkeit der Maschinen festlegen	statisch	3	3	1,8
H5.11	Einflüsse auf das Messergebnis vorhersagen sowie Korrekturfaktoren ableiten und berücksichtigen	statisch / dynamisch	3	3	1,8
H5.05	Ursachen und Auswirkungen von fertigungsprozessinduzierten Qualitätsfehlern bestimmen sowie Eintritts- und Entdeckungswahrscheinlichkeiten identifizieren	statisch / dynamisch	4	2	1,6
H5.09	Fähigkeit der Fertigungsprozesse überwachen und Ursachen von fertigungsprozessinduzierten Qualitätsfehlern identifizieren	dynamisch	3	2	1,2

[Skala der Bewertung von $w_{Personal}$ und w_{Lohn}: 1 (niedrig) – 5 (hoch)]

Zur Operationalisierung der Erkenntnisse werden die in FB_2 enthaltenen Kernfähigkeiten (vgl. Anhang 31) auf der untergeordneten Ebene der Fähigkeiten konkretisiert. Dazu werden anhand der Zuordnungstabelle (vgl. Anhang 23) und mit Kenntnis der konkreten Herausforderungen (vgl. Tabelle 5-1) gemeinsam mit den Unternehmensvertretern die relevanten Fähigkeiten identifiziert. Bereits im Qualitätsmanagement der Befestigungstechnik AG vorhandene Fähigkeiten werden gekennzeichnet. Tabelle 5-2 visualisiert einen Auszug des Ergebnisses dieses Auswahlprozesses (vgl. Anhang 37 für eine vollständige Darstellung).

Tabelle 5-2: Auszug der Fähigkeiten im Qualitätsmanagement der Befestigungstechnik AG

Kernfähigkeiten		**Untergeordnete Fähigkeiten**	
Nr.	**Bezeichnung**	**Nr.**	**Bezeichnung**
KF_1	Aufbau zuverlässiger und belastbarer IT-Systeme	*$F_{1.1}$*	*Robuste IT-Systemstruktur und -Governance*
		$F_{1.2}$	Horizontale und vertikale Integration von IT- und physischen Systemen
		$F_{1.3}$	*Robuste, widerstandsfähige Prozesse und Informationssysteme*
KF_3	Aktive Suche nach neuen Einsatzmöglichkeiten für Datentechnologien	*$F_{3.2}$*	*Identifizierung von Schlüsselbereichen, in denen Beeinflusser-Technologien zuerst als „Proof-of-Concept" eingesetzt werden können*
KF_7	Ausnutzung von Befähiger - Technologien	$F_{7.1}$	Regelmäßige Nutzung von Befähiger-Technologien
KF_8	Automatische Erfassung und Speicherung von Daten	$F_{8.1}$	Automatische Datenerfassung und -speicherung über Sensoren oder andere Eingabemöglichkeiten
KF_9	Automatische Erkennung von Fehlerursachen	$F_{9.1}$	Nutzung von Datentechnologien zur Identifizierung von Fehlerursachen
KF_{10}	Automatische Vorverarbeitung der erfassten Daten	$F_{10.1}$	Vorverarbeitung von Daten nach der Erfassung
KF_{13}	Bewertung von datenbasierten Vorschlägen	$F_{13.2}$	Änderungsvorschläge vor der Implementierung validieren
		$F_{13.3}$	*Kultur der Unvoreingenommenheit bei der Arbeit mit Daten*
		$F_{13.4}$	Auswahl aus validierten, datenbasierten Vorschlägen
KF_{14}	Digitale Verbindung aller Vermögenswerte des Unternehmens	$F_{14.1}$	Aufbau einer intelligenten Verbindung in der gesamten Fabrik
		$F_{14.2}$	Hinzufügen von Sensoren und Kommunikationsgeräten zur Ermöglichung des IoT
KF_{15}	Digitalisierung von Prozessen	$F_{15.1}$	Entwicklung eines TQM-Systems mit Integration von Datentechnologien
		$F_{15.2}$	Inspektionen auf Basis von analysierten Daten aus visuellen Systemen
		$F_{15.3}$	Datenanalyse zur dynamischen Identifizierung von Produktfehlern
		$F_{15.4}$	Einsatz von Datentechnologien zur Identifizierung von Fehlerursachen
KF_{16}	Durchführung von Analysen in Echtzeit	$F_{16.1}$	Durchführung von Echtzeitanalysen
KF_{18}	Einleitung von Änderungen basierend auf datenbasierten Vorschlägen	*$F_{18.1}$*	*Bereitschaft von Management und Mitarbeitern, Änderungen auf der Grundlage von datenbasierten Vorschlägen vorzunehmen*
		$F_{18.2}$	*Offenheit und Akzeptanz des Managements für datengenerierte Erkenntnisse*

***Legende:** kursiv = Fähigkeit im Qualitätsmanagement der Befestigungstechnik AG vorhanden*

5.2.3 Detaillierung des Fähigkeitsaufbaus im Qualitätsmanagement der Befestigungstechnik AG

Dem Anwender obliegt es, im Kontext der erforderlichen Fähigkeiten die Projekte zu formulieren, mit denen die angestrebten Steigerungen der Arbeitsproduktivität schließlich realisiert werden. Zur Definition der erforderlichen Umsetzungsprojekte werden im Qualitätsmanagement der Befestigungstechnik AG zunächst die Maßnahmen zum Aufbau jeder einzelnen Fähigkeit gesammelt. Diese werden von den Unternehmensvertretern in Workshops diskutiert und in Abhängigkeitsgraphen festgehalten, wobei auch der aktuelle Entwicklungsstand berücksichtigt wird. Zur Ermittlung des konkreten Produktivitätsbeitrags, werden die zu lösenden Herausforderungen zugeordnet. Auf Basis dieser Informationen werden schließlich die Projekte abgeleitet und detailliert. Abbildung 5-3 visualisiert den beschriebenen Prozess am Beispiel von KF_9 aus FB_2 und wird nachfolgend erläutert.

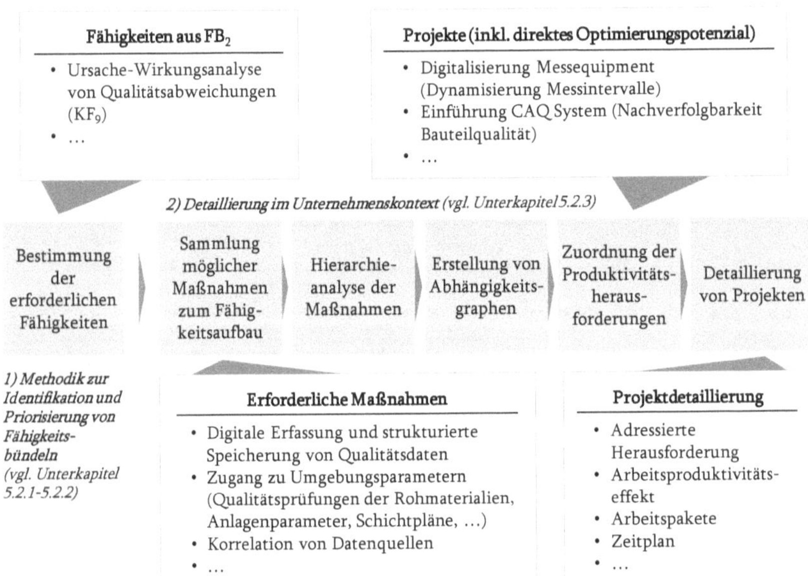

Abbildung 5-3: Projektdefinitionsprozess im Qualitätsmanagement der Befestigungstechnik AG

Für das Qualitätsmanagement der Befestigungstechnik AG resultieren auf Basis von FB_2 diverse Projekte mit Wirkung auf die Arbeitsproduktivität. An der Ursache-Wirkungsanalyse von Qualitätsabweichungen (KF_9) wird der Prozess der

Projektdetaillierung exemplarisch nachvollzogen: Für KF9 ist unter anderem der Zugang zu diversen Datenquellen mit Einfluss auf die Qualität der Bauteile erforderlich (bspw. Qualitätsprüfungen der Rohmaterialien, Anlagenparameter oder Schichtpläne). Darüber hinaus wird die digitale Erfassung von Qualitätsdaten sowie die Möglichkeit zur Korrelation verschiedener Datenquellen benötigt. Aus diesen Ziel-Mittel-Relationen werden mehrere Projekte abgeleitet: Die Digitalisierung des Messequipments umfasst ebenso Messmaschinen wie Handmessmittel mit Digitalschnittstellen. Die dadurch generierte Transparenz über Qualitätsmessungen ermöglicht die Dynamisierung von Messabläufen entsprechend der tatsächlichen Qualitätswerte[442]. Darüber hinaus wird ein Projekt zur Einführung eines CAQ-Systems[443] bestimmt, mit dem die Nachverfolgbarkeit der Bauteilqualität verbessert wird. Im Zusammenwirken dieser Projekte ist darüber hinaus eine Reduzierung des Zeitaufwands für die Identifikation von Maßnahmen zur Korrektur von Qualitätsabweichungen bzw. -fehlern möglich, was wiederum in einer Steigerung der Arbeitsproduktivität resultiert (vgl. H5.08 in Anhang 14). Die wechselseitigen Abhängigkeiten der Projekte erfordern eine enge Koordination im Rahmen der Umsetzung, sodass die Projekte gebündelt zu der angestrebten Produktivitätssteigerung führen.

5.3 Kritische Reflexion der Anwendungserfahrung

Im Rahmen der Validierung wurden die Ergebnisse der Arbeit im Qualitätsmanagement der Befestigungstechnik AG angewendet. Die dabei gewonnen Erkenntnisse werden nachfolgend diskutiert, bevor abschließend die Erfüllung der formalen wie inhaltlichen Anforderungen der Arbeit überprüft wird.

Für das Fallbeispiel zeigt sich, dass die grundlegende Struktur des Ansatzes einen großen Mehrwert stiftet: Die detaillierte Ausarbeitung der Herausforderungen zur Steigerung der Arbeitsproduktivität bietet den Anwendern zunächst eine hilfreiche Struktur zur Analyse des Problemraums. Mit der Bestimmung der darauf basierenden Herausforderungstypen und der dementsprechend erforderlichen Fähigkeiten unterstützt die Arbeit anschließend ebenjenen Abstraktionsschritt, der für die Befestigungstechnik AG herausfordernd ist. Im Rahmen der Analyse der Herausforderungen zeigt sich die Verknüpfung zu den darunterliegenden Tätigkeiten als Mehrwert, um eine einheitliche Verständnisgrundlage unter den Unternehmensvertretern zu gewährleisten. Das Hinterfragen des aktuellen Tätigkeitsprofils liefert darüber hinaus, auch

[442] Bislang leiten sich die Messintervalle aus den Vorgaben der statistischen Prozesskontrolle ab.

[443] Unter einem CAQ- bzw. Computer-aided quality assurance-System wird ein System zur digitalen Repräsentanz, Steuerung und Optimierung des Qualitätsmanagements verstanden.

unabhängig von der Transformation zum IPU, hilfreiche Erkenntnisse zur Optimierung von Prozessen. In dieser Phase der Anwendung wird jedoch die Relevanz eines Moderators deutlich, da die Diskussion von Tätigkeiten und ihrer Optimierbarkeit durch Einzelne stark beeinflusst werden kann. Die abschließende fähigkeitsbasierte Ableitung von Projekten bietet die Möglichkeit, nach Durchführung der Methodik für das gesamte Unternehmen Synergieeffekte zwischen den Unternehmensbereichen zu identifizieren. Um aufwandsoptimal vorzugehen, empfiehlt es sich somit, die Priorisierung der Fähigkeitsbündel über das gesamte Unternehmen hinweg durchzuführen. Dabei ist zu beachten, dass die Identifizierung der Projekte Erfahrung im Themenbereich der Industrie 4.0 erfordert. In Unternehmen, die am Beginn der Transformation zum IPU stehen und in denen demnach wenige Mitarbeiter Erfahrung im Umgang mit Datentechnologien besitzen, ist die Einbindung eines externen Moderators hilfreich. Darüber hinaus ist es in einer solchen Situation essenziell, die Projektumsetzung durch ein ausgeprägtes Change-Management Programm zu begleiten.

Die inhaltlichen Anforderungen (vgl. Unterkapitel 3.1.2) werden in der Anwendung der Arbeit vollständig erfüllt. So werden mit den detaillierten Übersichten von Tätigkeiten und Herausforderungen sowie ihrer Zuordnung zu Typen die Optionen zur Steigerung der Arbeitsproduktivität durch Einsatz von Datentechnologien aufgezeigt. Dabei ist festzuhalten, dass aufgrund uneinheitlicher Bezeichnungen von Tätigkeiten und Prozessen über Unternehmensgrenzen hinweg mitunter Anpassungen der genutzten Begrifflichkeiten erforderlich sein können. Durch die Verbindung der Herausforderungs- und Fähigkeitstypen in Fähigkeitsbündeln wird darüber hinaus auch die Anforderung der produktivitätsorientierten Fähigkeitsstrukturierung erfüllt. Zu beachten ist dabei, dass die alleinige Kenntnis der erforderlichen Fähigkeiten für den Anwender nicht ausreicht. Stattdessen sind diese zusätzlich mit der bestehenden Fähigkeitsbasis abzugleichen und Projekte zu definieren, um fehlende Fähigkeiten aufzubauen. Die Fallbeispiele der Befestigungstechnik AG zeigen darüber hinaus, dass anhand der Methodik die Identifikation kohärenter Fähigkeitsbündel zur gezielten Steigerung der Arbeitsproduktivität für praktische Anwender handhabbar ist.

Auch die formalen Anforderungen an die Lösung (vgl. Unterkapitel 3.1.1) werden erfüllt. Die Durchführbarkeit der Methodik in den Fallbeispielen zeigt ihre grundlegende empirische und formale Richtigkeit. Um die Erfüllung dieser beiden Kriterien im Gegensatz zur hier angestrebten Nicht-Falsifizierung signifikant nachzuweisen, wäre jedoch eine wesentlich höhere Anzahl an Fallstudien erforderlich. An dem betrachteten Produktionsstandort der Befestigungstechnik AG sind ungefähr ein Jahr nach Anwendung der Methodik sowie Ableitung der entsprechenden Projekte erste

Wirkungen auf die Arbeitsproduktivität zu beobachten: Das in Unterkapitel 5.2.3 beschriebene Projekt zur Digitalisierung der Messtechnik in Kombination mit einem Piloten des CAQ-Systems führte bereits zu einer Reduktion der Qualitätsprüfaufwände. Darüber hinaus wurde aufgrund der verbesserten Dokumentation sowie dem vereinfachten Zugriff auf die Qualitätsdaten die Zeit der Ursachenanalyse in einem Pilotbereich ebenfalls reduziert. Die auf diese Weise reduzierten Zeitaufwände der Qualitätsexperten spiegeln sich unmittelbar in der Steigerung ihrer Arbeitsproduktivität wider. Somit wird auch die Zweckbezogenheit für den Anwendungsfall erreicht. Auch wenn im Zuge der Bewertung der Herausforderungen sowie insbesondere in der Implementierungsbegleitung ein gewisser Moderationsaufwand festzustellen war, ist die Handhabbarkeit der Methodik gegeben, da es dem Anwender damit gelingt, eine bislang schwer zugängliche Problemstellung zu bearbeiten. Die detaillierte Betrachtung der Herausforderungen ist zwar zeitaufwendig, der Nutzen überwiegt den Aufwand jedoch um ein Vielfaches, sodass auch die Effizienz der Anwendung gegeben ist.

6 Zusammenfassung und Ausblick

Die wirtschaftlich sinnvoll strukturierte Erschließung der Potenziale von Datentechnologien gelingt produzierenden Unternehmen derzeit lediglich in Einzelfällen. Dabei werden Projekte meist isoliert betrachtet und zu wenig in den Kontext zur erforderlichen Transformation des Unternehmens gesetzt. Dementsprechend mangelt es an einer systematischen Abstimmung und Verbindung von Projekten sowie insbesondere an deren Verknüpfung zu messbaren Zielgrößen. Mit der vorliegenden Arbeit wurde ein Beitrag zur Auflösung dieses Dilemmas geleistet. So lag das Ziel in der Identifikation und zielgerichteten Verknüpfung von Fähigkeiten, die der Transformation zu intelligenten produzierenden Unternehmen zugrunde liegen. Als Maß der Wirtschaftlichkeit wurden die Fähigkeiten in Bezug zur Steigerung der Arbeitsproduktivität gesetzt. Für die Lösung der Zielstellung wurden drei Modelle ausgestaltet: Die Detaillierung von Produktivitätseinflussgrößen ermöglicht es dem Anwender zu verstehen, welche Herausforderungen zur Steigerung der Arbeitsproduktivität durch die Applikation von Datentechnologien lösbar sind. Auf der anderen Seite schafft die Analyse der Fähigkeiten des IPU die Grundlage für eine systematische Transformation zu einem unternehmerischen Zielzustand, in dem die Industrie 4.0 vollständig umgesetzt ist und die Potenziale von Datentechnologien bestmöglich ausgeschöpft werden. Die generische Zuordnung von Herausforderungen und Fähigkeiten legt die Grundlage für die Bildung produktivitätssteigernder Fähigkeitsbündel, mit deren Umsetzung Unternehmen jeweils Zugang zu sprungartigen Steigerungen der Arbeitsproduktivität erhalten.

Die vorliegende Arbeit bietet Unternehmen somit einen systematischen Ansatz zu einer Transformationsaufgabe, die sie in vielen Fällen nicht ohne externe Hilfe strukturieren können. Dabei liegt die Leistung vor allem in der detaillierten Analyse der Einflussfaktoren der Arbeitsproduktivität und ihrer Beeinflussbarkeit im Rahmen der Transformation zum IPU. Die Identifikation und Analyse der dazu erforderlichen Fähigkeiten stiftet dabei Mehrwert auf zwei Ebenen: Zunächst wird deutlich, welche Einflussfaktoren überhaupt durch den Einsatz von Datentechnologien beeinflussbar sind. Darüber hinaus zeigt die Arbeit, welche dieser Faktoren synergetisch in ihrer Lösbarkeit sind. Um diese Synergien zu maximieren, ist die Methodik für das gesamte Unternehmen anzuwenden. Da diese detaillierte, inhaltliche Aufarbeitung von

Einflussfaktoren zur Steigerung der Arbeitsproduktivität ebenso neu ist wie die Bewertung der Lösbarkeit durch die Potenziale von Datentechnologien im IPU, liegt hierin der größte Mehrwert der Arbeit für Anwender. Die Strukturierung der Umsetzungsperspektive am Konstrukt der Fähigkeiten stellt jedoch für die Umsetzung eine Herausforderung dar: Sie weist zwar das ausreichende Abstraktionslevel für die generische Lösung der Arbeit auf, erfordert bei der Implementierung der Ergebnisse allerdings wiederum eine aufwendige Konkretisierung der Fähigkeiten.

Da im Verlauf der Arbeit Eingrenzungen des Betrachtungsbereichs erforderlich waren, ergeben sich natürlicherweise Limitierungen der Lösung. So verhindert bspw. die Fokussierung auf indirekte Bereiche eine vollständige Analyse aller Prozesse produzierender Unternehmen. Dieser Schritt war jedoch essenziell, um die Handhabbarkeit der Ausarbeitung zu ermöglichen. Eine weitere Limitierung resultiert aus dem gewählten Abstraktionslevel der Modelldetaillierung: Im Zuge der Verbindung von Produktivitäts- und Fähigkeitsmodell wurden zur inhaltlich sinnvollen Zusammenfassung der umfangreichen Ergebnisse in beiden Modellen Typisierungen vorgenommen. Wenngleich durch diesen Abstraktionsschritt Informationen verloren gehen, war er dennoch erforderlich, um die Komplexität in einem lösbaren Umfang zu halten. Durch die Methodik zur anwenderspezifischen Priorisierung der Fähigkeitsbündel wurde für den Anwender eine Möglichkeit geschaffen, den Konkretisierungsgrad für die eigene Umsetzung einzustellen. Abschließend sei eine weitere Limitierung der Arbeit genannt, die sich auf die Grundlage der Tätigkeitsanalyse bezieht: Diese fußt auf etablierten Prozessstrukturen produzierender Unternehmen. Mit den datentechnologischen Potenzialen des IPU (bspw. „Unmittelbarer Austausch und Auswertung von Informationen") wäre möglicherweise jedoch auch eine radikale Veränderung von Aufbau- und Ablauforganisation denkbar, sodass sich für die in dieser Arbeit entwickelte Methodik eine andere Tätigkeitsgrundlage ergeben würde. Die Detaillierung der Einflussfaktoren der Arbeitsproduktivität wäre in diesem Falls nochmals durchzuführen.

Darüber hinaus sind weitere Anknüpfungspunkte für Forschungsaktivitäten denkbar. So folgt insbesondere die Frage nach der kontextspezifischen Definition adäquater Projekte zum Fähigkeitsaufbau unmittelbar auf den Abschluss der Methodik zur Priorisierung der Fähigkeitsbündel. Sobald ausreichend viele Unternehmen die Transformation zum IPU abgeschlossen haben, würde zudem auch eine fallstudienbasierte Untersuchung der resultierenden Implementierungsprojekte wertvolle Erkenntnisse liefern: Neben der Prüfung der zugrundeliegenden Fähigkeitsauswahl wäre insbesondere deren tatsächliche Produktivitätswirkung aufschlussreich, um die in dieser Arbeit vorgenommene Eingrenzung auf qualitative Steigerungspotenziale zu erweitern. Abseits der inhaltlichen Anknüpfungspunkte an die Arbeit ist jedoch auch die Übertragung der Struktur der Arbeit in einen neuen Kontext möglich: Abstrahiert handelt es sich bei dem Vorgehen dieser Arbeit um die systematische Analyse der Einflussfaktoren einer Optimierungsgröße im Kontext von technologischem Wandel sowie die Identifikation der dazu erforderlichen Fähigkeiten und ihrer Abhängigkeiten. Die entwickelte Methodik könnte demnach ebenfalls für eine weitere Teilproduktivität durchgeführt werden oder auch einen gänzlich anderen Transformationskontext strukturieren.

Literaturverzeichnis

Aamodt, A.; Nygård, M., Different roles and mutual dependencies of data, information, and knowledge: An AI perspective on their integration, In: Data & Knowledge Engineering, Nr. 3, 16. Jg., 1995, S. 191-222.

Abecker, A.; Bernardi, A.; Hinkelmann, K.; Kuhn, O.; Sintek, M., Toward a technology for organizational memories, In: IEEE Intelligent Systems, Nr. 3, 13. Jg., 1998, S. 40-48.

Alatoibi, Y., Business process modelling challenges and solutions: A literature review, In: Journal of Intelligent Manufacturing, 27. Jg., 2016, S. 701-723.

Albers, S.; Gassmann, O., Technologie- und Innovationsmanagement, In: Albers, S.; Gassmann, O. (Hrsg.), Handbuch Technologie- und Innovationsmanagement, Gabler Verlag, Wiesbaden, 2005, S. 3-21.

Albliwi, S.; Antony, J.; Abdul Halim Lim, S.; van der Wiele, T., Critical failure factors of Lean Six Sigma: a systematic literature review, In: International Journal of Quality & Reliability Management, Nr. 9, 31. Jg., 2014, S. 1012-1030.

Alcácer, V.; Cruz-Machado, V., Scanning the Industry 4.0: A Literature Review on Technologies for Manufacturing Systems, In: Engineering Science and Technology, an International Journal, Nr. 3, 22. Jg., 2019, S. 899-919.

Aldinger, L., Methode zur strategischen Leistungsplanung in wandlungsfähigen Produktionsstrukturen des Mittelstandes, Dissertation, Universität Stuttgart, 2009.

Al-Laham, A., Die Implementierung von Strategien in der Untemehmenspraxis: Probleme und Losungsperspektiven, In: Welge, M. K.; Al-Laham, A.; Kajüter, P. (Hrsg.), Praxis des Strategischen Managements, Gabler Verlag, Wiesbaden, 2000, S. 261-277.

Almada-Lobo, F., The Industry 4.0 revolution and the future of Manufacturing Execution Systems (MES), In: Journal of Innovation Management, Nr. 4, 3. Jg., 2015, S. 16-21.

Armaş, I., Intelligent Enterprises: A Capabilities Oriented Model, In: Hyperion International Journal of Econophysics & New Economy, Nr. 1, 7. Jg., 2014, S. 89-100.

Arnold, D., Furmans, K., Materialfluss in Logistiksystemen, 7. Aufl.; Springer, Berlin, Heidelberg, 2019.

Arthur, M.; Claman, P.; DeFillippi, R., Intelligent enterprise, intelligent careers, In: Academy of Management Executive, Nr. 4, 9. Jg., 1995, S. 7-20.

Babiceanu, R.; Seker, R., Big Data and virtualization for manufacturing cyber-physical systems: A survey of the current status and future outlook, In: Computers in Industry, 81. Jg., 2016, S. 128-137.

Bailey, K. D., Typologies and Taxonomies: An introduction to classification techniques, Nachdruck; Sage, Thousand Oaks, CA, 2003.

Baines, T.; Lightfoot, W., Servitization of the manufacturing firm, In: International Journal of Operations & Production Management, Nr. 1, 34. Jg., 2013, S. 2-35.

Bansal, M.; Chana, I.; Clarke, S., A Survey on IoT Big Data, In: ACM Computing Surveys, Nr. 6, 53. Jg., 2021, S. 1-59.

Barari, A.; Tsuzuki, Marcos de Sales Guerra; Cohen, Y.; Macchi, M., Editorial: intelligent manufacturing systems towards industry 4.0 era, In: Journal of Intelligent Manufacturing, 2021.

Basseler, U., Utecht, B., Heinrich, J., Grundlagen und Probleme der Volkswirtschaft, 19. Aufl.; Schäffer-Poeschel, Stuttgart, 2013.

Baszenski, N., Steigerung der (Arbeits-) Produktivität: Grundlegende Zusammenhänge und praktische Vorgehensweise, In: Zeitschrift für Arbeitswissenschaft, Nr. 2-3, 66. Jg., 2012, S. 196-202.

Bauernhansl, T., Krüger, J., Reinhart, G., Schuh, G., WGP-Standpunkt Industrie 4.0, Darmstadt, 2016.

Bayha, A., Bock, J., Boss, B., Diedrich, C., Malakuti, S., Describing Capabilities of Industrie 4.0 Components, Berlin, 2020.

Beinhauer, M., Controlling im administrativen Bereich, Gabler, Wiesbaden, 1996.

Bera, S.; Misra, S.; Vasilakos, A., Software-Defined Networking for Internet of Things: A Survey, In: IEEE Internet of Things Journal, Nr. 6, 4. Jg., 2017, S. 1994-2008.

Berg, A., Industrie 4.0: So digital sind Deutschlands Fabriken, 2020.

Berg, L.; Vance, J., Industry use of virtual reality in product design and manufacturing: A survey, In: Virtual Reality, Nr. 1, 21. Jg., 2017, S. 1-17.

Bhamu, J.; Sangwan, K., Lean manufacturing: Literature review and research issues, In: International Journal of Operations & Production Management, Nr. 7, 34. Jg., 2014, S. 876-940.

Bhasin, S., Lean and performance measurement, In: Journal of Manufacturing Technology, Nr. 5, 19. Jg., 2008, S. 670-684.

Bhatt, G.; Grover, V., Types of Information Technology Capabilities and Their Role in Competitive Advantage: An Empirical Study, In: Journal of Management Information Systems, Nr. 2, 22. Jg., 2005, S. 253-277.

Bi, Z.; Da Xu, L.; Wang, C., Internet of Things for Enterprise Systems of Modern Manufacturing, In: IEEE Transactions on Industrial Informatics, Nr. 2, 10. Jg., 2014, S. 1537-1546.

Binder, V. A., Kantowsky, J., Technologiepotentiale: Neuausrichtung der Gestaltungsfelder des strategischen Technologiemanagements, DUV Dt. Univ.-Verl., Wiesbaden, 1996.

Bini, S., Artificial Intelligence, Machine Learning, Deep Learning, and Cognitive Computing: What Do These Terms Mean and How Will They Impact Health Care?, In: The Journal of arthroplasty, Nr. 8, 33. Jg., 2018, S. 2358-2361.

Bird, M., Major Problem Areas as Perceived by Presidents of Small Manufacturing Firms: A Case Study, In: Academy of Management Journal, Nr. 3, 16. Jg., 1973, S. 510-515.

Bischoff, R., Anlaufmanagement: Schnittstelle zwischen Projekt und Serie, Konstanz, 2007.

Björkdahl, J., Strategies for Digitalization in Manufacturing Firms, In: California Management Review, Nr. 4, 62. Jg., 2020, S. 17-36.

Blaeser-Benfer, A., Schröter, W., Vollborth, T., Produktivität für kleine und mittelständische Unternehmen: Teil I: Handlungsleitfaden für den industriellen Mittelstand, 2012.

Bleicher, K., Das Konzept integriertes Management: Visionen - Missionen - Programme, 9., aktualisierte und erweiterte Auflage des Standardwerks; Campus Verlag, Frankfurt, New York, 2017.

Bogaschewsky, R., Rollberg, R., Prozeßorientiertes Management, Springer, Berlin, Heidelberg, 1998.

Bokranz, R.; Landau, K., Produktivitätsmanagement von Arbeitssystemen: MTM-Handbuch, Schäffer-Poeschel, Stuttgart, 2006.

Bonabeau, E.; Meyer, C., Swarm intelligence: A whole new way to think about business, In: Harvard business review, Nr. 79, 2001, S. 106-114.

Boobier, T., Advanced analytics and AI: Impact, implementation, and the future of work, John Wiley & Sons Ltd, Chichester, United Kingdom, 2018.

Bowman, C., Strategy workshops and top-team commitment to strategic change, In: Journal of Managerial Psychology, Nr. 8, 10. Jg., 1995, S. 4-12.

Boyer, K.; Leong, G.; Ward, P.; Krajewski, L., Unlocking the potential of advanced manufacturing technologies, In: Journal of Operations Management, Nr. 4, 15. Jg., 1997, S. 331-347.

Bracht, U., Geckler, D., Wenzel, S., Digitale Fabrik: Methoden und Praxisbeispiele, 2. Aufl.; Springer Vieweg, Berlin, Heidelberg, 2018.

Brandenburg, F., Methodik zur Planung technologischer Produktinnovationen, Dissertation, RWTH Aachen University, 2002.

Brock, D., Intelligent Enterprise: A Knowledge and Service Based Paradigm for Industry: Book Review, In: The International Journal of Organizational Analysis, Nr. 1, 3. Jg., 1995, S. 105-107.

Brockhoff, K., Forschung und Entwicklung: Planung und Kontrolle, Walter de Gruyter, 1999.

Brüggemann, H., Bremer, P., Grundlagen Qualitätsmanagement: Von den Werkzeugen über Methoden zum TQM, 3. Aufl.; Springer Vieweg, Wiesbaden, Heidelberg, 2020.

Bruns, I.; Killich, S.; Künzer, A., Dokumentation, In: Pfeifer, T.; Schmitt, R. H. (Hrsg.), Masing Handbuch Qualitätsmanagement, 7. Aufl.; Hanser, München, 2021, S. 314-339.

Bui, T.; Lee, J., An agent-based framework for building decision support systems, In: Decision Support Systems, Nr. 3, 25. Jg., 1999, S. 225-237.

Bullinger, H.-J., Technologiemanagement, In: Eversheim, W.; Schuh, G. (Hrsg.), Produktion und Management »Betriebshütte«, Springer Berlin Heidelberg, Berlin, Heidelberg, 1996, S. 4-30.

Bundesministerium für Wirtschaft und Energie, Digitale Ökosysteme global gestalten: Leitbild 2030 für Industrie 4.0, Berlin, 2019.

Bundesministerium für Wirtschaft und Klimaschutz (2022), Was ist Industrie 4.0?: Menschen, Maschinen und Produkte sind direkt miteinander vernetzt: die vierte industrielle Revolution hat begonnen. URL: https://www.plattform-i40.de/IP/Navigation/DE/Industrie40/WasIndustrie40/was-ist-industrie-40.html, zuletzt geprüft am 07.03.2022.

Bundesverband Informationswirtschaft, Telekommunikation und neue Medien e. V. (Bitkom), Umsetzungsstrategie Industrie 4.0, Berlin, 2015.

Burggräf, P.; Dannapfel, M.; Swist, M.; Ebade Esfahani, M., Produktionslogistikplanung, In: Burggräf, P.; Schuh, G. (Hrsg.), Fabrikplanung - Handbuch Produktion und Management 4, 2. Aufl.; Springer Vieweg, Berlin, 2021, S. 225-272.

Burggräf, P.; Gartzen, T.; Wagner, J.; Wesch-Potente, C., Integriertes Anlaufmanagement, In: Burggräf, P.; Schuh, G. (Hrsg.), Fabrikplanung - Handbuch Produktion und Management 4, 2. Aufl.; Springer Vieweg, Berlin, 2021, S. 497-556.

Burggräf, P.; Koch, S.; Ebade Esfahani, M.; Vierschilling, S.; Hahn, V., Layoutplanung, In: Burggräf, P.; Schuh, G. (Hrsg.), Fabrikplanung - Handbuch Produktion und Management 4, 2. Aufl.; Springer Vieweg, Berlin, 2021, S. 409-454.

Burggräf, P.; Schuh, G.; Dannapfel, M., Produktionsprozessplanung, In: Burggräf, P.; Schuh, G. (Hrsg.), Fabrikplanung - Handbuch Produktion und Management 4, 2. Aufl.; Springer Vieweg, Berlin, 2021, S. 165-223.

Byrum, J. (2020), Leading the Intelligent Enterprise. URL: https://sloanreview.mit.edu/article/leading-the-intelligent-enterprise/, zuletzt geprüft am 29.06.2021.

Byrum, J., How the intelligent enterprise will drive innovation, In: ISE Magazine, Nr. 4, 53. Jg., 2021, S. 26-30.

Caelli, T.; Rentschler, I.; Scheidler, W., Visual pattern recognition in humans, In: Biological Cybernetics, 57. Jg., 1987, S. 233-240.

Camarinha-Matos, L.; Afsarmanesh, H.; Galeano, N.; Molina, A., Collaborative networked organizations: Concepts and practice in manufacturing enterprises, In: Computers & Industrial Engineering, Nr. 1, 57. Jg., 2009, S. 46-60.

Capgemini Research Institute, Scaling AI in Manufacturing Operations: A Practitioners' Perspective, 2019.

Carlsson, B., The evolution of manufacturing technology and its impact on industrial structure: An international study, Stockholm, 1988.

Chandler, A., Organizational Capabilities and the Economic History of the Industrial Enterprise, In: Journal of Economic Perspectives, Nr. 3, 6. Jg., 1992, S. 79-100.

Chavarría-Barrientos, D.; Batres, R.; Wright, P.; Molina, A., A methodology to create a sensing, smart and sustainable manufacturing enterprise, In: International Journal of Production Research, Nr. 1-2, 56. Jg., 2018, S. 584-603.

Chen, B.; Wan, J.; Shu, L.; Li, P.; Mukherjee, M.; Yin, B., Smart Factory of Industry 4.0: Key Technologies, Application Case, and Challenges, In: IEEE Access, 6. Jg., 2018, S. 6505-6519.

Chen, H.; Chiang, R.; Storey, V., Business Intelligence and Analytics: From Big Data to Big Impact, In: MIS Quarterly, Nr. 4, 36. Jg., 2012, S. 1165-1188.

Chen, I., Planning for ERP systems: analysis and future trend, In: Business Process Management Journal, Nr. 5, 7. Jg., 2001, S. 374-386.

Chiarello, F.; Trivelli, L.; Bonaccorsi, A.; Fantoni, G., Extracting and mapping industry 4.0 technologies using wikipedia, In: Computers in Industry, 100. Jg., 2018, S. 244-257.

Choudhary, A.; Harding, J.; Tiwari, M., Data mining in manufacturing: A review based on the kind of knowledge, In: Journal of Intelligent Manufacturing, Nr. 5, 20. Jg., 2009, S. 501-521.

Choy, K.; Lee, W.; Lo, V., An intelligent supplier management tool for benchmarking suppliers in outsource manufacturing, In: Expert Systems with Applications, Nr. 3, 22. Jg., 2002, S. 213-224.

Chryssolouris, G.; Mavrikios, D.; Papakostas, N.; Mourtzis, D.; Michalos, G.; Georgoulias, K., Digital manufacturing: History, perspectives, and outlook, In: Proceedings of the Institution of Mechanical Engineers, Part B: Journal of Engineering Manufacture, Nr. 5, 223. Jg., 2009, S. 451-462.

Cleff, T., Deskriptive Statistik und moderne Datenanalyse: Eine computergestützte Einführung mit Excel, PASW (SPSS) und STATA, 2. Aufl.; Gabler Verl. Springer Fachmedien, Wiesbaden, 2011.

Cole, F., Content analysis: Process and application, In: Clinical Nurse Specialist, Nr. 1, 2. Jg., 1988, S. 53-57.

Cooper, R., Perspective: The Stage-Gate ® Idea-to-Launch Process: Update, What's New, and NexGen Systems, In: Journal of Product Innovation Management, Nr. 3, 25. Jg., 2008, S. 213-232.

Curry, E., The Big Data Value Chain: Definitions, Concepts, and Theoretical Approaches, In: Cavanillas, J. M.; Curry, E.; Wahlster, W. (Hrsg.), New Horizons for a Data-Driven Economy, Springer International Publishing, Cham, 2016, S. 29-37.

Da Xu, L.; He, W.; Li, S., Internet of Things in Industries: A Survey, In: IEEE Transactions on Industrial Informatics, Nr. 4, 10. Jg., 2014, S. 2233-2243.

Dagnino, A., Data Analytics in the Era of the Industrial Internet of Things, Springer International Publishing, Cham, 2021.

DalleMule, L.; Davenport, T., What's Your Data Strategy, In: Harvard business review, Nr. 3, 2017, S. 112-121.

Dalmaris, P.; Tsui, E.; Hall, B.; Smith, B., A framework for the improvement of knowledge-intensive business processes, In: Business Process Management Journal, Nr. 2, 13. Jg., 2007, S. 279-305.

Dangayach, G.; Deshmukh, S., Manufacturing strategy, In: International Journal of Operations & Production Management, Nr. 7, 21. Jg., 2001, S. 884-932.

Danneels, E., Organizational antecedents of second-order competences, In: Strategic Management Journal, Nr. 5, 29. Jg., 2008, S. 519-543.

Davenport, T.; Jarvenpaa, S.; Beers, M., Improving Knowledge Work Processes, In: Sloan Management Review, Nr. 4, 37. Jg., 1996, S. 53-65.

Davis, J.; Edgar, T.; Porter, J.; Bernaden, J.; Sarli, M., Smart manufacturing, manufacturing intelligence, and demand-dynamic performance, In: Computers and Chemical Engineering, Nr. 2012, 47. Jg., 2012, S. 145-156.

Day, G., The Capabilities of Market-Driven Organizations, In: Journal of Marketing, Nr. 4, 58. Jg., 1994, S. 37.

Del Gatto, M.; Di Liberto, A.; Petraglia, C., Measuring Productivity, In: Journal of Economic Surveys, Nr. 5, 25. Jg., 2011, S. 952-1008.

Deutsche Gesellschaft für Qualität, Kennzahlen für erfolgreiches Management von Organisationen: Umsetzung von EFQM Excellence - Qualität messbar machen, 1. Aufl.; Beuth, Berlin, Wien, Zürich, 1999.

Deutsches Institut für Normung, Qualitätsmanagementsysteme (DIN EN ISO 9000), Beuth, Berlin, 2015

Deutsches Institut für Normung, Instandhaltung (DIN EN 13306), Beuth, Berlin, 2018

Deutsches Institut für Normung, Grundlagen der Instandhaltung (DIN 31051), Beuth, Berlin, 2019

Di Ciccio, C.; Marrella, A.; Russo, A., Knowledge-Intensive Processes: Characteristics, Requirements and Analysis of Contemporary Approaches, In: Journal on Data Semantics, Nr. 1, 4. Jg., 2015, S. 29-57.

Diamandis, P. H., The Future Is Faster Than You Think: How Converging Technologies Are Transforming Business, Industries, and Our Lives, Simon & Schuster, New York, 2020.

Dilda, V., Hippe, M., Mori, L., Noterdaeme, O., Schmitz, C., van Niel, J., Manufacturing: Analytics unleashes productivity and profitability, 2017.

Doll, W.; Vonderembse, M., The evolution of manufacturing systems: Towards the post-industrial enterprise, In: Omega, Nr. 5, 19. Jg., 1991, S. 401-411.

Dombrowski, U.; Hanke, T., Lean Ramp-up: Ein Organisationsmodell für das Anlaufmanagement, In: ZWF Zeitschrift für wirtschaftlichen Fabrikbetrieb, Nr. 6, 112. Jg., 2017, S. 387-391.

Doms, M.; Dunne, T.; Roberts, M., The role of technology use in the survival and growth of manufacturing plants, In: International Journal of Industrial Organization, 13. Jg., 1995, S. 523-542.

Dorner, M., Das Produktivitätsmanagement des Industrial Engineering unter besonderer Betrachtung der Arbeitsproduktivität und der indirekten Bereiche, Dissertation, Karlsruher Institut für Technologie, 2014.

Dorner, M.; Stowasser, S., Das Produktivitätsmanagement des Industrial Engineering, In: Zeitschrift für Arbeitswissenschaft, Nr. 2-3, 66. Jg., 2012, S. 212-225.

Dove, R., The knowledge worker, In: Automotive Manufacturing & Production, Nr. 6, 110. Jg., 1998, S. 26-27.

Drucker, P., Knowledge-Worker Productivity: The Biggest Challenge, In: California Management Review, Nr. 2, 41. Jg., 1999, S. 79-94.

Duden (2022), Bündel. URL: https://www.duden.de/rechtschreibung/Buendel, zuletzt geprüft am 03.01.2022.

Dudenredaktion (2022), Wissen. URL: https://www.duden.de/node/206493/revision/504271, zuletzt geprüft am 16.02.2022.

Dumitrache, I.; Caramihai, S.; Stanescu, A., From mass production to Intelligent Cyber-Enterprise, 19th International Conference on Contorol Systems and Computer Science, IEEE, 2013, S. 399-404.

Dyckhoff, H., Spengler, T. S., Produktionswirtschaft: Eine Einführung für Wirtschaftsingenieure, 2., verb. Aufl.; Springer, Berlin, 2007.

Eisele, O.; Jeske, T.; Lennings, F., Produktivitätsmanagement: Anforderungen, Gestaltung und Umsetzung in der digitalisierten Arbeitswelt, In: Jeske, T.; Lennings, F. (Hrsg.), Produktivitätsmanagement 4.0 - Praxiserprobte Vorgehensweisen zur Nutzung der Digitalisierung in der Industrie, Springer, Berlin, Heidelberg, 2021, S. 7-41.

Eisenhardt, K.; Martin, J., Dynamic capabilities: What are they?, In: Strategic Management Journal, Nr. 10-11, 21. Jg., 2000, S. 1105-1121.

El Arass, M.; Soussi, N., Data Lifecycle: From Big Data to Smart Data, In: El Mohajir, M. (Hrsg.), 5th International IEEE Congress on Information Science and Technology - Proceedings, IEEE, 2018.

Eldred, E.; McGrath, M., Commercializing New Technology, In: Research-Technology Management, Nr. 1, 40. Jg., 1997, S. 41-47.

Elia, V.; Gnoni, M.; Lanzilotto, A., Evaluating the application of augmented reality devices in manufacturing from a process point of view: an AHP based model, In: Expert Systems with Applications, Nr. 1, 63. Jg., 2016, S. 187-197.

Elo, S.; Kyngäs, H., The qualitative content analysis process, In: Journal of Advanced Nursing, Nr. 1, 62. Jg., 2008, S. 107-115.

Eppinger, S. D., Design structure matrix methods and applications, Online-Ausg; MIT Press, Cambridge, 2012.

Escobar, C.; McGovern, M.; Morales-Menendez, R., Quality 4.0: A review of big data challenges in manufacturing, In: Journal of Intelligent Manufacturing, 2021, S. 1-16.

Esmaeilian, B.; Behdad, S.; Wang, B., The evolution and future of manufacturing: A review, In: Journal of Manufacturing Systems, 39. Jg., 2016, S. 79-100.

Eversheim, W., Innovationsmanagement für technische Produkte, Springer, Berlin, Heidelberg, 2003.

Fahrmeir, L., Heumann, C., Künstler, R., Pigeot, I., Tutz, G., Statistik: Der Weg zur Datenanalyse, 8., überarbeitete und ergänzte Auflage; Springer Spektrum, Berlin, Heidelberg, 2016.

Feldhusen, J., Grote, K.-H., Pahl/Beitz Konstruktionslehre, Springer Berlin Heidelberg, Berlin, Heidelberg, 2013.

Felin, T.; Powell, T., Designing Organizations for Dynamic Capabilities, In: California Management Review, Nr. 4, 58. Jg., 2016.

Fleischmann, B., Begriffliche Grundlagen der Logistik, In: Tempelmeier, H. (Hrsg.), Begriff der Logistik, logistische Systeme und Prozesse, Springer, Berlin, Heidelberg, 2018, S. 1-16.

Forsythe, S., Human factors in agile manufacturing: A brief overview with emphasis on communications and information insfrastructure, In: Human Factors and Ergonomics in Manufacturing, Nr. 1, 7. Jg., 1997, S. 3-10.

Frank, A.; Dalenogare, L.; Ayala, N., Industry 4.0 technologies: Implementation patterns in manufacturing companies, In: International Journal of Production Economics, 210. Jg., 2019, S. 15-26.

Frenz, W., Beitrag zur Messung der Produktivität und deren Vergleich auf der Grundlage technischer Mengengrößen, VS Verlag für Sozialwissenschaften, Wiesbaden, 1963.

Gareis, R., Gareis, L., Projekt. Programm. Change: Lehr- und Handbuch für Intrapreneure in projektorientierten Organisationen, Manz, Wien, 2017.

Garrel, J. von; Koch, L.; Dengler, T.; Linke, M.; Rittler, C.; Heinisch, K., Toolbox zur Gestaltung wissensintensiver industrieller Dienstleistungen, In: Schlick, C. M.; Schenk, M.; Spath, D.; Ganz, W. (Hrsg.), Produktivitätsmanagement von Dienstleistungen - Modelle, Methoden und Werkzeuge, Springer, Berlin, Heidelberg, 2016, S. 323-381.

Gassmann, O., Sutter, P., Praxiswissen Innovationsmanagement: Von der Idee zum Markterfolg, 2. Aufl.; Hanser, München, 2011.

Gates, D., Mayor, T., Gampenrieder, E. L., Global Manufacturing Outlook: Competing for growth: How to be a growth leader in industrial manufacturing, Switzerland, 2016.

Ge, J.; Wang, F.; Sun, H.; Fu, L.; Sun, M., Research on the maturity of big data management capability of intelligent manufacturing enterprise, In: Systems Research and Behavioral Science, Nr. 4, 37. Jg., 2020, S. 646-662.

Geiger, W., Kotte, W., Handbuch Qualität: Grundlagen und Elemente des Qualitätsmanagements: Systeme - Perspektiven, 5. Aufl.; Vieweg, Wiesbaden, 2008.

Gerboth, T., Statistische Prozessregelung bei administrativen Prozessen im Rahmen eines ganzheitlichen Prozesscontrollings, Dissertation, Technische Universität Berlin, 2002.

Ghobadian, A.; Husband, T., Measuring total productivity using production functions, In: International Journal of Production Research, Nr. 8, 28. Jg., 1990, S. 1435-1446.

Ghobakhloo, M., The future of manufacturing industry: A strategic roadmap toward Industry 4.0, In: Journal of Manufacturing Technology Management, Nr. 6, 29. Jg., 2018, S. 910-936.

Gilchrist, A., Industry 4.0: The Industrial Internet of Things, Springer, Heidelberg, 2016.

Glaser, B. G., Theoretical Sensitivity: Advances in the Methodology of Grounded Theory, Sociology Press, Mill Valley, CA, USA, 1978.

Gleich, R.; Grönke, K.; Kirchmann, M.; Leyk, J., Strategische Unternehmensführung mit Advanced Analytics: Neue Möglichkeiten von Big Data für Planung und Analyse erkennen und nutzen, 1. Auflage; Haufe Gruppe, Freiburg, München, Stuttgart, 2017.

Glöckner, R., Benter, M., Grabner, C., Lödding, H., Modellierung der Arbeitsproduktivität, 2017.

Goesmann, T., Ein Ansatz zur Unterstützung wissensintensiver Prozesse durch Workflow-Management-Systeme, Dissertation, Technische Universität Berlin, 2002.

Gronau, N.; Müller, C.; Korf, R., KMDL – Capturing, Analysing and Improving Knowledge-Intensive Business Processes, In: Journal of Universal Computer Science, Nr. 4, 11. Jg., 2005, S. 452-472.

Grundspenkis, J., Agent based approach for organization and personal knowledge modelling: knowledge management perspective, In: Journal of Intelligent Manufacturing, Nr. 4, 18. Jg., 2007, S. 451-457.

Gunasekaran, A., Agile manufacturing: A framework for research and development, In: Int. J. Production Economics, Nr. 1-2, 62. Jg., 1999, S. 87-105.

Günther, H.-O., Tempelmeier, H., Produktion und Logistik, 9. Aufl.; Springer, Berlin, 2012.

Gusmeroli, S.; Piccione, S.; Rotondi, D., A capability-based security approach to manage access control in the Internet of Things, In: Mathematical and Computer Modelling, Nr. 5-6, 58. Jg., 2013, S. 1189-1205.

Haberfellner, R.; Weck, O. de; Fricke, E.; Vössner, S., Systems Engineering: Grundlagen und Anwendung, 12. Aufl.; Orell Füssli, Zürich, 2012.

Harding, J.; Shahbaz, M.; Srinivas, S.; Kusiak, A., Data Mining in Manufacturing A Review, In: Journal of Manufacturing Science and Engineering, Nr. 4, 128. Jg., 2006, S. 969-976.

Heine, I.; Hellebrandt, T.; Pfeifer, T.; Schmitt, R., Qualitätsgerechte Organisationsstrukturen, In: Pfeifer, T.; Schmitt, R. H. (Hrsg.), Masing Handbuch Qualitätsmanagement, 7. Aufl.; Hanser, München, 2021, S. 40-53.

Hoening, C.; Esch, M.; Wald, A., Big Data, Business Intelligence und Business Analytics: Bedeutung, Nutzen und Mehrwert für die Unternehmenssteuerung, In: Gleich, R.; Grönke, K.; Kirchmann, M.; Leyk, J. (Hrsg.), Strategische Unternehmensführung mit Advanced Analytics - Neue Möglichkeiten von Big Data für Planung und Analyse erkennen und nutzen, 1. Auflage; Haufe Gruppe, Freiburg, München, Stuttgart, 2017, S. 27-42.

Horvitz, E.; Mulligan, D., Policy forum: Data, privacy, and the greater good, In: Science, Nr. 349, 2015, S. 253-255.

Hsieh, H.-F.; Shannon, S., Three approaches to qualitative content analysis, In: Qualitative Health Research, 15. Jg., 2005, S. 1277-1288.

Hu, Y.; Li, J.; Holloway, L., Towards Modeling of Resilience Dynamics in Manufacturing Enterprises: Literature Review and Problem Formation, In: 4th IEEE Conference on Automation Science and Engineering, 2008, S. 279-284.

Hungenberg, H., Strategisches Management in Unternehmen: Ziele - Prozesse - Verfahren, 8., aktualisierte Auflage; Springer Gabler, Wiesbaden, 2014.

Işik, Ö.; Mertens, W.; van den Bergh, J., Practices of knowledge intensive process management: Quantitative insights, In: Business Process Management Journal, Nr. 3, 19. Jg., 2013, S. 515-534.

Ivanov, D.; Dolgui, A.; Sokolov, B., The impact of digital technology and Industry 4.0 on the ripple effect and supply chain risk analytics, In: International Journal of Production Research, Nr. 3, 57. Jg., 2019.

Javidan, M., Core competence: What does it mean in practice?, In: Long Range Planning, Nr. 1, 31. Jg., 1998, S. 60-71.

Jin-Hai, L.; Anderson, A.; Harrison, R., The evolution of agile manufacturing, In: Business Process Management Journal, Nr. 2, 9. Jg., 2003, S. 170-189.

Jodlbauer, H., Produktionsoptimierung: Wertschaffende sowie kundenorientierte Planung und Steuerung, 2. Aufl.; Springer, Wien, 2008.

Jordan, M.; Mitchell, T., Machine learning: Trends, perspectives, and prospects, In: Science (New York, N.Y.), Nr. 349, 2015, S. 253-255.

Kagermann, H., Riemensperger, F., Hoke, D., Helbig, J., Stocksmeier, D., Wahlster, W., Scheer, A.-W., Schweer, D., Smart Service Welt: Umsetzungsempfehlungen für das Zukunftsprojekt Internetbasierte Dienste für die Wirtschaft, Berlin, 2014.

Kagermann, H., Wahlster, W., Helbig, J., Recommendations for implementing the strategic initiative Industrie 4.0: Securing the future of German manufacturing industry. Final report of the Industrie 4.0 Working Group, 2013.

Käselau, J.; Rokitta, O., Arbeitsvorbereitung, In: Nedeß, C. (Hrsg.), Organisation des Produktionsprozesses, Vieweg+Teubner, Wiesbaden, 1997, S. 219-246.

Käselau, J.; Schmidt, D., Materialwirtschaft, In: Nedeß, C. (Hrsg.), Organisation des Produktionsprozesses, Vieweg+Teubner, Wiesbaden, 1997, S. 247-269.

Keller, B., Digital Innovation to Drive Intelligent Utility Enterprise, In: 2019 IEEE International Conference on Energy Internet (ICEI), 2019, S. 484-486.

Kephart, J.; Chess, D., The vision of autonomic computing, In: IEEE Computer, Nr. 1, 36. Jg., 2003, S. 41-50.

Kislov, R.; Waterman, H.; Harvey, G.; Boaden, R., Rethinking capacity building for knowledge mobilisation, develping multilevel capabilities in healthcare organizations, In: Implementation Science, Nr. 2014, 9. Jg., 2014.

Klappert, S.; Schuh, G.; Aghassi, S., Einleitung und Abgrenzung, In: Schuh, G.; Klappert, S. (Hrsg.), Technologiemanagement, Springer Berlin Heidelberg, Berlin, Heidelberg, 2011, S. 5-10.

Klappert, S.; Schuh, G.; Möller, H.; Nollau, S., Technologieentwicklung, In: Schuh, G.; Klappert, S. (Hrsg.), Technologiemanagement, Springer Berlin Heidelberg, Berlin, Heidelberg, 2011, S. 223-239.

Klassen, R.; Whybark, D., The Impact of Environmental Technologies on Manufacturing Performance, In: Academy of Management Journal, Nr. 6, 42. Jg., 1999, S. 599-615.

Klie, L., Data Dominates Marketing Innovations: New technologies will continue increasing what companies can do with the data they have, In: Customer Relationship Management, Nr. 4, 2019, S. 32-35.

Klingenberg, C.; Borges, M.; Antunes Jr, J., Industry 4.0 as a data-driven paradigm: A systematic literature review on technologies, In: Journal of Manufacturing Technology Management, Nr. 3, 32. Jg., 2021, S. 570-592.

Klug, F., Logistikmanagement in der Automobilindustrie: Grundlagen der Logistik im Automobilbau, 2. Auflage; Springer Vieweg, Berlin, Heidelberg, 2018.

Kluge, S., Empirisch begründete Typenbildung: Zur Konstruktion von Typen und Typologien in der qualitativen Sozialforschung, VS Verlag für Sozialwissenschaften, Wiesbaden, 1999.

Knoblich, H., Betriebswirtschaftliche Warentypologie: Grundlagen und Anwendungen, VS Verlag für Sozialwissenschaften, Wiesbaden, 1969.

Knoblich, H., Die typologische Methode in der Betriebswirtschaftslehre, In: Wirtschaftswissenschaftliches Studium, Nr. 4, 1. Jg., 1972, S. 141-147.

Kolberg, D.; Zühlke, D., Lean Automation enabled by Industry 4.0 Technologies, In: IFAC-PapersOnLine, Nr. 3, 48. Jg., 2015, S. 1870-1875.

Konz, H.; Hübner, D.; Grepp, G.; Spathelf, C.; Alicke, K.; Lippolt, C.; Wisser, J., Intralogistik in Netzen: Potentiale für Dienstleister, In: Arnold, D. (Hrsg.), Intralogistik - Potentiale, Perspektiven, Prognosen, Springer, Berlin, Heidelberg, 2006, S. 53-100.

Kortuem, G.; Kawsar, F.; Fitton, D.; Sundramoorthy, V., Smart objects as building blocks for the internet of things, In: IEEE Internet Computer, Nr. 1, 14. Jg., 2010, S. 44-51.

Kosch, B., Lason, M., Porst, U., Schulz, E., Industrie 4.0 - Status und Perspektiven: Studie, Berlin, 2016.

Krippendorf, W., Biehler, H., Holst, G., Schwarz-Kocher, M., Kennziffer "Produktivität": Bedeutung und Anwendungsmöglichkeiten am Beispiel der Metall- und Elektroindustrie in Ostdeutschland, Frankfurt/Main, 2015.

Krippendorff, K., Content Analysis: An Introduction to Its Methodology, 2. Aufl.; Sage Publications, Inc., California, 2004.

Kubicek, H., Heuristische Bezugsrahmen und heuristisch angelegte Forschungsdesign als Elemente einer Konstruktionsstrategie empirischer Forschung, Institut für Unternehmensführung, Berlin, 1976.

Kuckartz, U., Qualitative Text Analysis: A Systematic Approach, In: Kaiser, G.; Presmeg, N. (Hrsg.), Compendium for Early Career Researchers in Mathematics Education, Springer International Publishing, Cham, 2019, S. 181-197.

Kuhn, A., Prozessketten in der Logistik: Entwicklungstrends und Umsetzungsstrategien, 1995.

Kusiak, A., Smart manufacturing, In: International Journal of Production Research, Nr. 1-2, 56. Jg., 2018, S. 508-517.

Lade, P.; Ghosh, R.; Srinivasan, S., Manufacturing Analytics and Industrial Internet of Things, In: IEEE Intelligent Systems, Nr. 3, 32. Jg., 2017, S. 74-79.

Lay, G., Kinkel, S., Jäger, A., Stellhebel für mehr Produktivität: Benchmarking identifiziert Potenziale zur Steigerung der Produktivität: Mitteilungen aus der ISI-Erhebung, Karlsruhe, 2009.

Lazarsfeld, P., Some Remarks on the Typological Procedures in Social Research, In: Zeitschrift für Sozialforschung, Nr. 1, 6. Jg., 1937, S. 119-139.

Lee, J., E-manufacturing - fundamental, tools, and transformation, In: Robotics and Computer-Integrated Manufacturing, Nr. 6, 19. Jg., 2003, S. 501-507.

Lee, J.; Ardakani, H.; Yang, S.; Bagheri, B., Industrial Big Data Analytics and Cyber-physical Systems for Future Maintenance & Service Innovation, In: Procedia CIRP, 38. Jg., 2015, S. 3-7.

Lee, J.; Lapira, E.; Bagheri, B.; Kao, H., Recent advances and trends in predictive manufacturing systems in big data environment, In: Manufacturing Letters, Nr. 1, 1. Jg., 2013, S. 38-41.

Leitão, P., Agent-based distributed manufacturing control: A state-of-the-art survey, In: Engineering Applications of Artificial Intelligence, Nr. 2009, 22. Jg., 2009, S. 979-991.

Leitão, P.; Restivo, F., ADACOR: A holonic architecture for agile and adaptive manufacturing control, In: Computers in Industry, Nr. 2, 57. Jg., 2006, S. 121-130.

Leonard-Barton, D., Core Capabilities and Core Rigidities: A Paradox in Managing New Product Development, In: Strategic Management Journal, Nr. Summer, 13. Jg., 1992, S. 111-125.

Lepenioti, K.; Bousdekis, A.; Apostolou, D.; Mentzas, G., Prescriptive analytics: Literature review and research challenges, In: International Journal of Information Management, 50. Jg., 2020, S. 57-70.

Li, J.; Tao, F.; Cheng, Y.; Zhao, L., Big Data in product lifecycle management, In: The International Journal of Advanced Manufacturing Technology, Nr. 1-4, 81. Jg., 2015, S. 667-684.

Li, L.; Markowski, E.; Markowski, C.; Xu, L., Assessing the effects of manufacturing infrastructure preparation prior to enterprise information-systems implementation, In: International Journal of Production Research, Nr. 6, 46. Jg., 2008, S. 1645-1665.

Linß, G., Prüfplanung, In: Pfeifer, T.; Schmitt, R. H. (Hrsg.), Masing Handbuch Qualitätsmanagement, 7. Aufl.; Hanser, München, 2021, S. 652-675.

Liu, K.; Zhong, P.; Zeng, Q.; Li, D.; Li, S., Application modes of cloud manufacturing and program analysis, In: Journal of Mechanical Science and Technology, Nr. 1, 31. Jg., 2017, S. 157-164.

Liu, X.; Zhang, W.; Patri, K., Intelligent manufacturing systems in global manufacturing paradigm: A critical review and research issues, Proceedings of the CIRP International Symposium on Advanced Design and Manufacturing in the Global Manufacturing Era, Hong Kong, 1997, S. 406-416.

Loasby, B., The organisation of capabilities, In: Journal of Economic Behavior & Organization, Nr. 2, 35. Jg., 1998, S. 139-160.

Lustig, I.; Dietrich, B.; Johnson, C.; Dziekan, C., The Analytics Journey: An IBM view of the structured data analysis landscape: descriptive, predictive and prescriptive analytics, In: Business Analytics, 2010.

Maier, G.; Bartscher, T.; Nissen, R. (2018), Fähigkeit. URL: https://wirtschaftslexikon.gabler.de/definition/faehigkeit-36322/version-259779, zuletzt geprüft am 27.05.2022.

Mangoldt, J. von, Methode zur Ausrichtung der technologiekompetenzbasierten Diversifikation, Dissertation, RWTH Aachen University, 2018.

Marjanovic, O., Improvement of Knowledge-Intensive Business Processes Through Analytics and Knowledge Sharing, 37th International Conference on Information Systems (ICIS 2016), Curran Associates Inc, Red Hook, NY, 2016, 2820-2838.

Mashingaidze, S., Harmonizing intelligence terminologies in business: Literature review, In: Journal of Governance and Regulation, Nr. 4, 3. Jg., 2014, S. 156-162.

Masing, W., Das Unternehmen im Wettbewerb, In: Pfeifer, T.; Schmitt, R. H. (Hrsg.), Masing Handbuch Qualitätsmanagement, 7. Aufl.; Hanser, München, 2021, S. 4-14.

Matyas, K., Ganzheitliche Optimierung durch individuelle Instandhaltungsstrategien, In: Industrie Management, Nr. 2, 18. Jg., 2002, S. 13-16.

Meade, L.; Sarkis, J., Analyzing organizational project alternatives for agile manufacturing processes: An analytical network approach, In: International Journal of Production Research, Nr. 2, 37. Jg., 1999, S. 241-261.

Meinel, C., Schneiss, D., Smart Data - Potenziale und Herausforderungen: Vernetzte Anwendungen und Plattformen für die digitale Gesellschaft, 2015.

Menezes, B.; Kelly, J.; Leal, A.; Le Roux, G., Predictive, Prescriptive and Detective Analytics for Smart Manufacturing in the Information Age, In: IFAC-PapersOnLine, Nr. 1, 52. Jg., 2019, S. 568-573.

Meyer, S.; Thiesen, S., Produktentwicklung und -beschreibung, In: Nedeß, C. (Hrsg.), Organisation des Produktionsprozesses, Vieweg+Teubner, Wiesbaden, 1997, S. 147-194.

Misterek, S.; Dooley, K.; Anderson, J., Productivity as a Performance Measure, In: International Journal of Operations & Production Management, Nr. 1, 12. Jg., 1992, S. 29-45.

Moeuf, A.; Pellerin, R.; Lamouri, S.; Tamayo-Giraldo, S.; Barbaray, R., The industrial management of SMEs in the era of Industry 4.0, In: International Journal of Production Research, Nr. 3, 56. Jg., 2018, S. 1118-1136.

Monostori, L., Cyber-physical Production Systems: Roots, Expectations and R&D Challenges, In: Procedia CIRP, 17. Jg., 2014, S. 9-13.

Monostori, L.; Kádár, B.; Bauernhansl, T.; Kondoh, S.; Kumara, S.; Reinhart, G.; Sauer, O.; Schuh, G.; Sihn, W.; Ueda, K., Cyber-physical systems in manufacturing, In: CIRP Annals, Nr. 2, 65. Jg., 2016, S. 621-641.

Mourtzis, D.; Vlachou, E.; Milas, N., Industrial Big Data as a Result of IoT Adoption in Manufacturing, In: Procedia CIRP, 55. Jg., 2016, S. 290-295.

Moyne, J.; Tilbury, D., The Emergence of Industrial Control Networks for Manufacturing Control, Diagnostics, and Safety Data, In: Proceedings of the IEEE, Nr. 1, 95. Jg., 2007, S. 29-47.

Muehlen, M.; Shapiro, R., Business Process Analytics, In: Brocke, Jan vom Rosemann, Michael (Hrsg.), Handbook on Business Process Management 2, Springer Berlin Heidelberg, Berlin, Heidelberg, 2010, S. 137-157.

Müller, J., Saueressig, T., Intelligent Enterprises Are Integrated Enterprises: SAP's Cloud Integration 2022 Highlights, 2022.

Mundbrod, N.; Reichert, M., Process-Aware Task Management Support for Knowledge-Intensive Business Processes: Findings, Challenges, Requirements, 2014 IEEE 18th International Enterprise Distributed Object Computing Conference Workshops and Demonstrations, IEEE, 2014, S. 116-125.

Nebl, T., Produktivitätsmanagement: Theoretische Grundlagen, methodische Instrumentarien, Analyseergebnisse und Praxiserfahrungen zur Produktivitätssteigerung in produzierenden Unternehmen, Hanser, München, 2002.

Neemann, C.; Schuh, G., Technologieschutz, In: Schuh, G.; Klappert, S. (Hrsg.), Technologiemanagement, Springer Berlin Heidelberg, Berlin, Heidelberg, 2011, S. 283-307.

Oliveira, T.; Thomas, M.; Espadanal, M., Assessing the determinants of cloud computing adoption: An analysis of the manufacturing and services sectors, In: Information & Management, Nr. 5, 51. Jg., 2014, S. 497-510.

Ongsulee, P., Artificial intelligence, machine learning and deep learning, In: Proceedings 2017 Fifteenth International Conference on ICT and Knowledge Engineering, 2017.

Organisation for Economic Co-Operation and Development (OECD), The Future of Productivity, OECD Publishing, Paris, 2015.

Otto, B., Jürjens, J., Schon, J., Auer, S., Menz, N., Wenzel, S., Cirullies, J., Industrial Data Space: Digitale Souveränität über Daten, München, 2016.

Oussous, A.; Benjelloun; Fatima-Zahra; Lahcen, A.; Belfkih, S., Big Data technologies: A survey, In: Journal of King Saud University - Computer and Information Sciences, Nr. 4, 30. Jg., 2018, S. 431-448.

Oztemel, E.; Gursev, S., Literature review of Industry 4.0 and related technologies, In: Journal of Intelligent Manufacturing, Nr. 1, 31. Jg., 2020, S. 127-182.

Pan, J.; Tenenbaum, J., An intelligent agent framework for enterprise integration, In: IEEE Transactions on Systems, Man, and Cybernetics, Nr. 6, 21. Jg., 1991, S. 1391-1408.

Panetto, H.; Molina, A., Enterprise integration and interoperability in manufacturing systems: Trends and issues, In: Computers in Industry, Nr. 7, 59. Jg., 2008, S. 641-646.

Patzak, G., Systemtechnik: Planung komplexer innovativer Systeme, Springer Berlin Heidelberg, Berlin, Heidelberg, 1982.

Pellissier, R.; Nenzhelele, T., Towards a universal definition of competitive intelligence, In: South African Journal of Information Management, Nr. 2, 15. Jg., 2013.

Peng, Y.; Finin, T.; Labrou, Y.; Cost, R.; Chu, B.; Long, J.; Tolone, W.; Boughannam, A., Agent-based approach for manufacturing integration: The ciimplex experience, In: Applied Artificial Intelligence, Nr. 1-2, 13. Jg., 1999, S. 39-63.

Perera, C.; Liu, C.; Jayawardena, S., The Emerging Internet of Things Marketplace From an Industrial Perspective: A Survey, In: IEEE Transactions on Emerging Topics in Computing, Nr. 4, 3. Jg., 2015, S. 585-598.

Pfeifer, T.; Schmitt, R., Masing Handbuch Qualitätsmanagement, 7. Aufl.; Hanser, München, 2021.

Plattform Industrie 4.0 (2022), Map of Industrie 4.0 use cases. URL: https://www.plattform-i40.de/IP/Navigation/Karte/SiteGlobals/Forms/Formulare/EN/map-use-cases-formular.html, zuletzt geprüft am 14.12.2022.

Polit, D. F., Beck, C. T., Nursing Research. Principles and Methods., Lippincott Williams & Wilkins, Philadelphia, PA, USA, 2004.

Porter, M. E., Wettbewerbsvorteile: Spitzenleistungen erreichen und behaupten, 8. Aufl.; Campus, Frankfurt am Main, 2014.

Prefi, T., Qualitätsmanagement in der Produktentwicklung, In: Pfeifer, T.; Schmitt, R. H. (Hrsg.), Masing Handbuch Qualitätsmanagement, 7. Aufl.; Hanser, München, 2021, S. 384-424.

Qi, Q.; Tao, F., Digital Twin and Big Data Towards Smart Manufacturing and Industry 4.0: 360 Degree Comparison, In: IEEE Access, 6. Jg., 2018, S. 3585-3593.

Qin, J.; Liu, Y.; Grosvenor, R., A Categorical Framework of Manufacturing for Industry 4.0 and Beyond, In: Procedia CIRP, 52. Jg., 2016, S. 173-178.

Quinn, J., The intelligent enterprise a new paradigm, In: Academy of Management Perspectives, Nr. 4, 6. Jg., 1992, S. 48-63.

Quinn, J., Managing the Intelligent Enterprise: Knowledge & Service-Based Strategies, In: Planning Review, 1993, S. 13-16.

Quinn, J., The intelligent enterprise a new paradigm, In: Academy of Management Perspectives, Nr. 4, 19. Jg., 2005, S. 109-121.

Quinn, J.; Anderson, P.; Finkelstein, S., Managing Professional Intellect: Making the Most of the Best, In: Harvard business review, Nr. 2, 1996, S. 71-80.

Quinn, J. B., Intelligent Enterprise: A New Paradigm for a New Era, The Free Press, London, 1992.

Raguseo, E., Big data technologies: An empirical investigation on their adoption, benefits and risks for companies, In: International Journal of Information Management, Nr. 1, 38. Jg., 2018, S. 187-195.

Rajasekhara Mouly, P.; Mukhtarova, K.; Tovma, N.; Chukubayev, Y.; Baikushikova, G., Digitalization in the socio-economic sphere: Content of development, foreign practices and results, In: International Relations and International Law Journal, Nr. 2, 90. Jg., 2020, S. 72-84.

Ramírez, Y.; Nembhard, D., Measuring knowledge worker productivity, In: Journal of Intellectual Capital, Nr. 4, 5. Jg., 2004, S. 602-628.

Remus, U., Prozessorientiertes Wissensmanagement: Konzepte und Modellierung, Dissertation, Universität Regensburg, 2002.

Ricketts, D. S., The Intelligent Enterprise: Insights from the 2016 Innovation Symposium at Harvard, 2016.

Rixe, C.; Augustin, H., Referenzmodelle für die Intralogistik, In: ZWF Zeitschrift für wirtschaftlichen Fabrikbetrieb, Nr. 12, 115. Jg., 2020, S. 894-898.

Rogers, B., Maguire, E., Nishi, A., How To Win at Digital Transformation: Insights From a Global Survey of Top Executives, 2016.

Rösch, F.; Mayer, A.; Doch, S., Grundlagen des Änderungsmanagements im Anlauf, In: Schuh, G.; Stölzle, W.; Straube, F. (Hrsg.), Anlaufmanagement in der Automobilindustrie erfolgreich umsetzen - Ein Leitfaden für die Praxis, Springer, Berlin, Heidelberg, 2008, S. 215-220.

Roth, A., Industrie 4.0 – Hype oder Revolution?, In: Roth, A. (Hrsg.), Einführung und Umsetzung von Industrie 4.0 - Grundlagen, Vorgehensmodell und Use Cases aus der Praxis, Springer, Berlin, Heidelberg, 2016, S. 3-15.

Rouach, D.; Santi, P., Competitive Intelligence Adds Value: Five Intelligence Attitudes, In: European Management Journal, Nr. 5, 19. Jg., 2001, S. 552-559.

Ruch, W., The measurement of white-collar productivity, In: National Productivity Review, Nr. 4, 1. Jg., 1982, S. 416-426.

Rüegg-Stürm, J., Das neue St.Galler Management-Modell, In: Dubs (Hrsg.), Einführung in die Managementlehre, 2004, S. 64-141.

Ryll, F.; Freund, C., Grundlagen der Instandhaltung, In: Schenk, M. (Hrsg.), Instandhaltung technischer Systeme - Methoden und Werkzeuge zur Gewährleistung eines sicheren und wirtschaftlichen Anlagenbetriebs, Springer, Berlin, Heidelberg, 2010, S. 23-101.

Salatian, A.; Hunter, J., Deriving Trends in Historical and Real-Time Continuously Sampled Medical Data, In: Journal of Intelligent Information Systems, Nr. 1/2, 13. Jg., 1999, S. 47-71.

Saldaña, J., The Coding Manual for Qualitative Researchers, 2. Aufl.; SAGE Publications, Los Angeles, London, New Delhi, Singapore, Washington DC, 2013.

Sandelowski, M., Qualitative analysis: What it is and how to begin?, In: Research in Nursing & Health, 18. Jg., 1995, S. 371-375.

SAP (2021), The Journey to the Intelligent Enterprise. URL: https://www.sap.com/documents/2020/03/e258345b-8a7d-0010-87a3-c30de2ffd8ff.html, zuletzt geprüft am 01.07.2021.

Scharpf, M., Produktivitätsmanagement in der Deutschen Rentenversicherung: Situationsanalyse, aktionsorientiertes Konzept für den indirekten Bereich und exemplarische Implementierung im Sozialmedizinischen Dienst, LIT, Berlin, 2008.

Schibler, C., Industrie 4.0: Status Quo und Perspektiven: Ergebnisse einer repräsentativen Unternehmensbefragung in Deutschland und der Schweiz, 2019.

Schierenbeck, H., Wöhle, C. B., Grundzuge der Betriebswirtschaftslehre, 19. Aufl.; De Gruyter, Berlin, Boston, 2016.

Schlick, C., Bruder, R., Luczak, H., Arbeitswissenschaft, 4. Aufl. 2018; Springer Berlin Heidelberg, Berlin, Heidelberg, 2018.

Schlick, J., Industrie 4.0 Index: Deutscher Industrie 4.0 Index 2019, 2019.

Schmelzer, H. J., Sesselmann, W., Geschäftsprozessmanagement in der Praxis: Kunden zufrieden stellen, Produktivität steigern, Wert erhöhen, 9., vollständig überarbeitete Auflage; Hanser, München, 2020.

Schmid, T.; Menz, M.; Müller-Stewens, G., Strategische Initiativen und Programme: Eine Einführung, In: Menz, M.; Schmid, T.; Müller-Stewens, G.; Lechner, C. (Hrsg.), Strategische Initiativen und Programme - Unternehmen gezielt transformieren, 1. Aufl.; Gabler, Wiesbaden, 2011, S. 17-43.

Schmid, T.; Müller-Stewens, G.; Lechner, C., Strategische Initiativen als Instrument des Corporate Managements, In: Zeitschrift Führung und Organisation, Nr. 2, 78. Jg., 2009, S. 80-87.

Schmitt, R., Anlaufmanagement - Begriffe und Definitionen, Apprimus Wissenschaftsverlag, Aachen, 2015.

Schmitt, R. H., Pfeifer, T., Qualitätsmanagement: Strategien, Methoden, Techniken, 5., überarbeitete Auflage; Hanser, München, Wien, 2015.

Schoemaker, P.; Tetlock, P., Building a more intelligent enterprise, In: MIT Sloan Management Review, Nr. 3, 58. Jg., 2017, S. 28-37.

Scholz, P., Applikation maschinell lernender Systeme in der vernetzten adaptiven Produktion, Dissertation, RWTH Aachen University, 2022.

Schönsleben, P., Integrales Logistikmanagement: Operations und Supply Chain Management innerhalb des Unternehmens und unternehmensübergreifend, 8. Aufl.; Springer, Berlin, Heidelberg, 2020.

Schuh, G., Anderl, R., R. Dumitrescu, A. Krüger, M. ten Hompel, Industrie 4.0 Maturity Index: Die digitale Transformation von Unternehmen gestalten - Update 2020, 2020.

Schuh, G.; Bender, D., Grundlagen des Innovationsmanagements, In: Schuh, G. (Hrsg.), Innovationsmanagement, Springer Berlin Heidelberg, Berlin, Heidelberg, 2012, S. 1-16.

Schuh, G.; Brosze, T.; Brandenburg, U., Aachener PPS-Modell, In: Schuh, G.; Stich, V. (Hrsg.), Produktionsplanung und -steuerung 1 - Grundlagen der PPS, 4. Aufl.; Springer, Berlin, 2012, S. 12-81.

Schuh, G.; Drescher, T.; Beckermann, S.; Schmelter, K., Technologieverwertung, In: Schuh, G.; Klappert, S. (Hrsg.), Technologiemanagement, Springer Berlin Heidelberg, Berlin, Heidelberg, 2011, S. 241-282.

Schuh, G.; Hering, N.; Brunner, A., Einführung in das Logistikmanagement, In: Schuh, G.; Stich, V. (Hrsg.), Logistikmanagement - Handbuch Produktion und Management 6, 2. Aufl.; Springer Vieweg, Berlin, Heidelberg, 2013, S. 1-33.

Schuh, G.; Kampker, A.; Stich, V.; Kuhlmann, K., Prozessmanagement, In: Schuh, G.; Kampker, A. (Hrsg.), Strategie und Management produzierender Unternehmen - Handbuch Produktion und Management 1, 2. Aufl.; Springer, Berlin, Heidelberg, 2011, S. 327-382.

Schuh, G.; Klappert, S., Technologiemanagement, Springer Berlin Heidelberg, Berlin, Heidelberg, 2011.

Schuh, G.; Klappert, S.; Moll, T., Ordnungsrahmen Technologiemanagement, In: Schuh, G.; Klappert, S. (Hrsg.), Technologiemanagement, Springer Berlin Heidelberg, Berlin, Heidelberg, 2011, S. 11-31.

Schuh, G.; Klappert, S.; Orilski, S., Technologieplanung, In: Schuh, G.; Klappert, S. (Hrsg.), Technologiemanagement, Springer Berlin Heidelberg, Berlin, Heidelberg, 2011, S. 171-222.

Schuh, G.; Potente, T.; Varandani, R.; Hausberg, C.; Fränken, B., Collaboration Moves Productivity to the Next Level, In: Procedia CIRP, 17. Jg., 2014, S. 3-8.

Schuh, G.; Potente, T.; Wesch-Potente, C.; Weber, A.; Prote, J.-P., Collaboration Mechanisms to Increase Productivity in the Context of Industrie 4.0, In: Procedia CIRP, 19. Jg., 2014, S. 51-56.

Schuh, G.; Prote, J.-P.; Molitor, M.; Wlecke, S., Produktivitätsbaukasten 4.0: Ganzheitliche Steigerung der Produktivität durch die Kombination von Lean und Industrie 4.0 auf Makro- und Mikroebene, In: ZWF Zeitschrift für wirtschaftlichen Fabrikbetrieb, Nr. 6, 114. Jg., 2019, S. 408-411.

Schuh, G.; Scheuer, T., Increasing Labor Productivity in Intelligent Manufacturing Enterprises: An approach to identify relevant capability bundles, 2022 Portland International Conference on Management of Engineering and Technology (PICMET), IEEE, 2022, S. 1-12.

Schuh, G.; Scheuer, T.; Padovano, R., Defining the Intelligent Manufacturing Enterprise, In: Journal of Production Systems and Logistics, Nr. 6, 2. Jg., 2022, S. 1-21.

Schuh, G.; Scheuer, T.; Padovano, R., Capabilities of the Intelligent Manufacturing Enterprise, In: Journal of Production Systems and Logistics, Nr. 3, 2023, S. 1-19.

Schuh, G.; Schmidt, C., Grundlagen des Produktionsmanagements, In: Schuh, G.; Schmidt, C. (Hrsg.), Produktionsmanagement - Handbuch Produktion und Management 5, 2. Aufl.; Springer Vieweg, Berlin, Heidelberg, 2014, S. 1-62.

Schuh, G.; Schmidt, C., Produktionsmanagement: Handbuch Produktion und Management 5, 2. Aufl.; Springer Vieweg, Berlin, Heidelberg, 2014.

Schuh, G.; Schmidt, C.; Adema, J., Auftragsmanagement, In: Schuh, G.; Schmidt, C. (Hrsg.), Produktionsmanagement - Handbuch Produktion und Management 5, 2. Aufl.; Springer Vieweg, Berlin, Heidelberg, 2014, S. 109-149.

Schuh, G.; Schmidt, C.; Bauhoff, F., Produktionsprogrammplanung, In: Schuh, G.; Schmidt, C. (Hrsg.), Produktionsmanagement - Handbuch Produktion und Management 5, 2. Aufl.; Springer Vieweg, Berlin, Heidelberg, 2014, S. 63-108.

Schuh, G.; Schmidt, C.; Hering, N., Fremdbezugsplanung und -steuerung, In: Schuh, G.; Schmidt, C. (Hrsg.), Produktionsmanagement - Handbuch Produktion und Management 5, 2. Aufl.; Springer Vieweg, Berlin, Heidelberg, 2014, S. 235-280.

Schuh, G.; Schmidt, C.; Hering, N., Produktionsbedarfsplanug, In: Schuh, G.; Schmidt, C. (Hrsg.), Produktionsmanagement - Handbuch Produktion und Management 5, 2. Aufl.; Springer Vieweg, Berlin, Heidelberg, 2014, S. 151-196.

Schuh, G.; Schmidt, C.; Schürmeyer, M., Eigenfertigungsplanung und -steuerung, In: Schuh, G.; Schmidt, C. (Hrsg.), Produktionsmanagement - Handbuch Produktion und Management 5, 2. Aufl.; Springer Vieweg, Berlin, Heidelberg, 2014, S. 197-234.

Schuh, G.; Scholz, P.; Nadicksbernd, M., Identification and Characterization of Challenges in the Future of Manufacturing for the Application of Machine Learning, 61st International Scientific Conference on Information Technology and Management Science of Riga Technical University (ITMS), IEEE, 2020, S. 1-10.

Schulze, A.; Schmidt, M., Statistische Prozessregelung (SPC), In: Pfeifer, T.; Schmitt, R. H. (Hrsg.), Masing Handbuch Qualitätsmanagement, 7. Aufl.; Hanser, München, 2021, S. 784-797.

Schumacher, A.; Erol, S.; Sihn, W., A Maturity Model for Assessing Industry 4.0 Readiness and Maturity of Manufacturing Enterprises, In: Procedia CIRP, 52. Jg., 2016, S. 161-166.

Schwab, E.; Nusbaum, H., Pattern Recognition by Humans and Machines, Academic Press, Orlando, San Diego, 1986.

Sharda, R., Delen, D., Turban, E., Business intelligence and analytics: Systems for decision support, Tenth edition; Pearson, Boston, 2015.

Sharma, M.; Kodali, R., Development of a framework for manufacturing excellence, In: Measuring Business Excellence, Nr. 4, 12. Jg., 2008, S. 50-66.

Shen, W., Distributed manufacturing scheduling using intelligent agents, In: IEEE Intelligent Systems, Nr. 1, 17. Jg., 2002, S. 88-94.

Shen, W.; Hao, Q.; Yoon, H.; Norrie, D., Applications of agent-based systems in intelligent manufacturing: An updated review, In: Advanced Engineering Informatics, Nr. 4, 20. Jg., 2006, S. 415-431.

Shen, W.; Norrie, D., Agent-Based Systems for Intelligent Manufacturing: A State-of-the-Art Survey, In: Knowledge and Information Systems, Nr. 1999, 1. Jg., 1999, S. 129-156.

Siegel, I. H., Company productivity: Measurement for improvement, W.E. Upjohn Institute for Employment Research, Kalamazoo, Michigan, 1980.

Sigala, M., Using Data Envelopment Analysis for Measuring and Benchmarking Productivity in the Hotel Sector, In: Journal of Travel & Tourism Marketing, Nr. 2-3, 16. Jg., 2004, S. 39-60.

Sirkin, H.; Keenan, P.; Jackson, A., The Hard Side of Change Management, In: Harvard business review, Nr. 10, 83. Jg., 2005, S. 99-108.

Snyder, S., Meek, D., Lehtonen, T., Kiradjiev, P., Expert Insights: Smart Manufacturing: AI technologies, intelligent insights, Armonk, New York, 2020.

Soofastaei, A., Analytics and Artificial Intelligence Applications: Introductory Chapter, In: Soofastaei, A. (Hrsg.), Advanced Analytics and Artificial Intelligence Applications, IntechOpen, 2019, S. 1-8.

Srinivasan, V., The intelligent enterprise in the era of big data, John Wiley & Sons Inc, Hoboken, New Jersey, 2017.

Stachowiak, H., Allgemeine Modelltheorie, Springer, Wien, 1973.

Starbuck, W., Learning by Knowledge-Intensive Firms, In: Journal of Management Studies, Nr. 6, 29. Jg., 1992, S. 713-740.

Stemler, S., An overview of content analysis, In: Practical Assessment, Research, and Evaluation, Nr. 7, 7. Jg., 2000.

Stich, V.; Hering, N.; Brosze, T., Beschaffungslogistik, In: Schuh, G.; Stich, V. (Hrsg.), Logistikmanagement - Handbuch Produktion und Management 6, 2. Aufl.; Springer Vieweg, Berlin, Heidelberg, 2013, S. 77-113.

Stock, G.; Greis, N.; Kasarda, J., Enterprise logistics and supply chain structure: The role of fit, In: Journal of Operations Management, Nr. 5, 18. Jg., 2000, S. 531-547.

Sumanth, D. J., Productivity engineering and management: Productivity measurement, evaluation, planning, and improvement in manufacturing and service organizations, McGraw-Hill, New York, 1984.

Sundar, R.; Balaji, A.; Kumar, R., A Review on Lean Manufacturing Implementation Techniques, In: Procedia Engineering, 97. Jg., 2014, S. 1875-1885.

Syverson, C., What Determines Productivity?, In: Journal of Economic Literature, Nr. 2, 49. Jg., 2011, S. 326-365.

Tangen, S., Demystifying productivity and performance, In: International Journal of Productivity and Performance Management, Nr. 1, 54. Jg., 2005, S. 34-46.

Tao, F.; Cheng, J.; Qi, Q.; Zhang, M.; Zhang, H.; Sui, F., Digital twin-driven product design, manufacturing and service with big data, In: The International Journal of Advanced Manufacturing Technology, Nr. 9-12, 94. Jg., 2018, S. 3563-3576.

Tao, F.; LaiLi, Y.; Xu, L.; Zhang, L., FC-PACO-RM: A Parallel Method for Service Composition Optimal-Selection in Cloud Manufacturing System, In: IEEE Transactions on Industrial Informatics, Nr. 4, 9. Jg., 2013, S. 2023-2033.

Tao, F.; Qi, Q., New IT Driven Service-Oriented Smart Manufacturing: Framework and Characteristics, In: IEEE Transactions on Systems, Man, and Cybernetics: Systems, Nr. 1, 49. Jg., 2019, S. 81-91.

Tao, F.; Qi, Q.; Liu, A.; Kusiak, A., Data-driven smart manufacturing, In: Journal of Manufacturing Systems, 48. Jg., 2018, S. 157-169.

Tao, F.; Zhang, L.; Venkatesh, V.; Luo, Y.; Cheng, Y., Cloud manufacturing: A computing and service-oriented manufacturing model, In: Proceedings of the Institution of Mechanical Engineers, Part B: Journal of Engineering Manufacture, Nr. 10, 225. Jg., 2011, S. 1969-1976.

Teece, D.; Pisano, G.; Shuen, A., Dynamic capabilities and strategic management, In: Strategic Management Journal, Nr. 7, 18. Jg., 1997, S. 509-533.

Teece, D.; Rumelt, R.; Dosi, G.; Winter, S., Understanding corporate coherence, In: Journal of Economic Behavior & Organization, Nr. 1, 23. Jg., 1994, S. 1-30.

Thoben, K.-D.; Wiesner, S.; Wuest, T., "Industrie 4.0" and Smart Manufacturing: A Review of Research Issues and Application Examples, In: International Journal of Automation Technology, Nr. 1, 11. Jg., 2017, S. 4-16.

Thomas, W.; Hemmers, K., Zeit- und Kapazitätsplanung in indirekten Bereichen: Eine Studie in deutschen Industriebetrieben, In: FB IE (Fortschrittliche Betriebsführung und Industrial Engineering), Nr. 6, 30. Jg., 1981, S. 433-439.

Tinoco, J.; Parente, M.; Gomes Correia, A.; Cortez, P.; Toll, D., Predictive and prescriptive analytics in transportation geotechnics: Three case studies, In: Transportation Engineering, 5. Jg., 2021, S. 1-15.

Tippins, M.; Sohi, R., IT competency and firm performance: is organizational learning a missing link?, In: Strategic Management Journal, Nr. 8, 24. Jg., 2003, S. 745-761.

Tomczak, T., Forschungsmethoden in der Marketingwissenschaft: Ein Plädoyer für den qualitativen Forschungsansatz, In: Marketing: ZFP – Journal of Research and Management, Nr. 2, 14. Jg., 1992, S. 77-87.

Toms, E., Information activities and tasks, In: Byström, K.; Heinström, J.; Ruthven, I. (Hrsg.), Information at Work - Information management in the workplace, Facet Publishing, London, 2019, S. 33-61.

Uhlemann, T.; Lehmann, C.; Steinhilper, R., The Digital Twin: Realizing the Cyber-Physical Production System for Industry 4.0, In: Procedia CIRP, 61. Jg., 2017, S. 335-340.

Ulrich, D.; Smallwood, N., Capitalizing on Capabilities, In: Harvard business review, 2004.

Ulrich, H., Management, Paul Haupt, Bern und Stuttgart, 1984.

Ulrich, P., Fluri, E., Management: Eine konzentrierte Einführung, 6., neubearb. und erg. Aufl.; Haupt, Bern, Stuttgart, 1992.

Ulrich, P.; Hill, W., Wissenschaftstheoretische Grundlagen der Betriebswirtschaftslehre (Teil I), In: WiSt - Wirtschaftswissenschaftliches Studium, 5. Jg., 1976, S. 304-309.

van der Aalst, W., Hybrid Intelligence: To automate or not to automate, that is the question, In: International Journal of Information Systems and Project Management, Nr. 2, 9. Jg., 2021, S. 5-20.

van Helden, A.; Buck-Emden, R.; Alda, S., Präskriptive Entscheidungsunterstützung für wissensintensive Geschäftsprozesse, In: HMD Praxis der Wirtschaftsinformatik, Nr. 1, 55. Jg., 2018, S. 197-222.

Venkatraman, N., Intelligent Enterprise, James Brian Quinn: Book Review, In: Sloan Management Review, Nr. 3, 34. Jg., 1993, S. 122-123.

Verband deutscher Ingenieure, Prozesse und Prozessorientierung in der Produktionslogistik am Beispiel der Automobilindustrie (VDI 3600), Beuth, Berlin, 2001

Verband für Arbeitsstudien und Betriebsorganisation (REFA), Arbeitsorganisation erfolgreicher Unternehmen: Wandel in der Arbeitswelt, Hanser, München, 2016.

Verhagen, W.; Bermell-Garcia, P.; van Dijk, R.; Curran, R., A critical review of Knowledge-Based Engineering: An identification of research challenges, In: Advanced Engineering Informatics, Nr. 1, 26. Jg., 2012, S. 5-15.

Voigt, K.-I.; Steven, M.; Piekenbrock, D. (2018), Produktion. URL: https://wirtschaftslexikon.gabler.de/definition/produktion-42040/version-265395, zuletzt geprüft am 09.02.2022.

Wagner, M. H., Thieler, W., Wegweiser für den Erfinder: Von der Aufgabe über die Idee zum Patent, 3. Aufl.; Springer, Berlin, Heidelberg, 2007.

Wagner, R. M., Industrie 4.0 für die Praxis, Springer Fachmedien Wiesbaden, Wiesbaden, 2018.

Wagner, S., Lieferantenmanagement und Innovation, In: Pfeifer, T.; Schmitt, R. H. (Hrsg.), Masing Handbuch Qualitätsmanagement, 7. Aufl.; Hanser, München, 2021, S. 831-858.

Wahren, H.-K., Erfolgsfaktor Innovation, Springer Berlin Heidelberg, Berlin, Heidelberg, 2004.

Wan, J.; Tang, S.; Shu, Z.; Di Li; Wang, S.; Imran, M.; Vasilakos, A., Software-Defined Industrial Internet of Things in the Context of Industry 4.0, In: IEEE Sensors Journal, Nr. 20, 16. Jg., 2016, S. 7373-7380.

Wang, F.-Y., The Emergence of Intelligent Enterprises: From CPS to CPSS, In: IEEE Intelligent Systems, Nr. 4, 25. Jg., 2010, S. 85-88.

Wang, J.; Ma, Y.; Zhang, L.; Gao, R.; Wu, D., Deep learning for smart manufacturing: Methods and applications, In: Journal of Manufacturing Systems, 48. Jg., 2018, S. 144-156.

Wang, J.; Xu, S.; Xu, G., Intelligent decision making for service and manufacturing industries, In: Journal of Intelligent Manufacturing, Nr. 8, 31. Jg., 2020, S. 2089-2090.

Wang, L., From Intelligence Science to Intelligent Manufacturing, In: Engineering, Nr. 4, 5. Jg., 2019, S. 615-618.

Wang, S.; Wan, J.; Di Li; Zhang, C., Implementing Smart Factory of Industrie 4.0: An Outlook, In: International Journal of Distributed Sensor Networks, Nr. 1, 12. Jg., 2016, S. 1-10.

Wang, Y.-M.; Wang, Y.-S.; Yang, Y.-F., Understanding the determinants of RFID adoption in the manufacturing industry, In: Technological Forecasting and Social Change, Nr. 5, 77. Jg., 2010, S. 803-815.

Warren, K., Book Reviews: Quinn, J.B. Intelligent Enterprise, In: Journal of Management Studies, Nr. 2, 31. Jg., 1994, S. 275-277.

Webb, P.; Pollard, C.; Ridley, G., Attempting to Define IT Governance: Wisdom or Folly?, Proceedings of the 39th Annual Hawaii International Conference on System Sciences - HICSS'06, 2006, 1-10.

Weber, A., Über den Standort der Industrien: Reine Theorie des Standorts, J. C. B. Mohr (Paul Siebeck), Tübingen, 1909.

Weber, H. K., Rentabilität, Produktivität und Liquidität, Gabler Verlag, Wiesbaden, 1998.

Weber, M.-A., Produktivität, Produktivitätsmanagement und Produktivitätsstrategien, In: Weber, M.-A. (Hrsg.), Nutzung der Digitalisierung zur Produktivitätsverbesserung in industriellen Prozessen unter Berücksichtigung arbeitswissenschaftlicher Anforderungen, Springer, Berlin, Heidelberg, 2021, S. 11-29.

Weber, M.-A.; Jeske, T.; Lennings, F.; Stowasser, S., Framework for the Systematical Design of Productivity Strategies, In: Trzcielinski, S. (Hrsg.), Advances in Ergonomics of Manufacturing - Managing the Enterprise of the Future, Springer International Publishing, Cham, Schweiz, 2017, S. 141-152.

Weber, M.-A.; Terstegen, S.; Jeske, T.; Lennings, F., Zielgerichtete Produktivitätssteigerung durch Digitalisierung und Industrie 4.0: Beispiele im Rahmen eines schematischen Ansatzes, In: Gesellschaft für Arbeitswissenschaft (Hrsg.), ARBEIT(S).WISSEN.SCHAF(F)T Grundlage für Management & Kompetenzentwicklung, GfA-Press, Dortmund, 2018.

Weber, R. P., Basic Content Analysis, 2. Aufl.; Sage Publications, Inc., 1990.

Weckenmann, A.; Werner, T., Messen und Prüfen, In: Pfeifer, T.; Schmitt, R. H. (Hrsg.), Masing Handbuch Qualitätsmanagement, 7. Aufl.; Hanser, München, 2021, S. 679-724.

Wellensiek, M.; Schuh, G.; Hacker, P.; Saxler, J., Technologiefrüherkennung, In: Schuh, G.; Klappert, S. (Hrsg.), Technologiemanagement, Springer Berlin Heidelberg, Berlin, Heidelberg, 2011, S. 89-169.

Welter, M., Die Forschungsmethode der Typisierung, In: WiSt - Wirtschaftswissenschaftliches Studium, Nr. 2, 35. Jg., 2006, S. 113-116.

Wheaton, K.; Beerbower, M., Towards a New Definition of Intelligence, In: Stanford Law & Policy Review, Nr. 2, 17. Jg., 2006, S. 319-330.

Wiig, K. M., The Intelligent Enterprise and Knowledge Management, 1999.

Wildemann, H., Produktivität durch Industrie 4.0, TCW Transfer-Centrum, München, 2018.

Wildemann, H., Eckert, S., Hojak, F., Knaus, A., Schwarzenbilder, K., Seitz, N., Wenig, C., Modellierung eines Vorgehens zur Bedarfs- und Lückenanalyse zur Produktivitätssteigerung im Rahmen von Industrie 4.0 für KMU, 2017.

Winter, S., Understanding dynamic capabilities, In: Strategic Management Journal, Nr. 10, 24. Jg., 2003, S. 991-995.

Wolfrum, B., Strategisches Technologiemanagement, Gabler Verlag, Wiesbaden, 1991.

World Economic Forum, Manufacturing Our Future: Cases on the Future of Manufacturing, May 2016.

Wuest, T.; Weimer, D.; Irgens, C.; Thoben, K.-D., Machine learning in manufacturing: Advantages, challenges, and applications, In: Production & Manufacturing Research, Nr. 1, 4. Jg., 2016, S. 23-45.

Yusuf, Y.; Sarhadi, M.; Gunasekaran, A., Agile manufacturing: The drivers, concepts, and attributes, In: Int. J. Production Economics, Nr. 1999, 62. Jg., 1999, S. 33-43.

Zentrum Wertanalyse der VDI-GSP, Wertanalyse: Idee - Methode - System, Springer Berlin Heidelberg, Berlin, Heidelberg, 1995.

Zhang, Y., New Advances in Machine Learning, In-Teh, 2010.

Zhang, Y.; Ren, S.; Liu, Y.; Si, S., A big data analytics architecture for cleaner manufacturing and maintenance processes of complex products, In: Journal of Cleaner Production, 142. Jg., 2017, S. 626-641.

Zheng, P.; wang, H.; Sang, Z.; Zhong, R.; Liu, Y.; Liu, C.; Mubarok, K.; Yu, S.; Xu, X., Smart manufacturing systems for Industry 4.0: Conceptual framework, scenarios, and future perspectives, In: Frontiers of Mechanical Engineering, Nr. 2, 13. Jg., 2018, S. 137-150.

Zhong, N.; Liu, J.; Yao, Y., Envisioning intelligent information technologies through the prism of web intelligence, In: Communications of the ACM, Nr. 3, 50. Jg., 2007, S. 89-94.

Zhong, R.; Xu, C.; Chen, C.; Huang, G., Big Data Analytics for Physical Internet-based intelligent manufacturing shop floors, In: International Journal of Production Research, Nr. 9, 55. Jg., 2017, S. 2610-2621.

Zhong, R.; Xu, X.; Klotz, E.; Newman, S., Intelligent Manufacturing in the Context of Industry 4.0: A Review, In: Engineering, Nr. 5, 3. Jg., 2017, S. 616-630.

Zhou, J.; Li, P.; Zhou, Y.; Wang, B.; Zang, J.; Meng, L., Toward New-Generation Intelligent Manufacturing, In: Engineering, Nr. 1, 4. Jg., 2018, S. 11-20.

Zhou, Y.; Chuah, K., Human Intelligence the key factor for successful intelligent manufacturing, In: Integrated Manufacturing Systems, Nr. 1, 11. Jg., 2000, S. 30-41.

Anhang

A. Stand der Forschung

Anhang 1: Wiederkehrende Aspekte in Definitionen wissensintensiver Prozesse

Definitionsaspekt	Nachweis
Wissensintensive (Geschäfts-) Prozesse verfügen über eine hohe Wissensintensität bzw. sind wissensgetrieben	444
Wissensintensive (Geschäfts-) Prozesse variieren stark hinsichtlich ihres Ablaufes und der Prozesslaufzeit und sind eher schwach strukturiert	445
Kreativität und Innovation sind Kernaspekte von wissensintensiven (Geschäfts-) Prozessen	446
Bei wissensintensiven (Geschäfts-) Prozessen besteht ein erhöhter Kommunikations- und Koordinationsaufwand	447
Entscheidungsaufgaben sind wesentlicher Bestandteil von wissensintensiven (Geschäfts-) Prozessen	448
In wissensintensiven (Geschäfts-) Prozessen haben die Prozessbeteiligten oft eine hohe Autonomie und weitreichende Entscheidungsbefugnisse	449

[444] Vgl. Remus (2002), Prozessorientiertes Wissensmanagement, S. 107; Schmelzer, Sesselmann (2020), Geschäftsprozessmanagement, S. 88; Di Ciccio et al. (2015), Knowledge-Intensive Processes, S. 39; Dalmaris et al. (2007), Improvement of Knowledge-intensive Processes, S. 297; Gronau et al. (2005), Knowledge-Intensive Business Processes, S. 455; Mundbrod, Reichert (2014), Task Management Support, S. 117

[445] Vgl. Mundbrod, Reichert (2014), Task Management Support, S. 117; Schmelzer, Sesselmann (2020), Geschäftsprozessmanagement, S. 88; Işik et al. (2013), Knowledge Intensive Process Management, S. 527; Di Ciccio et al. (2015), Knowledge-Intensive Processes, S. 40; Gronau et al. (2005), Knowledge-Intensive Business Processes, S. 455f.

[446] Vgl. Schmelzer, Sesselmann (2020), Geschäftsprozessmanagement, S. 88; Işik et al. (2013), Knowledge Intensive Process Management, S. 527; Gronau et al. (2005), Knowledge-Intensive Business Processes, S. 455

[447] Vgl. Schmelzer, Sesselmann (2020), Geschäftsprozessmanagement, S. 88; Di Ciccio et al. (2015), Knowledge-Intensive Processes, S. 40; Gronau et al. (2005), Knowledge-Intensive Business Processes, S. 456

[448] Vgl. Mundbrod, Reichert (2014), Task Management Support, S. 117; Işik et al. (2013), Knowledge Intensive Process Management, S. 527; Dalmaris et al. (2007), Improvement of Knowledge-intensive Processes, S. 297

[449] Vgl. Schmelzer, Sesselmann (2020), Geschäftsprozessmanagement, S. 88; Gronau et al. (2005), Knowledge-Intensive Business Processes, S. 455

Definitionsaspekt	Nachweis
Wissensintensive (Geschäfts-) Prozesse sind eher schlecht wiederholbar	450
Die Halbwertszeit des in wissensintensiven (Geschäfts-) Prozessen verwendeten Wissens ist eher gering	451

B. Produktivitätsmodell

B.1 Wissensintensive Tätigkeiten in indirekten Bereichen

Aus Darstellungsgründen wird in den in Anhang 3 bis Anhang 8 folgenden Tabellen für die Angabe der Quellennachweise ein vom restlichen Dokument abweichender Zitationsstil verwendet. Dieser folgt dem Prinzip eines Kurznachweises und wird direkt hinter dem zitierten Element, d. h. nicht in einer Fußnote, aufgeführt. Er wird von eckigen Klammern umschlossen und setzt sich zusammen aus den ersten vier Buchstaben des Nachnamens des Hauptautors und den letzten beiden Ziffern der Veröffentlichungsjahres, gefolgt von der mit einem Komma abgetrennten Seitenzahl der Zitation. So wird beispielsweise der Verweis „Schuh et al. (2011), Ordnungsrahmen Technologiemanagement, S. 15“ im Kurznachweis als [SCHU11, S. 15] dargestellt. Existieren mehrere Veröffentlichungen eines Autors mit demselben Erscheinungsjahr, wird die Jahreszahl in Kleinbuchstaben als Zählindex angefügt. Eine Aufschlüsselung der im Stil des Kurznachweises zitierten Werke ist einleitend in Anhang 2 gegeben. Die in Anhang 3 bis Anhang 8 aufgeführten Prozesse, Tätigkeiten und Aufgaben dokumentieren ausschließlich die durchgeführte Literaturrecherche. Die zitierten Textpassagen entsprechen demnach mitunter wörtlich den entsprechenden Abschnitten in den Quellen. Der Originalinhalt wurde aus Gründen der Nachvollziehbarkeit an diesen Stellen bewusst nicht paraphrasiert. Dabei sind alle Zitate (auch direkte) aus Darstellungsgründen gleichermaßen ohne Anführungszeichen dargestellt. Der Autor erhebt jedoch keinen Anspruch auf das geistige Eigentum dieser Textpassagen, die Eigenleistung beschränkt sich auf die Identifikation und Zusammenstellung der Prozesse, Tätigkeiten und Aufgaben sowie deren Bewertung in Bezug auf die Erfüllung des Betrachtungsbereichs bzw. die Wissensintensität.

[450] Vgl. Işik et al. (2013), Knowledge Intensive Process Management, S. 527; Di Ciccio et al. (2015), Knowledge-Intensive Processes, S. 41

[451] Vgl. Schmelzer, Sesselmann (2020), Geschäftsprozessmanagement, S. 88; Gronau et al. (2005), Knowledge-Intensive Business Processes, S. 456

Anhang 2: Literaturschlüssel für Anhang 3 bis Anhang 8

Kurznachweis	Publikation
[ARNO19]	Arnold, D., Furmans, K. (2019), Logistiksysteme
[BRAN02]	[Brandenburg 2002]
[BRUN21]	Bruns, I. et al. (2021), Dokumentation
[BURG21a]	Burggräf, P. et al. (2021), Produktionsprozessplanung
[BURG21b]	Burggräf, P. et al. (2021), Produktionslogistikplanung
[BURG21c]	Burggräf, P. et al. (2021), Layoutplanung
[BURG21d]	Burggräf, P. et al. (2021), Integriertes Anlaufmanagement
[COOP08]	Cooper, R. G. (2008), Stage-Gate Process
[DIN18]	Deutsches Institut für Normung (2018), Begriffe der Instandhaltung
[DIN19]	Deutsches Institut für Normung (2019), Grundlagen der Instandhaltung
[ELDR97]	Eldred, E. W., McGrath, M. E. (1997), New Technology
[EVER03]	Eversheim, W. (2003), Innovationsmanagement
[FELD13]	Feldhusen, J., Grote, K.-H. (2013), Konstruktionslehre
[FLEI18]	Fleischmann, B. (2018), Logistik
[GEIG08]	Geiger, W., Kotte, W. (2008), Handbuch Qualität
[GÜNT12]	Günther, H.-O., Tempelmeier, H. (2012), Produktion und Logistik
[HEIN21]	Heine, I. et al. (2021), Qualitätsgerechte Organisationsstrukturen
[KÄSE97a]	Käselau, J., Rokitta, O. (1997), Arbeitsvorbereitung
[KÄSE97b]	Käselau, J., Schmidt, D. (1997), Materialwirtschaft
[KLAP11]	Klappert, S. et al. (2011), Technologieentwicklung
[KLUG18]	Klug, F. (2018), Logistikmanagement
[LINß21]	Linß, G. (2021), Prüfplanung
[PREF21]	Prefi, T. (2021), Qualitätsmanagement
[RIXE20]	Rixe, C., Augustin, H. (2020), Intralogistik
[SCHÖ20]	Schönsleben, P. (2020), Logistikmanagement
[SCHU11a]	Schuh, G. et al. (2011), Ordnungsrahmen Technologiemanagement
[SCHU11b]	Schuh, G. et al. (2011), Technologieplanung
[SCHU13]	Schuh, G. et al. (2013), Logistikmanagement
[SCHU14a]	Schuh, G., Schmidt, C. (2014), Produktionsmanagement
[SCHU14b]	Schuh, G. et al. (2014), Produktionsprogrammplanung
[SCHU14c]	Schuh, G. et al. (2014), Auftragsmanagement
[SCHU14d]	Schuh, G. et al. (2014), Produktionsbedarfsplanug
[SCHU14e]	Schuh, G. et al. (2014), Eigenfertigungsplanung und -steuerung

Kurznachweis	Publikation
[SCHU14f]	Schuh, G. et al. (2014), Fremdbezugsplanung und -steuerung
[SCHU21]	Schulze, A., Schmidt, M. (2021), Statistische Prozessregelung
[STIC13]	Stich, V. et al. (2013), Beschaffungslogistik
[VDI95]	Zentrum Wertanalyse der VDI-GSP (1995), Wertanalyse
[WAGN01]	Wagner, M. H., Thieler, W. (2007), Erfinder
[WAGN21]	Wagner, S. M. (2021), Lieferantenmanagement
[WAHR04]	Wahren, H.-K. (2004), Erfolgsfaktor Innovation
[WECK21]	Weckenmann, A., Werner, T. (2021), Messen und Prüfen
[WELL11]	Wellensiek, M. et al. (2011), Technologiefrüherkennung

Anhang 3: Wissensintensive Tätigkeiten des Technologiemanagements

Teilprozesse / Tätigkeiten / Teilaufgaben				Im Betrachtungsbereich?	Begründung	Wissensintensiv?	Begründung
Technologiefrüherkennung [SCHU11a, S. 15]	Bestimmung des Informationsbedarfs [WELL11, S. 103]	Ableiten der Informationsbedürfnisse der Technologiefrüherkennung [WELL11, S. 103] (bedingt durch unterschiedliche Bedürfnisse der verschiedenen Adressaten der Technologiefrüherkennung [WELL11, S. 104f.])		Ja		Ja	
Technologiefrüherkennung [SCHU11a, S. 15]	Bestimmung des Informationsbedarfs [WELL11, S. 103]	Grundsätzliches Ausrichten der Technologiefrüherkennung [WELL11, S. 103] (Verhältnis der Suchaktivitäten mit und ohne Themenbezug sowie Verhältnis der Suche innerhalb und außerhalb der eigenen Domäne [WELL11, S. 107])		Ja		Ja	
Technologiefrüherkennung [SCHU11a, S. 15]	Bestimmung des Informationsbedarfs [WELL11, S. 103]	Ableiten der technologischen Suchfelder [WELL11, S. 103]	Erarbeiten der technologischen Basis des Unternehmens [WELL11, S. 114f.]	Ja		Ja	
Technologiefrüherkennung [SCHU11a, S. 15]	Bestimmung des Informationsbedarfs [WELL11, S. 103]	Ableiten der technologischen Suchfelder [WELL11, S. 103]	Zusammentragen bzw. Ermitteln der zukünftig relevanten Technologiefelder, Technologien, Produkte, Märkte, Wettbewerber usw. (aus der Technologiestrategie und mittels weiterer Werkzeuge wie Porter's Five Forces) [WELL11, S. 115]	Ja		Ja	
Technologiefrüherkennung [SCHU11a, S. 15]	Bestimmung des Informationsbedarfs [WELL11, S. 103]	Ableiten der technologischen Suchfelder [WELL11, S. 103]	Definieren der technologischen Kernkompetenzen (-technologien) [WELL11, S. 115]	Ja		Ja	
Technologiefrüherkennung [SCHU11a, S. 15]	Bestimmung des Informationsbedarfs [WELL11, S. 103]	Ableiten der technologischen Suchfelder [WELL11, S. 103]	Ableiten technologischer Suchfelder, gegliedert nach verschiedenen Merkmalen (bspw. Funktionen, Materialien, Technologieprinzipien, Trends, …) [WELL11, S. 115f.]	Ja		Ja	
Technologiefrüherkennung [SCHU11a, S. 15]	Bestimmung des Informationsbedarfs [WELL11, S. 103]	Ableiten der technologischen Suchfelder [WELL11, S. 103]	Definition von Suchfeldhierarchien, d. h. Hauptsuchfeldern und spezifischeren Untersuchfeldern [WELL11, S. 116]	Ja		Ja	
Technologiefrüherkennung [SCHU11a, S. 15]	Bestimmung des Informationsbedarfs [WELL11, S. 103]	Aufbereiten des Informationsbedarfs [WELL11, S. 103]		Ja		Nein	Nur Aufbereitung/ Dokumentation

	Teilprozesse / Tätigkeiten / Teilaufgaben			Im Betrachtungsbereich?	Begründung	Wissensintensiv?	Begründung
Technologiefrüherkennung [SCHU11a, S. 15]	Beschaffung der Informationen [WELL11, S.103]	Festlegung der Zuständigkeit für die Informationsbeschaffung [WELL11, S. 103]		Ja		Ja	
Technologiefrüherkennung [SCHU11a, S. 15]	Beschaffung der Informationen [WELL11, S.103]	Auswählen von Informationsquellen [WELL11, S. 103]	Bestimmen geeigneter Informationsquellen anhand ihres informationszielspezifischen Nutzens [WELL11, S. 122f.]	Ja		Ja	
Technologiefrüherkennung [SCHU11a, S. 15]	Beschaffung der Informationen [WELL11, S.103]	Auswählen von Informationsquellen [WELL11, S. 103]	Bestimmen der Kosten der geeigneten Informationsquellen [WELL11, S. 123]	Ja		Ja	
Technologiefrüherkennung [SCHU11a, S. 15]	Beschaffung der Informationen [WELL11, S.103]	Auswählen von Informationsquellen [WELL11, S. 103]	Bewerten der Kosten-Nutzen-Relationen der Informationsquellen und Auswählen der besten Informationsquellen [WELL11, S. 124]	Ja		Nein	Nur Berechnung von Kennzahlen und Auswahl auf Basis der Ergebnisse
Technologiefrüherkennung [SCHU11a, S. 15]	Beschaffung der Informationen [WELL11, S.103]	Festlegen des Detaillierungsgrads der Suche [WELL11, S. 103]		Ja		Ja	
Technologiefrüherkennung [SCHU11a, S. 15]	Beschaffung der Informationen [WELL11, S.103]	Recherche [WELL11, S. 103]		Ja		Ja	
Technologiefrüherkennung [SCHU11a, S. 15]	Bewertung der Informationen [WELL11, S. 103]	Berücksichtigung der Entscheidungssituation [WELL11, S. 103] (zur Ableitung der Bewertungsaufgabe [WELL11, S. 131]		Ja		Ja	
Technologiefrüherkennung [SCHU11a, S. 15]	Bewertung der Informationen [WELL11, S. 103]	Nutzung von Bewertungsansätzen und -methoden [WELL11, S. 103] / Bewertung der Informationen [WELL11, S. 131]	Selektion der Informationen, d. h. Reduktion der Informationsmenge durch Bewertung der Relevanz und Priorität [WELL11, S. 131]	Ja		Ja	
Technologiefrüherkennung [SCHU11a, S. 15]	Bewertung der Informationen [WELL11, S. 103]	Nutzung von Bewertungsansätzen und -methoden [WELL11, S. 103] / Bewertung der Informationen [WELL11, S. 131]	Analyse der Informationen, d. h. Verdichtung und Aufbereitung von Informationen vor einem bestimmten Hintergrund hinsichtlich ihrer aktuellen Bedeutung [WELL11, S. 131]	Ja		Ja	
Technologiefrüherkennung [SCHU11a, S. 15]	Bewertung der Informationen [WELL11, S. 103]	Nutzung von Bewertungsansätzen und -methoden [WELL11, S. 103] / Bewertung der Informationen [WELL11, S. 131]	Prognose, d. h. Interpretation der Informationen zur Ableitung möglicher zukünftiger Entwicklungen [WELL11, S. 131]	Ja		Ja	
Technologiefrüherkennung [SCHU11a, S. 15]	Kommunikation der Informationen [WELL11, S. 103]	Festlegung von Kommunikationswegen und -formen [WELL11, S. 103]		Ja		Ja	
Technologiefrüherkennung [SCHU11a, S. 15]	Kommunikation der Informationen [WELL11, S. 103]	Verteilung der Informationen [WELL11, S. 103		Ja		Nein	Nur Informationsweitergabe
Technologieplanung [SCHU11a, S. 15]	Vorbereitung [SCHU11b, S. 192]	Festlegung des Betrachtungsbereichs bzw. Aufteilung eines Gesamtplans bspw. nach Geschäftsfeldern oder Produktbereichen [SCHU11b, S. 192f.]		Ja		Ja	
Technologieplanung [SCHU11a, S. 15]	Vorbereitung [SCHU11b, S. 192]	Definition des Planungszeitraums [SCHU11b, S. 192]		Ja		Ja	
Technologieplanung [SCHU11a, S. 15]	Vorbereitung [SCHU11b, S. 192]	Zusammenstellung notwendiger Informationen (Strategische Vorgaben, Produktprogramm, Technologieplan, Trends/Kundenanforderungen, Technologieinformationen) [SCHU11b, S. 192]		Ja		Nein	Nur Zusammenstellen bestehender Informationen
Technologieplanung [SCHU11a, S. 15]	Informationsanalyse [SCHU11b, S. 192]	Ermittlung der zukünftigen Herausforderungen (bspw. neue Materialien, Geometrien, Gesetze) [SCHU11b, S. 192]		Nein	Teil der Technologiefrüherkennung		
Technologieplanung [SCHU11a, S. 15]	Informationsanalyse [SCHU11b, S. 192]	Abgleich mit Produktroadmap [SCHU11b, S. 192]		Ja		Ja	
Technologieplanung [SCHU11a, S. 15]	Informationsanalyse [SCHU11b, S. 192]	Ableitung des kurz- bis langfristigen Handlungsbedarfs [SCHU11b, S. 192] (durch Abgleich des bestehenden Technologieplans mit den Anforderungen aus Umfeldveränderungen, Produktprogramm und Technologiestrategie [SCHU11b, S. 197])		Ja		Ja	

Teilprozesse / Tätigkeiten / Teilaufgaben			Im Betrachtungsbereich?	Begründung	Wissensintensiv?	Begründung
Technologieplanung [SCHU11a, S. 15]	Ableitung von Handlungsoptionen [SCHU11b, S. 192]	Identifikation von Handlungsoptionen [SCHU11b, S. 192]	Ja		Ja	
Technologieplanung [SCHU11a, S. 15]	Ableitung von Handlungsoptionen [SCHU11b, S. 192]	Diskussion und Bewertung der Handlungsoptionen [SCHU11b, S. 192]	Ja		Ja	
Technologieplanung [SCHU11a, S. 15]	Ableitung von Handlungsoptionen [SCHU11b, S. 192]	Entscheidung über die Integration einer neuen Technologie (inkl. Make-or-buy) [SCHU11b, S. 192]	Ja		Ja	
Technologieplanung [SCHU11a, S. 15]	Ableitung von Handlungsoptionen [SCHU11b, S. 192]	Initiierung von Technologieprojekten [SCHU11b, S. 192]	Ja		Nein	Ergibt sich direkt aus Bewertung
Technologieplanung [SCHU11a, S. 15]	Ableitung von Handlungsoptionen [SCHU11b, S. 192]	Erstellung bzw. Aktualisierung eines Technologieplans (Roadmap) mit kurz- bis langfristigen Technologiewechseln [SCHU11b, S. 192]	Ja		Ja	
Technologieplanung [SCHU11a, S. 15]	Detaillierung des Technologieplans [SCHU11b, S. 192]	Terminplanung [SCHU11b, S. 192]	Ja		Nein	Ergibt sich unmittelbar aus Roadmap
Technologieplanung [SCHU11a, S. 15]	Detaillierung des Technologieplans [SCHU11b, S. 192]	Ressourcenallokation [SCHU11b, S. 192]	Ja		Ja	
Technologieplanung [SCHU11a, S. 15]	Detaillierung des Technologieplans [SCHU11b, S. 192]	Erstellung eines ausdetaillierten Technologieplans [SCHU11b, S. 192]	Ja		Nein	Nur Dokumentation der zuvor durchgeführten Detaillierungen
Technologieplanung [SCHU11a, S. 15]	Detaillierung des Technologieplans [SCHU11b, S. 192]	Verabschiedung des Technologieplans [SCHU11b, S. 192]	Ja		Nein	Nur formaler Schritt
Technologieplanung [SCHU11a, S. 15]	Detaillierung des Technologieplans [SCHU11b, S. 192]	Schaffung eines bereichsübergreifenden Commitments [SCHU11b, S. 192]	Ja		Nein	Mitarbeiter-/motivationsbezogen
Technologieplanung [SCHU11a, S. 15]	Technologiecontrolling [SCHU11b, S. 192]	Überprüfung und Steuerung der Zielerreichung [SCHU11b, S. 192]	Ja		Ja	
Technologieentwicklung [SCHU11a, S. 15]	Ideengenerierung [KLAP11, S. 229]	Aufnahme von Ideen [KLAP11, S. 229]	Ja		Ja	
Technologieentwicklung [SCHU11a, S. 15]	Ideengenerierung [KLAP11, S. 229]	Analyse und Bewertung der Ideen [KLAP11, S. 229]	Nein	Siehe die Konzepte des Teilprozesses der Ideenbewertung im Innovationsmanagement		
Technologieentwicklung [SCHU11a, S. 15]	Durchführung von Technologiebasisstudien [KLAP11, S. 229]	Vollständiges, eindeutiges und nachvollziehbares Beschreiben der neuen Technologie und ihres Umfelds [KLAP11, S. 231 i.A.a. ELDR97 und COOP08]	Ja		Ja	
Technologieentwicklung [SCHU11a, S. 15]	Durchführung von Technologiebasisstudien [KLAP11, S. 229]	Ermitteln der aktuellen Leistungsfähigkeit der Technologie/des Stands der Technik [KLAP11, S. 231 i.A.a. ELDR97 und COOP08]	Ja		Ja	
Technologieentwicklung [SCHU11a, S. 15]	Durchführung von Technologiebasisstudien [KLAP11, S. 229]	Ausführliche Untersuchung des vermuteten Nutzens der neuen Technologie [KLAP11, S. 231 i.A.a. ELDR97 und COOP08]	Ja		Ja	
Technologieentwicklung [SCHU11a, S. 15]	Durchführung von Technologiebasisstudien [KLAP11, S. 229]	Abschätzen der generellen Machbarkeit und des Umfangs (inkl. erforderlicher Ressourcen) der Technologieentwicklung [KLAP11, S. 231 i.A.a. ELDR97 und COOP08]	Ja		Ja	
Technologieentwicklung [SCHU11a, S. 15]	Durchführung von Technologiebasisstudien [KLAP11, S. 229]	Untersuchung der offensichtlichen technischen und sonstigen Hinderungsgründe und Herausforderungen [KLAP11, S. 231 i.A.a. ELDR97 und COOP08]	Ja		Ja	
Technologieentwicklung [SCHU11a, S. 15]	Durchführung von Technologiebasisstudien [KLAP11, S. 229]	Ermitteln der Risiken und Potenziale der neuen Technologie [KLAP11, S. 231 i.A.a. ELDR97 und COOP08]	Ja		Ja	
Technologieentwicklung [SCHU11a, S. 15]	Durchführung von Technologiebasisstudien [KLAP11, S. 229]	Erarbeiten eines Vorschlags für die Meilensteinplanung der nächsten Phase [KLAP11, S. 231 i.A.a. ELDR97 und COOP08]	Ja		Ja	
Technologieentwicklung [SCHU11a, S. 15]	Durchführung von Technologiebasisstudien [KLAP11, S. 229]	Aufstellen von Kriterien für das nächste Gate [KLAP11, S. 231 i.A.a. ELDR97 und COOP08]	Ja		Ja	
Technologieentwicklung [SCHU11a, S. 15]	Durchführung von Technologiebasisstudien [KLAP11, S. 229]	Ermitteln möglicher interner und externer Kooperationspartner [KLAP11, S. 231 i.A.a. ELDR97 und COOP08]	Ja		Ja	

Teilprozesse / Tätigkeiten / Teilaufgaben			Im Betrachtungsbereich?	Begründung	Wissensintensiv?	Begründung
Technologieentwicklung [SCHU11a, S. 15]	Durchführung von Technologiebasisstudien [KLAP11, S. 229]	Erarbeiten eines Überblicks über die Patentsituation [KLAP11, S. 231 i.A.a. ELDR97 und COOP08]	Ja		Ja	
Technologieentwicklung [SCHU11a, S. 15]	Durchführung von Technologiebasisstudien [KLAP11, S. 229]	Erarbeiten von Alternativen und Wettbewerbstechnologien [KLAP11, S. 231 i.A.a. ELDR97 und COOP08]	Ja		Ja	
Technologieentwicklung [SCHU11a, S. 15]	Durchführung von Technologiebasisstudien [KLAP11, S. 229]	Erarbeiten des weiteren Vorgehensplans und Planen der erforderlichen Experimente und Versuche (Vorgehensweise, Messgrößen, erwartete Ergebnisse etc.) [KLAP11, S. 231 i.A.a. ELDR97 und COOP08]	Ja		Ja	
Technologieentwicklung [SCHU11a, S. 15]	Durchführung von Technologiebasisstudien [KLAP11, S. 229]	Abstimmen der Entwicklungsziele bzw. der erwarteten Fähigkeiten der Technologie [KLAP11, S. 231 i.A.a. ELDR97 und COOP08]	Ja		Ja	
Technologieentwicklung [SCHU11a, S. 15]	Durchführung von erweiterten Technologiestudien [KLAP11, S. 229]	Durchführen von Machbarkeitstests anhand erster Experimente und Versuche unter Laborbedingungen [KLAP11, S. 232]	Nein	Materielle Tätigkeit		
Technologieentwicklung [SCHU11a, S. 15]	Durchführung von erweiterten Technologiestudien [KLAP11, S. 229]	Sammlung der notwendigen Informationen für eine wirtschaftliche und technische Analyse bzw. Bewertung der Technologien [KLAP11, S. 232]	Ja		Ja	
Technologieentwicklung [SCHU11a, S. 15]	Durchführung von erweiterten Technologiestudien [KLAP11, S. 229]	Durchführen von Analysen bzw. Bewertungen der Technologie bzgl. Marktchancen, Lieferantenverfügbarkeiten, Rohstoffpreisentwicklungen usw. [KLAP11, S. 232]	Ja		Ja	
Technologieentwicklung [SCHU11a, S. 15]	Durchführung von erweiterten Technologiestudien [KLAP11, S. 229]	Skizzieren eines Business-Plans oder kommerziellen Verwertungsplans [KLAP11, S. 232 i.A.a. ZAHN95]	Nein	Thema der Technologieverwertung		
Technologieentwicklung [SCHU11a, S. 15]	Durchführung von erweiterten Technologiestudien [KLAP11, S. 229]	Abstimmen mit benachbarten Bereichen wie der Produktion oder der Produktentwicklung zur Berücksichtigung von deren Vorgaben [KLAP11, S. 232 i.A.a. WAHR04, S. 31f.]	Ja		Ja	
Technologieentwicklung [SCHU11a, S. 15]	Durchführung von erweiterten Technologiestudien [KLAP11, S. 229]	Netzwerk aus Partnern und Lieferanten konzipieren [KLAP11, S. 232 i.A.a. COOP06, S. 27]	Nein	Strategische Entscheidung bzw. Thema des strategischen Einkaufs		
Technologieentwicklung [SCHU11a, S. 15]	Durchführung von erweiterten Technologiestudien [KLAP11, S. 229]	Vergleichen der Bewertungen alternativer Technologieprojekte und Auswählen eines ausgewogenen Mixes von Projekten zwischen den verschiedenen Geschäftsfeldern vor dem Hintergrund der Gesamtstrategie [KLAP11, S 232f.]	Ja		Ja	
Technologieentwicklung [SCHU11a, S. 15]	Prototypenentwicklung [KLAP11, S. 230]	Entwickeln und Herstellen eines Prototyps [KLAP11, S. 234]	Ja		Nein	Herstellung ist materieller Transformationsprozess
Technologieentwicklung [SCHU11a, S. 15]	Prototypenentwicklung [KLAP11, S. 230]	Durchführen von Tests und Experimenten mit dem Prototypen [KLAP11, S. 234]	Nein	Materielle Tätigkeit		
Technologieentwicklung [SCHU11a, S. 15]	Prototypenentwicklung [KLAP11, S. 230]	Überprüfen der festgelegten Ziele durch den Prototypen [KLAP11, S. 234]	Ja		Nein	Reiner Abgleich erzielter Leistungswerte mit den definierten Leistungszielen
Technologieentwicklung [SCHU11a, S. 15]	Prototypenentwicklung [KLAP11, S. 230]	Ermitteln und Ausschließen von technologischen, ökologischen und gesellschaftlichen Auswirkungen bzw. Risiken der Technologie [KLAP11, S. 234]	Ja		Ja	
Technologieentwicklung [SCHU11a, S. 15]	Prototypenentwicklung [KLAP11, S. 230]	Analysieren und Ausschließen von Konkurrenztechnologien und Bedrohungen [KLAP11, S. 234]	Ja		Ja	
Technologieentwicklung [SCHU11a, S. 15]	Prototypenentwicklung [KLAP11, S. 230]	Erarbeiten von Maßnahmen und Strategien zum Technologieschutz [KLAP11, S. 234]	Nein	Thema des Technologieschutzes		
Technologieentwicklung [SCHU11a, S. 15]	Prototypenentwicklung [KLAP11, S. 230]	Prüfen von Möglichkeiten der Verwertung der Technologie in Produkten oder Prozessen und Bewerten hinsichtlich der Markt- und Fertigungsfähigkeit [KLAP11, S. 234]	Nein	Thema der Technologieverwertung		
Technologieentwicklung [SCHU11a, S. 15]	Prototypenentwicklung [KLAP11, S. 230]	Planen der Übergabe des generierten Wissens an die Produktentwicklung [KLAP11, S. 234]	Ja		Ja	

Teilprozesse / Tätigkeiten / Teilaufgaben				Im Betrachtungsbereich?	Begründung	Wissensintensiv?	Begründung
Technologieentwicklung [SCHU11a, S. 15]	Prototypenentwicklung [KLAP11, S. 230]	Erstellen eines vorläufigen Geschäfts- und Finanzplans zum Aufzeigen der kommerziellen Aussichten [KLAP11, S. 234]		Nein	Thema der Technologieverwertung		
Technologieverwertung [SCHU11a, S. 15]				Nein	Wurde ausgeschlossen		
Technologieschutz [SCHU11a, S. 15]				Nein	Wurde ausgeschlossen		

Anhang 4: Wissensintensive Tätigkeiten des Innovationsmanagements

Teilprozesse / Tätigkeiten / Teilaufgaben				Im Betrachtungsbereich?	Begründung	Wissensintensiv?	Begründung
Zielbildung [EVER03, S. 33; BRAN02, S. 60]	Ableitung innovationsbezogener Ziele und Strategien [EVER03, S. 41; BRAN02, S. 60]	Ziele (bspw. Gewinnsteigerung, Wachstumssicherung bzw. -steigerung, Kapazitätsauslastung, Risikostreuung) und Wettbewerbsstrategien (Kostenführerschaft, Differenzierung, Konzentration) sowie Timing-Strategien (Pionier, Früher Folger, Später Folger) festlegen [EVER03, S. 42f.]		Nein	Strategischer Prozess		
Zielbildung [EVER03, S. 33; BRAN02, S. 60]	Ermittlung der Unternehmenspotenziale [EVER03, S. 41; BRAN02, S. 60]	Innovationspotenziale des Unternehmens ableiten [EVER03, S. 43f.]		Nein	Strategischer Prozess		
Zielbildung [EVER03, S. 33; BRAN02, S. 60]	Identifikation strategischer Gestaltungsfelder [EVER03, S. 41; BRAN02, S. 60]	Gestaltungsfelder identifizieren, die die Chance oder Notwendigkeit zur Leistung eines Beitrags zur Erfüllung der Unternehmensziele mit Produktinnovationen bieten (bspw. mit Gap- oder SWOT-Analysen) [EVER03, S. 45]		Nein	Strategischer Prozess		
Zukunftsanalyse [EVER03, S. 33; BRAN02, S. 60]	Zukunfts-Anforderungsfindung [EVER03, S. 52] / Zukunftsprojektion [BRAN02, S. 60]	Sammlung von Global- und Markttrends [BRAN02, S. A-3]	Durchführen von Trend- / Technologiescanning [BRAN02, S. 78]	Ja		Ja	
Zukunftsanalyse [EVER03, S. 33; BRAN02, S. 60]	Zukunfts-Anforderungsfindung [EVER03, S. 52] / Zukunftsprojektion [BRAN02, S. 60]	Sammlung von Global- und Markttrends [BRAN02, S. A-3]	Durchführen von Trend- / Technologiemonitoring [BRAN02, S. 78]	Ja		Ja	
Zukunftsanalyse [EVER03, S. 33; BRAN02, S. 60]	Zukunfts-Anforderungsfindung [EVER03, S. 52] / Zukunftsprojektion [BRAN02, S. 60]	Bewertung der Trends [BRAN02, S. A-3]	Korrelation und Bereinigung der Trends [BRAN02, S. A-3]	Ja		Ja	
Zukunftsanalyse [EVER03, S. 33; BRAN02, S. 60]	Zukunfts-Anforderungsfindung [EVER03, S. 52] / Zukunftsprojektion [BRAN02, S. 60]	Bewertung der Trends [BRAN02, S. A-3]	Berechnung der Trendkohärenz [BRAN02, S. A-3]	Ja		Nein	Nur Berechnung
Zukunftsanalyse [EVER03, S. 33; BRAN02, S. 60]	Zukunfts-Anforderungsfindung [EVER03, S. 52] / Zukunftsprojektion [BRAN02, S. 60]	Bewertung der Trends [BRAN02, S. A-3]	Paarvergleich der Globaltrends [BRAN02, S. A-3]	Ja		Ja	
Zukunftsanalyse [EVER03, S. 33; BRAN02, S. 60]	Zukunfts-Anforderungsfindung [EVER03, S. 52] / Zukunftsprojektion [BRAN02, S. 60]	Bewertung der Trends [BRAN02, S. A-3]	Paarvergleich der Markttrends [BRAN02, S. A-3]	Ja		Ja	
Zukunftsanalyse [EVER03, S. 33; BRAN02, S. 60]	Zukunfts-Anforderungsfindung [EVER03, S. 52] / Zukunftsprojektion [BRAN02, S. 60]	Bewertung der Trends [BRAN02, S. A-3]	Berechnung der Trendgewichtung [BRAN02, S. A-3]	Ja		Nein	Nur Berechnung
Zukunftsanalyse [EVER03, S. 33; BRAN02, S. 60]	Zukunfts-Anforderungsfindung [EVER03, S. 52] / Zukunftsprojektion [BRAN02, S. 60]	Ableitung von Zukunftsprojektionen [BRAN02, S. A-3]		Ja		Ja	
Zukunftsanalyse [EVER03, S. 33; BRAN02, S. 60]	Zukunfts-Anforderungsfindung [EVER03, S. 52] / Zukunftsprojektion [BRAN02, S. 60]	Bewertung der Zukunftsprojektionen [BRAN02, S. A-3]	Verknüpfung von Trends und Zukunftsprojektionen (Untersuchung der Zukunftsprojektionen auf Zusammenhänge mit weiteren Trends) [BRAN02, S. A-3]	Ja		Ja	
Zukunftsanalyse [EVER03, S. 33; BRAN02, S. 60]	Zukunfts-Anforderungsfindung [EVER03, S. 52] / Zukunftsprojektion [BRAN02, S. 60]	Bewertung der Zukunftsprojektionen [BRAN02, S. A-3]	Berechnung der Wichtung der Zukunftsprojektionen [BRAN02, S. A-3]	Ja		Nein	Nur Berechnung
Zukunftsanalyse [EVER03, S. 33; BRAN02, S. 60]	Zukunfts-Anforderungsfindung [EVER03, S. 52] / Zukunftsprojektion [BRAN02, S. 60]	Bewertung der Zukunftsprojektionen [BRAN02, S. A-3]	Korrelation der Zukunftsprojektionen [BRAN02, S. A-3]	Ja		Ja	
Zukunftsanalyse [EVER03, S. 33; BRAN02, S. 60]	Zukunfts-Anforderungsfindung [EVER03, S. 52] / Zukunftsprojektion [BRAN02, S. 60]	Bewertung der Zukunftsprojektionen [BRAN02, S. A-3]	Berechnung der Zukunftsprojektions-Kohärenz [BRAN02, S. A-3]	Ja		Nein	Nur Berechnung

Teilprozesse / Tätigkeiten / Teilaufgaben				Im Betrachtungsbereich?	Begründung	Wissensintensiv?	Begründung
Zukunftsanalyse [EVER03, S. 33; BRAN02, S. 60]	Zukunfts-Anforderungsfindung [EVER03, S. 52] / Zukunftsprojektion [BRAN02, S. 60]	Bewertung der Zukunftsprojektionen [BRAN02, S. A-3]	Berechnung der Bedeutung der Zukunftsprojektionen [BRAN02, S. A-3]	Ja		Nein	Nur Berechnung
Zukunftsanalyse [EVER03, S. 33; BRAN02, S. 60]	Chancenanalyse [EVER03, S. 52] / Potenzialableitung [BRAN02, S. 60]	Aufnahme der Unternehmenspotenziale [BRAN02, S. A-3	Auswahl innovationsrelevanter Unternehmenspotenziale [BRAN02, S. A-3]	Ja		Nein	Nur Auswahl/ Übertragung der zuvor ermittelten Unternehmenspotenziale
Zukunftsanalyse [EVER03, S. 33; BRAN02, S. 60]	Chancenanalyse [EVER03, S. 52] / Potenzialableitung [BRAN02, S. 60]	Aufnahme der Unternehmenspotenziale [BRAN02, S. A-4	Paarvergleich der Unternehmenspotenziale [BRAN02, S. A-3]	Ja		Ja	
Zukunftsanalyse [EVER03, S. 33; BRAN02, S. 60]	Chancenanalyse [EVER03, S. 52] / Potenzialableitung [BRAN02, S. 60]	Aufnahme der Unternehmenspotenziale [BRAN02, S. A-5	Berechnung der Wichtung der Unternehmenspotenziale [BRAN02, S. A-3]	Ja		Nein	Nur Berechnung
Zukunftsanalyse [EVER03, S. 33; BRAN02, S. 60]	Chancenanalyse [EVER03, S. 52] / Potenzialableitung [BRAN02, S. 60]	Ableitung von Innovationspotenzialen [BRAN02, S. A-3]		Ja		Ja	
Zukunftsanalyse [EVER03, S. 33; BRAN02, S. 60]	Chancenanalyse [EVER03, S. 52] / Potenzialableitung [BRAN02, S. 60]	Bewertung der Innovationspotenziale [BRAN02, S. A-3]	Verknüpfung von Zukunftsprojektionen und Innovationspotenzialen [BRAN02, S. A-3]	Ja		Ja	
Zukunftsanalyse [EVER03, S. 33; BRAN02, S. 60]	Chancenanalyse [EVER03, S. 52] / Potenzialableitung [BRAN02, S. 60]	Bewertung der Innovationspotenziale [BRAN02, S. A-3]	Berechnung der Zukunftsgewichtung der Innovationspotenziale [BRAN02, S. A-3]	Ja		Nein	Nur Berechnung
Zukunftsanalyse [EVER03, S. 33; BRAN02, S. 60]	Chancenanalyse [EVER03, S. 52] / Potenzialableitung [BRAN02, S. 60]	Bewertung der Innovationspotenziale [BRAN02, S. A-3]	Verknüpfung von Unternehmens- und Innovationspotenzialen [BRAN02, S. A-3]	Ja		Ja	
Zukunftsanalyse [EVER03, S. 33; BRAN02, S. 60]	Chancenanalyse [EVER03, S. 52] / Potenzialableitung [BRAN02, S. 60]	Bewertung der Innovationspotenziale [BRAN02, S. A-3]	Berechnung der Unternehmensgewichtung der Innovationspotenziale [BRAN02, S. A-3]	Ja		Nein	Nur Berechnung
Zukunftsanalyse [EVER03, S. 33; BRAN02, S. 60]	Chancenanalyse [EVER03, S. 52] / Potenzialableitung [BRAN02, S. 60]	Bewertung der Innovationspotenziale [BRAN02, S. A-3]	Berechnung der Gesamtgewichtung der Innovationspotenziale [BRAN02, S. A-3]	Ja		Nein	Nur Berechnung
Zukunftsanalyse [EVER03, S. 33; BRAN02, S. 60]	Chancenanalyse [EVER03, S. 52] / Potenzialableitung [BRAN02, S. 60]	Bewertung der Innovationspotenziale [BRAN02, S. A-3]	Korrelation der Innovationspotenziale [BRAN02, S. A-3]	Ja		Ja	
Zukunftsanalyse [EVER03, S. 33; BRAN02, S. 60]	Chancenanalyse [EVER03, S. 52] / Potenzialableitung [BRAN02, S. 60]	Bewertung der Innovationspotenziale [BRAN02, S. A-3]	Berechnung der Innovationspotenzial-Kohärenz [BRAN02, S. A-3]	Ja		Nein	Nur Berechnung
Zukunftsanalyse [EVER03, S. 33; BRAN02, S. 60]	Chancenanalyse [EVER03, S. 52] / Potenzialableitung [BRAN02, S. 60]	Auswahl von Innovationspotenzialen [BRAN02, S. A-3]	Aufstellen des Zukunfts-Unternehmens-Portfolio [BRAN02, S. A-3]	Ja		Nein	Nur Übertragung der Wichtungen
Zukunftsanalyse [EVER03, S. 33; BRAN02, S. 60]	Chancenanalyse [EVER03, S. 52] / Potenzialableitung [BRAN02, S. 60]	Auswahl von Innovationspotenzialen [BRAN02, S. A-3]	Aufstellen des Gewichtungs-Kohärenz-Portfolio [BRAN02, S. A-3]	Ja		Nein	Nur Übertragung der Wichtungen
Zukunftsanalyse [EVER03, S. 33; BRAN02, S. 60]	Chancenanalyse [EVER03, S. 52] / Potenzialableitung [BRAN02, S. 60]	Auswahl von Innovationspotenzialen [BRAN02, S. A-3]	Ableitung von Handlungsempfehlungen [BRAN02, S. A-3]	Ja		Ja	
Zukunftsanalyse [EVER03, S. 33; BRAN02, S. 60]	Aufgabendefinition [EVER03, S. 52; BRAN02, S. 60]	Formulierung von Innovationsaufgaben (auf Basis der Innovationspotenziale) [BRAN02, S. A-3]		Ja		Ja	
Zukunftsanalyse [EVER03, S. 33; BRAN02, S. 60]	Aufgabendefinition [EVER03, S. 52; BRAN02, S. 60]	Bewertung und Priorisierung der Innovationsaufgaben [BRAN02, S. A-3]	Verknüpfung von Innovationspotenzialen und -aufgaben [BRAN02, S. A-3]	Ja		Ja	
Zukunftsanalyse [EVER03, S. 33; BRAN02, S. 60]	Aufgabendefinition [EVER03, S. 52; BRAN02, S. 60]	Bewertung und Priorisierung der Innovationsaufgaben [BRAN02, S. A-3]	Berechnung der Wichtung der Innovationsaufgaben [BRAN02, S. A-3]	Ja		Nein	Nur Berechnung
Zukunftsanalyse [EVER03, S. 33; BRAN02, S. 60]	Aufgabendefinition [EVER03, S. 52; BRAN02, S. 60]	Bewertung und Priorisierung der Innovationsaufgaben [BRAN02, S. A-3]	Korrelation der Innovationsaufgaben [BRAN02, S. A-3]	Ja		Ja	
Zukunftsanalyse [EVER03, S. 33; BRAN02, S. 60]	Aufgabendefinition [EVER03, S. 52; BRAN02, S. 60]	Bewertung und Priorisierung der Innovationsaufgaben [BRAN02, S. A-3]	Berechnung der Innovationsaufgaben-Kohärenz [BRAN02, S. A-3]	Ja		Nein	Nur Berechnung
Zukunftsanalyse [EVER03, S. 33; BRAN02, S. 60]	Aufgabendefinition [EVER03, S. 52; BRAN02, S. 60]	Bewertung und Priorisierung der Innovationsaufgaben [BRAN02, S. A-3]	Aufstellen des Wichtungs-Kohärenz-Portfolio [BRAN02, S. A-3]	Ja		Ja	
Zukunftsanalyse [EVER03, S. 33; BRAN02, S. 60]	Aufgabendefinition [EVER03, S. 52; BRAN02, S. 60]	Bewertung und Priorisierung der Innovationsaufgaben [BRAN02, S. A-3]	Zeitliche Einordnung der Innovationsaufgaben [BRAN02, S. A-3]	Ja		Ja	

Teilprozesse / Tätigkeiten / Teilaufgaben				Im Betrachtungsbereich?	Begründung	Wissensintensiv?	Begründung
Ideenfindung [EVER03, S. 33; BRAN02, S. 60]	Analyse der Innovationsaufgabe [EVER03, S. 76; BRAN02, S. 60]	Funktionsanalyse [BRAN02, S. A-4] (Zerlegung der Innovationsaufgabe in einzelne Zweck-Mittel-Beziehungen [EVER03, S. 76])	Untergliedern der Hauptfunktion der Innovationsaufgabe in Teilfunktionen und Aufstellen der Beziehungen (Stoff-, Energie- oder Informationsflüsse) der Teilfunktionen untereinander [FELD13, S. 347]	Ja		Ja	
Ideenfindung [EVER03, S. 33; BRAN02, S. 60]	Analyse der Innovationsaufgabe [EVER03, S. 76; BRAN02, S. 60]	Funktionsanalyse [BRAN02, S. A-4] (Zerlegung der Innovationsaufgabe in einzelne Zweck-Mittel-Beziehungen [EVER03, S. 76])	Verknüpfen der Teilfunktionen auf Basis ihrer Beziehungen [FELD13, S. 347]	Ja		Ja	
Ideenfindung [EVER03, S. 33; BRAN02, S. 60]	Analyse der Innovationsaufgabe [EVER03, S. 76; BRAN02, S. 60]	Analyse potenzieller, bestehender (Wettbewerbs-) Lösungen [BRAN02, S. A-4] (bspw. durch Patent- oder Wertanalysen [BRAN02, S. 86 i.A.a. WAGN01, S. 84ff.; VDI95])		Ja		Ja	
Ideenfindung [EVER03, S. 33; BRAN02, S. 60]	Analyse der Innovationsaufgabe [EVER03, S. 76; BRAN02, S. 60]	Ermittlung wesentlicher Anforderungen und Ziele [BRAN02, S. A-4] (auf Basis der bestehenden Lösungen [BRAN02, S. 87])		Ja		Ja	
Ideenfindung [EVER03, S. 33; BRAN02, S. 60]	Analyse der Innovationsaufgabe [EVER03, S. 76; BRAN02, S. 60]	Bestimmung des idealen Produktes [BRAN02, S. A-4]		Ja		Ja	
Ideenfindung [EVER03, S. 33; BRAN02, S. 60]	Sammlung und Generierung von Produktideen 1. Ordnung [EVER03, S. 76; BRAN02, S. 60]	Sammlung bzw. Generierung von Ideen bspw. mithilfe mit der TRIZ-Methodik [EVER03, S. 77]		Ja		Ja	
Ideenfindung [EVER03, S. 33; BRAN02, S. 60]	Ideenstrukturierung und -verdichtung [EVER03, S. 76; BRAN02, S. 60]	Abgleich der Ideen mit der anfänglich analysierten und beschriebenen Innovationsaufgabe [EVER03, S. 78; BRAN02, S. 88]		Ja		Ja	
Ideenfindung [EVER03, S. 33; BRAN02, S. 60]	Ideenstrukturierung und -verdichtung [EVER03, S. 76; BRAN02, S. 60]	Aufbau eines Morphologischen Kastens anhand der charakteristischen Merkmale bzw. Funktionseinheiten des Gesamtsystems [EVER03, S. 78]		Ja		Ja	
Ideenfindung [EVER03, S. 33; BRAN02, S. 60]	Formulierung von Produktideen 2. Ordnung [EVER03, S. 76; BRAN02, S. 60]	Zusammenstellung der aller produktideenbezogenen und planungsrelevanten Informationen in Produktideenblättern [EVER03, S. 80]		Ja		Nein	Nur Zusammenstellung
Ideenbewertung [EVER03, S. 33; BRAN02, S. 60]	Aufstellen des Beurteilungs- und Bewertungssystems [EVER03, S. 87; BRAN02, S. 60]	Aufstellen des Kriteriensystems [BRAN02, S. A-4]	Definition des Portfolio-Systems und der Aktivitätsparameter [BRAN02, S. A-4] (auf Basis der Innovationsziele, den Eigenschaften der Innovationspotenziale und Produktideen sowie beschreibenden Parametern [BRAN02, S. 98])	Ja		Ja	
Ideenbewertung [EVER03, S. 33; BRAN02, S. 60]	Aufstellen des Beurteilungs- und Bewertungssystems [EVER03, S. 87; BRAN02, S. 60]	Aufstellen des Kriteriensystems [BRAN02, S. A-4]	Auswahl der Kriterien [BRAN02, S. A-4] (zur Präzisierung der Aktivitätsparameter [BRAN02, S. 98]	Ja		Ja	
Ideenbewertung [EVER03, S. 33; BRAN02, S. 60]	Aufstellen des Beurteilungs- und Bewertungssystems [EVER03, S. 87; BRAN02, S. 60]	Aufstellen des Kriteriensystems [BRAN02, S. A-4]	Bereinigung (mithilfe eines Algorithmus [BRAN02, S. 101] und Verknüpfung der Kriterien [BRAN02, S. A-4]	Ja		Nein	Nur Anwendung eines Algorithmus
Ideenbewertung [EVER03, S. 33; BRAN02, S. 60]	Aufstellen des Beurteilungs- und Bewertungssystems [EVER03, S. 87; BRAN02, S. 60]	Aufstellen des Kriteriensystems [BRAN02, S. A-4]	Gewichtung der Kriterien [BRAN02, S. A-4]	Ja		Ja	
Ideenbewertung [EVER03, S. 33; BRAN02, S. 60]	Aufstellen des Beurteilungs- und Bewertungssystems [EVER03, S. 87; BRAN02, S. 60]	Aufstellen des Kriteriensystems [BRAN02, S. A-4]	Skalierung und Instanzierung der Kriterien [BRAN02, S. A-4; vgl. auch BRAN02, S. 109]	Ja		Ja	
Ideenbewertung [EVER03, S. 33; BRAN02, S. 60]	Aufstellen des Beurteilungs- und Bewertungssystems [EVER03, S. 87; BRAN02, S. 60]	Modifikation der Regelbasis [BRAN02, S. A-4]	Aufstellen der Regelschichten [BRAN02, S. A-4] (auf Basis der Aktivitätsparameter [BRAN02, S. 109]	Ja		Ja	
Ideenbewertung [EVER03, S. 33; BRAN02, S. 60]	Aufstellen des Beurteilungs- und Bewertungssystems [EVER03, S. 87; BRAN02, S. 60]	Modifikation der Regelbasis [BRAN02, S. A-4]	Definition linguistischer Variablen [BRAN02, S. A-4]	Ja		Nein	Nur Anwendung eines Algorithmus
Ideenbewertung [EVER03, S. 33; BRAN02, S. 60]	Bewertung der Produktideen 2. Ordnung [EVER03, S. 76; BRAN02, S. 60]	Beurteilung der Produktideen je Kriterium [BRAN02, S. A-4]		Ja		Ja	

Teilprozesse / Tätigkeiten / Teilaufgaben				Im Betrachtungsbereich?	Begründung	Wissensintensiv?	Begründung
Ideenbewertung [EVER03, S. 33; BRAN02, S. 60]	Bewertung der Produktideen 2. Ordnung [EVER03, S. 76; BRAN02, S. 60]	Amalgamation der Beurteilungsergebnisse [BRAN02, S. A-4]		Ja		Nein	Primär mathematische Operation
Ideenbewertung [EVER03, S. 33; BRAN02, S. 60]	Bewertung der Produktideen 2. Ordnung [EVER03, S. 76; BRAN02, S. 60]	Regelbasierte Bewertung [BRAN02, S. A-4]		Ja		Nein	Primär mathematische Operation
Ideenbewertung [EVER03, S. 33; BRAN02, S. 60]	Bewertung der Produktideen 2. Ordnung [EVER03, S. 76; BRAN02, S. 60]	Ableitung von Handlungsempfehlungen [BRAN02, S. A-4] durch Visualisierung der Bewertungsergebnisse in einem Portfolio [BRAN02, S. 111]		Ja		Nein	Nur Übertragung der Ergebnisse
Ideendetaillierung [EVER03, S. 33; BRAN02, S. 60]	Produktideenbezogene Informationsakquisition [EVER03, S. 101; BRAN02, S. 60]	Ermittlung von Marktinformationen [BRAN02, S. A-4]		Ja		Ja	
Ideendetaillierung [EVER03, S. 33; BRAN02, S. 60]	Produktideenbezogene Informationsakquisition [EVER03, S. 101; BRAN02, S. 60]	Ermittlung von Technologieinformationen [BRAN02, S. A-4]		Ja		Ja	
Ideendetaillierung [EVER03, S. 33; BRAN02, S. 60]	Konkretisierung der Produktanforderungen [EVER03, S. 101; BRAN02, S. 60]	Strukturierung und Gewichtung der Produktanforderungen durch Marktforschung und Anwendung von Instrumenten wie des Kano-Modells oder Conjoint-Analysen [EVER03, S. 102]		Ja		Ja	
Ideendetaillierung [EVER03, S. 33; BRAN02, S. 60]	Ableitung von Produktmerkmalen [EVER03, S. 101; BRAN02, S. 60]	Ableitung der Produktmerkmale mittels Kreativitätstechniken [EVER03, S. 102]		Ja		Ja	
Ideendetaillierung [EVER03, S. 33; BRAN02, S. 60]	Ableitung von Produktmerkmalen [EVER03, S. 101; BRAN02, S. 60]	Gewichtung der Produktmerkmale [EVER03, S. 102]		Ja		Ja	
Ideendetaillierung [EVER03, S. 33; BRAN02, S. 60]	Ableitung von Produktmerkmalen [EVER03, S. 101; BRAN02, S. 60]	Definition technischer Problemstellungen unter Berücksichtigung von Wechselbeziehungen zwischen den einzelnen Produktmerkmalen [EVER03, S. 102]		Ja		Ja	
Ideendetaillierung [EVER03, S. 33; BRAN02, S. 60]	Sammlung und Generierung von Detaillösungen [EVER03, S. 101; BRAN02, S. 60]	Lösung der technischen Problemstellungen mithilfe von Entwicklungsmethodiken wie der TRIZ-Methode [EVER03, S. 102]		Ja		Ja	
Ideendetaillierung [EVER03, S. 33; BRAN02, S. 60]	Aufstellen von Produktkonzepten [EVER03, S. 101; BRAN02, S. 60]	Zusammenführung der Lösungen der technischen Problemstellungen zu Produktkonzepten, bspw. mithilfe des Instruments des Morphologischen Kastens [EVER03, S. 103]		Ja		Ja a	
Konzeptbewertung [EVER03, S. 33; BRAN02, S. 60]	Bewertung der Anforderungserfüllung [EVER03, S. 109; BRAN02, S. 60]	Überprüfung der Korrelation der Produktkonzepte mit den aufgenommenen Kundenwünschen [EVER03, S. 111]		Ja		Ja	
Konzeptbewertung [EVER03, S. 33; BRAN02, S. 60]	Bestimmung/Validierung der technischen Machbarkeit [EVER03, S. 109; BRAN02, S. 60]	Überprüfung der Funktionsfähigkeit sowie fertigungstechnischen Machbarkeit durch Herstellung und Testung eines Prototypen/Demonstrators (physisch oder simulativ) [EVER03, S. 111f.]		Ja		Ja	
Konzeptbewertung [EVER03, S. 33; BRAN02, S. 60]	Bestimmung/Validierung der technischen Machbarkeit [EVER03, S. 109; BRAN02, S. 60]	Durchführung einer Nutzwertanalyse zur Bewertung der Produktkonzepte anhand verschiedener Kriterien [EVER03, S. 112]	Auswahl und Gewichtung der Kriterien [EVER03, S. 112]	Ja		Ja	
Konzeptbewertung [EVER03, S. 33; BRAN02, S. 60]	Bestimmung/Validierung der technischen Machbarkeit [EVER03, S. 109; BRAN02, S. 60]	Durchführung einer Nutzwertanalyse zur Bewertung der Produktkonzepte anhand verschiedener Kriterien [EVER03, S. 112]	Berechnung der Nutzwerte [EVER03, S. 112]	Ja		Ja	
Konzeptbewertung [EVER03, S. 33; BRAN02, S. 60]	Bestimmung/Validierung der technischen Machbarkeit [EVER03, S. 109; BRAN02, S. 60]	Durchführung einer Nutzwertanalyse zur Bewertung der Produktkonzepte anhand verschiedener Kriterien [EVER03, S. 112]	Vergleich und Auswahl der Produktkonzepte [EVER03, S. 112]	Ja		Nein	Reine Auswahl auf Basis des Nutzwerts
Konzeptbewertung [EVER03, S. 33; BRAN02, S. 60]	Wirtschaftlichkeitsbetrachtung/-rechnung [EVER03, S. 109; BRAN02, S. 60]	Überprüfung der wirtschaftlichen Machbarkeit bzw. Vorteilhaftigkeit der Produktkonzepte mittels statischer oder dynamischen Wirtschaftlichkeitsrechenverfahren [EVER03, S. 113-116]		Ja		Nein	Nur Berechnung (bei Annahme, dass alle relevanten Daten vorliegen)
Umsetzungsplanung [EVER03, S. 33; BRAN02, S. 60]	Einordnung der Zukunftsprojektionen und Innovationsaufgaben [EVER03, S. 121; BRAN02, S. 60]	Einordnung der Innovationsaufgaben auf den Achsen "Zeit" und "Markt" einer Technologieroadmap [EVER03, S. 122]		Ja		Ja	
Umsetzungsplanung [EVER03, S. 33; BRAN02, S. 60]	Verknüpfung der marktseitigen mit den technologiebezogenen Innovationsaufgaben [EVER03, S. 121] / Verknüpfung mit technologiebezogenen Produktideen und Innovationspotenzialen [BRAN02, S. 60]	Einordnung der Produktideen auf den Achsen "Produkttechnologie" und "Zeit" einer Technologieroadmap [EVER03, S. 124]		Ja		Ja	

Teilprozesse / Tätigkeiten / Teilaufgaben				Im Betrachtungsbereich?	Begründung	Wissensintensiv?	Begründung
Umsetzungsplanung [EVER03, S. 33; BRAN02, S. 60]	Verknüpfung der marktseitigen mit den technologiebezogenen Innovationsaufgaben [EVER03, S. 121] / Verknüpfung mit technologiebezogenen Produktideen und Innovationspotenzialen [BRAN02, S. 60]	Zuordnung einer oder mehrerer Innovationsaufgaben zu einer Produktidee [EVER03, S. 124]		Ja		Nein	Nur Dokumentation; ergibt sich bereits aus vorhergehenden Teilprozesse
Umsetzungsplanung [EVER03, S. 33; BRAN02, S. 60]	Ableitung unternehmensspezifischer Umsetzungsaktivitäten/ Produktinnovationsaktivitäten [EVER03, S. 121; BRAN02, S. 60]	Treffen strategischer und operativer Entscheidungen bezüglich der Innovationsaktivitäten auf Basis der Ergebnisse der Technologieroadmap [EVER03, S. 124f.]		Ja		Ja	

Anhang 5: Wissensintensive Tätigkeiten des Engineerings bzw. Anlaufmanagements

Teilprozesse / Tätigkeiten / Teilaufgaben				Im Betrachtungsbereich?	Begründung	Wissensintensiv?	Begründung
Produkteinführung – Produktionsprozessplanung [BURG21d, S. 519; BURG21a, S. 165]	Zieldefinition [BURG21a, S. 166]	Definition von Zielen zur Gestaltung des Produktionsprozesses in den Dimensionen Zukunftsfähigkeit der zu verwendenden Technologie, Kostenminimierungspotenzial, Ermöglichung von Prozesskommunalitäten und Nivellierungspotenzial der Prozesskette [BURG21a, S. 166]		Ja		Ja	
Produkteinführung – Produktionsprozessplanung [BURG21d, S. 519; BURG21a, S. 165]	Analyse der Produktionsaufgabe [BURG21a, S. 168]	Beschreibung der Bearbeitungsaufgabe [BURG21a, S. 171]	Ableiten der fertigungsprozessinduzierten Produktmerkmale [BURG21a, S. 171], Spezifizieren von Formelementen zur Beschreibung der geometrischen Grobgestalt des Funktionsträgers und Zuordnen von bestimmten Werkstoffeigenschaften, Toleranzen und Oberflächeneigenschaften [BURG21a, S. 172]	Ja		Ja	
Produkteinführung – Produktionsprozessplanung [BURG21d, S. 519; BURG21a, S. 165]	Analyse der Produktionsaufgabe [BURG21a, S. 168]	Bildung von Teilefamilien [BURG21a, S. 172]	Analysen des Produktprogramms (Produkttypen, Differenzierungsmerkmale, Varianten) und Produktionsprogramms (Stückzahlen, Abrufverhalten) [BURG21a, S. 172], d. h. Gruppieren nach „Formgleichheit“, „Formähnlichkeit“ und „Gleiche Arbeitsvorgänge“ [BURG21a, S. 173]	Ja		Ja	
Produkteinführung – Produktionsprozessplanung [BURG21d, S. 519; BURG21a, S. 165]	Prozessplanung in der Fertigung [BURG21a, S. 173] – Gestaltung der Fertigungssysteme [BURG21a, S. 173]	Planung von Technologieketten [BURG21a, S. 173]	Betrachtung eines möglichst breiten Technologiespektrums unter Berücksichtigung von Werkstoff- und Verfahrensinnovationen losgelöst von unternehmensspezifischen Restriktionen [BURG21a, S. 174]	Ja		Ja	
Produkteinführung – Produktionsprozessplanung [BURG21d, S. 519; BURG21a, S. 165]	Prozessplanung in der Fertigung [BURG21a, S. 173] – Gestaltung der Fertigungssysteme [BURG21a, S. 173]	Planung von Technologieketten [BURG21a, S. 173]	Verknüpfung produktionsmittelunabhängiger Fertigungstechnologien, durch die ein Bauteil durch schrittweise Veränderung der Form und/oder der Stoffeigenschaften vom Roh- und einen definierten Endzustand überführt wird [BURG21a, S. 174]	Ja		Ja	
Produkteinführung – Produktionsprozessplanung [BURG21d, S. 519; BURG21a, S. 165]	Prozessplanung in der Fertigung [BURG21a, S. 173] – Gestaltung der Fertigungssysteme [BURG21a, S. 173]	Planung von Fertigungsfolgen [BURG21a, S. 174]	Herstellen des Produktionsmittelbezugs durch Projektion der abstrakten alternativen Technologieketten in die konkrete Produktionsumgebung des Unternehmens unter Berücksichtigung von nicht-wertschöpfenden Zwischenschritten (bspw. Transport-, Handhabungs-, Lagerungs- und Prüfschritte) [BURG21a, S. 174f.]	Ja		Ja	
Produkteinführung – Produktionsprozessplanung [BURG21d, S. 519; BURG21a, S. 165]	Prozessplanung in der Fertigung [BURG21a, S. 173] – Gestaltung der Fertigungssysteme [BURG21a, S. 173]	Planung von Fertigungsfolgen [BURG21a, S. 174]	Durchführen einer unternehmens- und produktionsmittelbezogenen Multi-Kriterien-Analyse (nach Kosten-, Zeitkriterien usw.) [BURG21a, S. 176]	Ja		Ja	

Teilprozesse / Tätigkeiten / Teilaufgaben				Im Betrachtungsbereich?	Begründung	Wissensintensiv?	Begründung
Produkteinführung – Produktionsprozessplanung [BURG21d, S. 519; BURG21a, S. 165]	Prozessplanung in der Fertigung [BURG21a, S. 173] – Gestaltung der Fertigungssysteme [BURG21a, S. 173]	Planung von Einzelprozessen [BURG21a, S. 175]	Definition der konkreten Prozessbedingungen der im vorangegangenen Schritt gewählten Fertigungsfolge [BURG21a, S. 175]	Ja		Ja	
Produkteinführung – Produktionsprozessplanung [BURG21d, S. 519; BURG21a, S. 165]	Prozessplanung in der Fertigung [BURG21a, S. 173] – Gestaltung der Fertigungssysteme [BURG21a, S. 173]	Planung von Einzelprozessen [BURG21a, S. 175]	Durchführen einer Operations- und Bewegungsplanung (bspw. Auswahl von Werkzeugen, Generierung der Werkzeugbahn, Definition und Optimierung der Schnittparameter) [BURG21a, S. 175]	Ja		Ja	
Produkteinführung – Produktionsprozessplanung [BURG21d, S. 519; BURG21a, S. 165]	Prozessplanung in der Fertigung [BURG21a, S. 173] – Arbeitsplanung [BURG21a, S. 188; KÄSE97a, S. 220]	Planungsvorbereitung [KÄSE97a, S. 221] durch Prüfung der Eingangsinformationen (aus der Konstruktion) auf Richtigkeit [KÄSE97a, S. 221]		Ja		Ja	
Produkteinführung – Produktionsprozessplanung [BURG21d, S. 519; BURG21a, S. 165]	Prozessplanung in der Fertigung [BURG21a, S. 173] – Arbeitsplanung [BURG21a, S. 188; KÄSE97a, S. 220]	Stücklistenverarbeitung [KÄSE97a, S. 221] durch Umwandlung der Mengenübersichtsstücklisten, Strukturstücklisten und Baukastenstücklisten aus der Konstruktion in Fertigungsstücklisten (je nach Bedarf bspw. Bedarfsermittlungsstücklisten, Montagestücklisten, Eigenfertigungsstücklisten oder Kaufteilstücklisten) [KÄSE97a, S. 222]		Ja		Nein	Nur Umstrukturierung/ Rechnung
Produkteinführung – Produktionsprozessplanung [BURG21d, S. 519; BURG21a, S. 165]	Prozessplanung in der Fertigung [BURG21a, S. 173] – Arbeitsplanung [BURG21a, S. 188; KÄSE97a, S. 220]	Arbeitsplanerstellung [KÄSE97a, S. 222]	Ausgangsteilbestimmung [KÄSE97a, S. 223] (Festlegung der Rohteilart und Rohteilabmessungen unter Berücksichtigung der Anforderungen des Werkstücks nach den Kriterien Technologie, Wirtschaftlichkeit und Zeit [KÄSE97a, S. 223])	Ja		Ja	
Produkteinführung – Produktionsprozessplanung [BURG21d, S. 519; BURG21a, S. 165]	Prozessplanung in der Fertigung [BURG21a, S. 173] – Arbeitsplanung [BURG21a, S. 188; KÄSE97a, S. 220]	Arbeitsplanerstellung [KÄSE97a, S. 222]	Arbeitsvorgangsermittlung [KÄSE97a, S. 223f.] (Gegenüberstellung von End- und Anfangszustand und der Berücksichtigung aller Verfahren zur Realisierung des Endzustandes [KÄSE97a, S. 223] und Durchführen eines Wirtschaftlichkeitsvergleichs zur Festlegung der einzelnen Arbeitsvorgänge und Zuordnung der Maschinen und Betriebsmittel zu den Arbeitsvorgängen [KÄSE97a, S. 224])	Ja		Ja	
Produkteinführung – Produktionsprozessplanung [BURG21d, S. 519; BURG21a, S. 165]	Prozessplanung in der Fertigung [BURG21a, S. 173] – Arbeitsplanung [BURG21a, S. 188; KÄSE97a, S. 220]	Arbeitsplanerstellung [KÄSE97a, S. 222]	Betriebsmittelauswahl (Fertigungsmittel, Werkzeuge und Vorrichtungen und Maß- und Prüfmittel) [KÄSE97a, S. 224]) *[tlw. bereits in "Gestaltung der Fertigungssysteme" und Qualitätsplanung enthalten]*	Nein	Bereits abgedeckt		
Produkteinführung – Produktionsprozessplanung [BURG21d, S. 519; BURG21a, S. 165]	Prozessplanung in der Fertigung [BURG21a, S. 173] – Arbeitsplanung [BURG21a, S. 188; KÄSE97a, S. 220]	Arbeitsplanerstellung [KÄSE97a, S. 222]	Vorgabezeitbestimmung [KÄSE97a, S. 225f.; BURG21a, S. 186] (Ist-Zeit erfassen, Planzeiten erstellen, Soll-Zeit bestimmen (= Vorgabezeit unter Berücksichtigung von Rüstzeiten, Verteilzeiten, Erholungszeiten etc. [BURG21a, S. 187]))	Ja		Ja	
Produkteinführung – Produktionsprozessplanung [BURG21d, S. 519; BURG21a, S. 165]	Prozessplanung in der Fertigung [BURG21a, S. 173] – Arbeitsplanung [BURG21a, S. 188; KÄSE97a, S. 220]	Arbeitsplanerstellung [KÄSE97a, S. 222]	Arbeitsbewertung [KÄSE97a, S. 225] (Bestimmen der Lohnart und Lohngruppe)	Ja		Ja	
Produkteinführung – Produktionsprozessplanung [BURG21d, S. 519; BURG21a, S. 165]	Prozessplanung in der Fertigung [BURG21a, S. 173] – Arbeitsplanung [BURG21a, S. 188; KÄSE97a, S. 220]	NC-Programmierung [KÄSE97a, S. 226f.]		Ja		Ja	
Produkteinführung – Produktionsprozessplanung [BURG21d, S. 519; BURG21a, S. 165]	Prozessplanung in der Fertigung [BURG21a, S. 173] – Arbeitsplanung [BURG21a, S. 188; KÄSE97a, S. 220]	Kosten- und Investitionsplanung [KÄSE97a, S. 227f.] *[bereits in „Gestaltung der Fertigungssysteme" durchgeführt]*		Nein	Bereits abgedeckt		
Produkteinführung – Produktionsprozessplanung [BURG21d, S. 519; BURG21a, S. 165]	Prozessplanung in der Fertigung [BURG21a, S. 173] – Arbeitsplanung [BURG21a, S. 188; KÄSE97a, S. 220]	Materialplanung [KÄSE97a, S. 229f.] *[in Produktions- & Logistikplanung und -steuerung und Logistikplanung unten enthalten*		Nein	Bereits abgedeckt		

Teilprozesse / Tätigkeiten / Teilaufgaben			Im Betrachtungsbereich?	Begründung	Wissensintensiv?	Begründung
Produkteinführung – Produktionsprozessplanung [BURG21d, S. 519; BURG21a, S. 165]	Prozessplanung in der Montage [BURG21a, S. 197] – Planung von Montagefolgen [BURG21a, S. 198]	Darstellen der Erzeugnisstruktur in einem Strukturbaum, einer Strukturstückliste oder einer Baukastenstückliste [BURG21a, S. 198]	Ja		Nein	Nur Darstellung
Produkteinführung – Produktionsprozessplanung [BURG21d, S. 519; BURG21a, S. 165]	Prozessplanung in der Montage [BURG21a, S. 197] – Planung von Montagefolgen [BURG21a, S. 198]	Verknüpfen zu einer zeitlichen Ablaufstruktur von Montagefolgen [BURG21a, S. 199]	Ja		Nein	Nur Darstellung
Produkteinführung – Produktionsprozessplanung [BURG21d, S. 519; BURG21a, S. 165]	Prozessplanung in der Montage [BURG21a, S. 197] – Planung von Montagefolgen [BURG21a, S. 198]	Erstellen eines Vorranggraphen für nachfolgende Optimierungen des Montageablaufs [BURG21a, S. 199f.]	Ja		Ja	
Produkteinführung – Produktionsprozessplanung [BURG21d, S. 519; BURG21a, S. 165]	Prozessplanung in der Montage [BURG21a, S. 197] – Montagegestaltung [BURG21a, S. 201]	Entscheidung treffen für eine Organisationsform und eine Verrichtungsform der Montage unter Berücksichtigung der Verkettungsmittel, Puffer, Materialbereitstellungssysteme, Technologie und des Automatisierungsgrads bei Anwendung einer Montagemorphologie [BURG21a, S. 201f.]	Ja		Ja	
Produkteinführung – Produktionsprozessplanung [BURG21d, S. 519; BURG21a, S. 165]	Prozessplanung in der Montage [BURG21a, S. 197] – Zeitplanung [BURG21a, S. 207]	Ermittlung von Vorgabezeiten, bspw. mit dem „Methods-Time Measurement" Verfahren (MTM)	Ja		Nein	Nur Informationserfassung/ Rechnung
Produkteinführung – Produktionsprozessplanung [BURG21d, S. 519; BURG21a, S. 165]	Prozessplanung in der Montage [BURG21a, S. 197] – Leistungsabstimmung (Line Balancing) [BURG21a, S. 209]	Zuordnung von Arbeitsinhalten zu Stationen und Ressourcen so, dass die Taktzeit an keiner Arbeitsstation überschritten und somit eine möglichst hohe Auslastung erreicht wird [BURG21a, S. 209] (Mögliche Verfahren: Probierverfahren, Heuristische Verfahren, Exakte Verfahren [BURG21a, S. 211])	Ja		Ja	
Produkteinführung – Produktionsprozessplanung [BURG21d, S. 519; BURG21a, S. 165]	Prozessplanung in der Montage [BURG21a, S. 197] – Leistungsabstimmung (Line Balancing) [BURG21a, S. 209]	Ggf. Anpassung der Taktzeit [BURG21a, S. 212]	Ja		Ja	
Produkteinführung – Produktionsprozessplanung [BURG21d, S. 519; BURG21a, S. 165]	Prozessplanung in der Montage [BURG21a, S. 197] – Planung von kapazitativen Ausgleichsmechanismen [BURG21a, S. 215]	Einsatz von Springern planen oder Planung von Puffern zur Entkopplung der Montagelinie (von der Taktzeit) [BURG21a, S. 215]	Ja		Ja	
Produkteinführung – Produktionsprozessplanung [BURG21d, S. 519; BURG21a, S. 165]	Bewertung der Produktionsprozessplanung [BURG21a, S. 216]	Bewertung hinsichtlich der aufgestellten Zielkriterien in den Dimensionen Zukunftsfähigkeit, Kostenminimierung, Prozesskommunalität und Nivellierung [BURG21a, S. 216]	Ja		Ja	
Produkteinführung – Produktionslogistikplanung [BURG21d, S. 519]		Quellen und Senken der Material- und Erzeugnisströme erfassen [RIXE20, S. 894]	Ja		Nein	Nur Informationserfassung
Produkteinführung – Produktionslogistikplanung [BURG21d, S. 519]		Mengengerüst aufstellen [RIXE20, S. 894] *[ergibt sich aus dem Produktionsprogramm]*	Ja		Nein	Nur Übertragung
Produkteinführung – Produktionslogistikplanung [BURG21d, S. 519]	Materialflusssystemplanung [RIXE20, S. 894; GÜNT12, S. 322; KÄSE97b, S. 267]	Aufnahme und Darstellung des Ist-Zustands bzgl. Materialdaten, produktionstechnische Daten, Fördermittel- und Lagerdaten etc. bspw. mittels Ablaufstudien, Belastungsstudien, Kostenstudien oder Wertstromanalysen [ARNO19, S. 250–252]	Ja		Ja	
Produkteinführung – Produktionslogistikplanung [BURG21d, S. 519]	Materialflusssystemplanung [RIXE20, S. 894; GÜNT12, S. 322; KÄSE97b, S. 267]	Aufstellen des Funktionsschemas (abstrakte Darstellung der Zusammenhänge einzelner Objekte) (bspw. auf Basis der Gesamtheit der Arbeitspläne bei Neuplanung oder auf Basis des Ist-Layouts bei Umplanungen) [BURG21c, S. 413]	Ja		Ja	

Teilprozesse / Tätigkeiten / Teilaufgaben				Im Betrachtungsbereich?	Begründung	Wissensintensiv?	Begründung
Produkteinführung – Produktionslogistikplanung [BURG21d, S. 519]	Materialflusssystemplanung [RIXE20, S. 894; GÜNT12, S. 322; KÄSE97b, S. 267]	Ermitteln der Transportintensitäten und Mengenflüsse mittels des Sankey-Diagramms oder Materialflussmatrizen auf Basis des Funktionsschemas [BURG21c, S. 414]		Ja		Ja	
Produkteinführung – Produktionslogistikplanung [BURG21d, S. 519]	Materialflusssystemplanung [RIXE20, S. 894; GÜNT12, S. 322; KÄSE97b, S. 267]	Analyse der Abhängigkeiten der Bereiche bzgl. des Materialflusses mittels der Affinitätsmatrix [BURG21c, S. 417]		Ja		Ja	
Produkteinführung – Produktionslogistikplanung [BURG21d, S. 519]	Materialflusssystemplanung [RIXE20, S. 894; GÜNT12, S. 322; KÄSE97b, S. 267]	Erarbeiten einer optimierten Anordnung der Bereiche und Segmente mittels Softwaretools (heuristische, kennzahlenbasierte Algorithmen) [BURG21c, S. 417]		Ja		Nein	Softwaregelöst
Produkteinführung – Produktionslogistikplanung [BURG21d, S. 519]	Hilfsmittel und Ladungsträgerplanung [RIXE20, S. 894]	Festlegen von Kriterien zur Auswahl geeigneter Ladungsträger (Behälter) (technische, qualitätsbezogene, ökonomische, ergonomie- und sicherheitsbezogene, ökologische, transport-, umschlags- und lagerbezogene) [KLUG18, S. 169]		Ja		Ja	
Produkteinführung – Produktionslogistikplanung [BURG21d, S. 519]	Hilfsmittel und Ladungsträgerplanung [RIXE20, S. 894]	Berechnung des Behälterbedarfs auf Basis des Mengengerüsts [KLUG18, S. 173]		Ja		Nein	Nur Rechnung/ mathematische Operation
Produkteinführung – Produktionslogistikplanung [BURG21d, S. 519]	Hilfsmittel und Ladungsträgerplanung [RIXE20, S. 894]	Auswahl von Standardbehältern [KLUG18, S. 180]	Durchführen von realen und/oder virtuellen Packversuchen und Auswahl der Behälter, bei denen die höchste Packungsdichte bei gleichzeitiger Berücksichtigung unterschiedlicher Restriktionen, wie bspw. Qualitätsanforderungen oder Handling-Anforderungen bei der Teileentnahme erreicht werden kann [KLUG18, S. 180]	Ja		Ja	
Produkteinführung – Produktionslogistikplanung [BURG21d, S. 519]	Hilfsmittel und Ladungsträgerplanung [RIXE20, S. 894]	Auswahl von Spezialbehältern [KLUG18, S. 181]	Ermittlung der Verpackungsanforderungen [KLUG18, S. 182]	Ja		Ja	
Produkteinführung – Produktionslogistikplanung [BURG21d, S. 519]	Hilfsmittel und Ladungsträgerplanung [RIXE20, S. 894]	Auswahl von Spezialbehältern [KLUG18, S. 181]	Entwicklung eines Behälterkonzepts und Behälterkonstruktion [KLUG18, S. 182]	Ja		Ja	
Produkteinführung – Produktionslogistikplanung [BURG21d, S. 519]	Hilfsmittel und Ladungsträgerplanung [RIXE20, S. 894]	Auswahl von Spezialbehältern [KLUG18, S. 181]	Beschaffung der Spezialbehälter [KLUG18, S. 182]	Nein	Zuständigkeit des Einkaufs		
Produkteinführung – Produktionslogistikplanung [BURG21d, S. 519]	Hilfsmittel und Ladungsträgerplanung [RIXE20, S. 894]	Auswahl von Spezialbehältern [KLUG18, S. 181]	Behälterabstimmung (mit den beteiligten Planungsbereichen) und Behälterabnahme (Klärung, ob alle Anforderungen der Abteilungen berücksichtigt wurden) [KLUG18, S. 182, 186]	Ja		Ja	
Produkteinführung – Produktionslogistikplanung [BURG21d, S. 519]	Hilfsmittel und Ladungsträgerplanung [RIXE20, S. 894]	Auswahl von Spezialbehältern [KLUG18, S. 181]	Erstellung und Einpflege der Verpackungsdaten [KLUG18, S. 182]	Ja		Nein	Nur Datenpflege
Änderungsmanagement [BURG21d, S. 521]	Änderungsplanung [BURG21d, S. 522]	Prüfen, ob Änderungen notwendig sind [BURG21d, S. 523]		Ja		Ja	
Änderungsmanagement [BURG21d, S. 521]	Änderungsplanung [BURG21d, S. 522]	Änderungsauswirkungen abschätzen [BURG21d, S. 523]		Ja		Ja	
Änderungsmanagement [BURG21d, S. 521]	Änderungsplanung [BURG21d, S. 522]	Technisch-wirtschaftliche Gesamtbewertung vornehmen, ob Änderung durchgeführt wird [BURG21d, S. 523]		Ja		Ja	
Änderungsmanagement [BURG21d, S. 521]	Änderungsausführung [BURG21d, S. 522]	Auslösung [BURG21d, S. 523]	Klären der Koordinatoren und Verantwortlichkeiten [BURG21d, S. 523]	Ja		Ja	
Änderungsmanagement [BURG21d, S. 521]	Änderungsausführung [BURG21d, S. 522]	Auslösung [BURG21d, S. 523]	Vorabklärung mit den betroffenen Bereichen zum Herausfiltern von Änderungen, die momentan aus Termin- und Kostengründen nicht umsetzbar sind [BURG21d, S. 523]	Ja		Ja	
Änderungsmanagement [BURG21d, S. 521]	Änderungsausführung [BURG21d, S. 522]	Auslösung [BURG21d, S. 523]	Freigabe [BURG21d, S. 523]	Ja		Ja	

Teilprozesse / Tätigkeiten / Teilaufgaben				Im Betrachtungsbereich?	Begründung	Wissensintensiv?	Begründung
Änderungsmanagement [BURG21d, S. 521]	Änderungsausführung [BURG21d, S. 522]	Detaillierung [BURG21d, S. 523]	Treffen verbindlicher Angaben zu den Änderungskosten, den Auswirkungen auf den Gesamtterminplan und den vereinbarten Meilensteinen [BURG21d, S. 523]	Ja		Ja	
Änderungsmanagement [BURG21d, S. 521]	Änderungsausführung [BURG21d, S. 522]	Detaillierung [BURG21d, S. 523]	Abstimmen der Änderungen mit den Kunden und betroffenen Lieferanten [BURG21d, S. 523]	Nein	Zuständigkeit des Vertriebs und Einkaufs		
Änderungsmanagement [BURG21d, S. 521]	Änderungsausführung [BURG21d, S. 522]	Detaillierung [BURG21d, S. 523]	Ggf. Einrichten eines Änderungskreises mit Vertretern aller Beteiligten [BURG21d, S. 523]	Ja		Nein	Nur formaler Schritt
Änderungsmanagement [BURG21d, S. 521]	Änderungsausführung [BURG21d, S. 522]	Genehmigung [BURG21d, S. 523]	Treffen vertraglicher Vereinbarungen zwischen Lieferanten und Unternehmen, in denen das Budget festgelegt wird [BURG21d, S. 523]	Nein	Zuständigkeit des Einkaufs		
Änderungsmanagement [BURG21d, S. 521]	Änderungsausführung [BURG21d, S. 522]	Konstruktive Umsetzung [BURG21d, S. 523]	Ändern der Zeichnungen für Werkzeuge und Bauteile [BURG21d, S. 523]	Ja		Ja	
Änderungsmanagement [BURG21d, S. 521]	Änderungsausführung [BURG21d, S. 522]	Konstruktive Umsetzung [BURG21d, S. 523]	Erstellen und Testen der Erstmuster [BURG21d, S. 523]	Nein	Materielle Tätigkeit		
Änderungsmanagement [BURG21d, S. 521]	Änderungsausführung [BURG21d, S. 522]	Konstruktive Umsetzung [BURG21d, S. 523]	Änderung in die Produktion geben [BURG21d, S. 523]	Ja		Nein	Nur Informationsweitergabe
Änderungsmanagement [BURG21d, S. 521]	Änderungsabsicherung [BURG21d, S. 522]	Kapazitäten reservieren [BURG21d, S. 522]		Ja		Nein	Nur ausführender Schritt
Änderungsmanagement [BURG21d, S. 521]	Änderungsabsicherung [BURG21d, S. 522]	Vorprozesse bei Lieferanten koordinieren [BURG21d, S. 522]		Ja		Ja	
Änderungsmanagement [BURG21d, S. 521]	Änderungsabsicherung [BURG21d, S. 522]	Änderungen tracken [BURG21d, S. 522]		Ja		Ja	
Änderungsmanagement [BURG21d, S. 521]	Änderungsabsicherung [BURG21d, S. 522]	Auslaufplanung vornehmen [BURG21d, S. 522]		Nein	Nicht Teil des Engineerings/ Anlauf-managements		
Änderungsmanagement [BURG21d, S. 521]	Eskalationsmanagement	Korrekte Eskalation von Problemen [BURG21d, S. 525–527]		Ja		Ja	
Störungsmanagement [BURG21d, S. 528]	Prävention von Störungen [BURG21d, S. 530]	Kommunizieren von Störungen an die verursachende Abteilung zur Prävention in späteren Anläufen [BURG21d, S. 530]		Ja		Nein	Nur Informationsweitergabe
Störungsmanagement [BURG21d, S. 528]	Prävention von Störungen [BURG21d, S. 530]	Auf störanfällige Prozesse verzichten [BURG21d, S. 531]		Ja		Ja	
Störungsmanagement [BURG21d, S. 528]	Prävention von Störungen [BURG21d, S. 530]	Vermindern oder erhöhen der Prozessdurchführungshäufigkeit [BURG21d, S. 531]		Ja		Ja	
Störungsmanagement [BURG21d, S. 528]	Prävention von Störungen [BURG21d, S. 530]	Personalentwicklungsmaßnahmen durchführen [BURG21d, S. 531]		Nein	Personalthematik		
Störungsmanagement [BURG21d, S. 528]	Prävention von Störungen [BURG21d, S. 530]	Lieferantenbeurteilungen durchführen [BURG21d, S. 531]		Nein	Zuständigkeit des Einkaufs		
Störungsmanagement [BURG21d, S. 528]	Prävention von Störungen [BURG21d, S. 530]	Qualitätssicherungsmaßnahmen für Produkte und Prozesse durchführen [BURG21d, S. 531] *[s. Qualitätssicherung]*		Nein	Bereits abgedeckt		
Störungsmanagement [BURG21d, S. 528]	Prävention von Störungen [BURG21d, S. 530]	Bauteile fertigungs- und montagegerecht entwickeln [BURG21d, S. 531]		Ja		Ja	
Störungsmanagement [BURG21d, S. 528]	Umgang mit Störungen [BURG21d, S. 530]	Planänderungen vermeiden durch Antizipation (Planwerte so festlegen (bspw. mit Toleranzbereichen), dass Schwankungen der Ist-Werte keine Störungen verursachen) [BURG21d, S. 531]		Ja		Ja	
Störungsmanagement [BURG21d, S. 528]	Umgang mit Störungen [BURG21d, S. 530]	Planänderungen vermeiden durch Ignoranz (Störungen in gewissem Umfang nicht berücksichtigen) [BURG21d, S. 531]		Ja		Ja	

Teilprozesse / Tätigkeiten / Teilaufgaben			Im Betrachtungsbereich?	Begründung	Wissensintensiv?	Begründung
Störungsmanagement [BURG21d, S. 528]	Umgang mit Störungen [BURG21d, S. 530]	Planänderungen durchführen durch Umplanen mit heuristischen Umplanungsregeln mit Beeinflussung der Kapazitätsnachfrage oder des -angebots [BURG21d, S. 531]	Ja		Ja	
Störungsmanagement [BURG21d, S. 528]	Umgang mit Störungen [BURG21d, S. 530]	Planänderungen durchführen durch Neuplanen mit gleichen oder geänderten Zielfunktionen [BURG21d, S. 531]	Ja		Ja	
Mitarbeiterqualifizierung und Wissensmanagement [BURG21d, S. 532]		Multiplikatoren einsetzen (Schlüsselmitarbeitende der Produktion, die von Anfang an in den Prozessentwicklungsprozess eingebunden werden und ihr Wissen an Mitarbeiter des Anlaufprozesses weitergeben) [BURG21d, S. 532]	Nein	Personalthematik		
Mitarbeiterqualifizierung und Wissensmanagement [BURG21d, S. 532]		Mentoring planen (Zuweisen eines Mentors zu neuen Mitarbeitern) [BURG21d, S. 533]	Nein	Personalthematik		
Mitarbeiterqualifizierung und Wissensmanagement [BURG21d, S. 532]		Qualifizierung in einer anlaufgerechten Produktionsumgebung sicherstellen (bspw. durch frühzeitiges Einbinden des Linienpersonals in die Prozessentwicklung) [BURG21d, S. 533f.]	Nein	Personalthematik		
Mitarbeiterqualifizierung und Wissensmanagement [BURG21d, S. 532]	Sicherung von Erfahrungswissen (bspw. durch Lessons Learned) [BURG21d, S. 534]:	Stärken-Schwäche-Analyse des Anlaufprojekts durchführen [BURG21d, S. 535]	Nein	Personalbezogen		
Mitarbeiterqualifizierung und Wissensmanagement [BURG21d, S. 532]	Sicherung von Erfahrungswissen (bspw. durch Lessons Learned) [BURG21d, S. 534]:	Projektdokumentation erstellen [BURG21d, S. 535]	Ja		Nein	Nur Dokumentation
Logistikmanagement im Produktionsanlauf [BURG21d, S. 536]		Risikoklassifizierung von Neuteilen anhand von lieferumfangsbezogenen, produktionsbezogenen, lieferantenbezogenen und terminbezogenen Risikokriterien in ABC-Teile [BURG21d, S. 542f.]	Ja		Ja	
Logistikmanagement im Produktionsanlauf [BURG21d, S. 536]		Abstimmung der Prototypenteileabwicklung mit den Lieferanten [BURG21d, S. 538]	Nein	Zuständigkeit des Einkaufs		
Logistikmanagement im Produktionsanlauf [BURG21d, S. 536]		Kapazitätsplanung mit Lieferanten [BURG21d, S. 538]	Nein	Zuständigkeit des Einkaufs		
Logistikmanagement im Produktionsanlauf [BURG21d, S. 536]		Planung der Produktversuche und Disposition der Bauteile [BURG21d, S. 538]	Ja		Ja	
Logistikmanagement im Produktionsanlauf [BURG21d, S. 536]		Termingerechte Teilebereitstellung gemäß vereinbartem Konstruktionsstand sicherstellen [BURG21d, S. 538]	Ja		Ja	
Logistikmanagement im Produktionsanlauf [BURG21d, S. 536]		Lieferantenmanagement [BURG21d, S. 538]	Nein	Zuständigkeit des Einkaufs		
Logistikmanagement im Produktionsanlauf [BURG21d, S. 536]		Sicherstellung der Vorleistung und Unterstützung der Serienlogistik [BURG21d, S. 538]	Nein	Zu unspezifisch		
Logistikmanagement im Produktionsanlauf [BURG21d, S. 536]	Lieferantenintegration [BURG21d, S. 540]	Integrieren der Lieferanten in die eigenen Geschäftsprozesse, d. h. offener Informationsaustausch bzgl. Produktionskapazität, Materialverfügbarkeit, Bestandsreichweiten und der Fähigkeit der Auftragserfüllung [WAGN21, S. 850]	Ja		Ja	
Anlagenbeschaffung und Produktionstests [BURG21d, S. 543]	Kapazitätsplanung [BURG21d, S. 544–548]	Kapazitätsplanung durchführen (Personalbedarfs- und Terminplanung) [BURG21d, S. 544–548] *[bereits in PPS durchgeführt]*	Nein	Bereits abgedeckt		
Anlagenbeschaffung und Produktionstests [BURG21d, S. 543]	Produktionstests [BURG21d, S. 548]	Testlauf in früher Phase zum Kennenlernen des Produktes und Produktionsprozesses durchführen [BURG21d, S. 548]	Nein	Materielle Tätigkeit/ Personalthematik		

Teilprozesse / Tätigkeiten / Teilaufgaben			Im Betrachtungsbereich?	Begründung	Wissensintensiv?	Begründung
Anlagenbeschaffung und Produktionstests [BURG21d, S. 543]	Produktionstests [BURG21d, S. 548]	Try-out bei fortschreitender Produkt- und Prozessreife zur Optimierung des Produktionsprozesses in Hinblick auf die Serienproduktion durchführen [BURG21d, S. 548]	Nein	Materielle Tätigkeit/ Personalthematik		
Anlagenbeschaffung und Produktionstests [BURG21d, S. 543]	Produktionstests [BURG21d, S. 548]	Simuliertes Kundenaudit in der späteren Phase zur Prüfung der Prozessbeherrschung durch das Serienpersonal durchführen [BURG21d, S. 548]	Nein	Personalbezogen		

Anhang 6: Wissensintensive Tätigkeiten der Produktions- und Logistikplanung und -steuerung

Teilprozesse / Tätigkeiten / Teilaufgaben			Im Betrachtungsbereich?	Begründung	Wissensintensiv?	Begründung
Produktionsprogrammplanung [SCHU14a, S. 8]	Absatzplanung [SCHU14b, S. 65]	Bestimmen der Bedarfe von Teilen, Baugruppen oder Erzeugnissen auf Basis von Absatzprognosen mittels statistischer Prognoseverfahren [SCHU14b, S. 67]	Nein	Zuständigkeit des Vertriebs		
Produktionsprogrammplanung [SCHU14a, S. 8]	Primärbedarfsplanung [SCHU14b, S. 65]	Ermitteln des Nettobedarfs durch Abgleichen des Bruttoprimärbedarfs mit den Lagerbeständen [SCHU14b, S. 67; KÄSE97b, S. 262]	Ja		Nein	Nur Rechnung/ mathematische Operation
Produktionsprogrammplanung [SCHU14a, S. 8]	Ressourcengrobplanung [SCHU14b, S. 65]	Grobe Einplanung der nach Art, Menge und Termin bzw. Periode festgelegten Bedarfe an Erzeugnissen und/oder Komponenten (Entscheidung, ob schwankender Marktnachfrage gefolgt wird oder Produktionsmenge geglättet wird) [SCHU14b, S. 68]	Ja		Ja	
Produktionsprogrammplanung [SCHU14a, S. 8]	Ressourcengrobplanung [SCHU14b, S. 65]	Abgleich mit den verfügbaren Ressourcen durch Materialdeckungsrechnung und Kapazitätsdeckungsrechnung [SCHU14b, S. 68f.]	Ja		Nein	Nur Rechnung/ mathematische Operation
Produktionsprogrammplanung [SCHU14a, S. 8]	Ressourcengrobplanung [SCHU14b, S. 65]	Entscheidung, ob Absatzplanung realisierbar	Ja		Ja	
Auftragsmanagement [SCHU14a, S. 8]	Angebotsbearbeitung [SCHU14c, S. 111]	Erfassung und Systematisierung der Anfragedaten = Aufbereitung [SCHU14c, S. 112]	Nein	Zuständigkeit des Vertriebs		
Auftragsmanagement [SCHU14a, S. 8]	Angebotsbearbeitung [SCHU14c, S. 111]	Bewertung der Anfrage mit Bestimmung des Lieferumfangs, Prüfung der Realisierbarkeit des Kundenproblems und Festlegung der Angebotsform je nach Auftragswahrscheinlichkeit [SCHU14c, S. 112]	Ja		Ja	
Auftragsmanagement [SCHU14a, S. 8]	Angebotsbearbeitung [SCHU14c, S. 111]	Angebotskalkulation und Preisermittlung zur transparenten Kalkulation der Herstellkosten und Bestimmung des Verkaufspreises [SCHU14c, S. 113]	Nein	Zuständigkeit des Vertriebs		
Auftragsmanagement [SCHU14a, S. 8]	Angebotsbearbeitung [SCHU14c, S. 111]	Zusammenstellen eines Angebots (als Dokument) [SCHU14c, S. 113]	Nein	Zuständigkeit des Vertriebs		
Auftragsmanagement [SCHU14a, S. 8]	Angebotsbearbeitung [SCHU14c, S. 111]	Angebotsverfolgung durch Überwachung des Fortschritts der Angebotsbearbeitung [SCHU14c, S. 113]	Nein	Zuständigkeit des Vertriebs		
Auftragsmanagement [SCHU14a, S. 8]	Angebotsbearbeitung [SCHU14c, S. 111]	Nachbereitung von Angeboten, bspw. mit Auftragsverlustanalyse [SCHU14c, S. 113]	Nein	Zuständigkeit des Vertriebs		
Auftragsmanagement [SCHU14a, S. 8]	Auftragsbearbeitung [SCHU14c, S. 111]	Abgleich der Bestelldaten mit Angebotsdaten und ggf. Überprüfung auf technische Realisierbarkeit [SCHU14c, S. 113]	Ja		Ja	
Auftragsmanagement [SCHU14a, S. 8]	Auftragsbearbeitung [SCHU14c, S. 111]	Ermittlung des zu beschaffenden kundenspezifischen Lieferumfangs [SCHU14c, S. 113]	Ja		Nein	Nur Rechnung/ mathematische Operation
Auftragsmanagement [SCHU14a, S. 8]	Auftragsbearbeitung [SCHU14c, S. 111]	Bestimmung der Zuständigkeiten der Einzelaufgaben [SCHU14c, S. 113]	Ja		Ja	
Auftragsmanagement [SCHU14a, S. 8]	Auftragsbearbeitung [SCHU14c, S. 111]	Aufbereitung der auftragsspezifischen Daten und Informationen für die beteiligten Stellen als verbindliche Auftragsunterlagen [SCHU14c, S. 113]	Ja		Nein	Dokumentation
Auftragsmanagement [SCHU14a, S. 8]	Auftragsbearbeitung [SCHU14c, S. 111]	Festlegung eines groben Produktionsablaufs für einen längerfristigen Planungszeitraum = Grobterminierung inkl. Ecktermine und Kapazitätsbedarfe [SCHU14c, S. 113]	Ja		Ja	

Teilprozesse / Tätigkeiten / Teilaufgaben				Im Betrachtungsbereich?	Begründung	Wissensintensiv?	Begründung
Auftragsmanagement [SCHU14a, S. 8]	Auftragsbearbeitung [SCHU14c, S. 111]	Anpassung der Grobplanung bei konstruktiven Änderungen der Erzeugnisse [SCHU14c, S. 113]		Ja		Ja	
Auftragsmanagement [SCHU14a, S. 8]	Auftragsbearbeitung [SCHU14c, S. 111]	Überprüfung der Realisierbarkeit der grobterminierten Aufträge mit den vorhandenen Ressourcen im Rahmen der Ressourcengrobplanung [SCHU14c, S. 114]		Ja		Ja	
Auftragsmanagement [SCHU14a, S. 8]	Auftragsbearbeitung [SCHU14c, S. 111]	Ermittlung des Kapazitätsbedarfs und Abgleich mit Kapazitätsangebot im Rahmen der Kapazitätsdeckungsrechnung [SCHU14c, S. 114]		Ja		Ja	
Auftragsmanagement [SCHU14a, S. 8]	Auftragsbearbeitung [SCHU14c, S. 111]	Freigabe des Kundenauftrags bei technischer, logistischer, preislicher und vertraglicher Realisierbarkeit [SCHU14c, S. 114]		Ja		Ja	
Auftragsmanagement [SCHU14a, S. 8]	Auftragsbearbeitung [SCHU14c, S. 111]	Erstellung der Auftragsbestätigung und Produktionsvorschlag für innerbetriebliche Leistungserbringung sowie Bestellvorschlag für den Einkauf [SCHU14c, S. 114]		Ja		Nein	Dokumentation/ Reproduktion
Auftragsmanagement [SCHU14a, S. 8]	Auftragskoordination [SCHU14c, S. 111]	Fortschritts- bzw. Auftragsüberwachung [SCHU14c, S. 115]	Durchführen von Soll-Ist-Vergleichen von Terminen und Mengen sowie auftragsbezogener Kennzahlen [SCHU14c, S. 115]	Ja		Ja	
Auftragsmanagement [SCHU14a, S. 8]	Auftragskoordination [SCHU14c, S. 111]	Ressourcenüberwachung [SCHU14c, S. 115]	Kontrolle von Materialverfügbarkeiten und Kapazitätsverfügbarkeiten [SCHU14c, S. 115]	Ja		Ja	
Auftragsmanagement [SCHU14a, S. 8]	Auftragskoordination [SCHU14c, S. 111]	Ressourcenüberwachung [SCHU14c, S. 115]	Ggf. Anpassungen der Reihenfolgenplanung und Feinterminierung [SCHU14c, S. 115]	Ja		Ja	
Auftragsmanagement [SCHU14a, S. 8]	Auftragskoordination [SCHU14c, S. 111]	Material- bzw. Bestellüberwachung [SCHU14c, S. 115]	Kontrolle des Materialflusses und der Bestandsentwicklung in den Fertigungs- und Lagerbereichen [SCHU14c, S. 115]	Ja		Ja	
Auftragsmanagement [SCHU14a, S. 8]	Auftragskoordination [SCHU14c, S. 111]	Material- bzw. Bestellüberwachung [SCHU14c, S. 115]	Anstoßen von Korrekturmaßnahmen bei Störungen [SCHU14c, S. 115]	Ja		Ja	
Produktionsbedarfsplanung [SCHU14a, S. 8]	Sekundärbedarfsplanung [SCHU14d, S. 153]	Ermittlung des Bruttosekundärbedarfs durch Stücklistenauflösung nach Art, Menge und Termin [SCHU14d, S. 154f.; KÄSE97b, S. 262]		Ja		Nein	Dokumentation/ Reproduktion
Produktionsbedarfsplanung [SCHU14a, S. 8]	Sekundärbedarfsplanung [SCHU14d, S. 153]	Ermittlung des Nettosekundärbedarfs durch Berücksichtigung von Lagerbeständen, Reservierungen, Umlauf-, Sicherheits-, Meldebeständen sowie Bestellungen auf den Nettosekundärbedarf [SCHU14d, S. 155]		Ja		Nein	Nur mathematische Operation/ Umstrukturierung
Produktionsbedarfsplanung [SCHU14a, S. 8]	Beschaffungsartzuordnung [SCHU14d, S. 153]	Entscheidung, ob Bedarf durch Eigenfertigung oder Fremdbezug gedeckt werden soll = Make-or-buy-Entscheidung [SCHU14d, S. 155] (Bedingt durch erforderliche Produktionskompetenzen, -fähigkeiten bzw. -ressourcen, Auslastungssituation und strategischen Wertschöpfungsentscheidungen [SCHU14d, S. 155f.])		Ja		Ja	
Produktionsbedarfsplanung [SCHU14a, S. 8]	Durchlaufterminierung [SCHU14d, S. 156]	Durchführen der Durchlaufterminierung durch Festlegung von Zwischenterminen je Arbeitsgang aufgrund der technologisch bedingten Arbeitsabläufe ohne Berücksichtigung von Kapazitäten (Vorwärts-, Rückwärts- oder Mittelpunkt-); bspw. Netzplantechnik [SCHU14d, S. 156f.]		Ja		Ja	
Produktionsbedarfsplanung [SCHU14a, S. 8]	Kapazitätsplanung [SCHU14d, S. 153]	Ermitteln der Kapazitätsbedarfe [SCHU14d, S. 157]		Ja		Nein	Nur Rechnung/ mathematische Operation
Produktionsbedarfsplanung [SCHU14a, S. 8]	Kapazitätsplanung [SCHU14d, S. 153]	Abgleichen mit Kapazitätsangebot und Verteilen des (Spitzen-) Bedarfs über verschiedene Perioden, bspw. durch zeitliche Verschiebung der Aufträge, Auswärtsvergabe oder technische Verlagerung auf Ausweichmaschinen [SCHU14d, S. 158]		Ja		Ja	
Produktionsbedarfsplanung [SCHU14a, S. 8]	Bestandsplanung [SCHU14d, S. 153]	Festlegen der Bevorratungsebenen für die einzelnen Erzeugnisse, Baugruppen oder Teile in Abhängigkeit der vom Markt geforderten Lieferzeiten und der innerbetrieblichen Durchlaufzeiten bzw. externen Wiederbeschaffungszeiten [SCHU14d, S. 158; BURG21b, S. 244; KÄSE97b, S. 257]		Ja		Ja	
Produktionsbedarfsplanung [SCHU14a, S. 8]	Bestandsplanung [SCHU14d, S. 153]	Festlegen der für die einzelnen Verfahren erforderlichen Dispositionsparameter (Höchstbestand, Sicherheitsbestand) [SCHU14d, S. 159; BURG21b, S. 250]		Ja		Ja	

Teilprozesse / Tätigkeiten / Teilaufgaben			Im Betrachtungsbereich?	Begründung	Wissensintensiv?	Begründung
Produktionsbedarfsplanung [SCHU14a, S. 8]	Bestandsplanung [SCHU14d, S. 153]	Festlegen der Lagermengen auf Basis des Servicegrads, Losbestands und Sicherheitsbestands [BURG21b, S. 246]	Ja		Ja	
Eigenfertigungsplanung und -steuerung [SCHU14a, S. 8]	Losgrößenrechnung [SCHU14e, S. 199]	Festlegen der (wirtschaftlich optimalen) Losgröße auf Basis der Mitarbeitererfahrung oder durch Berechnung mithilfe mathematischer Losgrößenformeln [Trade-off zwischen Beständen und Rüstkosten] [SCHU14e, S. 201]	Ja		Ja	
Eigenfertigungsplanung und -steuerung [SCHU14a, S. 8]	Losgrößenrechnung [SCHU14e, S. 199]	Sporadische, zyklische in einem festzulegenden Zeitraum oder bei jeder Losbildung geschehene Anpassung der Losgrößen [SCHU14e, S. 201; BURG21b, S. 256]	Ja		Ja	
Eigenfertigungsplanung und -steuerung [SCHU14a, S. 8]	Arbeitsgangfeinterminierung [SCHU14e, S. 199]	Berechnen der Durchlaufzeit der Aufträge durch Zuordnen der Rüst-, Bearbeitungs- und Übergangszeiten zu den einzelnen Arbeitsgängen aus dem Arbeitsplan (Vorwärts-, Rückwärts- oder Engpass-/Mittelpunktterminierung) [ohne Kapazitätsberücksichtigung] [SCHU14e, S. 202]	Ja		Nein	Nur Rechnung/ mathematische Operation
Eigenfertigungsplanung und -steuerung [SCHU14a, S. 8]	Arbeitsgangfeinterminierung [SCHU14e, S. 199]	Erarbeitung geeigneter Maßnahmen zur Durchlaufverkürzung, wenn späteste Starttermine in der Vergangenheit oder frühestmögliche Endtermine hinter spätestmöglichem Endtermin liegen (Losgrößenveränderung, Losaufteilung, Loszusammenfassung) [SCHU14e, S. 202f.]	Ja		Ja	
Eigenfertigungsplanung und -steuerung [SCHU14a, S. 8]	Arbeitsgangfeinterminierung [SCHU14e, S. 199]	Wenn keine befriedigende Lösung existiert: neue Durchführung der Produktionsbedarfsplanung [SCHU14e, S. 203]	Ja		Ja	
Eigenfertigungsplanung und -steuerung [SCHU14a, S. 8]	Ressourcenfeinplanung [SCHU14e, S. 199]	Bestimmen des Kapazitätsbedarfs durch Summation der Belegungszeiten pro Kapazität und Planungszeiteinheit [SCHU14e, S. 203]	Ja		Nein	Nur Rechnung/ mathematische Operation
Eigenfertigungsplanung und -steuerung [SCHU14a, S. 8]	Ressourcenfeinplanung [SCHU14e, S. 199]	Kapazitätsangebot ergibt sich aus der disponiblen, also nicht reservierten Belegungszeit pro Planungszeiteinheit, die die aktuellen Rückmeldungen aus der Ressourcenüberwachung berücksichtigt [SCHU14e, S. 203]	Ja		Nein	Nur Rechnung/ mathematische Operation
Eigenfertigungsplanung und -steuerung [SCHU14a, S. 8]	Ressourcenfeinplanung [SCHU14e, S. 199]	Gegenüberstellen von Kapazitätsbedarf und -angebot zur Sichtbarmachung von Kapazitätsüberlastungen und -unterauslastungen	Ja		Nein	Nur Rechnung/ mathematische Operation
Eigenfertigungsplanung und -steuerung [SCHU14a, S. 8]	Ressourcenfeinplanung [SCHU14e, S. 199]	Schaffen einer möglichst gleichmäßigen Kapazitätsbelastung durch Anpassung der Ressourcen oder zeitliches Verschieben von Kapazitäten in Zeiträume mit niedrigeren Belastungen ohne Gefährdung der spätesten Endtermine [SCHU14e, S. 203f.]	Ja		Ja	
Eigenfertigungsplanung und -steuerung [SCHU14a, S. 8]	Reihenfolgeplanung [SCHU14e, S. 199]	Auswahl von wartenden Arbeitsgängen anhand fester Selektionskriterien (bspw. Prioritätsregeln) oder Kumulationskriterien (bspw. Rüstzeitminimierung) – oder durch intensive Kommunikation und intensiven Erfahrungseinsatz der Mitarbeiter in den Fertigungsinseln [SCHU14e, S. 204]	Ja		Ja	
Eigenfertigungsplanung und -steuerung [SCHU14a, S. 8]	Verfügbarkeitsprüfung und Auftragsfreigabe [SCHU14e, S. 199]	Prüfung aller erforderlichen Ressourcen, insbesondere des Materials und der Kapazitäten (buchungstechnische Prüfung (schließt evtl. Reservierung von Ressourcen aus) oder physische Prüfung (Sichtprüfung)); ggf. Zurückweisung an vorhegende Arbeitsschritte [SCHU14e, S. 206]	Ja		Ja	
Eigenfertigungsplanung und -steuerung [SCHU14a, S. 8]	Verfügbarkeitsprüfung und Auftragsfreigabe [SCHU14e, S. 199]	Freigabe der Aufträge mittels festgelegter Freigaberegeln oder -verfahren (bspw. belastungsorientierte Auftragsfreigabe) inkl. Veranlassung der Bereitstellung der Ressourcen [SCHU14e, S. 206]	Ja		Ja	
Fremdbezugsplanung und -steuerung [SCHU14a, S. 8]	Bestellmengenrechnung [SCHU14f, S. 237; BURG21b, S. 258]		Nein	Zuständigkeit des Einkaufs		
Fremdbezugsplanung und -steuerung [SCHU14a, S. 8]	Angebotseinholung [SCHU14f, S. 237]		Nein	Zuständigkeit des Einkaufs		
Fremdbezugsplanung und -steuerung [SCHU14a, S. 8]	Angebotsanalyse und -bewertung [SCHU14f, S. 237]		Nein	Zuständigkeit des Einkaufs		

Teilprozesse / Tätigkeiten / Teilaufgaben				Im Betrachtungsbereich?	Begründung	Wissensintensiv?	Begründung
Fremdbezugsplanung und -steuerung [SCHU14a, S. 8]	Lieferantenauswahl [SCHU14f, S. 237]			Nein	Zuständigkeit des Einkaufs		
Fremdbezugsplanung und -steuerung [SCHU14a, S. 8]	Bestellfreigabe und Bestellverfolgung [SCHU14f, S. 237]			Nein	Zuständigkeit des Einkaufs		
Fremdbezugsplanung und -steuerung [SCHU14a, S. 8]	Lieferantenmanagement [SCHU14f, S. 237]			Nein	Zuständigkeit des Einkaufs		
Beschaffungslogistik [SCHU13, S. 12]	Bedarfsplanung [STIC13, S. 79]	*[in Produktionsplanung und -steuerung enthalten]*		Nein	Bereits abgedeckt		
Beschaffungslogistik [SCHU13, S. 12]	Bestandsplanung [STIC13, S. 79]	Bestandsmanagement [FLEI18, S. 14f.] *[Rest in Produktionsplanung und -steuerung enthalten]*	Auswirkungen der Produktions- und Transportprozesse auf die Bestände analysieren [FLEI18, S. 14]	Ja		Ja	
Beschaffungslogistik [SCHU13, S. 12]	Bestandsplanung [STIC13, S. 79]	Bestandsmanagement [FLEI18, S. 14f.] *[Rest in Produktionsplanung und -steuerung enthalten]*	Planung der Prozesse auf die Optimierung der Bestände (Differenzierung in Losgrößenbestand, Sicherheitsbestand, Saisonbestand, Work in Progress) ausrichten [FLEI18, S. 14]	Ja		Ja	
Beschaffungslogistik [SCHU13, S. 12]	Bestandsplanung [STIC13, S. 79]	Bestandsmanagement [FLEI18, S. 14f.] *[Rest in Produktionsplanung und -steuerung enthalten]*	Entscheidung, ob auftragsorientiert oder auf Lager produziert werden soll = Festlegung des Entkopplungspunkts der Logistikkette für jedes Produkt [FLEI18, S. 15]	Ja		Ja	
Beschaffungslogistik [SCHU13, S. 12]	Beschaffungsplanung [STIC13, S. 79]	Just-in-time- Steuerung [FLEI18, S. 13; STIC13, S. 79]	Synchronisieren der aufeinander folgenden Produktions- und Transportprozesse so, dass jeder Prozess das Material genau dann bereitstellt, wenn der jeweilige Nachfolgeprozess es benötigt [FLEI18, S. 13]	Ja		Ja	
Produktionslogistik [RIXE20, S. 894]	Beschaffungsseitig [RIXE20, S. 894]	Warenannahme [RIXE20, S. 894]	Entgegennahme der Waren	Nein	Materielle Tätigkeit		
Produktionslogistik [RIXE20, S. 894]	Beschaffungsseitig [RIXE20, S. 894]	Lagern [RIXE20, S. 894]	Planen der Lagervorgänge auf Basis der Produktionsplanungs- bzw. Lieferantendaten [KÄSE97b, S. 263–265]	Ja		Ja	
Produktionslogistik [RIXE20, S. 894]	Beschaffungsseitig [RIXE20, S. 894]	Lagern [RIXE20, S. 894]	Einlagern von Materialien und Erzeugnissen	Nein	Materielle Tätigkeit		
Produktionslogistik [RIXE20, S. 894]	Produktionsseitig [RIXE20, S. 894]	Lagern und Puffern [RIXE20, S. 894]	Planen der Lagervorgänge auf Basis der Produktionsplanungsdaten [KÄSE97b, S. 263–265]	Ja		Ja	
Produktionslogistik [RIXE20, S. 894]	Produktionsseitig [RIXE20, S. 894]	Lagern und Puffern [RIXE20, S. 894]	Einlagern von Materialien und Erzeugnissen	Nein	Materielle Tätigkeit		
Produktionslogistik [RIXE20, S. 894]	Produktionsseitig [RIXE20, S. 894]	Kommissionieren und Bereitstellen [RIXE20, S. 894]	Bildung von Kommissionieraufträgen auf Basis der Kundenaufträge [GÜNT12, S. 322; KÄSE97b, S. 267]	Ja		Nein	Nur Zusammenstellen
Produktionslogistik [RIXE20, S. 894]	Produktionsseitig [RIXE20, S. 894]	Kommissionieren und Bereitstellen [RIXE20, S. 894]	Physische Bereitstellung der Gesamtmenge [GÜNT12, S. 322; KÄSE97b, S. 267]	Nein	Materielle Tätigkeit		
Produktionslogistik [RIXE20, S. 894]	Produktionsseitig [RIXE20, S. 894]	Kommissionieren und Bereitstellen [RIXE20, S. 894]	Entnahmen von Teilmengen (Artikeln) [GÜNT12, S. 322; KÄSE97b, S. 267]	Nein	Materielle Tätigkeit		
Produktionslogistik [RIXE20, S. 894]	Produktionsseitig [RIXE20, S. 894]	Kommissionieren und Bereitstellen [RIXE20, S. 894]	Abgabe der Teilmengen [GÜNT12, S. 322; KÄSE97b, S. 267]	Nein	Materielle Tätigkeit		
Produktionslogistik [RIXE20, S. 894]	Distributionsseitig [RIXE20, S. 894]	Lagern [RIXE20, S. 894]	Planen der Lagervorgänge auf Basis der Produktionsplanungs- bzw. Distributionsdaten	Ja		Ja	
Produktionslogistik [RIXE20, S. 894]	Distributionsseitig [RIXE20, S. 894]	Lagern [RIXE20, S. 894]	Einlagern von Erzeugnissen	Nein	Materielle Tätigkeit		
Produktionslogistik [RIXE20, S. 894]	Distributionsseitig [RIXE20, S. 894]	Verpacken [RIXE20, S. 894]	Planen der Verpackungsvorgänge auf Basis der Produktionsplanungs- bzw. Distributionsdaten	Ja		Ja	

Teilprozesse / Tätigkeiten / Teilaufgaben				Im Betrachtungsbereich?	Begründung	Wissensintensiv?	Begründung
Produktionslogistik [RIXE20, S. 894]	Distributionsseitig [RIXE20, S. 894]	Verpacken [RIXE20, S. 894]	Verpacken der Erzeugnisse	Nein	Materielle Tätigkeit		
Produktionslogistik [RIXE20, S. 894]	Distributionsseitig [RIXE20, S. 894]	Warenausgang [RIXE20, S. 894]	Planen des Versands auf Basis der Distributionsdaten	Ja		Ja	
Produktionslogistik [RIXE20, S. 894]	Distributionsseitig [RIXE20, S. 894]	Warenausgang [RIXE20, S. 894]	Versenden der Erzeugnisse	Nein	Materielle Tätigkeit		

Anhang 7: Wissensintensive Tätigkeiten des Qualitätsmanagements

Teilprozesse / Tätigkeiten / Teilaufgaben				Im Betrachtungsbereich?	Begründung	Wissensintensiv?	Begründung
Qualitätsplanung [HEIN21, S. 44]	Definition und Dokumentation qualitätsrelevanter Produktaspekte [PREF21, S. 412]	Bezugsrahmen festlegen (d. h. Ein- und Ausgangsgrößen sowie Umfang der Entwicklungsaufgabe festlegen) [PREF21, S. 413]		Ja		Ja	
Qualitätsplanung [HEIN21, S. 44]	Definition und Dokumentation qualitätsrelevanter Produktaspekte [PREF21, S. 412]	Schnittstellenanalyse durchführen [PREF21, S. 413]	Alle Schnittstellen des Bezugsrahmens auf technische Inhalte untersuchen [PREF21, S. 413]	Ja		Ja	
Qualitätsplanung [HEIN21, S. 44]	Definition und Dokumentation qualitätsrelevanter Produktaspekte [PREF21, S. 412]	Schnittstellenanalyse durchführen [PREF21, S. 413]	Technische Parameter zur Schnittstellenbeschreibung definieren und spezifizieren [PREF21, S. 413]	Ja		Ja	
Qualitätsplanung [HEIN21, S. 44]	Definition und Dokumentation qualitätsrelevanter Produktaspekte [PREF21, S. 412]	Produktfunktionen festlegen und Anforderungen des Kunden mit dem Wirksystem des Produkts, den Anforderungen an die benötigten Produktkomponenten und den Fertigungsprozessen verknüpfen [PREF21, S. 414f.]		Ja			
Qualitätsplanung [HEIN21, S. 44]	Definition und Dokumentation qualitätsrelevanter Produktaspekte [PREF21, S. 412]	Parameterdiagramm aufstellen [PREF21, S. 415f.]		Ja		Ja	
Qualitätsplanung [HEIN21, S. 44]	Definition und Dokumentation qualitätsrelevanter Produktaspekte [PREF21, S. 412]	Lasten- und Pflichtenheft erstellen [PREF21, S. 417]		Ja		Nein	Nur Dokumentation/ Reproduktion
Qualitätsplanung [HEIN21, S. 44]	Sicherstellung einer qualitätsorientierten Produkt- sowie Fertigungsprozessentwicklung [PREF21, S. 412]	Design-FMEA durchführen [PREF21, S. 417]		Ja		Ja	
Qualitätsplanung [HEIN21, S. 44]	Sicherstellung einer qualitätsorientierten Produkt- sowie Fertigungsprozessentwicklung [PREF21, S. 412]	Prozess-FMEA durchführen [PREF21, S. 420]		Ja		Ja	
Qualitätsplanung [HEIN21, S. 44]	Validierung des Produkts und der Fertigungsprozesse [PREF21, S. 412]	Tests zur qualitätsbezogenen Verifikation und Validierung der Produktmerkmale planen und durchführen [PREF21, S. 418]		Ja			
Qualitätsplanung [HEIN21, S. 44]	Validierung des Produkts und der Fertigungsprozesse [PREF21, S. 412]	Tests zur qualitätsbezogenen Verifikation und Validierung der Prozessmerkmale planen und durchführen [PREF21, S. 418]		Ja		Ja	
Qualitätsplanung [HEIN21, S. 44]	Erstellung des Produktionslenkungsplans [PREF21, S. 421]	Prüfparameter und -verfahren für die Serienproduktion zur Sicherstellung der Qualität der Produkte und Prozessfähigkeit festlegen [PREF21, S. 421]		Ja		Ja	
Qualitätsplanung [HEIN21, S. 44]	Erstellung des Produktionslenkungsplans [PREF21, S. 421]	Reaktionspläne für Qualitätsabweichungen in der Produktion aufstellen [PREF21, S. 421]		Ja		Ja	
Qualitätsplanung [HEIN21, S. 44]	Erteilung der Produkt- und Prozessfreigabe [PREF21, S. 421]	Produkt und Fertigungsprozesse zertifizieren [PREF21, S. 421]		Ja		Nein	Nur Dokumentation/ Reproduktion
Qualitätsplanung [HEIN21, S. 44]	Erteilung der Produkt- und Prozessfreigabe [PREF21, S. 421]	Produkt und Fertigungsprozesse freigeben [PREF21, S. 421]		Ja		Ja	

Teilprozesse / Tätigkeiten / Teilaufgaben				Im Betrachtungsbereich?	Begründung	Wissensintensiv?	Begründung
Qualitätsplanung [HEIN21, S. 44]	Organisation der schnellen Identifikation und Eliminierung von Fehlern im Feld nach SOP [PREF21, S. 421]	Gemeldete Einzelaktivitäten auf Fehlerursache untersuchen [PREF21, S. 421f.]		Ja		Ja	
Qualitätsplanung [HEIN21, S. 44]	Organisation der schnellen Identifikation und Eliminierung von Fehlern im Feld nach SOP [PREF21, S. 421]	Problemlösungsmaßnahmen erarbeiten [PREF21, S. 421f.]		Ja		Ja	
Qualitätsplanung [HEIN21, S. 44]	Organisation der schnellen Identifikation und Eliminierung von Fehlern im Feld nach SOP [PREF21, S. 421]	Problemlösungsmaßnahmen für schnelle Fehlerbehebung priorisieren [PREF21, S. 421f.]		Ja		Ja	
Qualitätslenkung [HEIN21, S. 45]	Fehlervorbeugung [GEIG08, S. 107] *[generisch]*			Ja		Ja	
Qualitätslenkung [HEIN21, S. 45]	Fehlerkorrektur/-beseitigung [GEIG08, S. 107] *[generisch]*			Ja		Ja	
Qualitätslenkung [HEIN21, S. 45]	Statistische Prozessregelung [SCHÖ20, S. 737]	Prozesse analysieren [SCHU21, S. 785]	Datenaufnahme, Modellierung der Daten mittels zeitabhängiger Verteilungsmodelle und Darstellung in Prozessregelkarten [SCHU21, S. 785–790]	Ja		Ja	
Qualitätslenkung [HEIN21, S. 45]	Statistische Prozessregelung [SCHÖ20, S. 737]	Prozesse beurteilen [SCHU21, S. 785]	Berechnung von Fähigkeitskenngrößen (Pp, Ppk, Cp, Cpk) und Bewertung [SCHU21, S. 791–795]	Ja		Ja	
Qualitätslenkung [HEIN21, S. 45]	Steuerung von Lieferanten/ Lieferantenmanagement [WAGN21, S. 838]:	Lieferantenbeurteilung und Auswahl [WAGN21, S. 838]	Beurteilung durch Bewertung des generellen Leistungsprofils des Lieferanten und den vom Lieferanten angebotenen Leistungen (Beschaffungsobjekte) mittels Scoring- oder Gap-Verfahren [WAGN21, S. 839f.]	Nein	Zuständigkeit des Einkaufs		
Qualitätslenkung [HEIN21, S. 45]	Steuerung von Lieferanten/ Lieferantenmanagement [WAGN21, S. 838]:	Lieferantenbeurteilung und Auswahl [WAGN21, S. 838]	Auswahl auf Basis der Bewertungsergebnisse [WAGN21, S. 839f.]	Nein	Zuständigkeit des Einkaufs		
Qualitätslenkung [HEIN21, S. 45]	Steuerung von Lieferanten/ Lieferantenmanagement [WAGN21, S. 838]:	Reduzierung der Lieferantenbasis [WAGN21, S. 841]		Nein	Zuständigkeit des Einkaufs		
Qualitätslenkung [HEIN21, S. 45]	Steuerung von Lieferanten/ Lieferantenmanagement [WAGN21, S. 838]:	Lieferantenauditierung [WAGN21, S. 843]]	Vorbereiten und Ankündigen des Audits [WAGN21, S. 843f.]	Nein	Zuständigkeit des Einkaufs		
Qualitätslenkung [HEIN21, S. 45]	Steuerung von Lieferanten/ Lieferantenmanagement [WAGN21, S. 838]:	Lieferantenauditierung [WAGN21, S. 843]]	Auditierung vor Ort [WAGN21, S. 844]	Nein	Zuständigkeit des Einkaufs		
Qualitätslenkung [HEIN21, S. 45]	Steuerung von Lieferanten/ Lieferantenmanagement [WAGN21, S. 838]:	Lieferantenauditierung [WAGN21, S. 843]]	Nachbereitung [WAGN21, S. 844]: Schwachstellen identifizieren, Einstufungen vornehmen, Notwendige Korrekturmaßnahmen vorschlagen, Terminvorgaben zur Umsetzung machen	Nein	Zuständigkeit des Einkaufs		
Qualitätslenkung [HEIN21, S. 45]	Integration von Lieferanten in der Industrialisierungsphase [WAGN21, S. 849]	Integrieren der Lieferanten in die eigenen Geschäftsprozesse, d. h. offener Informationsaustausch bzgl. Produktionskapazität, Materialverfügbarkeit, Bestandsreichweiten und der Fähigkeit der Auftragserfüllung [WAGN21, S. 850]		Nein	Im Engineering/ Anlaufmanagement verortet		
Qualitätssicherung [HEIN21, S. 45]	Qualitätsprüfung [HEIN21, S. 45]	Planung [LINß21, S. 653]	Bestimmen der Prüfnotwendigkeit auf Basis der Ergebnisse einer FMEA [LINß21, S. 654]	Ja		Ja	
Qualitätssicherung [HEIN21, S. 45]	Qualitätsprüfung [HEIN21, S. 45]	Planung [LINß21, S. 653]	Auswählen der Prüfmerkmale; optimalerweise so, dass durch günstige Auswahl weniger Merkmale bei gleichem Informationsgehalt Arbeitsaufwand/Kosten gespart werden [LINß21, S. 655]	Ja		Ja	

Teilprozesse / Tätigkeiten / Teilaufgaben				Im Betrachtungsbereich?	Begründung	Wissensintensiv?	Begründung
Qualitätssicherung [HEIN21, S. 45]	Qualitätsprüfung [HEIN21, S. 45]	Planung [LINß21, S. 653]	Festlegen der Prüfzeitpunkte, -häufigkeiten und -umfang (100%-Prüfung, losbezogene Stichprobenprüfung oder SPC) [LINß21, S. 655; vgl. auch GEIG08, S. 109]	Ja		Ja	
Qualitätssicherung [HEIN21, S. 45]	Qualitätsprüfung [HEIN21, S. 45]	Planung [LINß21, S. 653]	Auswählen der Prüfmethode (wo, wer wie) und -mittel (auf Grundlage von technisch/ technologischen, organisationalen, wirtschaftlichen und personellen Kriterien) [LINß21, S. 655f.]	Ja		Ja	
Qualitätssicherung [HEIN21, S. 45]	Qualitätsprüfung [HEIN21, S. 45]	Planung [LINß21, S. 653]	Festlegen der Art der Prüfdatenerfassung: manuell, halbautomatisch (Ergebnis wird durch CAQ-System übertragen, muss bestätigt werden), vollautomatisch (muss nicht bestätigt werden) [LINß21, S. 656]	Ja		Ja	
Qualitätssicherung [HEIN21, S. 45]	Qualitätsprüfung [HEIN21, S. 45]	Planung [LINß21, S. 653]	Festlegen der Entscheidungskriterien für die in Abhängigkeit vom Prüfergebnis zu treffenden Maßnahmen (Rückweisung des Loses, Abbruch der Stichprobenprüfung, 100%-Prüfung; Fehlerursachenanalyse, Einleitung von Korrekturmaßnahmen; Einstufung in Ausschuss, Nacharbeit, Sonderfreigabe) [LINß21, S. 656]	Ja		Ja	
Qualitätssicherung [HEIN21, S. 45]	Qualitätsprüfung [HEIN21, S. 45]	Planung [LINß21, S. 653]	Festlegung der Verwaltung der Prüfdaten (extern (Forderung des Kunden, Nachweispflicht), intern (zur Bestätigung ordnungsgem. Arbeit, Freigabe für nächsten Prozess, Trendbeobachtungen, Aktualisierung der Prüfung, Überwachung der Qualitätsfähigkeit), bspw. mit Fehlersammelkarten, Prüfprotokollen, QRK, Urwertaufschreibungen [LINß21, S. 656f.]	Ja		Ja	
Qualitätssicherung [HEIN21, S. 45]	Qualitätsprüfung [HEIN21, S. 45]	Beauftragung [LINß21, S. 653]	Entscheidung über den Start des gesamten Prüfprozesses und der Teilprüfungen. Sie ist insbesondere für die rechnerunterstützte Durchführung der Produktion wichtig [LINß21, S. 653]	Ja		Ja	
Qualitätssicherung [HEIN21, S. 45]	Qualitätsprüfung [HEIN21, S. 45]	Durchführung [LINß21, S. 653]	Ausführung entsprechend der Prüfplanung ≈ Prüfdatenerfassung [LINß21, S. 653]	Ja		Nein	Informationserfassung/ Dokumentation
Qualitätssicherung [HEIN21, S. 45]	Qualitätsprüfung [HEIN21, S. 45]	Durchführung [LINß21, S. 653]	Messen mittels Lehren, Maßverkörperungen, Handmesszeugen oder Koordinationsmessgeräten [WECK21, S. 691–708]	Nein	Materielle Tätigkeit		
Qualitätssicherung [HEIN21, S. 45]	Qualitätsprüfung [HEIN21, S. 45]	Durchführung [LINß21, S. 653]	Qualitätssicherung der Mess- und Prüfergebnisse vornehmen [WECK21, S. 708]: Berücksichtigen verschiedener Einflüsse auf das Messergebnis (Messgerät, Umgebung, Werkstück, Bediener, Messstrategie) [WECK21, S. 709]; Qualität eines Mess-/ Prüfergebnisses bzw. Mess-/ Prüfprozesses bestimmen: Messunsicherheit mittels Genauigkeitskenngrößen ermitteln [WECK21, S. 712–717]; Prüfmittel überwachen, d. h. bspw. Kalibrieren, Schützen und den Prüfmittelstatus dokumentieren [WECK21, S. 717]; Messergebnisse unter Angabe aller relevanten (Zusatz-) Informationen dokumentieren [WECK21, S. 718]	Ja		Ja	
Qualitätssicherung [HEIN21, S. 45]	Qualitätsprüfung [HEIN21, S. 45]	Auswertung [LINß21, S. 653]	Interpretation der Mess- und Prüfergebnisse unter Berücksichtigung der Messunsicherheit (s. oben), sowohl bei Konformitätsprüfungen als auch Prozesslenkung und -optimierung [WECK21, S. 718–720]	Ja		Ja	
Qualitätssicherung [HEIN21, S. 45]	QM-Dokumentation [BRUN21, S. 323]	Darlegung		Ja		Nein	Dokumentation
Qualitätssicherung [HEIN21, S. 45]	QM-Dokumentation [BRUN21, S. 323]	Nachweis		Ja		Nein	Dokumentation

Teilprozesse / Tätigkeiten / Teilaufgaben			Im Betrachtungsbereich?	Begründung	Wissensintensiv?	Begründung
Qualitätssicherung [HEIN21, S. 45]	QM-Dokumentation [BRUN21, S. 323]	Beschreiben von technischen Abläufen und technischen Verfahren aus dem betrieblichen Alltag in Form von Verfahrensanweisungen, Arbeitsanweisungen, Belegen, Formblättern, mitgeltenden Unterlagen etc. im unternehmensspezifischen Teil	Ja		Nein	Dokumentation
Qualitätsverbesserung [HEIN21, S. 45]		Soll-Ist-Vergleich zwischen Qualitätsplanung und Erkenntnissen aus der Qualitätssicherung [SCHÖ20, S. 741]	Ja		Ja	
Qualitätsverbesserung [HEIN21, S. 45]		Ableiten des Handlungsbedarfs/ Verbesserungsbedarfs [SCHÖ20, S. 741]	Ja		Ja	

Anhang 8: Wissensintensive Tätigkeiten der Instandhaltung

Teilprozesse / Tätigkeiten / Teilaufgaben				Im Betrachtungsbereich?	Begründung	Wissensintensiv?	Begründung
Wartung & Inspektion [DIN19, S. 12]	Präventive Tätigkeiten [DIN18, S. 63]	Fehlererkennung (Erkennen eines potenziellen Fehlers) [DIN18, S. 63]	Nachweisprüfung (vor möglicher Instandsetzung): Prüfung, ob ein Merkmal oder eine Eigenschaft eines Objekts die festgelegten Anforderungen erfüllt [DIN18, S. 63, 42]	Ja		Nein	Nur Abgleich
Wartung & Inspektion [DIN19, S. 12]	Präventive Tätigkeiten [DIN18, S. 63]	Fehlererkennung (Erkennen eines potenziellen Fehlers) [DIN18, S. 63]	Funktionsprüfung (nach Instandhaltungsmaßnahmen): zur Bestätigung, dass ein Objekt die geforderte Funktion erfüllen kann [DIN18, S. 63, 42]	Ja		Nein	Nur Abgleich
Wartung & Inspektion [DIN19, S. 12]	Präventive Aktivitäten [DIN18, S. 63]	Diagnose des Abbaus (Ermitteln des Abbaus) [DIN18, S. 63]	(Zustands-) Überwachung, nicht-invasive Überprüfung (während der Betriebszeit): manuell oder automatisch ausgeführte Tätigkeit zur Messung der Merkmale und Parameter des physischen Ist-Zustands eines Objekts in bestimmten Zeitabständen [DIN18, S. 63, 41]	Ja		Ja	
Wartung & Inspektion [DIN19, S. 12]	Präventive Aktivitäten [DIN18, S. 63]	Diagnose des Abbaus (Ermitteln des Abbaus) [DIN18, S. 63]	Untersuchung, interne Überprüfung (während der Standzeit) [DIN18, S. 63]	Ja		Ja	
Wartung & Inspektion [DIN19, S. 12]	Präventive Aktivitäten [DIN18, S. 63]	Präventive Wiederaufarbeitung (Vermeiden des Abbaus oder der Auswirkungen von Fehlern) [DIN18, S. 63]	Aktive zustandsorientierte Tätigkeit (zustandsorientiert, in Abhängigkeit des Zustands): Ableitung möglicher Instandhaltungsmaßnahmen basierend auf der Analyse und Beurteilung des physischen Zustands [DIN18, S. 63, 35]	Ja		Ja	
Wartung & Inspektion [DIN19, S. 12]	Präventive Aktivitäten [DIN18, S. 63]	Präventive Wiederaufarbeitung (Vermeiden des Abbaus oder der Auswirkungen von Fehlern) [DIN18, S. 63]	Geplanter Ersatz, Anpassung usw. (vorausbestimmt, ohne Berücksichtigung des Zustands) Festlegen der Zeitabstände auf Basis des Wissens um die Ausfallmechanismen des Objekts [DIN18, S. 63, 35]	Ja		Ja	
Wartung & Inspektion [DIN19, S. 12]	Korrektive Aktivitäten [DIN18, S. 63]	Fehleranalyse	Fehlerortung (lokalisieren) [DIN18, S. 63]	Ja		Ja	
Wartung & Inspektion [DIN19, S. 12]	Korrektive Aktivitäten [DIN18, S. 63]	Fehleranalyse	Fehlerdiagnose (diagnostizieren) [DIN18, S. 63]	Ja		Ja	
Instandsetzung [DIN19, S. 12]	Korrektive Tätigkeiten [DIN18, S. 63]	Ausführen von physischen Maßnahmen zur Wiederherstellung der Funktion eines fehlerhaften Objekts [DIN19, S. 6; DIN18, S. 44]	Physische Instandhaltungsmaßnahmen durchführen [DIN18, S. 44]	Nein	Materielle Tätigkeit		
Instandsetzung [DIN19, S. 12]	Korrektive Tätigkeiten [DIN18, S. 63]	Ausführen von physischen Maßnahmen zur Wiederherstellung der Funktion eines fehlerhaften Objekts [DIN19, S. 6; DIN18, S. 44]	Funktionsprüfung (nach Instandhaltungsmaßnahmen): zur Bestätigung, dass ein Objekt die geforderte Funktion erfüllen kann [DIN18, S. 63, 42]	Ja		Nein	Nur Abgleich

Teilprozesse / Tätigkeiten / Teilaufgaben		Im Betrachtungsbereich?	Begründung	Wissensintensiv?	Begründung
Verbesserung (der Funktionssicherheit) [DIN19, S. 12]	Kombination aller technischen und administrativen Maßnahmen sowie Maßnahmen des Managements zur Steigerung der immanenten Zuverlässigkeit und/oder Instandhaltbarkeit und/oder Sicherheit eines Objekts, ohne seine ursprüngliche Funktion zu ändern [DIN19, S. 6f.; DIN18, S. 36]	Nein	Zu unspezifisch und mit Management-Fokus		

Anhang 9: Quantitative Auswertung der Tätigkeiten und Produktivitätsherausforderungen

Hauptprozess	Anzahl wissensintensive Tätigkeiten	Anzahl Herausforderungen vor Konsolidierung	Anzahl Herausforderungen nach Konsolidierung
Technologiemanagement	48	43	34
Innovationsmanagement	47	34	18
Engineering / Anlaufmanagement	52	50	33
Produktions- und Logistikplanung und -steuerung	38	38	16
Qualitätsmanagement	31	31	12
Instandhaltung	6	6	5
Summe	222	202	116[452]

B.2 Herausforderungen in der Steigerung der Arbeitsproduktivität

Anhang 10: Datentechnologierelevante Herausforderungen des Technologiemanagements

Nr.	Datentechnologierelevante Herausforderung	Konsolidierte datentechnologierelevante Herausforderung	Typenzuordnung
H1.01	Informationsbedürfnisse der Technologiefrüherkennung unter Berücksichtigung der Technologiestrategie des Unternehmens, aktueller technologischer sowie marktseitiger Trends, laufender Entwicklungsprojekte, Kundenbedürfnisse, Wettbewerbsentwicklungen usw. bestimmen	Informationsbedürfnisse der Technologiefrüherkennung unter Berücksichtigung der Technologiestrategie des Unternehmens, aktueller technologischer sowie marktseitiger Trends, laufender Entwicklungsprojekte, Kundenbedürfnisse, Wettbewerbsentwicklungen usw. bestimmen	• Bewertung / Auswahl

[452] Zwei konsolidierte Herausforderungen sind jeweils bereichsübergreifend im Technologie- und im Innovationsmanagement verortet. Diese werden aus Gründen der Vollständigkeit jeweils in beiden Hauptprozessen mitgezählt, in der Endsumme jedoch zur Vermeidung von Dopplungen nur einfach berücksichtigt. Hieraus ergibt sich eine Abweichung der Endsumme von zwei konsolidierten Herausforderungen gegenüber der reinen Addition der Teilsummen je Hauptprozess.

Nr.	Datentechnologierelevante Herausforderung	Konsolidierte datentechnologierelevante Herausforderung	Typenzuordnung
H1.02	Beherrschte Technologien und Kompetenzen des Unternehmens unter Berücksichtigung aller Geschäftsfelder, Produkt-, Fertigungs- und Materialtechnologien bestimmen Technologische Kernkompetenzen des Unternehmens unter Berücksichtigung der Wettbewerbssituation und der technologischen Basis bestimmen	Technologische Kernkompetenzen des Unternehmens unter Berücksichtigung aller Geschäftsfelder, Produkt-, Fertigungs- und Materialtechnologien sowie der Wettbewerbssituation bestimmen	• Bewertung / Auswahl
H1.03	Zukünftig relevante Technologiefelder, Technologien, Produkte, Märkte, Wettbewerber usw. bestimmen Technologische Suchfelder für die Technologiefrüherkennung auf Basis der technologischen Basis, zukünftig relevanten Technologiefelder, Technologien, Produkte, Märkte, Wettbewerber und Kernkompetenzen/-technologien festlegen Hierarchische Strukturierungen der Suchfelder festlegen	Technologische Suchfelder für die Technologiefrüherkennung auf Basis der technologischen Basis, zukünftig relevanten Technologiefelder, Technologien, Produkte, Märkte, Wettbewerber und Kernkompetenzen/-technologien festlegen und hierarchisch strukturieren	• Bewertung / Auswahl
H1.04	Zuständigkeiten für die Informationsbeschaffung auf Basis der Informationsbedarfe hinsichtlich strategischer Relevanz und inhaltlicher Übereinstimmung mit den Aktivitäten einzelner Funktions- oder Geschäftsbereiche festlegen	Zuständigkeiten für die Informationsbeschaffung auf Basis der Informationsbedarfe hinsichtlich strategischer Relevanz und inhaltlicher Übereinstimmung mit den Aktivitäten einzelner Funktions- oder Geschäftsbereiche festlegen	• Bewertung / Auswahl
H1.05	Geeignete Informationsquellen auf Basis identifizierter Zusammenhänge bestimmen Kosten der Informationsquellen auf Basis identifizierter Zusammenhänge abschätzen	Informationsbedarfsgerechte und kostentechnisch geeignete Informationsquellen auf Basis identifizierter Zusammenhänge bestimmen	• Identifikation • Bewertung / Auswahl
H1.06	Detaillierungsgrad der Suche in den Technologiefeldern auf Basis der Technologiestrategie und technologischen Kernkompetenzen festlegen	Detaillierungsgrad der Suche in den Technologiefeldern auf Basis der Technologiestrategie und technologischen Kernkompetenzen festlegen	• Bewertung / Auswahl
H1.07	Suchfelder auf relevante Informationen für die Technologiefrüherkennung überwachen	Suchfelder auf relevante Informationen für die Technologiefrüherkennung überwachen	• Überwachung
H1.08	Anforderungen an die Informationsbewertung auf Basis der Informationsbedarfe der Technologiefrüherkennung bestimmen	Anforderungen an die Informationsbewertung auf Basis der Informationsbedarfe der Technologiefrüherkennung bestimmen	• Bewertung / Auswahl
H1.09	Gesammelte Informationen unter Berücksichtigung der Kriterien der Bewertungsaufgabe bewerten und auswählen	Gesammelte Informationen unter Berücksichtigung der Kriterien der Bewertungsaufgabe bewerten und auswählen	• Bewertung / Auswahl
H1.10	Zusammenhänge und Wechselwirkungen der ausgewählten Informationen identifizieren und ihre Auswirkungen bestimmen	Zusammenhänge und Wechselwirkungen der ausgewählten Informationen identifizieren und ihre Auswirkungen bestimmen	• Identifikation • Bewertung / Auswahl
H1.11	Entwicklungsverläufe und Leistungsgrenzen von Technologien sowie Auswirkungen auf das Unternehmen auf Basis der gesammelten Informationen und identifizierter Zusammenhänge vorhersagen	Entwicklungsverläufe und Leistungsgrenzen von Technologien sowie Auswirkungen auf das Unternehmen auf Basis der gesammelten Informationen und identifizierter Zusammenhänge vorhersagen	• Identifikation • Bewertung / Auswahl
H1.12	Betrachtungsgrenzen von Technologieplänen unter Berücksichtigung der Planungsaufgabe und -randbedingungen bestimmen	Betrachtungsgrenzen von Technologieplänen unter Berücksichtigung der Planungsaufgabe und -randbedingungen bestimmen	• Bewertung / Auswahl
H1.13	Technologiebedarfe auf Basis der Produkt-Roadmap bestimmen	Technologiebedarfe auf Basis der Produkt-Roadmap bestimmen	• Bewertung / Auswahl

Nr.	Datentechnologierelevante Herausforderung	Konsolidierte datentechnologierelevante Herausforderung	Typen-zuordnung
H1.14	Handlungsbedarf für die Technologieplanung auf Basis von umfeld-, produkt- und technologiestrategieinduzierten Anforderungen bestimmen	Handlungsbedarf für die Technologieplanung auf Basis von umfeld-, produkt- und technologiestrategieinduzierten Anforderungen bestimmen	• Bewertung / Auswahl
H1.15	Handlungsoptionen der Technologieplanung auf Basis der Zusammenhänge der zu entwickelnden oder zu beschaffenden Technologien bewerten	Handlungsoptionen der Technologieplanung auf Basis der Zusammenhänge der zu entwickelnden oder zu beschaffenden Technologien bewerten	• Identifikation • Bewertung / Auswahl
H1.16	Zu entwickelnde oder zu beschaffende Technologien monetär bewerten und Entscheidung bzgl. Make-or-Buy treffen	Zu entwickelnde oder zu beschaffende Technologien monetär bewerten und Entscheidung bzgl. Make-or-Buy treffen	• Bewertung / Auswahl
H1.17	Sinnvolle Einordnungen von Technologien in Technologie-Roadmaps auf Basis der Zusammenhänge der Technologien bestimmen	Sinnvolle Einordnungen von Innovationsaufgaben, Technologien oder Produktideen in einer Technologie-Roadmap auf Basis aller relevanten Daten und ihrer Zusammenhänge bestimmen	• Identifikation • Bewertung / Auswahl
H1.18	Ressourcenallokation zu einzelnen Technologieentwicklungsprojekten auf Basis des Ressourcenbedarfs, der Terminplanung und der strategischen Relevanz der Projekte festlegen	Ressourcenallokation zu einzelnen Technologieentwicklungsprojekten auf Basis des Ressourcenbedarfs, der Terminplanung und der strategischen Relevanz der Projekte festlegen	• Bewertung / Auswahl
H1.19	Fortschritt von technologiebezogenen Projekten kontinuierlich überwachen und aktuelle Abweichungen aufzeigen sowie mögliche Fehlentwicklungen vorhersagen	Fortschritt von technologiebezogenen Projekten kontinuierlich überwachen und aktuelle Abweichungen aufzeigen sowie mögliche Fehlentwicklungen vorhersagen	• Überwachung • Identifikation • Vorhersage
H1.20	Relevante Informationen zur Beschreibung von Technologien und ihres Umfelds auf Basis der verfügbaren Informationen bestimmen Reifegrad von Technologien auf Basis der verfügbaren Technologieinformationen bestimmen	Relevante Informationen zur Beschreibung von Technologien und ihres Umfelds sowie des Reifegrads auf Basis der verfügbaren Informationen bestimmen	• Bewertung / Auswahl
H1.21	Mögliche nutzenbringende Anwendungen von Technologien auf Basis der relevanten Technologie- und Marktinformationen bestimmen Entwicklungsziele und erwartete Fähigkeiten bei Technologieentwicklungsprojekten auf Basis identifizierter Zusammenhänge bestimmen	Entwicklungsziele und erwartete Fähigkeiten sowie erwarteten Nutzen in Form von Technologieanwendungen auf Basis von relevanten Technologie- und Marktinformationen sowie identifizierten Zusammenhängen bestimmen	• Identifikation • Bewertung / Auswahl
H1.22	Machbarkeit und Umfang von Technologieentwicklungsprojekten auf Basis identifizierter Zusammenhänge bestimmen	Machbarkeit und Umfang von Technologieentwicklungsprojekten auf Basis identifizierter Zusammenhänge bestimmen	• Identifikation • Bewertung / Auswahl
H1.23	Hinderungsgründe und Herausforderungen von Technologieentwicklungsprojekten auf Basis identifizierter Zusammenhänge bestimmen Risiken und Potenziale neuer Technologien auf Basis identifizierter Zusammenhänge (und der technologischen und marktseitigen Informationen) bestimmen	Risiken (inkl. Hinderungsgründen und Herausforderungen) und Potenziale neuer Technologien bzw. von Technologieentwicklungsprojekten auf Basis identifizierter Zusammenhänge bestimmen	• Identifikation • Bewertung / Auswahl
H1.24	Meilensteine für die nächste Phase von Technologieentwicklungen auf Basis identifizierter Zusammenhänge festlegen Kriterien für das nächste Gate von Technologieentwicklungen auf Basis identifizierter Zusammenhänge festlegen	Meilensteine und Gate-Kriterien für die Phasen von Technologieentwicklungsprojekten auf Basis identifizierter Zusammenhänge festlegen	• Identifikation • Bewertung / Auswahl

Nr.	Datentechnologierelevante Herausforderung	Konsolidierte datentechnologierelevante Herausforderung	Typen-zuordnung
H1.25	Interne und externe Kooperationspartner für Technologieentwicklungen bestimmen	Interne und externe Kooperationspartner für Technologieentwicklungen bestimmen	• Bewertung / Auswahl
H1.26	Patentsituation zu entwickelnder Technologie bestimmen	Wettbewerbstechnologien oder -produkte auf Basis von Markt- oder Patentinformationen bestimmen	• Bewertung / Auswahl
	Alternative (Wettbewerbs-) Technologien auf Basis der Marktsituation identifizieren		
H1.27	Weiteres Vorgehen bei Technologieentwicklungen und erforderliche Experimente auf Basis identifizierter Zusammenhänge festlegen	Weiteres Vorgehen bei Technologieentwicklungen und erforderliche Experimente auf Basis identifizierter Zusammenhänge festlegen	• Identifikation • Bewertung / Auswahl
H1.28	Informationsbedarf für wirtschaftliche und technische Bewertung von Technologien auf Basis der Technologiecharakteristika und unternehmensspezifischen Zielen und Vorgaben bestimmen und verfügbare Informationen auf ihre Relevanz prüfen	Informationsbedarf für wirtschaftliche und technische Bewertung von Technologien auf Basis der Technologiecharakteristika und unternehmensspezifischen Zielen und Vorgaben bestimmen und verfügbare Informationen auf ihre Relevanz prüfen	• Bewertung / Auswahl
H1.29	Marktchancen von Technologien auf Basis identifizierter Zusammenhänge bestimmen, Lieferantenverfügbarkeiten und Rohstoffpreisentwicklungen vorhersagen sowie Technologien auf Basis der Ergebnisse bewerten	Marktchancen von Technologien auf Basis identifizierter Zusammenhänge bestimmen, Lieferantenverfügbarkeiten und Rohstoffpreisentwicklungen vorhersagen sowie Technologien auf Basis der Ergebnisse bewerten	• Identifikation • Bewertung / Auswahl
H1.30	Vorgaben von benachbarten Bereichen auf Basis der Zusammenhänge der betroffenen Aspekte auf resultierende Änderungsbedarfe für die Planungen der Technologieentwicklung untersuchen	Vorgaben von benachbarten Bereichen auf Basis der Zusammenhänge der betroffenen Aspekte auf resultierende Änderungsbedarfe für die Planungen der Technologieentwicklung untersuchen	• Identifikation • Bewertung / Auswahl
H1.31	Technologieentwicklungsprojekte bzgl. ihrer Bewertungen unter Berücksichtigung der Geschäftsfelder und Gesamtstrategie vergleichen und ausgewogenen Mix von Projekten bestimmen	Technologieentwicklungsprojekte bzgl. ihrer Bewertungen unter Berücksichtigung der Geschäftsfelder und Gesamtstrategie vergleichen und ausgewogenen Mix von Projekten bestimmen	• Bewertung / Auswahl
H1.32	Technologische, ökologische und gesellschaftliche Auswirkungen von Technologien auf Basis identifizierter Zusammenhänge bestimmen	Technologische, ökologische und gesellschaftliche Auswirkungen von Technologien auf Basis identifizierter Zusammenhänge bestimmen	• Identifikation • Bewertung / Auswahl
H1.33	Relevante Konkurrenztechnologien auf neue Entwicklungen überwachen	Relevante Konkurrenztechnologien auf neue Entwicklungen überwachen	• Überwachung
H1.34	Wissenstransferaktivitäten an die Produktentwicklung auf Basis von geplanten Produktentwicklungsprojekten, Ressourcen der Produktentwicklung usw. festlegen	Wissenstransferaktivitäten an die Produktentwicklung auf Basis von geplanten Produktentwicklungsprojekten, Ressourcen der Produktentwicklung usw. festlegen	• Bewertung / Auswahl

Anhang 11: Datentechnologierelevante Herausforderungen des Innovationsmanagements

Nr.	Datentechnologierelevante Herausforderung	Konsolidierte datentechnologierelevante Herausforderung	Typenzuordnung
H2.01	Umfeld kontinuierlich auf technologische Signale überwachen und Technologietrends identifizieren Technologietrends kontinuierlich überwachen und übergeordnete, allgemeine Trends identifizieren	Umfeld offen mithilfe von Suchfeldern oder auf konkrete Technologietrends überwachen und Technologietrends oder allgemeine Trends identifizieren	• Überwachung • Identifikation
H2.02	Wirkbeziehungen von Trends identifizieren und Redundanzen beseitigen Wirkbeziehungen von Zukunftsprojektionen und Trends identifizieren Wirkbeziehungen von Zukunftsprojektionen identifizieren Wirkbeziehungen von Zukunftsprojektionen und Innovationspotenzialen identifizieren Wirkbeziehungen von Unternehmenspotenzialen und Innovationspotenzialen identifizieren Wirkbeziehungen von Innovationspotenzialen identifizieren Wirkbeziehungen von Innovationspotenzialen und Innovationsaufgaben identifizieren Wirkbeziehungen von Innovationsaufgaben identifizieren	Wirkbeziehungen von Elementen der Zukunftsanalyse (Trends, Zukunftsprojektionen, Unternehmenspotenzialen, Innovationspotenzialen oder Innovationsaufgaben) identifizieren	• Identifikation
H2.03	Innovationspotenziale auf Basis von identifizierten Zusammenhängen sowie Zukunftsprojektionen und Unternehmenspotenzialen bestimmen	Innovationspotenziale auf Basis von identifizierten Zusammenhängen sowie Zukunftsprojektionen und Unternehmenspotenzialen bestimmen	• Identifikation • Bewertung / Auswahl
H2.04	Innovationsaufgaben auf Basis von identifizierten Zusammenhängen sowie Innovationspotenzialen festlegen	Innovationsaufgaben auf Basis von identifizierten Zusammenhängen sowie Innovationspotenzialen festlegen	• Identifikation • Bewertung / Auswahl
H2.05	Zeitliche Einordnungen von Innovationsaufgaben unter Berücksichtigung der markt- und technologieseitigen Bedarfs-, Machbarkeits-, Reifegrad-Daten usw. bestimmen	Zeitliche Einordnungen von Innovationsaufgaben unter Berücksichtigung der markt- und technologieseitigen Bedarfs-, Machbarkeits-, Reifegrad-Daten usw. bestimmen	• Bewertung / Auswahl
H2.06	Funktionsstrukturen von Innovationsaufgaben auf Basis identifizierter Zusammenhänge definieren Verknüpfungen der Teilfunktionen von Innovationsaufgaben auf Basis identifizierter Zusammenhänge festlegen	Funktionsstrukturen von Innnovationsaufgaben auf Basis identifizierter Zusammenhänge definieren und Verknüpfungen der Teilfunktionen festlegen	• Identifikation • Bewertung / Auswahl
H2.07	Technologisches Umfeld durch Analyse relevanter Daten(quellen) auf bestehende (Wettbewerbs-) Lösungen untersuchen	Wettbewerbstechnologien oder -produkte auf Basis von Markt- oder Patentinformationen bestimmen	• Bewertung / Auswahl
H2.08	Anforderungen und Ziele der Innovationsaufgaben auf Basis der bestehenden Lösungen bestimmen	Anforderungen und Ziele der Innovationsaufgaben auf Basis der bestehenden Lösungen bestimmen	• Bewertung / Auswahl
H2.09	Funktionsstruktur des Idealen Produkts auf Basis identifizierter Zusammenhänge bestimmen	Funktionsstruktur des Idealen Produkts auf Basis identifizierter Zusammenhänge bestimmen	• Identifikation • Bewertung / Auswahl

Nr.	Datentechnologierelevante Herausforderung	Konsolidierte datentechnologierelevante Herausforderung	Typen-zuordnung
H2.10	Sinnvolle Lösungsideen für die Innovationsaufgaben generieren Lösungen der technischen Problemstellungen generieren und Parameter optimieren	Lösungsideen für Innovationsaufgaben oder Lösungen für konkrete technische Problemstellungen auf Basis identifizierter Zusammenhänge generieren und ggf. Parameter optimieren	• Identifikation • Bewertung / Auswahl
H2.11	Generierte Lösungsideen mit den Anforderungen und Zielen der Innovationsaufgaben abgleichen Erstellte Produktkonzepte auf Erfüllung der Kundenanforderungen überprüfen	Lösungsideen oder Produktkonzepte auf Erfüllung der Anforderungen überprüfen	• Bewertung / Auswahl
H2.12	Merkmale der Funktionseinheiten der Lösungsideen in Morphologischem Kasten strukturieren und mögliche Lösungskombinationen bestimmen Merkmale der Lösungen der technischen Problemstellungen in Morphologischem Kasten strukturieren und mögliche Lösungskombinationen bestimmen	Merkmale von Lösungsideen oder Lösungen in Morphologischem Kasten strukturieren und mögliche Lösungskombinationen bzw. Produktkonzepte bestimmen	• Bewertung / Auswahl
H2.13	Bewertungsrelevante Aktivitätsparameter für das Kriteriensystem zur Bewertung der Lösungsideen bestimmen Bewertungsrelevante Kriterien zur Bewertung der Lösungsideen auswählen Regelschichten zur Bewertung der Lösungsideen auf Basis identifizierter Zusammenhänge und der Aktivitätsparameter festlegen	Bewertungsrelevante Aktivitätsparameter und Kriterien für das Kriteriensystem sowie Regelschichten zur Bewertung der Lösungsideen auf Basis identifizierter Zusammenhänge bestimmen	• Identifikation • Bewertung / Auswahl
H2.14	Produkt- bzw. entwicklungsrelevante Marktinformationen ermitteln Produkt- bzw. entwicklungsrelevante Technologieinformationen ermitteln	Produkt- bzw. entwicklungsrelevante Markt- und Technologieinformationen ermitteln	• Bewertung / Auswahl
H2.15	Produktanforderungen auf Basis identifizierter Zusammenhänge optimal strukturieren und gewichten	Produktanforderungen auf Basis identifizierter Zusammenhänge optimal strukturieren und gewichten	• Identifikation • Bewertung / Auswahl
H2.16	Technische Problemstellungen für die Ideendetaillierung auf Basis identifizierter Zusammenhänge festlegen	Technische Problemstellungen für die Ideendetaillierung auf Basis identifizierter Zusammenhänge festlegen	• Identifikation • Bewertung / Auswahl
H2.17	Funktionsfähigkeit und technische Machbarkeit der Lösungen der technischen Problemstellungen validieren	Funktionsfähigkeit und technische Machbarkeit der Lösungen der technischen Problemstellungen validieren	• Bewertung / Auswahl
H2.18	Sinnvolle Einordnungen der Innovationsaufgaben in einer Technologie-Roadmap auf Basis aller relevanten Daten und ihrer Zusammenhänge bestimmen Sinnvolle Einordnungen der Produktideen in einer Technologie-Roadmap auf Basis aller relevanten Daten und ihrer Zusammenhänge bestimmen	Sinnvolle Einordnungen von Innovationsaufgaben, Technologien oder Produktideen in einer Technologie-Roadmap auf Basis aller relevanten Daten und ihrer Zusammenhänge bestimmen	• Identifikation • Bewertung / Auswahl

Anhang 12: Datentechnologierelevante Herausforderungen des Engineerings bzw. Anlaufmanagements

Nr.	Datentechnologierelevante Herausforderung	Konsolidierte datentechnologierelevante Herausforderung	Typenzuordnung
H3.01	Produktimplikationen der Fertigungsprozesse identifizieren und Werkstoffeigenschaften, Toleranzen und Oberflächeneigenschaften des Produkts optimal festlegen	Produktimplikationen der Fertigungsprozesse identifizieren und Werkstoffeigenschaften, Toleranzen und Oberflächeneigenschaften des Produkts optimal festlegen	• Identifikation • Bewertung/ Auswahl
H3.02	Erzeugnisse auf Basis aller relevanten Produkt- und Produktionsplanungsdaten optimal in Teilefamilien gruppieren	Erzeugnisse auf Basis aller relevanten Produkt- und Produktionsplanungsdaten optimal in Teilefamilien gruppieren	• Bewertung/ Auswahl
H3.03	Mögliche Fertigungsverfahren unter Berücksichtigung der technologischen Rahmenbedingungen bestimmen Optimale Technologieketten unter Berücksichtigung der Produktimplikationen bilden Technologieketten unternehmensspezifisch anpassen und neue optimale Technologieketten festlegen Technologieketten multidimensional bewerten und optimale Technologiekette auswählen	Unternehmensspezifische optimale Technologieketten unter Berücksichtigung der Produktimplikationen bestimmen	• Bewertung/ Auswahl
H3.04	Prozessbedingungen der einzelnen Prozesse der Technologieketten festlegen Werkzeuge für die Einzelprozesse auswählen sowie Werkzeugbahnen und Schnittparameter auf Basis der Prozessbedingungen optimal festlegen	Prozessbedingungen, Werkzeuge, Werkzeugbahnen und Schnittparameter der Einzelprozesse optimal festlegen	• Bewertung/ Auswahl
H3.05	Eingangsdaten der Prozessplanung (Konstruktionsdaten) auf Richtigkeit prüfen	Eingangsdaten der Prozessplanung (Konstruktionsdaten) auf Richtigkeit prüfen	• Bewertung/ Auswahl
H3.06	Rohteilart und -abmessungen unter Berücksichtigung der Anforderungen des Werkstücks festlegen Arbeitsvorgänge festlegen und Maschinen sowie Betriebsmitteln kostenoptimal zuordnen	Arbeitsvorgänge festlegen und Maschinen sowie Betriebsmitteln unter Berücksichtigung der Anforderungen des Werkstücks kostenoptimal zuordnen	• Bewertung/ Auswahl
H3.07	Vorgabezeiten kosten- und arbeitswissenschaftlich optimal bestimmen	Vorgabezeiten kosten- und arbeitswissenschaftlich optimal bestimmen	• Bewertung/ Auswahl
H3.08	Optimale Lohnart nach kosten- und arbeitswissenschaftlichen Kriterien bestimmen sowie Lohngruppen festlegen	Optimale Lohnart nach kosten- und arbeitswissenschaftlichen Kriterien bestimmen sowie Lohngruppen festlegen	• Bewertung/ Auswahl
H3.09	Qualitäts-, zeit- und kostenoptimale NC-Programmierung vornehmen	Qualitäts-, zeit- und kostenoptimale NC-Programmierung vornehmen	• Bewertung/ Auswahl
H3.10	Vorranggraphen des Montageablaufs unter Berücksichtigung der Restriktionen erstellen Optimale Organisationsform und Verrichtungsform der Montage auf Basis aller relevanten Parameter bestimmen	Optimale Organisationsform und Verrichtungsform der Montage auf Basis aller relevanten technologischen, logistischen und ablaufbezogenen Parameter bestimmen	• Bewertung/ Auswahl
H3.11	Taktzeiten bei Notwendigkeit anpassen Arbeitsinhalte der Montage taktzeit- und auslastungsoptimal den Arbeitsstationen zuordnen	Arbeitsinhalte der Montage taktzeit- und auslastungsoptimal den Arbeitsstationen zuordnen	• Bewertung/ Auswahl
H3.12	Maßnahmen zum Ausgleich von kapazitativen Engpässen festlegen	Maßnahmen zum Ausgleich von kapazitativen Engpässen festlegen	• Bewertung/ Auswahl

Nr.	Datentechnologierelevante Herausforderung	Konsolidierte datentechnologierelevante Herausforderung	Typen-zuordnung
H3.13	Zielerreichungsgrad des Produktionskonzept während der Planung regelmäßig bewerten und notwendige Änderungsbedarfe ableiten	Zielerreichungsgrad des Produktionskonzept während der Planung regelmäßig bewerten und notwendige Änderungsbedarfe ableiten	• Bewertung/ Auswahl
H3.14	Ist- bzw. Planzustand des Materialflusses hinsichtlich Abläufe, Belastungen, Kosten und Wertströmen bestimmen Funktionsschema des Materialflusses aufstellen Transportintensitäten und Mengenflüsse bestimmen Materialflussbezogene Abhängigkeiten der Bereiche bestimmen	Materialfluss ablauf- und kostenoptimal festlegen	• Bewertung/ Auswahl
H3.15	Kriterien zur Auswahl geeigneter Ladungsträger auf Basis der (Logistik-) Planungsdaten festlegen Optimale Standardbehälter unter Berücksichtigung von bspw. Qualitäts- und Handling-Anforderungen auswählen Anforderungen an Spezialbehälter auf Basis von Material-, Erzeugnis- und Prozessdaten festlegen Optimale Spezialbehälter unter Berücksichtigung der Anforderungen entwickeln Erfüllung der Anforderungen an Spezialbehälter prüfen	Behälter und Ladungsträger auf Basis aller relevanten Logistik-, Material-, Prozess- und Qualitätsdaten sowie -anforderungen optimal festlegen	• Bewertung/ Auswahl
H3.16	Aktivitäten der beteiligten Bereiche des Engineeringprozesses/ Anlaufmanagements (Konstruktion, Prozessplanung, Logistikplanung, ...) kontinuierlich auf änderungswirksame Vorgänge überwachen	Aktivitäten der beteiligten Bereiche des Engineeringprozesses/ Anlaufmanagements (Konstruktion, Prozessplanung, Logistikplanung, ...) kontinuierlich auf änderungswirksame Vorgänge überwachen	• Überwachung
H3.17	Änderungsauswirkungen der änderungswirksamen Vorgänge bestimmen und bewerten Änderungskosten, Auswirkungen auf den Gesamtterminplan und Meilensteine bestimmen	Änderungsauswirkungen und -kosten der änderungswirksamen Vorgänge identifizieren und bzgl. des Ausmaßes bewerten	• Identifikation • Bewertung/ Auswahl
H3.18	Entscheidung über Änderungsdurchführung auf Basis von technischen, wirtschaftlichen und planerischen Zielkriterien treffen	Entscheidung über Änderungsdurchführung auf Basis von technischen, wirtschaftlichen und planerischen Zielkriterien treffen	• Bewertung/ Auswahl
H3.19	Verantwortlichkeiten für individuelle Änderungsdurchführungen unter Berücksichtigung der personellen Kapazitäten, Änderungsursprünge und -auswirkungen festlegen	Verantwortlichkeiten für individuelle Änderungsdurchführungen unter Berücksichtigung der personellen Kapazitäten, Änderungsursprünge und -auswirkungen festlegen	• Bewertung/ Auswahl
H3.20	Terminlich oder kostentechnisch nicht umsetzbare Änderungen bestimmen Durchführbarkeit der Änderungen beurteilen und Freigabe erteilen	Umsetzbarkeit der Änderungen auf Basis der personellen Kapazitäten, Zeitpläne und Änderungskosten bewerten und Änderungen freigeben	• Bewertung/ Auswahl
H3.21	Änderungsbedarfsdeckende Lösungen für änderungsbedürftige Werkzeuge und Bauteile auf Basis identifizierter Zusammenhänge generieren	Änderungsbedarfsdeckende Lösungen für änderungsbedürftige Werkzeuge und Bauteile auf Basis identifizierter Zusammenhänge generieren	• Identifikation • Bewertung/ Auswahl
H3.22	Änderungen den Lieferanten kommunizieren und Anpassung überwachen Relevante Daten mit den Lieferanten synchronisieren	Planungs-, Material- und Beschaffungsdaten mit den Lieferanten kontinuierlich synchronisieren	• Überwachung

Nr.	Datentechnologierelevante Herausforderung	Konsolidierte datentechnologierelevante Herausforderung	Typen-zuordnung
H3.23	Änderungsfortschritt kontinuierlich überwachen und Abweichungen aufzeigen	Änderungsfortschritt kontinuierlich überwachen und Abweichungen aufzeigen	• Überwachung
H3.24	Geeignete Eskalationsmaßnahmen identifizieren und bei drohenden Problemen im Änderungsprozess auslösen	Geeignete Eskalationsmaßnahmen identifizieren und bei drohenden Problemen im Änderungsprozess auslösen	• Überwachung • Identifikation • Vorhersage • Optimierung
H3.25	Störanfällige Prozesse identifizieren und vermeiden	Störanfällige Prozesse identifizieren und vermeiden	• Identifikation • Bewertung/ Auswahl
H3.26	Optimale Prozessdurchführungshäufigkeiten bestimmen	Optimale Prozessdurchführungshäufigkeiten bestimmen	• Identifikation • Bewertung/ Auswahl
H3.27	Konstruktive Lösungen für Bauteile auf Basis identifizierter Zusammenhänge und unter Berücksichtigung der Fertigungs- und Montagegerechtheit generieren	Konstruktive Lösungen für Bauteile auf Basis identifizierter Zusammenhänge und unter Berücksichtigung der Fertigungs- und Montagegerechtheit generieren	• Identifikation • Bewertung/ Auswahl
H3.28	Planwerte unter Berücksichtigung von identifizierten Toleranzbereichen zur Vermeidung von Planänderungen festlegen	Planwerte unter Berücksichtigung von identifizierten Toleranzbereichen zur Vermeidung von Planänderungen festlegen	• Identifikation • Bewertung/ Auswahl
H3.29	Auswirkung von Störungen bestimmen und Entscheidung bzgl. der Störungsberücksichtigung treffen	Auswirkung von Störungen bestimmen und Entscheidung bzgl. der Störungsberücksichtigung treffen	• Überwachung • Identifikation
H3.30	Bestehende Pläne durch Beeinflussung von Kapazitätsnachfrage und -angebot umplanen	Bestehende Pläne durch Beeinflussung von Kapazitätsnachfrage und -angebot umplanen	• Bewertung/ Auswahl
H3.31	Risiko von Neuteilen anhand lieferumfangsbezogener, produktionsbezogener, lieferantenbezogener und terminbezogener Risikokriterien kontinuierlich bewerten	Risiko von Neuteilen anhand lieferumfangsbezogener, produktionsbezogener, lieferantenbezogener und terminbezogener Risikokriterien kontinuierlich bewerten	• Überwachung
H3.32	Geeignete Produktversuche und Versuchsparameter für Lieferantenteile auf Basis identifizierter Zusammenhänge bestimmen	Geeignete Produktversuche und Versuchsparameter für Lieferantenteile auf Basis identifizierter Zusammenhänge bestimmen	• Identifikation • Bewertung/ Auswahl
H3.33	Liefertermine von Teilen kontinuierlich überwachen und geeignete Gegenmaßnahmen bestimmen sowie bei drohenden Terminabweichungen auslösen	Liefertermine von Teilen kontinuierlich überwachen und geeignete Gegenmaßnahmen bestimmen sowie bei drohenden Terminabweichungen auslösen	• Überwachung • Identifikation • Vorhersage • Optimierung

Anhang 13: Datentechnologierelevante Herausforderungen der Produktions- und Logistikplanung und -steuerung

Nr.	Datentechnologierelevante Herausforderung	Konsolidierte datentechnologierelevante Herausforderung	Typenzuordnung
H4.01	Produktionsstrategie produktspezifisch festlegen (auftragsbezogene Fertigung oder Lagerfertigung)	Produktionsstrategie produktspezifisch festlegen (auftragsbezogene Fertigung oder Lagerfertigung)	• Bewertung/ Auswahl
H4.02	Multidimensionale Realisierbarkeit der Aufträge bestimmen und Freigabe erteilen Realisierbarkeit von Kundenanfragen bewerten Ressourcenbezogene Realisierbarkeit der Absatzplanung bewerten Technische Realisierbarkeit von Kundenanfragen bewerten Realisierbarkeit der Feinterminierung prüfen Ressourcenbezogene Realisierbarkeit der Grobterminierung bewerten Notwendigkeit von Reihefolgeplanungs- und Feinterminierungsanpassungen bestimmen und Änderungen auslösen	Realisierbarkeit von Kunden- und Fertigungsaufträgen bzgl. eines oder mehrerer Kriterien bewerten	• Bewertung/ Auswahl
H4.03	Make-or-buy-Entscheidungen produktspezifisch treffen Fertigungsaufträge unter Berücksichtigung der planerischen, technischen und finanziellen Machbarkeit ressourcenoptimal hinsichtlich der gegebenen Kapazitäten verteilen	Produktspezifische Entscheidungen über die Eigen- oder Fremdfertigung unter Berücksichtigung der planerischen, technischen, kapazitativen und finanziellen Machbarkeit ressourcenoptimal treffen	• Bewertung/ Auswahl
H4.04	Zwischentermine der Arbeitsgänge im Rahmen der Durchlaufterminierung festlegen	Zwischentermine der Arbeitsgänge im Rahmen der Durchlaufterminierung festlegen	• Bewertung/ Auswahl
H4.05	Bevorratungsebenen auf Basis der relevanten Nachfrage-, Lieferanten- und Produktionsdaten festlegen Dispositionsparameter auf Basis der relevanten Nachfrage-, Lieferanten- und Produktionsdaten festlegen Lagermengen auf Basis der relevanten Produktionsplanungs- und Logistikdaten festlegen	Dispositionsparameter, Bevorratungsebenen und Lagermengen auf Basis der relevanten Nachfrage-, Lieferanten- und Produktionsdaten festlegen	• Bewertung/ Auswahl
H4.06	Losgrößen auf Basis der relevanten Nachfrage-, Lieferanten- und Produktionsdaten festlegen Losgrößen auf Basis der relevanten Nachfrage-, Lieferanten- und Produktionsdaten anpassen Maßnahmen zur Durchlaufverkürzung auf Basis der relevanten Nachfrage-, Lieferanten- und Produktionsdaten durch Losanpassungen umsetzen	Fertigungslose auf Basis der relevanten Nachfrage-, Lieferanten- und Produktionsdaten festlegen und anpassen	• Bewertung/ Auswahl
H4.07	Grobterminierung kapazitätsbasiert festlegen Kapazitätsbedarf ermitteln und mit Kapazitätsangebot abgleichen Kapazitätsbelastungen auf Basis der relevanten Nachfrage-, Lieferanten- und Produktionsdaten glätten	Kapazitätsplanung auf Basis der relevanten Nachfrage-, Lieferanten- und Produktionsdaten vornehmen und glätten	• Bewertung/ Auswahl

Nr.	Datentechnologierelevante Herausforderung	Konsolidierte datentechnologierelevante Herausforderung	Typenzuordnung
H4.08	Optimale Auswahl von wartenden Arbeitsgängen Aufträge optimal freigeben Buchungstechnische und physische Verfügbarkeit der benötigten Ressourcen durch Reservierung und Sichtprüfungen sicherstellen	Aufträge und wartende Arbeitsgänge unter Berücksichtigung der buchungstechnischen und physischen Verfügbarkeit der benötigten Ressourcen optimal auswählen und freigeben	• Bewertung/ Auswahl
H4.09	Zuständigkeiten der Auftragsbearbeitung kapazitätsbasiert festlegen	Zuständigkeiten der Auftragsbearbeitung kapazitätsbasiert festlegen	• Bewertung/ Auswahl
H4.10	Konstruktive Änderungen in Grobterminierung integrieren	Konstruktive Änderungen in Grobterminierung integrieren	• Bewertung/ Auswahl
H4.11	Soll-Ist-Vergleiche der Termine, Mengen und auftragsbezogenen Kennzahlen durchführen	Soll-Ist-Vergleiche der Termine, Mengen und auftragsbezogenen Kennzahlen durchführen	• Überwachung
H4.12	Material- und Kapazitätsverfügbarkeiten überwachen und negative Entwicklungen vorhersagen Materialfluss und Bestandsentwicklung überwachen und negative Entwicklungen vorhersagen	Materialfluss-, Bestands- und Kapazitätssituation überwachen und negative Entwicklungen vorhersagen	• Überwachung • Identifikation • Vorhersage
H4.13	Korrekturmaßnahmen zur Behebung von Materialfluss- oder Bestandsstörungen bestimmen und bei drohenden Störungen auslösen	Korrekturmaßnahmen zur Behebung von Materialfluss- oder Bestandsstörungen bestimmen und bei drohenden Störungen auslösen	• Überwachung • Identifikation • Vorhersage • Optimierung
H4.14	Bestandsauswirkungen vorhersagen und Produktions- und Logistikprozesse hinsichtlich einer Bestandsoptimierung verbessern	Bestandsauswirkungen vorhersagen und Produktions- und Logistikprozesse hinsichtlich einer Bestandsoptimierung verbessern	• Überwachung • Identifikation • Vorhersage • Optimierung
H4.15	Just-in-time-Lieferungen auf Basis der aktuellen Fertigungssituation steuern	Just-in-time-Lieferungen auf Basis der aktuellen Fertigungssituation steuern	• Überwachung • Identifikation • Vorhersage • Optimierung
H4.16	Lagervorgänge auf Basis prognostizierter notwendiger Lageroperationen planen Verpackungsvorgänge auf Basis prognostizierter notwendiger Verpackungsoperationen planen Versandvorgänge auf Basis prognostizierter notwendiger Versandoperationen planen	Intern und extern gerichtete Logistikvorgänge auf Basis der prognostizierten notwendigen Logistikoperationen planen	• Überwachung • Identifikation • Vorhersage

Anhang 14: Datentechnologierelevante Herausforderungen des Qualitätsmanagements

Nr.	Datentechnologierelevante Herausforderung	Konsolidierte datentechnologierelevante Herausforderung	Typenzuordnung
H5.01	Ein- und Ausgangsgrößen sowie Umfang von Entwicklungsaufgaben festlegen	Ein- und Ausgangsgrößen sowie Umfang von Entwicklungsaufgaben festlegen	• Identifikation • Bewertung/ Auswahl
H5.02	Technisch relevante Schnittstellenelemente des Bezugsrahmens von Entwicklungsaufgaben identifizieren Technische Parameter der Schnittstellen des Bezugsrahmens von Entwicklungsaufgaben festlegen	Technisch relevante Schnittstellenelemente des Bezugsrahmens von Entwicklungsaufgaben identifizieren und Parameter festlegen	• Identifikation • Bewertung/ Auswahl
H5.03	Maschinenspezifische Anforderungen an den Fertigungsprozess bestimmen Produktqualitätserzeugende Fertigungsparameter bestimmen	Qualitätsbezogene Anforderungen an den Fertigungsprozess maschinenspezifisch auf Basis der Produktqualitätsanforderungen bestimmen	• Identifikation • Bewertung/ Auswahl
H5.04	Ursachen und Auswirkungen von funktions- oder entwicklungs- bzw. konstruktionsinduzierten Qualitätsfehlern bestimmen sowie Eintritts- und Entdeckungswahrscheinlichkeiten identifizieren	Ursachen und Auswirkungen von funktions- oder entwicklungs- bzw. konstruktionsinduzierten Qualitätsfehlern bestimmen sowie Eintritts- und Entdeckungswahrscheinlichkeiten identifizieren	• Identifikation • Bewertung/ Auswahl
H5.05	Ursachen von fertigungsprozessinduzierten Fehlern im Feld frühzeitig identifizieren Fehlerursachen und -bedeutungen bestimmen sowie Fehlereintritts- und -entdeckungswahrscheinlichkeiten identifizieren	Ursachen und Auswirkungen von fertigungsprozessinduzierten Qualitätsfehlern bestimmen sowie Eintritts- und Entdeckungswahrscheinlichkeiten identifizieren	• Identifikation • Bewertung/ Auswahl
H5.06	Reifegrad der geplanten Produkte und Fertigungsprozesse bestimmen und Freigabe erteilen Tests zur Verifikation und Validierung der Produktfunktionen festlegen Tests zur Verifikation und Validierung der Fertigungsprozesse festlegen	Reifegrad der geplanten Produkte und Fertigungsprozesse bzgl. Verifikation und Validierung der Produkte bzw. Fertigungsprozesse bewerten und Freigabe erteilen	• Bewertung/ Auswahl
H5.07	Kostenoptimale produktspezifische Qualitätsprüfparameter identifizieren Produktspezifische Art der Prüfdatenerfassung festlegen Produktspezifische Prüfdatenverwendungen festlegen Produktspezifische Prüfmethoden und -mittel festlegen Produktspezifische Prüfzeitpunkte, -häufigkeiten und -umfang festlegen Produktspezifische Qualitätsprüfparameter in Abhängigkeit der verwendeten Maschinen bestimmen	Parameter und Bedingungen von Qualitätsprüfungen produktspezifisch und in Abhängigkeit der Maschinen festlegen	• Identifikation • Bewertung/ Auswahl
H5.08	Maßnahmen zur Behebung von fertigungsprozessinduzierten Fehlern im Feld identifizieren Maßnahmen zur frühzeitigen Behebung von fertigungsprozessinduzierten Fehlern im Feld priorisieren	Maßnahmen zur Korrektur von Qualitätsabweichungen bzw. -fehlern produktspezifisch identifizieren	• Identifikation • Bewertung/ Auswahl

Nr.	Datentechnologierelevante Herausforderung	Konsolidierte datentechnologierelevante Herausforderung	Typen-zuordnung
	Präventive Maßnahmen zur Vermeidung möglicher fertigungsprozessinduzierter Fehler identifizieren und umsetzen Produktspezifische Entscheidungskriterien für die in Abhängigkeit vom Prüfergebnis zu treffenden Maßnahmen festlegen Produktspezifische geeignete Maßnahmen zur Korrektur von Qualitätsabweichungen festlegen Präventive Maßnahmen zur Vermeidung möglicher fertigungsprozessinduzierter Fehler identifizieren		
H5.09	Fertigungsprozesse überwachen und auswerten Ursachen von fertigungsprozessinduzierten Fehlern in laufenden Fertigungsprozessen identifizieren	Fähigkeit der Fertigungsprozesse überwachen und Ursachen von fertigungsprozessinduzierten Qualitätsfehlern identifizieren	• Überwachung • Identifikation
H5.10	Fertigungsprozesse überwachen und Notwendigkeiten von Qualitätsprüfungen produktspezifisch vorhersagen	Fertigungsprozesse überwachen und Notwendigkeiten von Qualitätsprüfungen produktspezifisch vorhersagen	• Überwachung • Identifikation • Vorhersage
H5.11	Einflüsse auf das Messergebnis vorhersagen und Korrekturfaktoren berücksichtigen Messergebnisse Berücksichtigung der aktuellen Einflüsse auf das Messergebnis interpretieren	Einflüsse auf das Messergebnis vorhersagen sowie Korrekturfaktoren ableiten und berücksichtigen	• Überwachung • Identifikation • Vorhersage • Optimierung
H5.12	Qualitäts-Ist-Daten unter Berücksichtigung der Soll-Zustände überwachen Qualitätsbezogene Handlungsbedarfe auf Basis von Soll-Ist-Vergleichen identifizieren	Qualitätsbezogene Handlungsbedarfe auf Basis von Soll-Ist-Vergleichen der Qualitätsdaten aufzeigen	• Überwachung

Anhang 15: Datentechnologierelevante Herausforderungen der Instandhaltung

Nr.	Datentechnologierelevante Herausforderung	Konsolidierte datentechnologierelevante Herausforderung	Typen-zuordnung
H6.01	Maschinenspezifische Fehler auf Basis von Maschinendaten vorhersagen	Maschinenspezifische Fehler auf Basis von Maschinendaten vorhersagen	• Überwachung • Identifikation • Vorhersage
H6.02	Maschinenzustände während der Standzeit auf Basis der Maschinendaten und Sichtprüfungen bestimmen	Maschinenzustände während der Standzeit auf Basis der Maschinendaten und Sichtprüfungen bestimmen	• Bewertung/ Auswahl
H6.03	Fehlervermeidungsmaßnahmen auf Basis der Maschinendaten ableiten	Fehlervermeidungsmaßnahmen auf Basis der Maschinendaten ableiten	• Überwachung • Identifikation • Vorhersage • Optimierung
H6.04	Wartungs- und Instandsetzungsintervalle auf Basis der erwarteten Ausfälle und geplanten Stillstandzeiten optimal festlegen	Wartungs- und Instandsetzungsintervalle auf Basis der erwarteten Ausfälle und geplanten Stillstandzeiten optimal festlegen	• Überwachung • Identifikation • Vorhersage • Optimierung
H6.05	Maschinenspezifische Fehler auf Basis von Maschinendaten und Sichtprüfungen bestimmen Maschinenzustände kontinuierlich überwachen und Fehler vorhersagen	Maschinenspezifische Fehlerursachen auf Basis von Maschinendaten bestimmen	• Überwachung • Identifikation

Anhang 16: Auswertung der Zuordnungen der Herausforderungen zu den Herausforderungstypen

Hauptprozess	Anzahl der Zuordnungen je Herausforderungstyp				
	Überwachung von dyn. Zuständen	Identifikation von stat. oder dyn. Zusammenhängen	Vorhersage von dyn. Zuständen	Bewertung und/oder Auswahl von stat. Sachverhalten	Optimierung von dyn. Sachverhalten
Technologiemanagement	3	14	1	31	0
Innovationsmanagement	1	11	0	16	0
Engineering / Anlaufmanagement	7	11	2	26	2
Produktions- und Logistikplanung und -steuerung	6	5	5	10	3
Qualitätsmanagement	4	10	2	8	1
Instandhaltung	4	4	3	1	2
Summe	25	54[453]	13	90[454]	8

C. Fähigkeitsmodell

C.1 Definition und charakteristische Merkmale des IPU

Anhang 17: Literaturkorpus der Inhaltsanalysen

Autor(en) (Jahr), Seiten	Zuordnung[455]
Abecker, A. et al. (1998), Organizational Memories	IU
Albliwi, S. et al. (2014), Lean Six Sigma	PU

[453] Zwei konsolidierte Herausforderungen sind jeweils bereichsübergreifend im Technologie- und im Innovationsmanagement verortet. Die dazugehörigen Zuordnungen werden aus Gründen der Vollständigkeit jeweils in beiden Hauptprozessen mitgezählt, in den Endsummen jedoch zur Vermeidung von Dopplungen nur einfach berücksichtigt. Hieraus ergibt sich eine Abweichung der Endsummen von einer bzw. zwei Typenzuordnungen gegenüber der reinen Addition der Teilsummen je Hauptprozess.

[454] Siehe vorherige Fußnote

[455] Zuordnung zu den Teilaspekten des Literaturkorpus (DT = Potenziale von Datentechnologien, IU = Intelligentes Unternehmen, PU = Herausforderungen produzierender Unternehmen)

Autor(en) (Jahr), Seiten	Zuordnung[455]
Alcácer, V., Cruz-Machado, V. (2019), Industry 4.0	DT
Almada-Lobo, F. (2015), Industry 4.0 Revolution	DT
Arthur, M. B. et al. (1995), Intelligent Enterprise	IU
Babiceanu, R. F., Seker, R. (2016), Big Data and Virtualization	DT
Baines, T., Lightfoot, W. H. (2013), Servitization	DT
Bera, S. et al. (2017), Internet of Things	IU
Berg, L. P., Vance, J. M. (2017), Virtual Reality	DT
Bhatt, G. D., Grover, V. (2005), IT Capabilities	DT
Bi, Z. et al. (2014), Internet of Things	DT, PU
Bonabeau, E., Meyer, C. (2001), Swarm Intelligence	IU
Boyer, K. K. et al. (1997), Advanced Manufacturing Technologies	DT
Bui, T., Lee, J. (1999), Decision Support Systems	IU
Camarinha-Matos, L. M. et al. (2009), Networked Organizations	PU
Chen, I. J. (2001), ERP Systems	PU
Chen, B. et al. (2018), Smart Factory	DT
Choudhary, A. K. et al. (2009), Data Mining	PU
Choy, K. L. et al. (2002), Intelligent Supplier Management	IU
Chryssolouris, G. et al. (2009), Digital Manufacturing	DT
Dangayach, G. S., Deshmukh, S. G. (2001), Manufacturing Strategy	PU
Danneels, E. (2008), Second-order Competences	DT
Davis, J. et al. (2012), Smart Manufacturing	PU
Doms, M. et al. (1995), Technology in Manufacturing Plants	DT
Esmaeilian, B. et al. (2016), Future of Manufacturing	DT
Frank, A. G. et al. (2019), Industry 4.0 Technologies	DT
Grundspenkis, J. (2007), Knowledge Modeling	IU
Gunasekaran, A. (1999), Agile Manufacturing	DT, PU
Gusmeroli, S. et al. (2013), Internet of Things	IU
Harding, J. A. et al. (2006), Data Mining	DT
Horvitz, E., Mulligan, D. (2015), Data and Privacy	DT
Ivanov, D. et al. (2019), Digital Technology and Industry 4.0	DT
Klassen, R. D., Whybark, D. C. (1999), Environmental Technologies	DT
Kusiak, A. (2018), Smart Manufacturing	DT, PU
Lee, J. (2003), E-manufacturing	DT
Lee, J. et al. (2015), Future Maintenance	DT
Lee, J. et al. (2013), Predictive Manufacturing	DT

Autor(en) (Jahr), Seiten	Zuordnung[455]
Leitão, P. (2009), Distributed Manufacturing Control	PU
Leitão, P., Restivo, F. (2006), Adaptive Manufacturing	IU, PU
Li, J. et al. (2015), Big Data	DT
Meade, L. M., Sarkis, J. (1999), Alternatives for Agile	PU
Monostori, L. (2014), Cyber-physical Production Systems	DT
Monostori, L. et al. (2016), Cyber-physical Systems	DT
Mourtzis, D. et al. (2016), Industrial Big Data	DT
Moyne, J. R., Tilbury, D. M. (2007), Industrial Control Networks	DT
Oliveira, T. et al. (2014), Cloud Computing	DT
Oztemel, E., Gursev, S. (2020), Industry 4.0	DT
Pan, J., Tenenbaum, J. M. (1991), Enterprise Integration	IU
Panetto, H., Molina, A. (2008), Integration and Interoperability	DT
Peng, Y. et al. (1999), Agent-based Manufacturing Integration	IU
Perera, C. et al. (2015), Internet of Things Marketplace	IU
Qi, Q., Tao, F. (2018), Digital Twin and Big Data	DT
Qin, J. et al. (2016), Manufacturing for Industry 4.0	DT
Quinn, J. B. (1992), Intelligent Enterprise	IU
Quinn, J. B. (1993), Managing the Intelligent Enterprise	IU
Schumacher, A. et al. (2016), Industry 4.0 Readiness	PU
Shen, W. (2002), Manufacturing Scheduling	IU
Shen, W. et al. (2006), Intelligent Manufacturing	IU
Shen, W., Norrie, D. H. (1999), Agent-Based Systems	IU, PU
Stock, G. N. et al. (2000), Enterprise Logistics	PU
Tao, F. et al. (2011), Cloud Manufacturing	IU
Tao, F. et al. (2013), Cloud Manufacturing System	IU, PU
Tao, F. et al. (2018), Digital Twin	DT, PU
Tao, F. et al. (2018), Smart Manufacturing	DT
Tao, F., Qi, Q. (2019), Service-Oriented Smart Manufacturing	DT
Teece, D. J. et al. (1994), Corporate Coherence	PU
Thoben, K.-D. et al. (2017), Industrie 4.0 and Smart Manufacturing	DT
Tippins, M. J., Sohi, R. S. (2003), IT Competency	DT
Uhlemann, T. H.-J. et al. (2017), Digital Twin	PU
Verhagen, W. J. et al. (2012), Knowledge-Based Engineering	IU
Wan, J. et al. (2016), Industrial Internet of Things	DT
Wang, F.-Y. (2010), Intelligent Enterprises	IU

Autor(en) (Jahr), Seiten	Zuordnung[455]
Wang, Y.-M. et al. (2010), RFID Adoption	DT
Wang, S. et al. (2016), Smart Factory	DT
Wang, J. et al. (2018), Deep Learning	DT
Zhang, Y. et al. (2017), Big Data Analytics Architecture	DT
Zheng, P. et al. (2018), Smart Manufacturing Systems	DT
Zhong, N. et al. (2007), Intelligent Information Technologies	IU
Zhong, R. Y. et al. (2017), Big Data Analytics	DT
Zhong, R. Y. et al. (2017), Intelligent Manufacturing	DT, IU
Zhou, J. et al. (2018), New-Generation Intelligent Manufacturing	IU

Anhang 18: Ergebnisse der Inhaltsanalyse zu den Merkmalen des intelligenten Unternehmens

Nr.	Bezeichnung*	Quelle(n)
$M_{IU,1}$	Bereitschaft zur Veränderung, Entwicklung und Anpassung	456
$M_{IU,2}$	Datengestützte Entscheidungsfindung	457
$M_{IU,3}$	Einfacher Zugang zu Informationen	458
$M_{IU,4}$	Entwicklung und Einsatz von intellektuellen statt physischen Vermögenswerten und Ressourcen	459
$M_{IU,5}$	Entwicklung und Integration neuer Technologien	460
$M_{IU,6}$	Entwicklung von Kernkompetenzen	461

456 Vgl. Schuh et al. (2020), Industrie 4.0 Maturity; Armaş (2014), Intelligent Enterprises, S. 89ff.; Chavarría-Barrientos et al. (2018), Sensing, Smart and Sustainable

457 Vgl. Oztemel, Gursev (2020), Industry 4.0, S. 127ff.; Wang (2010), Intelligent Enterprises, S. 85ff.; Ricketts (2016), Intelligent Enterprise; Schuh et al. (2020), Industrie 4.0 Maturity; DalleMule, Davenport (2017), Data Strategy; Felin, Powell (2016), Dynamic Capabilities; Schoemaker, Tetlock (2017), Intelligent Enterprise

458 Vgl. Oztemel, Gursev (2020), Industry 4.0, S. 127ff.; Chavarría-Barrientos et al. (2018), Sensing, Smart and Sustainable

459 Vgl. Arthur et al. (1995), Intelligent Enterprise, S. 7ff.; Venkatraman (1993), Intelligent Enterprise, S. 122f.

460 Vgl. Felin, Powell (2016), Dynamic Capabilities; Rogers et al. (2016), Digital Transformation; Armaş (2014), Intelligent Enterprises, S. 89ff.; Björkdahl (2020), Strategies for Digitalization, S. 17ff.; Snyder et al. (2020), Smart Manufacturing; Dumitrache et al. (2013), Intelligent Cyber-Enterprise, S. 399ff.

461 Vgl. Arthur et al. (1995), Intelligent Enterprise, S. 7ff.; Brock (1995), Intelligent Enterprise, S. 105ff.; Jin-Hai et al. (2003), Agile Manufacturing, S. 170ff.; Quinn (1992), Intelligent Enterprise, S. 48ff.; Venkatraman (1993), Intelligent Enterprise, S. 122f.; Warren (1994), Review Intelligent Enterprise, S. 275ff.

Nr.	Bezeichnung*	Quelle(n)
$M_{IU,7}$	Investition in spezielle Fähigkeiten, Wissen und Intellekt der Mitarbeiter	[462]
$M_{IU,8}$	Klare Kommunikation innerhalb der Organisation	[463]
$M_{IU,9}$	Kontinuierliche Entwicklung von Fähigkeiten	[464]
$M_{IU,10}$	Nutzung des Wissens der Mitarbeiter zur Kompetenzentwicklung	[465]
$M_{IU,11}$	Nutzung von Vorausschau und Vorhersage	[466]
$M_{IU,12}$	Ökologisch nachhaltiges Handeln	[467]
$M_{IU,13}$	Speicherung und Pflege von Wissen und Know-how	[468]

**Nennung in alphabetischer Reihenfolge*

Anhang 19: Ergebnisse der Inhaltsanalyse zu Herausforderungen produzierender Unternehmen

Nr.	Bezeichnung*	Quelle(n)
$H_{PU,1}$	Reaktion auf sich ändernde, individuelle Kundenbedürfnisse und Kundennachfrage	[469]
$H_{PU,2}$	Arbeiten in einem globalen Wettbewerbsumfeld	[470]

[462] Vgl. Quinn (1992), Paradigm for a New Era; Wiig (1999), Intelligent Enterprise and Knowledge Management; Schuh et al. (2020), Industrie 4.0 Maturity; Felin, Powell (2016), Dynamic Capabilities

[463] Vgl. Esmaeilian et al. (2016), Future of Manufacturing; Schuh et al. (2020), Industrie 4.0 Maturity

[464] Vgl. World Economic Forum (2016), Manufacturing; Felin, Powell (2016), Dynamic Capabilities

[465] Vgl. Arthur et al. (1995), Intelligent Enterprise, S. 7ff.; Wiig (1999), Intelligent Enterprise and Knowledge Management

[466] Vgl. Chavarría-Barrientos et al. (2018), Sensing, Smart and Sustainable; Ghobakhloo (2018), Future of Manufacturing; Capgemini Research Institute (2019), AI in Manufacturing; Klie (2019), Data; Felin, Powell (2016), Dynamic Capabilities; Schoemaker, Tetlock (2017), Intelligent Enterprise

[467] Vgl. Chavarría-Barrientos et al. (2018), Sensing, Smart and Sustainable; Oztemel, Gursev (2020), Industry 4.0

[468] Vgl. Armaş (2014), Intelligent Enterprises, S. 89ff.; Chavarría-Barrientos et al. (2018), Sensing, Smart and Sustainable

[469] Vgl. Camarinha-Matos et al. (2009), Networked Organizations, S. 46ff.; Davis et al. (2012), Smart Manufacturing, S. 145ff.; Jin-Hai et al. (2003), Agile Manufacturing, S. 171; Leitão, Restivo (2006), Adaptive Manufacturing, S. 121; Shen, Norrie (1999), Agent-Based Systems, S. 129f.; Wang et al. (2020), Intelligent Decision Making, S. 2090; Esmaeilian et al. (2016), Future of Manufacturing, S. 83f.

[470] Vgl. Carlsson (1988), Evolution of Manufacturing, S. 8; Davis et al. (2012), Smart Manufacturing; Jin-Hai et al. (2003), Agile Manufacturing; Leitão (2009), Distributed Manufacturing Control, S. 121; Wang et al. (2020), Intelligent Decision Making; World Economic Forum (2016), Manufacturing, S. 11

Nr.	Bezeichnung*	Quelle(n)
$H_{PU,3}$	Erwartung von schnellster Markteinführung, höchster Qualität, niedrigsten Kosten, bestem Service, saubersten Umgebung, größter Flexibilität und höchstem Wissen	471
$H_{PU,4}$	Zunehmende Komplexität der Lieferkette	472
$H_{PU,5}$	Arbeiten in dynamischen und unsicheren Umgebungen	473
$H_{PU,6}$	Entwicklung von kollaborativen und rekonfigurierbaren Fertigungssteuerungssystemen	474
$H_{PU,7}$	Umgang mit Herausforderungen, die zu groß für einzelne Unternehmen sind	475
$H_{PU,8}$	Forderungen nach niedrigeren Kosten und kürzeren Lebenszyklen	476
$H_{PU,9}$	Nutzbarmachung von sich dynamisch entwickelnden Technologien	477
$H_{PU,10}$	Reaktion auf veränderliche Produktanforderungen	478
$H_{PU,11}$	Dauerhafte Wahrung des Wettbewerbsvorteils	479
$H_{PU,12}$	Vorhersage von Markt-, Wirtschafts- und Lieferkettenunterbrechungen	480
$H_{PU,13}$	Reaktion auf veränderliche Produktionsbedingungen	481

[471] Vgl. Camarinha-Matos et al. (2009), Networked Organizations, S. 46; Davis et al. (2012), Smart Manufacturing; Jin-Hai et al. (2003), Agile Manufacturing, S. 172; Leitão, Restivo (2006), Adaptive Manufacturing, S. 121; Leitão (2009), Distributed Manufacturing Control; Tao et al. (2011), Cloud Manufacturing, S. 1969

[472] Vgl. Tao et al. (2011), Cloud Manufacturing; World Economic Forum (2016), Manufacturing, S. 11; Davis et al. (2012), Smart Manufacturing; Stock et al. (2000), Enterprise Logistics, S. 531ff.

[473] Vgl. Barari et al. (2021), Intelligent Manufacturing Systems; Davis et al. (2012), Smart Manufacturing, S. 145ff.; Leitão (2009), Distributed Manufacturing Control, S. 979ff.; Schuh et al. (2020), Industrie 4.0 Maturity; Wang et al. (2020), Intelligent Decision Making

[474] Vgl. Camarinha-Matos et al. (2009), Networked Organizations; Leitão, Restivo (2006), Adaptive Manufacturing; Leitão (2009), Distributed Manufacturing Control; World Economic Forum (2016), Manufacturing

[475] Vgl. Gates et al. (2016), Global Manufacturing; Leitão (2009), Distributed Manufacturing Control; Liu et al. (2017), Cloud Manufacturing; Quinn (1992), Intelligent Enterprise

[476] Vgl. Jin-Hai et al. (2003), Agile Manufacturing; Leitão, Restivo (2006), Adaptive Manufacturing; Leitão (2009), Distributed Manufacturing Control

[477] Vgl. Davis et al. (2012), Smart Manufacturing; Jin-Hai et al. (2003), Agile Manufacturing; World Economic Forum (2016), Manufacturing

[478] Vgl. Leitão (2009), Distributed Manufacturing Control; Shen, Norrie (1999), Agent-Based Systems; Yusuf et al. (1999), Agile manufacturing

[479] Vgl. Jin-Hai et al. (2003), Agile Manufacturing; Meade, Sarkis (1999), Alternatives for Agile; World Economic Forum (2016), Manufacturing

[480] Vgl. Tao et al. (2011), Cloud Manufacturing; World Economic Forum (2016), Manufacturing

[481] Vgl. Shen, Norrie (1999), Agent-Based Systems; Wang et al. (2020), Intelligent Decision Making

Nr.	Bezeichnung*	Quelle(n)
$H_{PU,14}$	Aus- und Weiterbildung der Mitarbeiter	[482]

* Reihenfolge nach absteigender Anzahl an Nennungen // Darstellung der fünf am häufigsten genannten Herausforderungen

Anhang 20: Ergebnisse der Inhaltsanalyse zu Anwendungspotenzialen von Datentechnologien

Nr.	Bezeichnung*	Quelle(n)
$P_{DT,1}$	Autonome Produktionsumgebungen	[483]
$P_{DT,2}$	Echtzeit-Prozessvisualisierung und -kontrolle	[484]
$P_{DT,3}$	Nachhaltige Fertigung	[485]
$P_{DT,4}$	Nutzen prädiktiver Modelle und Analytik	[486]
$P_{DT,5}$	Optimierung von Energiemanagement und -verbrauch	[487]
$P_{DT,6}$	Sammlung und Analyse von Daten in Echtzeit	[488]
$P_{DT,7}$	Transparenz und verbessertes Management der Supply Chain	[489]
$P_{DT,8}$	Umsetzung vorausschauender Wartung	[490]
$P_{DT,9}$	Verbesserung der Produktentwicklung	[491]
$P_{DT,10}$	Verbesserung der Qualitätskontrolle	[492]

[482] Vgl. Bird (1973), Problem Areas in Manufacturing; Gunasekaran (1999), Agile Manufacturing

[483] Vgl. Oztemel, Gursev (2020), Industry 4.0, S. 134; Capgemini Research Institute (2019), AI in Manufacturing, S. 5; Ghobakhloo (2018), Future of Manufacturing, S. 920; Kortuem et al. (2010), Smart Objects; Kephart, Chess (2003), Autonomic Computing; Da Xu et al. (2014), Internet of Things, S. 2240

[484] Vgl. World Economic Forum (2016), Manufacturing, S. 11; Ricketts (2016), Intelligent Enterprise, S. 14; Oztemel, Gursev (2020), Industry 4.0, S. 141; Capgemini Research Institute (2019), AI in Manufacturing, S. 7; Ghobakhloo (2018), Future of Manufacturing, S. 920; Li et al. (2015), Big Data, S. 677

[485] Vgl. Esmaeilian et al. (2016), Future of Manufacturing, S. 88ff.; Ghobakhloo (2018), Future of Manufacturing, S. 919; Gilchrist (2016), Industry 4.0; Li et al. (2015), Big Data, S. 677

[486] Vgl. Klie (2019), Data, S. 34; Ricketts (2016), Intelligent Enterprise, S. 14; Lee et al. (2015), Future Maintenance, S. 4; Li et al. (2015), Big Data, S. 679

[487] Vgl. Capgemini Research Institute (2019), AI in Manufacturing, S. 7; Ghobakhloo (2018), Future of Manufacturing, S. 919; Li et al. (2015), Big Data, S. 677

[488] Vgl. Oussous et al. (2018), Big Data Technologies, S. 433; Oztemel, Gursev (2020), Industry 4.0, S. 141; Wang (2019), Intelligent Manufacturing, S. 617

[489] Vgl. Esmaeilian et al. (2016), Future of Manufacturing, S. 92; Raguseo (2018), Big Data Technologies, S. 190f.; Wang et al. (2010), RFID Adoption, S. 807

[490] Vgl. Lee et al. (2015), Future Maintenance, S. 4; Li et al. (2015), Big Data, S. 676; Capgemini Research Institute (2019), AI in Manufacturing, S. 2; Ghobakhloo (2018), Future of Manufacturing, S. 919

[491] Vgl. Raguseo (2018), Big Data Technologies, S. 190; Elia et al. (2016), Augmented Reality in Manufacturing; Capgemini Research Institute (2019), AI in Manufacturing, S. 7; Ghobakhloo (2018), Future of Manufacturing, S. 920; Li et al. (2015), Big Data, S. 675

[492] Vgl. Ghobakhloo (2018), Future of Manufacturing, S. 919f.; Capgemini Research Institute (2019), AI in Manufacturing, S. 7; Li et al. (2015), Big Data, S. 676

Nr.	Bezeichnung*	Quelle(n)

*Nennung in alphabetischer Reihenfolge

Anhang 21: Charakteristische Merkmale des IPU

Nr.	Bezeichnung*	Quellen
M1	Abstimmung und Integration der Produktionsprozesse	[493]
M2	Angebot personalisierter Fertigung und Dienstleistungen für Kunden	[494]
M3	Bereitschaft zur Veränderung, Entwicklung und Anpassung	[495]
M4	Echtzeitreaktion auf veränderte Anforderungen und Bedingungen	[496]
M6	Entwicklung und Integration neuer Technologien	[497]
M5	Entwicklung und Nutzung von intellektuellen Vermögenswerten und Ressourcen	[498]
M7	Fokus auf Qualität und Produktivität	[499]

[493] Vgl. Bhamu, Sangwan (2014), Lean Manufacturing, S. 877; Chavarría-Barrientos et al. (2018), Sensing, Smart and Sustainable, S. 585; Doll, Vonderembse (1991), Post-industrial Enterprise, S. 406f.; Ge et al. (2020), Big Data Management Capability, S. 652; Oztemel, Gursev (2020), Industry 4.0, S. 150; Esmaeilian et al. (2016), Future of Manufacturing, S. 84f.; Gunasekaran (1999), Agile Manufacturing, S. 89f.

[494] Vgl. Bi et al. (2014), Internet of Things, S. 1542; Rogers et al. (2016), Digital Transformation, S. 14; Ge et al. (2020), Big Data Management Capability, S. 646; Ghobakhloo (2018), Future of Manufacturing, S. 926; Jordan, Mitchell (2015), Machine Learning; Li et al. (2015), Big Data, S. 668; Tao, Qi (2019), Service-Oriented Smart Manufacturing; Ricketts (2016), Intelligent Enterprise, S. 14

[495] Vgl. Felin, Powell (2016), Dynamic Capabilities; Gates et al. (2016), Global Manufacturing; Schuh et al. (2020), Industrie 4.0 Maturity

[496] Vgl. DalleMule, Davenport (2017), Data Strategy, S. 112f.; Dumitrache et al. (2013), Intelligent Cyber-Enterprise, S. 400; Kolberg, Zühlke (2015), Lean Automation, S. 1871; Ricketts (2016), Intelligent Enterprise, S. 7; Thoben et al. (2017), Industrie 4.0 and Smart Manufacturing, S. 5; Wang et al. (2020), Intelligent Decision Making, S. 2089; Eisenhardt, Martin (2000), Dynamic Capabilities, S. 1112; Esmaeilian et al. (2016), Future of Manufacturing, S. 90; Ghobakhloo (2018), Future of Manufacturing, S. 919; Gunasekaran (1999), Agile Manufacturing, S. 95

[497] Vgl. Alatoibi (2016), Business Process Modelling; Rogers et al. (2016), Digital Transformation; Forsythe (1997), Agile Manufacturing; Gates et al. (2016), Global Manufacturing, S. 2; Raguseo (2018), Big Data Technologies, S. 18; Eisenhardt, Martin (2000), Dynamic Capabilities; Schuh et al. (2020), Industrie 4.0 Maturity, S. 32ff.

[498] Vgl. Arthur et al. (1995), Intelligent Enterprise, S. 7; Bhasin (2008), Lean and Performance Measurement; Escobar et al. (2021), Quality 4.0, S. 1; Grundspenkis (2007), Knowledge Modeling, S. 455; Quinn (1992), Paradigm for a New Era; van der Aalst (2021), Hybrid Intelligence, S. 7; Eisenhardt, Martin (2000), Dynamic Capabilities; Wiig (1999), Intelligent Enterprise and Knowledge Management, S. 4

[499] Vgl. Capgemini Research Institute (2019), AI in Manufacturing, S. 7; Ghobakhloo (2018), Future of Manufacturing, S. 919ff.; Chavarría-Barrientos et al. (2018), Sensing, Smart and Sustainable

Nr.	Bezeichnung*	Quellen
M8	Investition in spezielle Fähigkeiten, Wissen und Intellekt der Mitarbeiter	500
M9	Klare Kommunikation in der gesamten Organisation	501
M10	Leichter Zugang zu Informationen	502
M11	Management von Wissen und Erfahrung	503
M12	Nachhaltige Fertigung	504
M13	Nutzung datenbasierter Entscheidungen	505
M14	Nutzung von Beeinflusser-Datentechnologien	506
M15	Nutzung von Früherkennung und Vorhersage	507
M16	Resilienz gegenüber einschneidenden Störereignissen	508
M17	Vernetzung von Anlagen	509

**Nennung in alphabetischer Reihenfolge*

[500] Vgl. Quinn (2005), A New Paradigm, S. 48; Snyder et al. (2020), Smart Manufacturing, S. 10; Wiig (1999), Intelligent Enterprise and Knowledge Management, S. 8

[501] Vgl. Day (1994), Capabilities, S. 45; Ge et al. (2020), Big Data Management Capability, S. 647; Kislov et al. (2014), Rethinking Capacity Building, S. 4; Oztemel, Gursev (2020), Industry 4.0, S. 131; Sundar et al. (2014), Lean Manufacturing Implementation, S. 1875; Esmaeilian et al. (2016), Future of Manufacturing, S. 92; Gunasekaran (1999), Agile Manufacturing, S. 90; Li et al. (2008), S. 1651; Schuh et al. (2020), Industrie 4.0 Maturity, S. 25

[502] Vgl. Dumitrache et al. (2013), Intelligent Cyber-Enterprise, S. 400; Oztemel, Gursev (2020), Industry 4.0, S. 153ff.; Schuh et al. (2020), Industrie 4.0 Maturity; Wiig (1999), Intelligent Enterprise and Knowledge Management, S. 12; Quinn (1992), Intelligent Enterprise, S. 62

[503] Vgl. Brock (1995), Intelligent Enterprise, S. 105; Eisenhardt, Martin (2000), Dynamic Capabilities, S. 1112; Esmaeilian et al. (2016), Future of Manufacturing, S. 90; Schuh et al. (2020), Industrie 4.0 Maturity, S. 38; Wiig (1999), Intelligent Enterprise and Knowledge Management, S. 3

[504] Vgl. Chavarría-Barrientos et al. (2018), Sensing, Smart and Sustainable, S. 584ff.; Esmaeilian et al. (2016), Future of Manufacturing, S. 86f.; Sharma, Kodali (2008), Manufacturing Excellence, S. 62; World Economic Forum (2016), Manufacturing, S. 11

[505] Vgl. DalleMule, Davenport (2017), Data Strategy; Davis et al. (2012), Smart Manufacturing, S. 150; Moeuf et al. (2018), SMEs in Industry 4.0; Oztemel, Gursev (2020), Industry 4.0, S. 166; Ricketts (2016), Intelligent Enterprise, S. 2; Wang (2010), Intelligent Enterprises, S. 87; Ghobakhloo (2018), Future of Manufacturing, S. 923; Schuh et al. (2020), Industrie 4.0 Maturity, S. 20

[506] Vgl. Klingenberg et al. (2021), Industry 4.0; Kolberg, Zühlke (2015), Lean Automation; Schuh et al. (2020), Industrie 4.0 Maturity

[507] Vgl. Capgemini Research Institute (2019), AI in Manufacturing, S. 6f.; Chavarría-Barrientos et al. (2018), Sensing, Smart and Sustainable, S. 585; Escobar et al. (2021), Quality 4.0, S. 3f.; Klie (2019), Data, S. 34; Oztemel, Gursev (2020), Industry 4.0, S. 139; Schuh et al. (2020), Industrie 4.0 Maturity, S. 20

[508] Vgl. Babiceanu, Seker (2016), Big Data and Virtualization, S. 129; Esmaeilian et al. (2016), Future of Manufacturing, S. 81; Hu et al. (2008), Modeling of Resilience Dynamics, S. 279ff.; Schuh et al. (2020), Industrie 4.0 Maturity, S. 29

[509] Vgl. Schuh et al. (2020), Industrie 4.0 Maturity, S. 11; Snyder et al. (2020), Smart Manufacturing, S. 3

C.2 Fähigkeiten des IPU

Anhang 22: Fähigkeiten des IPU mit Merkmalszuordnung

Nr.	Bezeichnung
$F_1(M_1)$	Vollständige M2M-Kommunikationsnetze in Fabriken
$F_2(M_1)$	IoT nutzen, um Arbeitsabläufe zu beschleunigen und Unterbrechungen zu vermeiden
$F_3(M_1)$	Vorausschauende Wartung
$F_4(M_1)$	Integriertes Lieferkettenmanagement, um auf Nachfrageschwankungen zu reagieren
$F_1(M_2)$	Starkes Kundenbeziehungsmanagement (Umfassende CRM-Datenbank; bidirektionale Kommunikation etc.)
$F_2(M_2)$	Angebote auf bestimmte Kunden zuschneiden
$F_3(M_2)$	Kontinuierliches Kundenfeedback einholen
$F_4(M_2)$	Umfangreiche Kundendienstprogramme
$F_5(M_2)$	Flexible Systeme
$F_6(M_2)$	Konzentration auf Kleinserien (für kundenspezifische Anpassungen)
$F_7(M_2)$	Data Mining zur Bestimmung der Kundensegmentierung
$F_8(M_2)$	CRM mit ERP kombinieren, um Informationsinseln zu vermeiden
$F_1(M_3)$	Kultur des lockeren Festhaltens an Rollen und festgelegten Prozessen
$F_2(M_3)$	Flexible Prozesse entwickelt und eingeführt
$F_3(M_3)$	Agiles Management als Norm etabliert
$F_4(M_3)$	Sicherheit im Umgang mit Prozessen und Systemen zur Datenanalyse und Wissensgenerierung
$F_5(M_3)$	Änderungsvorschläge werden vor der Umsetzung validiert
$F_6(M_3)$	Aufbau selbständiger/selbstorganisierender Systeme
$F_7(M_3)$	Veränderbare Fähigkeiten
$F_8(M_3)$	Mitarbeiter sind innovativ und streben nach Verbesserungen/Innovationen
$F_1(M_4)$	Verfolgung der Kundennachfrage in Echtzeit (Big Data)
$F_2(M_4)$	Cloud/Big Data Echtzeit-Analyse (Hadoop, Cloudera)
$F_3(M_4)$	Echtzeit-Entscheidungsfindung
$F_4(M_4)$	Selbstverwaltende Systeme/Prozesse
$F_5(M_4)$	Gestaltung flexibler Prozesse

Nr.	Bezeichnung
F6(M4)	Mitarbeiter sind versiert im Umgang mit Veränderungen
F7(M4)	JIT-Systeme und Integration der Lieferkette und Nutzung von Datenanalytik zur Anpassung an Schwankungen
F1(M5)	Fortlaufende Bewertung offener Bedürfnisse, die durch neue Technologien erfüllt werden könnten
F2(M5)	Investitionen in externe oder ausgelagerte Forschung und Entwicklung
F3(M5)	Zusammenarbeit mit Beratern, die auf Produktionstechnologien spezialisiert sind
F4(M5)	Gestaltung von anpassungsfähigen und dynamischen Prozessen
F5(M5)	Verbindung von Befähiger- und Beeinflusser-Technologien
F1(M6)	Gleiche Betonung auf Pflege und Wartung der physischen und intellektuellen Ressourcen
F2(M6)	Intellektuelle Werte generieren und organisieren
F3(M6)	Intellektuellen Wert der materiellen Güter (Daten, Mitarbeiter, Maschinen usw.) bewerten
F4(M6)	Strategischer Schwerpunkt auf der digitalen und intellektuellen Ebene und nicht auf der Entwicklung physischer Vermögenswerte
F5(M6)	Mitarbeiter werden aufgrund ihrer intellektuellen Fähigkeiten geschätzt
F1(M7)	Entwicklung eines TQM-Systems mit Integration der Datentechnik (Datenanalyse zur Fehlererkennung; vorausschauende Instandhaltung etc.)
F2(M7)	Anwendung von Lean-Philosophien
F3(M7)	Qualitätsmanagement strategisch planen
F4(M7)	Ermittlung von Fehlerursachen
F5(M7)	Datentechnologie-integrierte Instandhaltungssysteme
F6(M7)	Einsatz von Datenanalytik für Bedarfsplanung, Bestandsmanagement, Sicherheit, F&E, Prozesskontrolle, Qualitätskontrolle, Wartung, Energiemanagement
F1(M8)	Ständige berufliche Weiterentwicklung (Kompetenzmatrix; Weiterbildungsmaßnahmen etc.)
F2(M8)	Zentralisierte Wissensbasis schaffen (Wissensmanagement-Teams; Werkzeuge und Techniken; Prozesse zur Erfassung, Erstellung, Speicherung, Aktualisierung und Wiederverwendung von Wissen etc.)
F3(M8)	Vielseitig qualifizierte Mitarbeiter
F4(M8)	Motivations-/Belohnungssysteme

Nr.	Bezeichnung
F5(M8)	Klare und offene, wechselseitige Kommunikation über alle Ebenen der Organisation hinweg
F6(M8)	Vertrauensvolles Umfeld
F1(M9)	Kommunikationsflüsse in der Organisation identifizieren
F2(M9)	Identifikation von Kommunikationsblockaden
F3(M9)	Flache Organisationshierarchie
F4(M9)	Offenheit der Mitarbeiter, ihr Wissen mit allen Mitarbeitern des Unternehmens zu teilen
F5(M9)	Schnittstellen zwischen menschlicher und IoT-Kommunikation
F1(M10)	Automatische Datenerfassung und -speicherung
F2(M10)	Vorverarbeitung von Daten mit Befähiger-Datentechnologien
F3(M10)	Umwandlung von Daten in Informationen durch Beeinflusser-Datentechnologien
F4(M10)	Zentralisierte Wissensbasis schaffen
F5(M10)	Fähigkeiten/Kenntnisse der einzelnen Mitarbeiter zu öffentlichem, durchsuchbarem Wissen machen
F6(M10)	Standardisiertes Informationsformat schaffen
F7(M10)	Verbesserung der sozialen Zusammenarbeit (Demokratischer Führungsstil; flache Hierarchien; offene Kommunikation; Vertrauenskultur etc.)
F1(M11)	Zentralisierte Wissensbasis
F2(M11)	Abgrenzung Wissen vs. Daten vs. Informationen definiert
F3(M11)	Praktiken zum Sammeln von Wissen
F4(M11)	Engagierte Teams zur Verwaltung und Organisation von Wissen
F5(M11)	Pflege von Werkzeugen und Techniken zur Wissensspeicherung, -erfassung und Entscheidungsunterstützung
F6(M11)	Schulung aller Mitarbeiter in Bezug auf die Definition von Wissen und Organisationspraktiken
F1(M12)	Einführung von Strategien für eine nachhaltige/grüne Produktion
F2(M12)	Einhaltung von Umweltvorschriften verfolgen
F3(M12)	Entwurf grüner Prozesse, Fertigungswerkzeuge, Techniken und Verfahren
F4(M12)	Einbeziehung der wichtigsten Interessengruppen in grüne Initiativen

Nr.	Bezeichnung
$F_5(M_{12})$	Einsatz von Datenanalytik zur Optimierung, Verringerung/Vermeidung von Abfall/Nebenprodukten
$F_6(M_{12})$	Optimierung der Energieeffizienz
$F_1(M_{13})$	Automatische Datenerfassung und -speicherung
$F_2(M_{13})$	Investition in Mitarbeiter mit datenanalytischen Fähigkeiten
$F_3(M_{13})$	Schaffung standardisierter Datenschnittstellen mit der Option zur Personalisierung
$F_4(M_{13})$	Vorurteilsfreier Umgang beim Arbeiten mit Daten
$F_5(M_{13})$	Datennutzung zur Generierung höherwertiger Informationen
$F_6(M_{13})$	Data Governance vorhanden
$F_7(M_{13})$	Hohe Daten-/IT-Sicherheit
$F_8(M_{13})$	Resiliente IT-Struktur
$F_9(M_{13})$	Offenheit des Managements für datenbasierte Erkenntnisse
$F_1(M_{14})$	Regelmäßige Nutzung von Befähiger-Technologien und Brückentechnologien (M2M, Cloud, IoT, VR, CPS, Blockchain)
$F_2(M_{14})$	Robustes und zuverlässiges System zur automatischen Datenerfassung und -vorverarbeitung
$F_3(M_{14})$	Horizontale und vertikale Integration von IT- und physischen Systemen zur Optimierung der Nutzung der Datentechnik
$F_4(M_{14})$	Ermittlung von Schlüsselbereichen, in denen Beeinflusser-Datentechnologien zunächst als Konzeptnachweis eingesetzt werden
$F_5(M_{14})$	Einstellung von Mitarbeitern, die sich mit ML/Big Data/AI auskennen
$F_6(M_{14})$	Festlegung strategischer Zeitpläne für den Übergang zu neuen Technologien
$F_7(M_{14})$	Einrichtung einer intelligenten Verbindung durch die Fabrik
$F_1(M_{15})$	Automatische Datenerfassung und -speicherung durch Sensoren oder andere Eingänge
$F_2(M_{15})$	Robuste IT-Systeme - Ausfallsicherheit, Sicherheit
$F_3(M_{15})$	Personalisierte Benutzeroberflächen
$F_4(M_{15})$	Mitarbeiter sind Spezialisten für Datenanalyse, Big Data, KI und ML
$F_5(M_{15})$	Untersuchung von Prognosemöglichkeiten
$F_6(M_{15})$	Formatierung von Big Data und Speicherung, um Vorhersagen zu ermöglichen

Nr.	Bezeichnung
$F_7(M_{15})$	Analysemodelle mit aktuellen Daten trainieren und menschlich oder mit einem von Menschen validierten Algorithmus Vorschläge bewerten
$F_8(M_{15})$	Datenanalysevorschläge umsetzen und danach handeln
$F_9(M_{15})$	Management verfügt über das Wissen und das Verständnis, KI-Vorschläge zu interpretieren und zu bewerten
$F_{10}(M_{15})$	Management und Mitarbeiter sind bereit, kleinere oder größere Änderungen auf der Grundlage von Datenanalysevorschlägen vorzunehmen
$F_{11}(M_{15})$	Change-Management-Prozesse und ein Team für die Durchführung von Datenanalyse-gesteuerten Änderungen
$F_1(M_{16})$	Robuste IT-Systemstruktur und -Governance
$F_2(M_{16})$	Mitarbeiter, die versiert sind im Umgang mit Veränderungen
$F_3(M_{16})$	Flexible Prozesse
$F_4(M_{16})$	Worldclass-Maintenance (prädiktiv und assistiert)
$F_1(M_{17})$	Kategorisierte Übersicht aller Vermögenswerte
$F_2(M_{17})$	Sensoren und Kommunikationsgeräte, um das IoT zu ermöglichen
$F_3(M_{17})$	Optimierung auf untergeordneten Ebenen zur Verbesserung der Gesamteffizienz
$F_4(M_{17})$	Vorausschauende Wartung, VR-gestützte Wartung, Vorhersagen zum Lebensende

Legende: *$F_i(M_j)$ = Fähigkeit i zur Erreichung des Merkmals j*

Anhang 23: Kernfähigkeiten des IPU und jeweilig zugehörige Fähigkeiten

Kernfähigkeiten		Untergeordnete Fähigkeiten	
Nr.	**Bezeichnung**	**Nr.**	**Bezeichnung**
KF_1	Aufbau zuverlässiger und belastbarer IT-Systeme	$F_{1.1}$	Robuste IT-Systemstruktur und -Governance
		$F_{1.2}$	Horizontale und vertikale Integration von IT- und physischen Systemen
		$F_{1.3}$	Robuste, widerstandsfähige Prozesse und Informationssysteme
KF_2	Agieren in flachen Hierarchien	$F_{2.1}$	Optimierung auf Unterebenen zur Verbesserung der Gesamteffizienz
KF_3		$F_{3.1}$	Untersuchung von Prognosemöglichkeiten

Kernfähigkeiten Nr.	Bezeichnung	Untergeordnete Fähigkeiten Nr.	Bezeichnung
	Aktive Suche nach neuen Einsatzmöglichkeiten für Datentechnologien	F3.2	Identifizierung von Schlüsselbereichen, in denen Beeinflusser-Technologien zuerst als „Proof-of-Concept" eingesetzt werden können
		F3.3	Kontinuierliche Evaluierung offener Bedürfnisse, die durch neue Technologien erfüllt werden könnten
		F3.4	Zusammenarbeit mit Beratern, die auf technologische Optionen in der Fertigung spezialisiert sind
KF4	Anpassungsfähige und effektive Teamführung	F4.1	Agiles Management als Norm etabliert
		F4.2	Flache Organisationshierarchie
KF5	Ausbildung der Mitarbeiter zu Datentechnologie-Spezialisten	F5.1	Mitarbeiter sind Spezialisten für Datentechnologien
		F5.2	Einstellung von Mitarbeitern mit Datentechnologie-Erfahrung
		F5.3	Investition in Mitarbeiter mit Kenntnissen in Datenanalyse und Big-Data-Technologien
KF6	Aufrechterhaltung des internen technischen Wettbewerbsvorteils	F6.1	Weitere Investitionen in externe oder ausgelagerte technische F&E
KF7	Ausnutzung von Befähiger-Technologien	F7.1	Regelmäßige Nutzung von Befähiger-Technologien
KF8	Automatische Erfassung und Speicherung von Daten	F8.1	Automatische Datenerfassung und -speicherung über Sensoren oder andere Eingabemöglichkeiten
KF9	Automatische Erkennung von Fehlerursachen	F9.1	Nutzung von Datentechnologien zur Identifizierung von Fehlerursachen
KF10	Automatische Vorverarbeitung der erfassten Daten	F10.1	Vorverarbeitung von Daten nach der Erfassung

Kernfähigkeiten Nr.	Bezeichnung	Untergeordnete Fähigkeiten Nr.	Bezeichnung
KF11	Bereitstellung von Möglichkeiten zur Weiterentwicklung der Mitarbeiter	F11.1	Kontinuierliche berufliche Weiterentwicklung
		F11.2	Trainieren von Mitarbeitern in mehreren Qualifikationen
KF12	Bestimmung der Stärken und Schwächen der Mitarbeiter	F12.1	Identifizierung/Bewertung der Kompetenzbereiche und Wissensdefizite der Mitarbeiter
		F12.2	Schätzung der Mitarbeiter aufgrund ihrer intellektuellen Fähigkeiten
KF13	Bewertung von datenbasierten Vorschlägen	F13.1	Umsetzung von datenbasierten Vorschlägen, wenn sie sich als gültig erwiesen haben
		F13.2	Änderungsvorschläge vor der Implementierung validieren
		F13.3	Kultur der Unvoreingenommenheit bei der Arbeit mit Daten
		F13.4	Auswahl aus validierten, datenbasierten Vorschlägen
KF14	Digitale Verbidnung aller Vermögenswerte des Unternehmen	F14.1	Aufbau einer intelligenten Verbindung[510] in der gesamten Fabrik
		F14.2	Hinzufügen von Sensoren und Kommunikationsgeräten zur Ermöglichung des IoT
		F14.3	Vervollständigung von M2M-Kommunikationsnetzen in Fabriken

[510] Unter einer intelligenten Verbindung wird die Vernetzung von Komponenten und die Verbindung der IT-Systeme innerhalb des Unternehmens verstanden. Diese intelligente Verbindung wird mithilfe von Datentechnologien ermöglicht und umfasst die Kommunikation zwischen den Systemen, sowie die Datenübertragung (Vgl. Schuh et al. (2020), Industrie 4.0 Maturity, S. 18; Schuh et al. (2023), Capabilities, S. 9).

Kernfähigkeiten Nr.	Kernfähigkeiten Bezeichnung	Untergeordnete Fähigkeiten Nr.	Untergeordnete Fähigkeiten Bezeichnung
		$F_{14.4}$	Beschleunigung der Arbeitsabläufe und Vermeidung von Unterbrechungen mittels digitaler Konnektivität
KF_{15}	Digitalisierung von Prozessen	$F_{15.1}$	Entwicklung eines TQM-Systems mit Integration von Datentechnologien
		$F_{15.2}$	Inspektionen auf Basis von analysierten Daten aus visuellen Systemen
		$F_{15.3}$	Datenanalyse zur dynamischen Identifizierung von Produktfehlern
		$F_{15.4}$	Einsatz von Datentechnologien zur Identifizierung von Fehlerursachen
KF_{16}	Durchführung von Analysen in Echtzeit	$F_{16.1}$	Durchführung von Echtzeitanalysen
KF_{17}	Verfolgung der Nachfrage in Echtzeit	$F_{17.1}$	Kundennachfrage in Echtzeit verfolgen
KF_{18}	Einleitung von Änderungen basierend auf datenbasierten Vorschlägen	$F_{18.1}$	Bereitschaft von Management und Mitarbeitern, Änderungen auf der Grundlage von datenbasierten Vorschlägen vorzunehmen
		$F_{18.2}$	Offenheit und Akzeptanz des Managements für datengenerierte Erkenntnisse
KF_{19}	Transformation von Daten in Wissen	$F_{19.1}$	Umwandlung von Daten in Informationen durch Beeinflusser-Technologien
		$F_{19.2}$	Ausnutzung von historischen Daten zur Erstellung von Prognosen
		$F_{19.3}$	Bewertung der abgeleiteten Handlungsalternativen
		$F_{19.4}$	Generierung von Wissen mit korrekten Daten
KF_{20}	Erstellung von individualisierten Produktangeboten	$F_{20.1}$	Erstellung von kundenspezifischen Angeboten
KF_{21}		$F_{21.1}$	Gestaltung von flexiblen Prozessen

Kernfähigkeiten		Untergeordnete Fähigkeiten	
Nr.	**Bezeichnung**	**Nr.**	**Bezeichnung**
	Flexibilität und Anpassungsfähigkeit	$F_{21.2}$	Kultur des lockeren Festhaltens an Rollen und festgelegten Prozessen
		$F_{21.3}$	Entwicklung und Einführung von flexiblen Prozessen
		$F_{21.4}$	Aufbau von selbstführenden bzw. selbstorganisierenden Systemen
		$F_{21.5}$	Veränderbare Grundfähigkeiten
		$F_{21.6}$	JIT-Systeme und Lieferkettenintegration mittels Datentechnologien
KF_{22}	Selbständige Weiterentwicklung der Mitarbeiter	$F_{22.1}$	Mitarbeiter sind innovativ und streben nach Verbesserung / Innovation
KF_{23}	Offene Kommunikation entlang aller Unternehmensebenen	$F_{23.1}$	Klare und offene bidirektionale Kommunikation entlang aller Unternehmensebenen
		$F_{23.2}$	Schaffung einer vertrauensvollen Umgebung
		$F_{23.3}$	Verstärkung der sozialen Zusammenarbeit zur Beschleunigung des Wissensaustauschs
		$F_{23.4}$	Identifizierung von Kommunikationsflüssen in der Organisation
		$F_{23.5}$	Identifizierung von Kommunikationsblockaden
KF_{24}	Identifizierung von vielfältigen und flexiblen Mitarbeiterrollen	$F_{24.1}$	Planen der Bereiche, in denen Mitarbeiter mit größerem Wissen doppelt eingesetzt werden könnten
KF_{25}	Motivieren der Mitarbeiter	$F_{25.1}$	Einführung von Motivations- und Belohnungssystemen
KF_{26}	Nutzung von vorausschauender Wartung	$F_{26.1}$	Erstklassige Wartung (World-Class-Maintenance)
		$F_{26.2}$	Datentechnologiebasierte Bedarfsplanung, Bestandsmanagement, Taktproduktion, Sicherheit, F&E, Prozesskontrolle, Qualitätskontrolle, Wartung, Energiemanagement
		$F_{26.3}$	Realisierung von vorausschauender Wartung

Kernfähigkeiten Nr.	Bezeichnung	Untergeordnete Fähigkeiten Nr.	Bezeichnung
KF27	Optimierung entlang aller Unternehmensbereiche	F27.1	Optimierung auf allen Ebenen zur Verbesserung der Gesamteffizienz
KF28	Planung der Erweiterung der Nutzung von Datentechnologien	F28.1	Festlegung strategischer Zeitpläne für den Übergang zu neuen Technologien
		F28.2	Gestaltung von anpassungsfähigen und dynamischen Prozessen zum Einsetzung neuer Technologien
KF29	Reduzierung der Umweltbelastung	F29.1	Festlegung von Strategien für eine nachhaltige und grüne Produktion
		F29.2	Verfolgung von Umweltkonformität
		F29.3	Entwicklung von umweltfreundlichen Prozessen, Produktionswerkzeugen, Techniken und Verfahren
		F29.4	Einbeziehung der wichtigsten Interessengruppen in umweltfreundliche Initiativen
		F29.5	Optimierung, Reduzierung und Vermeidung von Abfall und Nebenprodukten
		F29.6	Optimierung der Energieeffizienz
		F29.7	Nutzung von Lean-Produktion-Philosophien
KF30	Sammlung und Analyse relevanter Kundendaten	F30.1	Umfassende CRM-Datenbank
		F30.2	Kontinuierliches Sammeln von Kundenfeedback
		F30.3	Data Mining zur Ermittlung der Kundensegmentierung
KF31	Pflege der Kundenbeziehungen	F31.1	Starkes Kundenbeziehungsmanagement
		F31.2	CRM als Wettbewerbsvorteil
		F31.3	Umfangreiche Kundendienstprogramme
		F31.4	Kombination von CRM mit ERP-System
KF32	Aktiver und bereitwilliger Umgang mit Wandel	F32.1	Mitarbeiter sind versiert im Change-Management
		F32.2	Change-Management-Prozesse und -Team
		F32.3	Einrichtung von Teams zur Verwaltung und Organisation von Wissen

Kernfähigkeiten Nr.	Bezeichnung	Untergeordnete Fähigkeiten Nr.	Bezeichnung
KF33	Zentrale Speicherung von Wissen	F33.1	Schaffung einer zentralen Wissensbasis
		F33.2	Entwicklung eines Umfelds für Innovation, Wissens- und Lernaustausch
		F33.3	Schaffung von Prozessen zum Sammeln, Erstellen, Speichern, Aktualisieren und Wiederverwenden von Wissen
		F33.4	Pflege von Werkzeugen und Techniken für die Wissensspeicherung
		F33.5	Implementierung von Wissensmanagement-Teams
		F33.6	Schaffung eines standardisierten Informationsformats
		F33.7	Definition von Wissen, Daten und Information für das Unternehmen
		F33.8	Schulung aller Mitarbeiter zur Wissensdefinition und -organisation
KF34	Verteilung von gespeichertem Wissen	F34.1	Unternehmensweites, durchsuchbares Wissen über die Fähigkeiten/Kenntnisse der einzelnen Mitarbeiter
		F34.2	Personalisierte Benutzeroberflächen
		F34.3	Schnittstellen zwischen menschlicher und IoT-Kommunikation
		F34.4	Mitarbeiter sind offen dafür, ihr Wissen mit allen im Unternehmen zu teilen

Anhang 24: Direkte Zuordnung von Kernfähigkeiten zu Fähigkeitstypen (FT_i)[511]

Nr.	Bezeichnung	FT_1	FT_2	FT_3	FT_4	FT_5	FT_6
KF_1	Aufbau zuverlässiger und belastbarer IT-Systeme						
KF_2	Agieren in flachen Hierarchien						
KF_3	Aktive Suche nach neuen Einsatzmöglichkeiten für Datentechnologien		x		x		
KF_4	Anpassungsfähige und effektive Teamführung						
KF_5	Ausbildung der Mitarbeiter zu Datentechnologie-Spezialisten						
KF_6	Aufrechterhaltung des internen technischen Wettbewerbsvorteils						
KF_7	Ausnutzung von Befähiger-Technologien						
KF_8	Automatische Erfassung und Speicherung von Daten						
KF_9	Automatische Erkennung von Fehlerursachen		x				
KF_{10}	Automatische Vorverarbeitung der erfassten Daten						
KF_{11}	Bereitstellung von Möglichkeiten zur Weiterentwicklung der Mitarbeiter						
KF_{12}	Bestimmung der Stärken und Schwächen der Mitarbeiter						
KF_{13}	Bewertung von datenbasierten Vorschlägen	x	x				
KF_{14}	Digitale Vernetzung aller Vermögenswerte des Unternehmens						
KF_{15}	Digitalisierung von Prozessen	x	x	x	x		
KF_{16}	Durchführung von Analysen in Echtzeit	x	x	x	x		

[511] Legende: „x" entspricht der Zuordnung der Kernfähigkeiten zu dem jeweiligen Fähigkeitstyp FT_1 („Strukturierung und Darstellung"), FT_2 („Ursache-Wirkungs-Analyse"), FT_3 („Mustererkennung"), FT_4 („Vorhersagen"), FT_5 („Alternativenbewertung") oder FT_6 („Entscheidungsunterstützung").

Nr.	Bezeichnung	FT_1	FT_2	FT_3	FT_4	FT_5	FT_6
KF_{17}	Verfolgung der Nachfrage in Echtzeit	x					
KF_{18}	Einleitung von Änderungen basierend auf datenbasierten Vorschlägen	x	x	x	x	x	x
KF_{19}	Erkenntnisgewinnung durch Transformation der Daten in Wissen	x	x	x			
KF_{20}	Erstellung von individualisierten Produktangeboten						
KF_{21}	Flexibilität und Anpassungsfähigkeit						
KF_{22}	Selbständige Weiterentwicklung der Mitarbeiter						
KF_{23}	Offene Kommunikation entlang aller Unternehmensebenen						
KF_{24}	Identifizierung von vielfältigen und flexiblen Mitarbeiterrollen						
KF_{25}	Motivieren der Mitarbeiter						
KF_{26}	Nutzung von vorausschauender Wartung			x	x	x	x
KF_{27}	Optimierung entlang aller Unternehmensbereichen						
KF_{28}	Proaktive Planung der Erweiterung der Nutzung von Datentechnologien						
KF_{29}	Reduzierung der Umweltbelastung	x	x	x	x	x	
KF_{30}	Sammlung und Analyse relevanter Kundendaten	x	x	x	x		
KF_{31}	Pflege der Kundenbeziehungen						
KF_{32}	Aktiver und bereitwilliger Umgang mit Wandel						
KF_{33}	Zentrale Speicherung von Wissen						
KF_{34}	Verteilung von gespeichertem Wissen	x					

Anhang 25: DSM zur Modellierung der Abhängigkeiten zwischen Kernfähigkeiten[512]

	KF1	KF2	KF3	KF4	KF5	KF6	KF7	KF8	KF9	KF10	KF11	KF12	KF13	KF14	KF15	KF16	KF17	KF18	KF19	KF20	KF21	KF22	KF23	KF24	KF25	KF26	KF27	KF28	KF29	KF30	KF31	KF32	KF33	KF34
KF34																																	x	■
KF33							x																										■	
KF32																																■		
KF31																															■			
KF30								x																						■	(x)			
KF29									x						x											(x)			■					
KF28																												■						
KF27																											■							
KF26																x										■								
KF25												(x)													■									
KF24												(x)												■										
KF23																							■											
KF22																						■												
KF21																					■													
KF20																				■										x				
KF19										x									■															
KF18													x					■																
KF17																	■													x				
KF16										x					x	■																		
KF15								x							■																			
KF14	(x)						x							■																				
KF13													■						x															
KF12												■																						
KF11											■	(x)												x										
KF10								x		■																								
KF9									■	x																								
KF8	x							■						x																				
KF7							■																											
KF6			x			■																												
KF5					■							(x)																						
KF4				■																														
KF3			■				x																					x						
KF2		■																																
KF1	■																																	

[512] Dargestellte Abhängigkeitsbeziehung gemäß: Zeile hat Einfluss auf Spalte (x=direkt; (x)=bedingt)

C.3 Typisierung der Fähigkeiten des IPU

C.3.1 Deskriptives Datenanalyseverfahren

Die deskriptive Analyse dient grundsätzlich der Analyse von Daten zur Beschreibung vergangener und aktueller Ereignisse. Ihre Funktion liegt in der Strukturierung und Darstellung von historischen und gegenwärtigen Daten. Mit der deskriptiven Analyse werden Daten zusammengefasst, kategorisiert und charakterisiert. Auf diese Weise wird eine Übersicht über die erfassten Betriebsdaten geschaffen und Verständnis über historische und gegenwärtige Ereignisse gewonnen.[513] Mittels einer solchen Analyse wird bspw. die Bestimmung von Prozessparametern ermöglicht, die negativ auf die Qualität produzierter Bauteile wirken[514]. Darüber hinaus werden bei der deskriptiven Analyse die gewonnenen Informationen graphisch dargestellt, damit diese von den Adressaten wahrgenommen werden können. Die Informationen werden mittels Diagrammen abgebildet und auf Dashboards visualisiert.[515] Interaktive Darstellungen ermöglichen die Manipulation der Information, wie bspw. die Filterung und Auswahl bestimmter zu betrachtender Inhalte[516]. Die beantworteten Kernfragen sind: Was ist in der Vergangenheit passiert? Was passiert momentan?[517].

Beispiele für die Anwendung der deskriptiven Analyse ist die Identifizierung von Fehlern in der Prüfung der Bauteilqualität wie bspw. Oberflächenmängeln. Weiter werden Schmutz, Krätzer, Grate und Verschleiß mithilfe der deskriptiven Datenanalyse erkannt und inspiziert.[518] Damit bildet sie die Basis für die Anwendung der diagnostischen, prädiktiven und präskriptiven Analyse sowie auch für die Entscheidungsfindung[519]. Anhang 26 fasst die Merkmale der deskriptiven Datenanalyse zusammen.

---

[513] Vgl. Lustig et al. (2010), Analytics Journey; Choudhary et al. (2009), Data Mining, S. 507
[514] Vgl. Choudhary et al. (2009), Data Mining, S. 507
[515] Vgl. Lustig et al. (2010), Analytics Journey; Lade et al. (2017), Manufacturing Analytics, S. 78
[516] Vgl. Dagnino (2021), Data Analytics, S. 21
[517] Vgl. Lepenioti et al. (2020), Prescriptive Analytics, S. 57; Dagnino (2021), Data Analytics, S. 21
[518] Vgl. Wang et al. (2018), Deep Learning, S. 152f.
[519] Vgl. Lustig et al. (2010), Analytics Journey

Anhang 26: Merkmale der deskriptiven Datenanalyse[520]

Legende: X = In Quelle behandelt

Kategorie und Beschreibung		Choudhary et al. (2009)	Cleff (2011)	Wang et. al. (2018)	Lade et al. (2017)	Menezes et al. (2019)	Lepenioti et al. (2020)	Lustig et al. (2010)	Dagnino (2021)	Fahrmeir et al. (2016)
Funktion	Strukturierung von historischen und gegenwärtigen Daten	X				X		X	X	
Funktion	Darstellung von historischen und gegenwärtigen Daten				X			X	X	
Kernfragen	Was ist passiert? Was passiert momentan?						X		X	
Methoden	Klassifikation	X						X		
Methoden	Clustering	X								
Methoden	Diagramme		X		X				X	X
Methoden	Häufigkeitstabelle		X		X					
Methoden	Histogramme		X							X
Methoden	Scatterplott-Matrix									X
Anwendungsbeispiele	Fehleridentifikation in Qualitätsprüfungen; Inspektion von Schmutz, Kratzern, Graten und Verschleiß			X						

[520] Vgl. Choudhary et al. (2009), Data Mining, S. 508; Cleff (2011), Statistik und Datenanalyse, S. 32ff.; Wang et al. (2018), Deep Learning, S. 152f.; Lade et al. (2017), Manufacturing Analytics, S. 78; Menezes et al. (2019), Analytics for Smart Manufacturing, S. 568; Lepenioti et al. (2020), Prescriptive Analytics, S. 57; Lustig et al. (2010), Analytics Journey; Dagnino (2021), Data Analytics, S. 21ff.; Fahrmeir et al. (2016), Statistik, S. 32

C.3.2 Diagnostisches Datenanalyseverfahren

Mit dem diagnostischen Verfahren der Datenanalyse werden Fehler analysiert und deren Ursachen ermittelt[521]. Dazu werden die bei der deskriptiven Analyse zusammengefassten Daten bspw. mit dem Status der Anlagen, Werkzeuge und Produkte des betrachteten Produktionsprozesses korreliert[522]. Zudem werden mit der diagnostischen Datenanalyse Fehler innerhalb der erfassten und strukturierten Daten diagnostiziert. Dadurch werden unangemessene oder anormale Werte korrigiert oder entfernt, damit korrekte und anwendbare Daten für die aufbauenden prädiktiven und präskriptiven Analysen zur Verfügung stehen. Dies ermöglicht wiederum präzisere Prognosen und die Auswahl optimaler, durchführbarer Handlungen.[523]

Die diagnostische Datenanalyse ist demzufolge eine Ursache-Wirkungsanalyse und steht in Interaktion mit den übrigen Datenanalyseverfahren. Das diagnostische Datenanalyseverfahren liefert Antworten auf die Frage „Warum ist es passiert?“[524].

Mit der diagnostischen Analyse werden beispielsweise Gründe für bestimmte Verhaltensmuster von Kunden identifiziert. Dies dient dazu, dass eine kundenspezifische Herangehensweise erstellt sowie auch Ursachen für eine Kundenabwanderung oder einen Produktkauf ermittelt werden. Ein weiteres Beispiel ist die Identifikation der Ursachen für Maschinenausfälle, Werkzeugverschleiß oder Produktdefekte.[525] Die vorstehenden Ausführungen zu den diagnostischen Datenanalyseverfahren werden in Anhang 27 zusammengefasst.

[521] Vgl. Hoening et al. (2017), Business Analytics, S. 35; Menezes et al. (2019), Analytics for Smart Manufacturing, S. 571; Wang et al. (2018), Deep Learning, S. 148

[522] Vgl. Lade et al. (2017), Manufacturing Analytics, S. 77

[523] Vgl. Menezes et al. (2019), Analytics for Smart Manufacturing, S. 568ff.

[524] Vgl. Dagnino (2021), Data Analytics, S. 21f.; Hoening et al. (2017), Business Analytics, S. 35; Wang et al. (2018), Deep Learning, S. 148

[525] Vgl. Hoening et al. (2017), Business Analytics, S. 35

Anhang 27: Merkmale der diagnostischen Datenanalyse[526]

Legende: X = In Quelle behandelt

Kategorie und Beschreibung		Wang et al. (2018)	Gleich et. al. (2017)	Menezes et al. (2019)	Lade et al. (2017)
Funktion	Ursache-Wirkungsanalyse	X	X	X	X
Kernfrage	Warum ist es passiert?			X	
Methoden	Gross-Error Detection and Identification			X	
Methoden	Convolutional Neural Network	X			
Methoden	Auto Encoder	X			
Anwendungsbeispiele	Identifikation der Gründe für bestimmte Kundenverhaltensmuster Diagnose und Identifikation von Maschinenausfällen und Produktionsfehlern	X	X		

[526] Vgl. Wang et al. (2018), Deep Learning, S. 148ff.; Gleich et al. (2017), Advanced Analytics, S. 35; Menezes et al. (2019), Analytics for Smart Manufacturing, S. 568ff.; Lade et al. (2017), Manufacturing Analytics, S. 77

C.3.3 Prädiktives Datenanalyseverfahren

Die prädiktive Datenanalyse dient der Vorhersage zukünftiger Entwicklungen. Sie erfordert die vorherige Durchführung der deskriptiven sowie diagnostischen Analyse, damit die zugrundeliegenden Daten ausreichend verstanden und ihre Wirkbeziehungen klar sind (vgl. Unterkapitel 2.2.2). Die erste Funktion prädiktiver Analyseverfahren ist die Mustererkennung. Mithilfe von fortgeschrittenen Methoden wie Data Mining werden Muster und Beziehungen in den erfassten Datenmengen identifiziert. Diese werden dann auf neue Datensätze angewandt. Dies bietet die Basis für die zweite Funktion der prädiktiven Datenanalyse.[527] Somit ist die Prognose zukünftiger Ereignisse, Verhalten und Tendenzen möglich[528]. Für die Vorhersage werden Modelle eingesetzt, die den Wertebereich bestimmter Variablen eines Datenelementes bestimmen sollen.[529] Diese Modelle basieren auf historischen Daten. Die prädiktive Analyse liefert Antworten auf die Fragen „Was kann bzw. wird passieren?“ und „Warum wird es passieren?“[530].

Ein Anwendungsfall dieses Datenanalyseverfahrens ist die Vorhersage der Auftrittswahrscheinlichkeit eines Fehlers in der Produktion oder der Verschlechterung der Output-Qualität einer Anlage.[531] Auf Basis dieser Prognosen können Maschinenausfälle bereits vor ihrem Auftritt prognostiziert werden. Dadurch wird optimal bestimmt, wann die Anlagen gewartet werden sollen. Ein anderes Beispiel ist die Erstellung von Vorhersagen über die Umsatz- und Preisentwicklung sowie auch den Absatz und die Nachfrage auf Basis historischer Daten. Durch diese Prognose kann der Lagerbestand optimiert werden.[532] Die Ausführungen werden in Anhang 28 zusammengefasst.

[527] Vgl. Wuest et al. (2016), Machine Learning in Manufacturing, S. 26; Lustig et al. (2010), Analytics Journey

[528] Vgl. Menezes et al. (2019), Analytics for Smart Manufacturing, S. 568; Boobier (2018), Advanced Analytics and AI, S. 32

[529] Vgl. Choudhary et al. (2009), Data Mining, S. 518

[530] Vgl. Lepenioti et al. (2020), Prescriptive Analytics, S. 60; Dagnino (2021), Data Analytics, S. 22

[531] Vgl. Wang et al. (2018), Deep Learning, S. 148

[532] Vgl. Hoening et al. (2017), Business Analytics, S. 35f.

Anhang 28: Merkmale der prädiktiven Analyse[533]

Legende: X = In Quelle behandelt

Kategorie und Beschreibung			Choudhary et al. (2009)	Gleich et. al. (2017)	Lepenioti et al. (2020)	BITKOM (2015)	Wuest et al. (2016)	Boobier, (2018)	Fahrmeir et al. (2016)	Tinoco et al. (2021)	Menezes, et al. (2019)	Lustig et. al. (2010)	Wang et al. (2018)
Kategorie und Beschreibung	Funktion	Erkennung von Mustern auf Basis von historischen Daten					X					X	
	Funktion	Vorhersagen von Ereignissen, Trends, Tendenzen, Verhalten auf Basis von historischen Daten	X			X	X	X		X	X	X	
	Kernfragen	Was wird passieren? Warum wird es passieren?			X								
	Methoden	Decision Trees Neural Networks								X		X	X
	Methoden	Zeitreihenanalyse							X			X	
	Methoden	Probabilistic Models Maschinelles Lernen Data Mining Statistical Analysis			X					X			
	Anwendungsbeispiele	Vorhersage über die Wartung einer Maschine bevor ein Ausfall stattfindet Prognose über die Umsatz- und Preisentwicklung, Absatz und Nachfrage		X								X	X

533 Vgl. Choudhary et al. (2009), Data Mining, S. 518; Gleich et al. (2017), Advanced Analytics, S. 35f.; Lepenioti et al. (2020), Prescriptive Analytics, S. 57ff.; Bundesverband Informationswirtschaft, Telekommunikation und neue Medien e. V. (Bitkom) (2015), Industrie 4.0, S. 36; Wuest et al. (2016), Machine Learning in Manufacturing, S. 26; Boobier (2018), Advanced Analytics and AI, S. 32; Fahrmeir et al. (2016), Statistik, S. 503; Menezes et al. (2019), Analytics for Smart Manufacturing, S. 568; Lustig et al. (2010), Analytics Journey; Wang et al. (2018), Deep Learning, S. 148ff.; Tinoco et al. (2021), Analytics, S. 1f.

C.3.4 Präskriptives Datenanalyseverfahren

Die präskriptive Datenanalyse baut auf der erfolgreichen Durchführung der bereits vorgestellten Analysen auf. Eine Aufgabe des präskriptiven Datenanalyseverfahrens ist die Ermittlung und Bewertung von Handlungsalternativen. Durch den Einsatz von Optimierungstechniken und -methoden werden adaptive und ressourcenabhängige Handlungs- und Entscheidungsalternativen ermittelt. Diese basieren auf den erstellten Prognosen aus der prädiktiven Analyse.[534] Bei der Bewertung müssen die Auswirkungen und das Systemverhalten der verschiedenen möglichen Handlungsalternativen überprüft werden. Dies wird durch die Modellierung und die Beschreibung realer und hypothetischer Situationen realisiert, die nach der Umsetzung der Alternativen eintreten können.[535]

Auf Basis der Ermittlung und Bewertung der möglichen Handlungsalternativen erfolgt die Auswahl der besten Aktion bzw. die Entscheidung. Dabei werden die Anforderungen, Rahmenbedingungen und Ziele der gegebenen Situation berücksichtigt.[536] Auf diese Weise werden optimale und effektive Lösungen von komplexen Entscheidungsproblemen empfohlen.[537] Dieses Datenanalyseverfahren beantwortet die Fragen „Was soll gemacht werden?“ und „Warum soll es gemacht werden?“[538].

Die präskriptive Analyse wird bspw. bei der Bewertung der Effektivität von Entscheidungen eingesetzt. Darüber hinaus können damit die Sicherheit, die Qualität und die Konstruktion der entwickelten Produkte und der entworfenen Infrastruktur vor Produktion oder Aufbau überprüft werden. Auf Basis dessen werden bspw. Möglichkeiten zur Optimierung der Konstruktion vorgeschlagen.[539] Die Ausführungen zur präskriptiven Analyse werden in Anhang 29 zusammengefasst.

[534] Vgl. Menezes et al. (2019), Analytics for Smart Manufacturing, S. 570; Boobier (2018), Advanced Analytics and AI, S. 25; Lepenioti et al. (2020), Prescriptive Analytics, S. 58

[535] Vgl. Lepenioti et al. (2020), Prescriptive Analytics, S. 60f.

[536] Vgl. Lustig et al. (2010), Analytics Journey; Menezes et al. (2019), Analytics for Smart Manufacturing, S. 568

[537] Vgl. Lepenioti et al. (2020), Prescriptive Analytics, S. 60f.

[538] Vgl. Lepenioti et al. (2020), Prescriptive Analytics, S. 58

[539] Vgl. Lepenioti et al. (2020), Prescriptive Analytics, S. 61

Anhang 29: Merkmale der präskriptiven Analyse[540]

Legende: X = In Quelle behandelt

Kategorie und Beschreibung		Menezes et al. (2019)	Lepenioti et al. (2020)	BITKOM (2015)	Boobier (2018)	Lustig et. al. (2010)
Funktion	Ermittlung und Bewertung von Handlungsalternativen	X	X	X	X	X
	Entscheidungsempfehlung und -auswahl	X	X		X	X
Kernfragen	Was soll gemacht werden? Warum soll es gemacht werden?		X			
Methoden	Simulation Mathematical Programming Evolutionary Computation Deep Learning Logic-based Models		X			
Anwendungsbeispiel	Überprüfung der Sicherheit, Qualität und Konstruktion von Produkten und Infrastruktur		X			

[540] Vgl. Menezes et al. (2019), Analytics for Smart Manufacturing, S. 568ff.; Lepenioti et al. (2020), Prescriptive Analytics, S. 58ff.; Bundesverband Informationswirtschaft, Telekommunikation und neue Medien e. V. (Bitkom) (2015), Industrie 4.0, S. 36; Boobier (2018), Advanced Analytics and AI, S. 32; Lustig et al. (2010), Analytics Journey

D. Bündelungsmodell

Anhang 30: Übersicht der Kernfähigkeiten in FB1

Primäre Kernfähigkeiten des Fähigkeitsbündels FB1	Sekundär zugeordnete Kernfähigkeiten
Bewertung von datenbasierten Vorschlägen	Aufbau zuverlässiger und belastbarer IT-Systeme
Digitalisierung von Prozessen	Ausnutzung von Enabler-Technologien
Durchführung von Analysen in Echtzeit	Automatische Erfassung und Speicherung von Daten
Einleitung von Änderungen basierend auf datenbasierten Vorschlägen	Automatische Erkennung von Fehlerursachen
Transformation von Daten in Wissen	Automatische Vorverarbeitung der erfassten Daten
Reduzierung der Umweltbelastung	Digitale Verbindung aller Vermögenswerte des Unternehmens
Sammlung und Analyse relevanter Kundendaten	Nutzung von vorausschauender Wartung
Verfolgung der Nachfrage in Echtzeit	
Verteilung von gespeichertem Wissen	

Alphabetische Ordnung der Kernfähigkeiten in beiden Spalten // Keine Darstellung direkter Beziehungen zwischen einzelnen Kernfähigkeiten

Anhang 31: Übersicht der Kernfähigkeiten in FB2

Primäre Kernfähigkeiten des Fähigkeitsbündels FB2	Sekundär zugeordnete Kernfähigkeiten
Aktive Suche nach neuen Einsatzmöglichkeiten der Datentechnologien	Aufbau zuverlässiger und belastbarer IT-Systeme
Automatische Erkennung von Fehlerursachen	Ausnutzung von Enabler-Technologien
Bewertung von datenbasierten Vorschlägen	Automatische Erfassung und Speicherung von Daten
Digitalisierung von Prozessen	Automatische Vorverarbeitung der erfassten Daten
Durchführung von Analysen in Echtzeit	Digitale Verbindung aller Vermögenswerte des Unternehmens
Einleitung von Änderungen basierend auf datenbasierten Vorschlägen	Planung der Erweiterung der Datentechnologienutzung
Transformation von Daten in Wissen	
Reduzierung der Umweltbelastung	
Sammlung und Analyse relevanter Kundendaten	

Alphabetische Ordnung der Kernfähigkeiten in beiden Spalten // Keine Darstellung direkter Beziehungen zwischen einzelnen Kernfähigkeiten

Anhang 32: Übersicht der Kernfähigkeiten in FB3

Primäre Kernfähigkeiten des Fähigkeitsbündels FB3	Sekundär zugeordnete Kernfähigkeiten
Digitalisierung von Prozessen	Aufbau zuverlässiger und belastbarer IT-Systeme
Durchführung von Analysen in Echtzeit	Ausnutzung von Enabler-Technologien
Einleitung von Änderungen basierend auf datenbasierten Vorschlägen	Automatische Erfassung und Speicherung von Daten
Transformation von Daten in Wissen	Automatische Erkennung von Fehlerursachen
Nutzung von vorausschauender Wartung	Automatische Vorverarbeitung der erfassten Daten
Reduzierung der Umweltbelastung	Bewertung von datenbasierten Vorschlägen
Sammlung und Analyse relevanter Kundendaten	Digitale Verbindung aller Vermögenswerte des Unternehmens

Alphabetische Ordnung der Kernfähigkeiten in beiden Spalten // Keine Darstellung direkter Beziehungen zwischen einzelnen Kernfähigkeiten

Anhang 33: Übersicht der Kernfähigkeiten in FB4

Primäre Kernfähigkeiten des Fähigkeitsbündels FB4	Sekundär zugeordnete Kernfähigkeiten
Aktive Suche nach neuen Einsatzmöglichkeiten der Datentechnologien	Aufbau zuverlässiger und belastbarer IT-Systeme
Digitalisierung von Prozessen	Ausnutzung von Enabler-Technologien
Durchführung von Analysen in Echtzeit	Automatische Erfassung und Speicherung von Daten
Einleitung von Änderungen basierend auf datenbasierten Vorschlägen	Automatische Erkennung von Fehlerursachen
Nutzung von vorausschauender Wartung	Automatische Vorverarbeitung der erfassten Daten
Reduzierung der Umweltbelastung	Bewertung von datenbasierten Vorschlägen
Sammlung und Analyse relevanter Kundendaten	Digitale Verbindung aller Vermögenswerte des Unternehmens
	Nutzung von vorausschauender Wartung
	Transformation von Daten in Wissen

Alphabetische Ordnung der Kernfähigkeiten in beiden Spalten // Keine Darstellung direkter Beziehungen zwischen einzelnen Kernfähigkeiten

Anhang 34: Übersicht der Kernfähigkeiten in FB_5

Primäre Kernfähigkeiten des Fähigkeitsbündels FB_5	**Sekundär zugeordnete Kernfähigkeiten**
Einleitung von Änderungen basierend auf datenbasierten Vorschlägen	Aufbau zuverlässiger und belastbarer IT-Systeme
Nutzung von vorausschauender Wartung	Ausnutzung von Enabler-Technologien
Reduzierung der Umweltbelastung	Automatische Erfassung und Speicherung von Daten
	Automatische Erkennung von Fehlerursachen
	Automatische Vorverarbeitung der erfassten Daten
	Bewertung von datenbasierten Vorschlägen
	Digitale Verbindung aller Vermögenswerte des Unternehmens
	Digitalisierung von Prozessen
	Durchführen von Analysen in Echtzeit
	Transformation von Daten in Wissen

Alphabetische Ordnung der Kernfähigkeiten in beiden Spalten // Keine Darstellung direkter Beziehungen zwischen einzelnen Kernfähigkeiten

Anhang 35: Übersicht der Kernfähigkeiten in FB_6

Primäre Kernfähigkeiten des Fähigkeitsbündels FB_6	**Sekundär zugeordnete Kernfähigkeiten**
Einleitung von Änderungen basierend auf datenbasierten Vorschlägen	Aufbau zuverlässiger und belastbarer IT-Systeme
Nutzung von vorausschauender Wartung	Ausnutzung von Enabler-Technologien
	Automatische Erfassung und Speicherung von Daten
	Automatische Vorverarbeitung der erfassten Daten
	Bewertung von datenbasierten Vorschlägen
	Digitale Verbindung aller Vermögenswerte des Unternehmens
	Digitalisierung von Prozessen
	Durchführen von Analysen in Echtzeit
	Transformation von Daten in Wissen

Alphabetische Ordnung der Kernfähigkeiten in beiden Spalten // Keine Darstellung direkter Beziehungen zwischen einzelnen Kernfähigkeiten

E. Fallbeispiel

Anhang 36: Zahlenwerte und Zwischenschritte zur Ermittlung der Relevanz der Herausforderungstypen im Qualitätsmanagement der Befestigungstechnik AG

Nr.	Konsolidierte datentechnologierelevante Herausforderung	$w_{Personal}$	w_{Lohn}	$w(H_i)$	Typenzuordnung
H5.01	Ein- und Ausgangsgrößen sowie Umfang von Entwicklungsaufgaben festlegen	1	3	0,6	• Identifikation • Bewertung/ Auswahl
H5.02	Technisch relevante Schnittstellenelemente des Bezugsrahmens von Entwicklungsaufgaben identifizieren und Parameter festlegen	1	3	0,6	• Identifikation • Bewertung/ Auswahl
H5.03	Qualitätsbezogene Anforderungen an den Fertigungsprozess maschinenspezifisch auf Basis der Produktqualitätsanforderungen bestimmen	3	3	1,8	• Identifikation • Bewertung/ Auswahl
H5.04	Ursachen und Auswirkungen von funktions- oder entwicklungs- bzw. konstruktionsinduzierten Qualitätsfehlern bestimmen sowie Eintritts- und Entdeckungswahrscheinlichkeiten identifizieren	2	2	0,8	• Identifikation • Bewertung/ Auswahl
H5.05	Ursachen und Auswirkungen von fertigungsprozessinduzierten Qualitätsfehlern bestimmen sowie Eintritts- und Entdeckungswahrscheinlichkeiten identifizieren	4	2	1,6	• Identifikation • Bewertung/ Auswahl
H5.06	Reifegrad der geplanten Produkte und Fertigungsprozesse bzgl. Verifikation und Validierung der Produkte bzw. Fertigungsprozesse bewerten und Freigabe erteilen	4	4	3,2	• Bewertung/ Auswahl
H5.07	Parameter und Bedingungen von Qualitätsprüfungen produktspezifisch und in Abhängigkeit der Maschinen festlegen	3	3	1,8	• Identifikation • Bewertung/ Auswahl
H5.08	Maßnahmen zur Korrektur von Qualitätsabweichungen bzw. -fehlern produktspezifisch identifizieren	4	3	2,4	• Identifikation • Bewertung/ Auswahl
H5.09	Fähigkeit der Fertigungsprozesse überwachen und Ursachen von fertigungsprozessinduzierten Qualitätsfehlern identifizieren	3	2	1,2	• Überwachung • Identifikation
H5.10	Fertigungsprozesse überwachen und Notwendigkeiten von Qualitätsprüfungen produktspezifisch vorhersagen	5	3	3,0	• Überwachung • Identifikation • Vorhersage

Nr.	Konsolidierte datentechnologierelevante Herausforderung	$w_{Personal}$	w_{Lohn}	$w(H_i)$	Typenzuordnung
H5.11	Einflüsse auf das Messergebnis vorhersagen sowie Korrekturfaktoren ableiten und berücksichtigen	3	3	1,8	• Überwachung • Identifikation • Vorhersage • Optimierung
H5.12	Qualitätsbezogene Handlungsbedarfe auf Basis von Soll-Ist-Vergleichen der Qualitätsdaten aufzeigen	4	3	2,4	• Überwachung

[Skala der Bewertung von $w_{Personal}$ und w_{Lohn}: 1 (niedrig) – 5 (hoch)]

Anhang 37: Fähigkeitsauswahl für das Qualitätsmanagement der Befestigungstechnik AG

Kernfähigkeiten		Untergeordnete Fähigkeiten	
Nr.	**Bezeichnung**	**Nr.**	**Bezeichnung**
KF_1	Aufbau zuverlässiger und belastbarer IT-Systeme	*$F_{1.1}$*	*Robuste IT-Systemstruktur und -Governance*
		$F_{1.2}$	Horizontale und vertikale Integration von IT- und physischen Systemen
		$F_{1.3}$	*Robuste, widerstandsfähige Prozesse und Informationssysteme, die Vertrauen schaffen*
KF_3	Aktive Suche nach neuen Einsatzmöglichkeiten für Datentechnologien	*$F_{3.2}$*	*Identifizierung von Schlüsselbereichen, in denen Beeinflusser-Technologien zuerst als „Proof-of-Concept" eingesetzt werden können*
KF_7	Ausnutzung von Enabler-Technologien	$F_{7.1}$	Regelmäßige Nutzung von Befähiger-Technologien und Brückentechnologien
KF_8	Automatische Erfassung und Speicherung von Daten	$F_{8.1}$	Automatische Datenerfassung und -speicherung über Sensoren oder andere Eingabemöglichkeiten
KF_9	Automatische Erkennung von Fehlerursachen	$F_{9.1}$	Nutzung von Datentechnologien zur Identifizierung von Fehlerursachen
KF_{10}	Automatische Vorverarbeitung der erfassten Daten	$F_{10.1}$	Vorverarbeitung von Daten nach der Erfassung
KF_{13}	Bewertung von datenbasierten Vorschlägen	$F_{13.2}$	Änderungsvorschläge vor der Implementierung validieren
		$F_{13.3}$	*Kultur der Unvoreingenommenheit bei der Arbeit mit Daten*
		$F_{13.4}$	Auswahl aus validierten, datenbasierten Vorschlägen
KF_{14}	Digitale Verbindung aller Vermögenswerte des Unternehmens	$F_{14.1}$	Aufbau einer intelligenten Verbindung in der gesamten Fabrik
		$F_{14.2}$	Hinzufügen von Sensoren und Kommunikationsgeräten zur Ermöglichung des IoT
KF_{15}	Digitalisierung von Prozessen	$F_{15.1}$	Entwicklung eines TQM-Systems mit Integration von Datentechnologien
		$F_{15.2}$	Inspektionen auf Basis von analysierten Daten aus visuellen Systemen
		$F_{15.3}$	Datenanalyse zur dynamischen Identifizierung von Produktfehlern
		$F_{15.4}$	Ausnutzung von DT zur Identifizierung von Fehlerursachen
KF_{16}	Durchführung von Analysen in Echtzeit	$F_{16.1}$	Durchführung von Echtzeitanalysen
KF_{18}	Einleitung von Änderungen basierend auf datenbasierten Vorschlägen	*$F_{18.1}$*	*Bereitschaft von Management und Mitarbeitern, Änderungen auf der Grundlage von datenbasierten Vorschlägen vorzunehmen*
		$F_{18.2}$	*Offenheit und Akzeptanz des Managements für datengenerierte Erkenntnisse*

KF_{19}	Transformation von Daten in Wissen	$F_{19.1}$	Umwandlung von Daten in Informationen durch Beeinflusser-Technologien
		$F_{19.3}$	Bewertung der abgeleiteten Handlungsalternativen
KF_{28}	Planung der Erweiterung der Nutzung von Datentechnologien	*$F_{28.1}$*	*Festlegung strategischer Zeitpläne für den Übergang zu neuen Technologien*
		$F_{28.2}$	*Gestaltung von anpassungsfähigen und dynamischen Prozessen zur Einführung neuer Technologien*
KF_{29}	Reduzierung der Umweltbelastung	$F_{29.5}$	Optimierung, Reduzierung und Vermeidung von Abfall und Nebenprodukten
		$F_{29.7}$	*Nutzung von Lean-Produktion-Philosophien*
KF_{30}	Sammlung und Analyse relevanter Kundendaten	*$F_{30.2}$*	*Kontinuierliches Sammeln von Kundenfeedback*

***Legende**: kursiv = Fähigkeit im Qualitätsmanagement der Befestigungstechnik AG vorhanden*

Lebenslauf

Persönliche Angaben

Name:	Thomas Peter Scheuer
Geburtsdatum und -ort:	30.07.1992 in Trier
Eltern:	Martina Scheuer, geb. Kaudy und Franz-Josef Scheuer

Ausbildung

1998-2002	Grundschule Wincheringen
2002-2011	Staatliches Gymnasium Saarburg
2011-2016	Bachelor of Science Wirtschaftsingenieurwesen Fachrichtung Maschinenbau, RWTH Aachen University
2016-2018	Master of Science Wirtschaftsingenieurwesen Fachrichtung Maschinenbau, RWTH Aachen University

Beruflicher Werdegang

2014	Praktikum, Daimler AG, Stuttgart
2014-2015	Studentische Hilfskraft, Institut für Kraftfahrzeuge der RWTH Aachen University
2015-2016	Praktikum, Dr. Ing. h.c. F. Porsche AG, Stuttgart
2016-2017	Studentische Hilfskraft, Fraunhofer-Institut für Produktionstechnologie IPT
2017-2018	Praktikum, Hilti AG, Kaufering
2018-2022	Wissenschaftlicher Mitarbeiter, Fraunhofer-Institut für Produktionstechnologie IPT
ab 2022	Teamleiter Zulieferqualität, Hilti AG, Thüringen (AT)

In der Reihe **Ergebnisse aus der Produktionstechnik** zuletzt erschienen:

Scheuer, Thomas:
Fähigkeitsbündel zur Steigerung der Arbeitsproduktivität für intelligente produzierende Unternehmen
ISBN: 978-3-98555-173-6
Erscheinungsdatum: 25.09.2023

Schwarberg, Annika:
Identifizierung von Innovationspotenzialen durch die Analyse von Produktnutzungsinformationen
ISBN: 978-3-98555-169-9
Erscheinungsdatum: 17.08.2023

Heutmann, Timo:
Proactive Production Control for a Synchronized Tool Production
ISBN: 978-3-98555-164-4
Erscheinungsdatum: 03.08.2023

Schroers, Marius:
Gehörbezogene Auslegung zweistufiger Getriebe unter Berücksichtigung dynamischer Anregungseffekte
ISBN: 978-3-98555-165-1
Erscheinungsdatum: 01.08.2023

Müller, Ulrich:
Material Removal and Grinding Wheel Wear Mechanisms during Grinding of Polycrystalline Cubic Boron Nitride
ISBN: 978-3-98555-163-7
Erscheinungsdatum: 01.08.2023

Vogel, Paul-Alexander:
Entwicklung eines Prozessmodells für die nicht-isotherme vakuumunterstützte Dünnglasumformung
ISBN: 978-3-98555-140-8
Erscheinungsdatum: 21.06.2023

Chavan, Prateek:
Substructuring Methods for Efficient Prediction of Spindle-Holder-Tool Assembly Dynamics
ISBN: 978-3-98555-160-6
Erscheinungsdatum: 05.06.2023

Ochel, Tim:
Prognostik zur Resilienzsteigerung im Werkzeugbau
ISBN: 978-3-98555-161-3
Erscheinungsdatum: 22.05.2023

Schneidermann, Dennis:
Orchestration von Vertrauen in interorganisationalen Wissensnetzwerken der Fabrikplanung
ISBN: 978-3-98555-153-8
Erscheinungsdatum: 15.05.2023

Greipel, Jonathan:
Grouping of Inspection Characteristics to Reduce Costs of Adaptive Inspection Planning in Variant Production
ISBN: 978-3-98555-157-6
Erscheinungsdatum: 03.05.2023

Edition Wissenschaft
Apprimus

Welsing, Martin:
Bewertung der ökologischen Nachhaltigkeit von Produktionsnetzwerkkonfigurationen
ISBN: 978-3-98555-155-2
Erscheinungsdatum: 19.04.2023

Beckers, Alexander:
Auslegung wirtschaftlich-technologisch optimierter Fertigungsprozessfolgen mittels prozessübergreifender Modellierung
ISBN: 978-3-98555-154-5
Erscheinungsdatum: 18.04.2023

Gipperich, Marius:
Untersuchung eines Zweistrahlprozesses als Ansatz zur Prozessstabilitätserhöhung des drahtbasierten Laserauftragschweißens
ISBN: 978-3-98555-151-4
Erscheinungsdatum: 15.03.2023

Motschke, Tobias:
Analyse und Modellierung der Dämpfungseigenschaften von Spindellagern
ISBN: 978-3-98555-148-4
Erscheinungsdatum: 06.03.2023

Frye, Maik:
Recommending Data Preprocessing Pipelines for Machine Learning Applications in Production
ISBN: 978-3-98555-147-7
Erscheinungsdatum: 15.02.2023

Schmidhuber, Matthias:
Sozio-technische Problemlösungsfähigkeit von PPS-Systemen
ISBN: 978-3-98555- 143-9
Erscheinungsdatum: 07.02.2023

Troß, Nico:
Mehrskalenmodellierung der thermomechanischen Werkzeugbelastung beim Trockenwälzfräsen
ISBN: 978-3-98555-158-3
Erscheinungsdatum: 19.04.2023

Nicksch, Christoph:
Konfiguration verteilter Large-Scale Metrology Systeme in rekonfigurierbaren Montageumgebungen
ISBN: 978-3-98555-152-1
Erscheinungsdatum: 20.03.2023

Ahmad, Mubarik:
Anregungsgerechte Auslegung und Tolerierung schnelllaufender Getriebe unter Berücksichtigung kurz- und langwelliger Verzahnungsabweichungen
ISBN: 978-3-98555-130-9
Erscheinungsdatum: 06.03.2023

Priwisch, Martin:
Kontaktfreie Bahnlaufregelung zur Herstellung funktionaler Mehrlagensysteme in einem kontinuierlichen Laminierprozess
ISBN: 978-3-98555-139-2
Erscheinungsdatum: 27.02.2023

Cremer, Sven:
Controlling der Migration in Produktionsnetzwerken
ISBN: 978-3-98555-145-3
Erscheinungsdatum: 09.02.2023

Ohlert, Marius:
Contact between Abrasive Media and Workpiece in Robot-guided Centrifugal Finishing
ISBN: 978-3-98555- 144-6
Erscheinungsdatum: 07.02.2023

Edition Wissenschaft
Apprimus

MIX
Papier | Fördert gute Waldnutzung
FSC® C083411

Zeitfracht Medien GmbH
Ferdinand-Jühlke-Straße 7
99095 Erfurt, Deutschland
produktsicherheit@kolibri360.de